Klassische Texte der Wissenschaft

Gründungsredakteur

Olaf Breidbach, Institut für Geschichte der Medizin, Universität Jena, Jena, Deutschland

Jürgen Jost, Max-Planck-Institut für Mathematik in den Naturwissenschaften, Leipzig, Deutschland

Reihe herausgegeben von

Jürgen Jost, Max-Planck-Institut für Mathematik in den Naturwissenschaften, Leipzig, Deutschland

Armin Stock, Zentrum für Geschichte der Psychologie, Universität Würzburg, Würzburg, Deutschland

T0223041

Die Reihe bietet zentrale Publikationen der Wissenschaftsentwicklung der Mathematik, Naturwissenschaften, Psychologie und Medizin in sorgfältig edierten, detailliert kommentierten und kompetent interpretierten Neuausgaben. In informativer und leicht lesbarer Form erschließen die von renommierten WissenschaftlerInnen stammenden Kommentare den historischen und wissenschaftlichen Hintergrund der Werke und schaffen so eine verlässliche Grundlage für Seminare an Universitäten, Fachhochschulen und Schulen wie auch zu einer ersten Orientierung für am Thema Interessierte.

Weitere Bände in der Reihe http://www.springer.com/series/11468

Georg Schwedt
(Hrsg.)

Justus von Liebig

Die organische Chemie in ihrer
Anwendung auf Agricultur und
Physiologie

Springer Spektrum

Hrsg.
Georg Schwedt
Bonn, Nordrhein-Westfalen, Deutschland

ISSN 2522-865X   ISSN 2522-8668   (electronic)
Klassische Texte der Wissenschaft
ISBN 978-3-662-62149-3   ISBN 978-3-662-62150-9   (eBook)
https://doi.org/10.1007/978-3-662-62150-9

Die Deutsche Nationalbibliothek verzeichnet diese Publikation in der Deutschen Nationalbibliografie; detaillierte bibliografische Daten sind im Internet über http://dnb.d-nb.de abrufbar.

Planung: Stefanie Wolf

Springer Spektrum ist ein Imprint der eingetragenen Gesellschaft Springer-Verlag GmbH, DE und ist ein Teil von Springer Nature.
Die Anschrift der Gesellschaft ist: Heidelberger Platz 3, 14197 Berlin, Germany

Inhaltsverzeichnis

Kommentar von Georg Schwedt

1

1.1 Zur Biographie Liebigs

Justus Liebig wurde am 12. Mai 1803 in Darmstadt als Sohn eines Materialisten (Drogisten) geboren. 1817/1818 war er nach dem Abbruch seiner Gymnasialausbildung als Lehrling in der Apotheke in Heppenheim an der Bergstraße tätig. Er beendete die Lehre jedoch nicht, sondern begann ein Chemiestudium an der 1818 gegründeten preußischen Universität in Bonn bei Karl Wilhelm Kastner (1783–1857), dem er nach dessen Berufung an die Universität in Erlangen folgte.[1] Vermutlich ermöglichte Kastner selbst, der geschäftliche und persönliche Beziehungen zu Liebigs Vater hatte, dem Sohn ohne Abitur die Zulassung zum Studium. Auch war die noch junge Bonner Universität wohl liberaler als die Universitäten mit langer Tradition. Wegen seiner Mitgliedschaft in einer verbotenen Burschenschaft und der Teilnahme an Studentendemonstrationen in Erlangen musste er die Stadt verlassen und kehrte 1822 nach Darmstadt zurück. Auf Empfehlung Kastners konnte er mit einem Stipendium des Großherzogs Ludwig I. von Hessen-Darmstadt (1753–1830) sein Studium in Paris fortsetzen, wo er Vorlesungen u. a. bei Dulong, Thénard und Gay-Lussac hörte. Liebig führte dort seine Untersuchungen über das Knallquecksilber fort und isolierte die Knallsäure (Fulminsäure). Gay-Lussac stellte Liebigs Untersuchungen am 28. Juli 1823 in einer Sitzung der Pariser Akademie der Wissenschaften vor. Auch Alexander von Humboldt nahm an dieser Sitzung teil und empfahl Liebig daraufhin dem Großherzog Ludwig I. für eine Professur an der

---

[1] Schwedt, G.: Chemische Briefe aus einem Lustschloss. Justus Liebig als Student im Schloss Clemensruhe in Bonn-Poppelsdorf, Shaker, Aachen 2012.

© Springer-Verlag GmbH Deutschland, ein Teil von Springer Nature 2021
G. Schwedt (Hrsg.), *Justus von Liebig,* Klassische Texte der Wissenschaft,
https://doi.org/10.1007/978-3-662-62150-9_1

Juftus Liebigs chemifches Laboratorium auf dem Seltersberg zu Gießen um das Jahr 1840.

Abb. 1.1 Chemisches Laboratorium Gießen. (© Archivist/stock.adobe.com)

Universität in Gießen. In absentia war Liebig inzwischen an der Universität Erlangen promoviert worden.

Am 24. Mai 1824 wurde Liebig mit gerade 22 Jahren zum Extraordinarius – und 1825 zum Ordinarius – für Chemie in Gießen ernannt. Auf Vortragsreisen in Frankreich und England erwarb er sich auch internationales Ansehen. In Gießen erweiterte er ein ehemaliges Wachhaus zu einem Unterrichts- und Forschungslaboratorium (Abb. 1.1), das Studenten aus vielen Ländern anzog.[2]

1831 entwickelte er seinen Fünf-Kugel-Apparat zur quantitativen Elementaranalyse, der später noch genau beschrieben wird, als eine der Voraussetzungen für die sich in seiner Zeit rasch entwickelnde organische Chemie. 1837 berichtete er in England auf Einladung der British Association for the Advancement of Sciences in Liverpool über den Stand der organischen Chemie und Analytik.

1840 erschien sein Werk *Die organische Chemie und ihre Anwendung auf Agricultur und Physiologie*. Mit diesem Werk begründete Liebig die Agrikulturchemie – auch auf der Grundlage quantitativer Analysenergebnisse. Darin formulierte er u. a. seine Gedanken zu einem Kohlenstoffkreislauf und postulierte sein Gesetz des Minimums im Hinblick auf eine optimale Pflanzenernährung.

---

[2] Schwedt, G.: Liebig und seine Schüler, Springer, Heidelberg 2003.

1852 wurde Liebig an die Universität in München berufen, wo er vor allem seine Forschungen in der angewandten organischen Chemie fortsetzte – so zur Entsäuerung des Roggenbrotes, zum Backpulver, zur Säuglingsnahrung und zum Fleischextrakt – *einer neuen Fleischbrühe für Kranke*, nach ihm „Liebig's Fleischextrakt" genannt (und bis heute im Handel). Eine der ersten Biographien Liebigs verfasste sein Schüler und Assistent Jacob Volhard (1834–1910; mit Professuren ab 1869 in München, Erlangen zuletzt ab 1882 bis 1908 in Halle).[3] In München konnte er ein neues Institut erbauen lassen, führte dort öffentliche Experimentalvorlesungen ein und setzte seine schriftstellerischen Arbeiten fort (Abb. 1.2).

1.2   Aus der Geschichte der Agrikulturchemie

Die frühesten Beschreibungen zur Anwendung organischer Dünger im Ackerbau bzw. für die Pflanzenernährung sind schon in der Antike zu finden. So verwendeten die Babylonier Stallmist und Gülle sowie auch Kompost, die Ägypter Nilschlamm aus Überschwemmungen, der sowohl Mineralstoffe als auch organische Stoffe enthält. Um 800 v. Chr. erwähnte Homer in seiner *Odyssee* Kuhdung als Düngemittel, und Plinius der Ältere (23–79 n. Chr.) beschrieb in seinem Werk *Naturalis historia* die Gründüngung bei den Römern, die u. a. Hülsenfrüchte wie Ackerbohnen unterpflügten. Die Grundlagen für die optimale Düngung lieferten auch die Erkenntnisse aus der Pflanzenernährung.[4,5] 1620 führte Johan Baptista van Helmont Vegetationsversuche mit Wasser als Nährstoff durch. 1770 erkannte Carl Wilhelm Scheele, dass Pflanzen Kohlenstoffdioxid produzieren. Joseph Priestley stellte 1775 fest, dass Pflanzen auch Sauerstoff ausscheiden, und Jan Ingenhouz konnte 1779 experimentell den Einfluss von Licht auf den Gasstoffwechsel von Pflanzen ermitteln. Die erste quantitative Aufklärung der Photosynthese gelang 1804 Nicolas Théodore de Saussure.

Bereits Antoine Laurent de Lavoisier (1743–1794), mit dessen Wirken in der Chemiegeschichte die Phase der Chemie als Wissenschaft beginnt, beschäftigte sich als auch „praktizierender Landwirt" auf seinem Landgut mit agronomischen Experimenten. Durch den Anbau von Futterpflanzen (Leguminosen) schuf er die Voraussetzung für

---

[3] Volhard, J.: Justus von Liebig, Barth, Leipzig 1906.
    Weitere Biographien:
    Kohut, A.: Justus von Liebig. Sein Leben und Wirken. Auf Grund der besten und zuverlässigsten Quellen geschildert, 2. Aufl., Roth, Gießen 1906.
    Strube, W.: Justus Liebig. Eine Biographie, Sax, Beucha 1998.
    Brock, W.H.: Justus von Liebig. Eine Biographie des großen Wissenschaftlers und Europäers, Vieweg, Braunschweig 1999.
[4] Brock, W. H.: Viewegs Geschichte der Chemie, Braunschweig u. Wiesbaden 1997.
[5] Siehe Fußnote 1.

Abb. 1.2 Porträt Liebig. (© JT Vintage/Glasshouse Images/picture alliance)

eine Erhöhung des Viehbestandes und damit auch für eine höhere natürliche Dünger-

Abb. 1.3 Porträt Wallerius

produktion.[6] Zu den Vorläufern von Liebigs Agrikulturchemie aus dem Bereich der Chemiker wird auch Humphrey Davy (1778–1829) gezählt, der vor dem britischen Board of Agriculture acht Vorlesungen mit dem Titel „Elements of Agricultural Chemistry" hielt. 1814 erschien – mit Anmerkungen einer Vorrede von Albrecht Thaer – auch eine deutsche Ausgabe mit dem Titel „Elemente der Agricultur-Chemie …". Durch Davys Vorlesungen wurde auch Sigismund Hermbstaed (1760–1833) angeregt, sein *Archiv der Agrikulturchemie* von 1803 bis 1818 herauszugeben, in dem er Veröffentlichungen aus dem gesamten europäischen Raum publizierte und kommentierte. Und schließlich wurde die Bezeichnung *Agrikulturchemie* auch von dem Erfurter Apotheker Johann Bartholomäus Trommsdorff (1770–1837) in den Titel seines Lehrbuches *Anfangsgründe der Agrikulturchemie* (1816) mit den Kapiteln Pflanzenernährung, Bodenkunde und Düngerlehre übernommen.[7]

---

[6] Schwenke, K. D.: Lavoisier und die Anfänge der Agrikulturchemie, in: Mitteilungen der Gesellschaft Deutscher Chemiker/Fachgruppe Geschichte der Chemie 22 (2012), 20–36 – mit ausführlichen Quellenangaben.

[7] Siehe Fußnote 6.

1.3   Zu den Vorgängern Liebigs

1.3.1   Johan Gottschalk Wallerius

1761 veröffentlichte Johan Gottschalk Walerijs (1709–1785) seine *Agriculturae Fundamenta Chemica*, die als ein erster Meilenstein in der Geschichte der Agrikulturchemie bzw. „als das erste umfassende Beispiel einer konzeptionellen agrochemischen Forschung angesehen werden".[8]

Wallerius war ein schwedischer Chemiker, auch Metallurge und Mineraloge. Er hatte ab 1725 an der Universität Uppsala Mathematik, Physik sowie Medizin studiert, wurde 1731 zum philosophischen Magister promoviert, setzte seine medizinische Ausbildung in Lund fort und erwarb 1732 den Doktor der Medizin. 1749 erhielt er den neu eingerichteten Lehrstuhl für Chemie, Metallurgie und Pharmazie an der Universität Uppsala. 1751 prägte er die auch für Liebig wesentliche begriffliche Unterscheidung der Wissenschaften in eine „reine" und eine „angewandte" Form – in der Chemie als *chemia pura* bzw. *chemia applicata*. 1767 musste er wegen einer chronischen Erkrankung seine Lehrtätigkeit aufgeben, zog sich auf sein Landgut bei Alsike (Provinz Uppsala, Hauptort der Gemeinde Knivsta) zurück und begann sich intensiv mit Fragestellungen der Landwirtschaft zu beschäftigen (Abb. 1.3). Seine Untersuchungs- und Beobachtungsergebnisse publizierte er als (übersetzt) *Beobachtungen bei der Landwirtschaft durchgeführt über 30 Jahre, 1747–1777*.

Die *Agrikulturchemie* von Wallerius aus dem Jahr 1761 wurde bereits von Johann Friedrich Gmelin (1748–1804; Professor in Göttingen ab 1773) in seiner *Geschichte der Chemie*[9] gelobt:

„Selbst auf die Landwirthschaft, und vornehmlich auf den Feldbau fieng man an die Chemie anzuwenden, aus der Beschaffenheit der Erde den Einflus des Bodens auf das Gedeihen der Gewächse zu beurtheilen und darinn die Mittel zu seiner Verbesserung zu suchen; der upsalische Lehrer J. G. Wallerius bemühte sich nicht nur darzuthun, was jeder Bestandtheil der Pflanzen zum Wachsthum derselben beitrage, … spürte … der Ursache von der Unfruchtbarkeit der Felder, und dem Einflusse des Salz- und Thonbodens auf die Fruchtbarkeit nach, sondern entwarf auch chemische Grundsätze des Feldbaus, die sich auf die Natur der verschiedenen Bestandtheile in den Pflanzen und auf die Beschaffenheit der Erde, worinn die Pflanzen stehen, stüzen, und suchte darinn die Mittel, den Boden zu verbessern, auf."

---

[8] Hahn, Ch.: Eine frühe Konzeption der Agrikulturchemie: Johan Gottschalk Wallerius' „*Agriculturae Fundamenta Chemica*" (1761), Mitteilungen Gesellschaft Deutscher Chemiker/ Fachgruppe Geschichte der Chemie (Frankfurt/Main), Band 25, 57–73, 2017 (weitere Literaturangaben dort).

[9] Gmelin, J. F.: Geschichte der Chemie seit dem Wiederaufleben der Wissenschaften bis an das Ende des 18. Jahrhunderts, Göttingen 1799, Bd. 3, S. 3.

Hahn charakterisiert Gmelins Beschreibung als „eine von Wallerius mit programmatischer Ausrichtung begründete Konzeption zur Anwendung der Chemie auf die Landwirtschaft"[10].

Das Konzept geht davon aus, dass zunächst die aus der Literatur und eigenen chemischen Untersuchungen bekannten Grundstoffe des Pflanzenkörpers zu betrachten seien. Er nennt diese Wasser, Erde, Salz und Öl. Zur Pflanzenernährung bezieht er dann noch die Luft ein. Als Dünger definiert er Substanzen, die Fett und/oder Wasser enthalten. Aus seinen Ansätzen ergibt sich eine Art von Bodenbearbeitungslehre: Ein jeder Boden sei seiner chemischen und physikalischen Zusammensetzung entsprechend so stark zu pflügen, zu vermengen, zu düngen, dass er ausreichend Nahrung aus der Luft aufnehmen und in sich behalten könne.

Hahn stellt schließlich fest, dass diese „Konzeption einer Pflanzenernährungslehre (noch) auf Grundlagen und Denkarten der Chemie [fußte], welche bereits zwei Jahrzehnte später fundamental erneuert, gar gänzlich verworfen wurde."[11]

Wallerius beschrieb ein qualitatives Konzept, ohne sich auf quantitative Analysen beziehen zu können. Jedoch fand sein Werk in der zweiten Hälfte des 18. Jahrhunderts bis in das erste Viertel des 19. Jahrhunderts auch durch Übersetzungen eine große Verbreitung. Auf Deutsch erschien das Buch erstmalig 1764 in Berlin, 1765 in Bern, 1770 in Graz; auf Französisch in Yverdon 1766 und Paris 1774; auf Englisch 1770 in London; eine neue Auflage auf Schwedisch 1778 und die vierte Auflage einer englischen Neuveröffentlichung 1824.[12]

1.3.2 Albrecht Thaer

Albrecht Daniel Thaer (1782–1828) ließ sich nach einem Medizinstudium in Göttingen 1774 als Arzt in seiner Heimatstadt Celle nieder, wurde 1778 Stadtphysikus, 1780 zum Kurfürstlichen Hofmedicus ernannt und begann sich für Fragen der Landwirtschaft zu interessieren. Er trat 1784 der Königlichen Hannoverschen Landwirtschaftsgesellschaft in Celle bei und erwarb 1786 ein etwa 32 Hektar großes landwirtschaftliches Anwesen bei Celle in der Nähe der Aller. In dieser Zeit beschäftigte er sich insbesondere mit der englischen Fachliteratur. Sein Anwesen entwickelte sich zu einem landwirtschaftlichen Musterbetrieb. Zwischen 1798 und 1804 veröffentlichte er seine Erkenntnisse als *Einleitung zur Kenntniß der englischen Landwirthschaft...* in drei Bänden.[13] Landwirtschaft-

---

[10] Siehe Fußnote 8.

[11] Hahn in[4] S. 68 bzw. 69.

[12] Siehe Fußnote 11,

[13] Digitalisiert: Einleitung zur Kenntniß der englischen Landwirthschaft und ihrer neueren practischen und theoretischen Fortschritte in Rücksicht auf Vervollkommnung deutscher Landwirtschaft für denkende Landwirte und Cameralisten, 1. Band, 2. verb. Aufl., Hannover 1801; Zweyter Band erste Abtheilung und zweyter Abtheilung, Hannover 1801; Dritter und letzter Band, Hannover 1804 – s. Albrecht Daniel Thaer – Wikisource.

Abb. 1.4 Porträt Thaer. (© Collection Abecasis/Science Photo Library)

liche „Bildungsreisen" führten ihn um 1800 in die Mark Brandenburg. 1804 übersiedelte er nach Preußen und kaufte das Gut Möglin (heute mit einem Museum in der Nähe von Wrietzen) mit dem im Oderbruch gelegenen Vorwerk Königshof. Die Begründung für seine Übersiedlung nach Preußen lautet:

„Die mit der französischen Besetzung verbundenen Belastungen, die Verweigerung, die Domäne Weende bei Göttingen zu pachten und das Werben durch den Minister Hardenberg und den Landrat v. Itzenplitz, veranlassten ihn, das Angebot des preußischen Königs, Friedrich Wilhelm III. anzunehmen."[14] 1806 eröffnete Thaer seine landwirtschaftliche Lehranstalt in Möglin. 1809 bis 1812 erschien sein Hauptwerk *Grundsätze*

---

[14] Fördergesellschaft Albrecht Daniel Thaer (Hrsg.), Ausstellungskatalog Albrecht Daniel Thaer. 14.05.1752–26.10.1828, überarbeitete Aufl. 2002.

der rationellen Landwirtschaft in vier Bänden[15]. An die neu gegründete Berliner Universität wurde er 1810 zum ao. Professor für Kameralwissenschaften berufen. Kameralwissenschaften waren zur Zeit des Absolutismus eine alle Bereiche der öffentlichen Verwaltung umfassende praktische, d. h. angewandte Lehre (Abb. 1.4).

Die wesentlichen Inhalte in Bezug auf Liebig sind u. a.:

Die *Bodenqualität* wird durch die Zusammensetzung des Bodens (z. B. Sand, Lehm, Humus) und den Düngerstand, von Thaer als „Kraft des Bodens" bezeichnet, bestimmt.[16] Auch die Pflanzenernährung spielt in Thaers Werken eine wichtige Rolle. In seiner *Einleitung zur Kenntniß der englischen Landwirthschaft...* stellte er bereits fest: „Um diejenigen Stoffe aufzumitteln, welche die Nahrungstheile der organischen Körper ausmachen, müssen wir erst die einfacheren Stoffe, woraus sie bestehen, kennen lernen. Diese sind nach zuverlässigen Untersuchungen theils flüchtige Carbon (Kohlenstoff), Hydrogen (Wasserstoff), Oxygen (Sauerstoff) und Azote (Stickstoff) – theils feste oder feuerbeständige Erden, Alkali, phosphorsaure Grundlage und ein wenig Eisen."[17]

In den *Grundsätzen der rationellen Landwirtschaft* konstatierte Thaer: „Obwohl uns die Natur verschiedene anorganische Materialien anbietet, wodurch die Vegetation … belebt und verstärkt werden kann, so ist es doch eigentlich nur der thierisch-vegetabilische Dünger oder jener im gerechten Zustande der Zersetzbarkeit befindliche Moder (Humus), welcher den Pflanzen den wesentlichsten und nothwendigsten Theil der Nahrung giebt."[18]

1.3.2.1 Zur Humustheorie

Die Humustheorie stammt zwar nicht von Thaer, er hat sie jedoch aufgegriffen und weiterentwickelt. Der griechische Philosoph Aistoteles (384–322 v. Chr.) formulierte die Aussage, nach der eine Pflanze sich aus dem Humus (organischer Substanz) ernähre und die Bodenfruchtbarkeit vom Humusgehalt abhängig sei. Der Universalgelehrte Jean-Henri Hassenfratz (1755–1827; französischer Mineraloge, Physiker, Chemiker und Politiker) vertrat die Ansicht, dass eine Pflanze ihren Bedarf an Kohlenstoff nicht aus der Luft entnimmt, sondern aus den dunkel gefärbten Humusstoffen des Bodens. Thaer griff diese Theorie auf und bezeichnete Mineralstoffe nur als „Reizstoffe" der Pflanzenentwicklung.

---

[15] Erschienen in der Realschulbuchhandlung Berlin 1809–1812 – digitalisiert s. Thaer/Wikisource.

[16] Siehe Fußnote 10.

[17] Töter, H.: Albrecht Daniel Thaer und die Entwicklung zum modernen Landbau, S. 118; in: Panne, K. (Hrsg.): Albrecht Daniel Thaer – Der Mann gehört der Welt. Begleitpublikation zur gleichnamigen Ausstellung im Bomann-Museum Celle zum 250. Geburtstag von Albrecht Daniel Thaer, Celle 2002 – dort zitiert n. Schulze, F. G.: Thaer oder Liebig? Versuch einer wissenschaftlichen Prüfung der Ackerbautheorie des Herrn von Liebig, besonders dessen Mineraldünger betreffend, Jena 1846.

[18] a.o.O. S. 119 (Thaer (1800), S. 138.

Abb. 1.5 Porträt Sprengel

Einige seiner wesentlichen Aussagen lassen sich wie folgt zusammenfassen:

Der Boden ist ein Gemenge aus Kiesel-, Kalk-, Ton- und Bittererde, zu denen als
fünfter Bestandteil Humus hinzukommt. „Die vegetabilisch-animalische Materie wird,
wenn das Leben sie verlassen hat, durch den fauligen Gährungsprozeß – wenn anders
die Bedingungen desselben nicht fehlen – zersetzt und das Produkt desselben ist der
Moder."[19,] Die eigentliche Kernaussage von Thaers weiterentwickelter Humustheorie
bestand darin, dass ein Teil des Humus in organischer Form der wichtigste Nährstoff
für die Pflanzen sei. „Die Fruchtbarkeit des Bodens hängt eigentlich ganz von ihm [dem

---

[19]Zitiert nach: Klemm V. u. Meyer, G.: Albrecht Daniel Thaer. Pionier der Landwirtschaftswissen-
schaften in Deutschland, Halle (Saale) 1968, Abschn. 8.2.2 Vertreter der Humustheorie, S. 111 ff.

Humus] ab, denn außer dem Wasser ist er es allein, was den Pflanzen im Boden Nahrung giebt." Und: „Der Humus hat … weniger Oxygen aber mehr Kohlenstoff und Azot als die Gewächse, woraus er entstand. … Er steht besonders in beständiger Wechselwirkung mit der atmosphärischen Luft. … Durch die Erzeugung von kohlensaurem Gas wirkt der Humus wahrscheinlich auf die Vegetation."[20]

Diese Aussagen lassen erste quantitative Ansätze erkennen, wobei er sich hier noch auf Analysen des Schweizer Naturforschers Nicolas Théodore de Saussure (1767–1845) bezieht. Bekannt ist jedoch, dass 1818 zu seinem Lehrinstitut bereits ein eigenes agrikulturchemisches Laboratorium für Bodenanalysen gehörte.[21]

1.3.3 Carl Sprengel

Philipp Carl Sprengel (1787–1859) verbrachte die Jugend auf dem Halbmeierhof seines Vaters in Schillerslage (Burgdorf bei Hannover). Mit 15 Jahren wurde er einer der ersten Schüler von Thaer in dem 1802 in Celle gegründeten landwirtschaftlichen Lehrinstitut. Er folgte Thaer 1804 nach Möglin, wo er 1808 als Wirtschaftsinspektor des Mögliner Gutsbetriebes ausschied und danach in Gutsbetrieben in der Oberlausitz, in Thüringen, Schlesien und Sachsen tätig wurde. In den Wintermonaten hörte er in Dresden auch Vorlesungen zur Chemie. Von 1817 bis 1820 unternahm er ausgedehnte Studienreisen. Aufgrund seiner umfassenden praktischen Erfahrungen war er überzeugt, dass die neuesten Erkenntnisse der Naturwissenschaften für die landwirtschaftliche Praxis eingesetzt werden sollten. Er studierte in Göttingen Chemie, Physik, Botanik, Mineralogie, Geologe und Mathematik von 1821 bis 1823 und promovierte zum Dr. phil., arbeitete danach im Labor des Chemikers Friedrich Stromeyer, habilitierte sich 1826 und lehrte als Privatdozent Agrikulturchemie. 1826 widerlegte er die bis dahin geltende Humustheorie, indem er nachwies, dass die Wirkung auf die darin enthaltenen Nährstoffe, u. a. Mineralstoffe, zurückzuführen sei. Nach einer Tätigkeit als Professor am Collegium Carolinum in Braunschweig wurde er 1839 Generalsekretär der Pommerschen Ökonomischen Gesellschaft und zog nach Regenwalde (heute Resiko in Westpommern/Polen), wo er 1842 ein privates landwirtschaftliches Lehrinstitut (ab 1846 „Landbau-Academie zu Regenwalde") gründete, dort großflächige Düngerversuche durchführte und auch eine

---

[20] Thaer, A.: Grundsätze s. 1[3], 3. Hptst. § 112. S. 403 bzw. § 110, S. 402 – zitiert nach[17].
[21] Siehe in[17] S. 154.

Abb. 1.6 Liebig in seinem Labor mit Fünf-Kugel-Apparat und Verbrennungsapparatur. (© Ann Ronan Picture Library/Photo12/picture alliance)

Ackergerätefabrik gründete (Abb. 1.5). Seine wichtigsten Werke erschienen 1837 (zur Bodenkunde[22,]) und 1839 (zur Düngerlehre[23]).

Diese Werke blieben lange Zeit wenig beachtet. Erst der Agrikulturchemiker und Bodenkundler Fritz Giesecke (1896–1958), zuletzt Direktor der Landwirtschaftlichen

---

[22] Sprengel, C.: Die Bodenkunde oder die Lehre vom Boden, nebst einer vollständigen Anleitung der chemischen Analyse der Ackererden und den Resultaten von 170 chemisch untersuchten Bodenarten aus Deutschland, Belgien, England, Frankreich, der Schweiz, Ungarn, Rußland, Schweden, Ostindien, Westindien und Nordamerika – Ein Handbuch für Landwirthe, Forstmänner, Gärtner, Boniteure und Theilungscommissäre, Leipzig 1837.

[23] Sprengel, C.: Die Lehre vom Dünger oder Beschreibung aller bei der Landwirthschaft gebräuchlicher vegetabilischer, animalischer und mineralischer Düngematerialien, nebst Erklärung ihrer Wirkungsart, Leipzig 1839.

Untersuchungs- und Forschungsanstalt in Braunschweig, würdigte 1952 die Verdienste Spenglers in einer Festschrift, nachdem bereits 1950 die Dissertation seines Schülers G. Wendt erschienen war, die sich ausführlich mit Carl Sprengel befasste.[24]

1.4 Liebigs Vorarbeiten: Von der *reinen* zur *angewandten* Chemie

Liebigs Biograf Adolph Kohut (1848–1917) zitierte Liebig selbst zu dessen Übergang zur angewandten Chemie wie folgt: „Nach 16 Jahren der angestrengtesten Thätigkeit stellte ich die gewonnenen Resultate, soweit sie Pflanze und das Thier betrafen, in meiner Chemie, angewandt auf Agrikultur und Physiologie, zwei Jahre darauf in meiner Thierchemie und die in anderen Richtungen gemachten Untersuchungen in meinen chemischen Briefen zusammen. Nicht in den Thatsachen, wohl aber in den Anschauungen der organischen Vorgänge wurden manche Fehler begangen; wir waren aber die ersten Pioniere in dem unbekannten Gebiete, und die Schwierigkeiten, den rechten Weg einzuhalten, waren nicht immer überwindlich. Jetzt, wo die Wege der Untersuchung gebahnt sind, hat man es einen guten Theil leichter; aber all die wundervollen Entdeckungen, welche die neuere Zeit geboren hat, waren damals unsere Träume, deren Verwirklichung wir sicher und zweifellos entgegensahen."[25]

Mit den „Wegen der Untersuchung" waren die von Liebig entwickelte Elementaranalyse sowie die Stickstoffanalyse von Liebigs Schülern Heinrich Will (1812–1890) und Franz Varrentrapp (1815–1877) gemeint (s. weiter unten).

Noch deutlicher formuliert fast ein halbes Jahrhundert später Richard Blunck (1895–1962; Schriftsteller, Publizist und Biograf) im Kapitel „Revolution in der Landwirtschaft" Liebigs Wechsel zur angewandten Chemie:

„Am Ende der dreißiger Jahre war das Verfahren der organischen Analyse so abgeschlossen und erprobt, daß seine Handhabung nicht mehr weit entfernt war vom reinen Handwerk, und es wurde vollends dazu, als Will und Varrentrapp, Liebigs Schüler, 1841 ein Verfahren zur Stickstoffbestimmung fertigstellten, das gleich zuverlässig, schnell und einfach funktionierte wie der Fünfkugelapparat. Damit erlosch für Liebig selbst das Interesse an der Elementaranalyse. Der Weg war nun ausgetreten und für viele gangbar."[26]

---

[24] Wendt, G.: Carl Sprengel und die von ihm geschaffene Mineraltheorie als Fundament der neuen Pflanzenernährungslehre, Dissertation math.-nat. Fakultät Universität Göttingen, (als Buch) Wolfenbüttel 1950.

[25] Kohut*, A. – s. Anm. 3, S. 109–110.

*Adolph Kohut (1847–1917), deutsch-ungarischer Literatur- und Kulturhistoriker, Biograph.

[26] Blunck, R.: Justus von Liebig. Die Lebensgeschichte eines Chemikers, Hamburg 1946, S. 131 ff.

1.4.1 Exkurs zur Elementaranalyse

Bei der Verbrennung (Oxidation) organischer Substanzen mit Sauerstoff entsteht
Wasser(dampf) (aus dem Wasserstoff) und Kohlenstoffdioxid. Die Schwierigkeiten
einer exakten, quantitativen Analyse bestehen darin, einerseits die Verbrennung vollständig durchzuführen und andererseits die Masse (Gewicht) des Wassers und des
Kohlenstoffdioxids getrennt voneinander zu bestimmen. Zur Entwicklung von Sauerstoff wird Kupferoxid verwendet, das beim Erhitzen einen Teil des Sauerstoffs abgibt.
Das Wasser wird in einem mit Calciumchlorid gefüllten Rohr gebunden und durch Aus-
waage ermittelt. Zur Bestimmung des Kohlenstoffdioxids entwickelte Liebig ein Verfahren, das Gas anstelle einer Volumenmessung (über Quecksilber) oder Absorption an
festem Kaliumhydroxid in einer wässrigen Lösung (Kalilauge) aufzufangen. Mit der
Konstruktion des Fünf-Kugel-Apparates gelang es Liebig, die bei der Verbrennung entstandenen Gase zu trennen: Sie strömen zunächst durch ein mit Calciumchlorid gefülltes
Röhrchen, wo das Wasser absorbiert wird. Die Restgase werden in das mit Kalilauge
gefüllte Gefäß geleitet (Abb. 1.6). W. Strube beschreibt in seiner Liebig-Biographie diese
Apparatur sehr anschaulich und stellt fest: „Die Anordnung der Analysensubstanz in der
horizontal liegenden Verbrennungsröhre übernahm Liebig von Berzelius, verbesserte
sie aber dadurch, daß er die Röhre in eine mit verschiebbaren Segmenten versehene
Blechwanne einlegte. Dadurch konnte er das Reaktionsrohr in Zonen unterteilt erhitzen,
damit den Ablauf der Verbrennung beschleunigen oder verzögern. Die Elementaranalyse organischer Verbindungen, bis dahin eine Aufgabe für Spezialisten, wurde zur
Routine."[27]
Eine Ergänzung der Elementaranalyse für die Bestimmung von Wasserstoff und
Sauerstoff war die Stickstoffbestimmung seiner Schüler. Diese Bestimmung nach Will
und Varrentrapp beruht auf der Umwandlung des Stickstoffs aus organischen Substanzen
in Ammoniak. Die zu analysierende Substanz wird in einem Verbrennungsrohr mit
einem Gemisch aus Kaliumhydroxid und Calciumhydroxid erhitzt. Bei Rotglut bildet
sich aus Stickstoff Ammoniak, das in Salzsäure aufgefangen wird. Die quantitative Analyse erfolgte durch Ausfällung als Ammoniumplatinchlorid und Wägung. Bis zur Entwicklung der Stickstoffbestimmung nach Kjeldahl 1883 war dieses Verfahren allgemein
im Gebrauch.

R. Blunck schrieb (an den oben zitierten Ausschnitt anschließend):
„Für Liebig war im Jahr 1840 die reine, die systematische organische Chemie in allem
Wesentlichen vollendet. Man konnte jetzt in kürzester Zeit in Gruppenarbeit in seinem
Laboratorium und anderswo sich Aufklärung über ganze Klassen von Körpern ver-

---

[27] Strube, W.: Justus Liebig. Eine Biographie, Beuchta 1998, S. 77–78.

schaffen und hatte Hoffnung, damit dem Geheimnis aller organischer Stoffe beizukommen, soweit sie sich außerhalb des Organismus darbieten…"[28]

Sein Biograf Kohut schrieb[29]:

„Die neue Richtung seiner Tätigkeit bezüglich der Fragen des Pflanzen- und Tierkörpers eröffnete *Justus Liebig* mit dem im Jahre 1840 erschienenen bereits erwähnten epochemachenden Werk: ‚Die (organische) Chemie in ihrer Anwendung auf Agrikultur und Physiologie', welches so ungemeines Aufsehen erregte, daß binnen sechs Jahren sechs Auflagen davon gedruckt wurden."

1.5   Zum Inhalt von Liebigs Agrikulturchemie

Der erste Teil beinhaltet, bezeichnet als „Der Proceß der Ernährung der Vegetabilien", die Grundlagen der Pflanzenernährung oder auch Pflanzenphysiologie. Liebig geht von den Analysen der Bestandteile von Pflanzen aus, behandelt dann die Assimilation des Kohlenstoffs, des Wasserstoffs und des Sickstoffs. Dazwischen beschreibt er den Ursprung und das Verhalten von Humus und stellt fest:

„Der Humus ernährt die Pflanze nicht, weil er im löslichen Zustande von derselben aufgenommen und als solcher assimilirt wird, sondern weil er eine langsame und andauernde Quelle der Kohlensäure darstellt, welche als das Hauptnahrungsmittel die Wurzeln der jungen Pflanze zu einer Zeit mit Nahrung versieht, wo die äußern Organe der atmosphärischen Ernährung fehlen."

Zu den grundlegenden Aussagen dieses Kapitels gehören u. a. folgende Sätze:

- *Die Physiologen verwerfen in der Erforschung der Geheimnisse des Lebens die Chemie, und dennoch kann sie es allein nur sein, welche den richtigen Weg zum Ziele führt, sie verwerfen die Chemie, weil sie zerstört, indem sie Erkenntniß sucht, weil sie nicht wissen, daß sie dem Messer der Anatomen gleicht, welcher den Körper, das Organ, als solche vernichten muß, wenn er Rechenschaft über Bau, Structur und über seine Verrichtungen geben soll; …*
- *Ein Versuch ist der Ausdruck eines Gedankens, entspricht die hervorgerufene Erscheinung dem Gedanken, so sind wir einer Wahrheit nahe; das Gegentheil davon beweist, daß die Frage falsch gestellt, daß die Vorstellung unrichtig war.*

Damit weist Liebig der Chemie einen wesentlichen Stellenwert auch in der Forschung der Pflanzenernährung zu. Und im Zusammenhang mit der Bildung von Humus ist zu lesen:

---

[28] Siehe Fußnote 26.
[29] Siehe Anm. 3, S. 121.

- *Nennen wir die Ursache der Metamorphose* Lebenskraft, höhere Temperatur, Licht, Galvanismus *oder wie wir sonst wollen, der Act der Metamorphose ist ein rein chemischer Proceß;* Verbindung *und* Zerlegung *kann nur dann vor sich gehen, wenn die Elemente die Fähigkeit dazu haben. Was die Chemiker Verwandtschaft nennen, bezeichnet weiter nichts als den Grad dieser Fähigkeit.*

An diese ersten Kapitel, in denen neben den Ergebnissen quantitativer Analysen vor allem die Vorarbeiten anderer Wissenschaftler, die Liebig namentlich nennt, eine wesentliche Rolle spielen, schließt sich das Kapitel über die „anorganischen Bestandtheile der Vegetabilien" an.

Im Abschnitt „Cultur" werden die Vorgänge des Pflanzenwachstums (mit wiederum Angaben zahlreicher früherer Autoren) als ein Gesamtvorgang betrachtet, bevor er dann im Abschnitt „Die Wechselwirtschaft und der Dünger" auf die vorherrschende Praxis seiner Zeit eingeht. Eine Kernaussage Liebigs lautet:

„..., daß der Boden an den besondern Bestandtheilen immer ärmer werden muß, die in den Saamen, Wurzeln und Blättern, welche wir hinweggenommen haben, enthalten waren.

Nur in dem Fall wird die Fruchtbarkeit des Bodens sich unverändert erhalten, wenn wir ihnen alle diese Substanzen wieder zuführen und ersetzen.

Dieß geschieht durch den D ü n g e r."

Im Anschluss an diesen Abschnitt fügt Liebig zwei Beiträge an – von dem Forstwissenschaftler Theodor *Hartig* (1805–1889; Sohn von Ludwig Georg Hartig, s. weiter unten) „Ueber Ernährung der Pflanzen" und über die „Gründüngung in Weinbergen" (zitiert aus einem Schreiben des Verwalters Krebs aus Seeheim).

Hartig hatte Forstwissenschaften an der Forstakademie und an der Universität in Berlin studiert und lehrte ab 1838 am Collegium Carolinum in Braunschweig als Professor der Forstwissenschaft. Bei Riddagshausen legte er ein Arboretum an und begann mit seinem Unterricht in der Forstbotanik und im allgemeinen forstlichen Kulturbetrieb.

Der zweite Teil von Liebigs Werk trägt den Titel „Der chemische Proceß der Gährung, Fäulniß und Verwesung" – Vorgänge, die er dem Stand der Wissenschaft seiner Zeit (vor Louis Pasteur, geb. 1822) entsprechend als *chemische Metamorphosen* bezeichnete. Neben chemischen Vorgängen werden vor allem die Wirkungen von Hefen (Bier, Wein) und *Fermenten* beschrieben. Dass Hefe Mikroorganismen enthält, entdeckten drei Wissenschaftler unabhängig voneinander (darunter T. Schwann, Anatom und Physiologe) erst 1837, und Louis Pasteur wies 1862 nach, dass Mikroorganismen für die Fermentation verantwortlich sind. Eilhard Mitscherlich verwendete den Begriff Ferment erstmals im Sinne von Enzym (1878 vom Physiologen Wilhelm Friedrich Kühne (1837–1900 geprägt), d. h. eines Stoffes, der bei einer Reaktion nicht verwandelt wird, jedoch für den Ablauf einer Reaktion erforderlich sei. Liebig verwendete auch noch die Bezeichnungen *Contagien* und *Miasmen*. Unter Miasma verstand man eine krankheitsverursachende Materie, die durch faulige Prozesse in Luft oder Wasser entsteht. Als Begründer der Lehre von den Miasmen gilt Hippokrates von Kos (um 460 bis 375 v. Chr.). Als Contagium bezeichnete der Arzt Galen (Galenos von Pergamon, 130 bis 210 n. Chr.) dasjenige, was Menschen mit krankmachenden Miasmen im weitesten Sinne in Berührung bringt.

1.6   Von Liebig genannte Naturforscher[30]

Liebig nennt zahlreiche Naturforscher, die sich mit den Themen seines Buches bzw. von Vorarbeiten dazu beschäftigt haben. Nur selten gibt er eine konkrete Quelle, d. h. Veröffentlichung, an. Einige ausgewählte Beispiele sollen verdeutlichen, dass er sich intensiv mit den vorhergehenden Arbeiten auseinandergesetzt hat.

Zur „Assimilation des Kohlenstoffs" nennt er für die Aussage „Die Blätter und grünen Theile aller Pflanzen saugen nemlich kohlensaures Gas ein und hauchen ein ihm gleiches Volumen Sauerstoffgas aus." u. a. die Beobachtungen von Priestley und Sennebier sowie von de Saussure. Joseph *Priestley* (1733–1804, britischer Naturwissenschaftler) hatte sich insbesondere mit der Chemie der Gase beschäftigt. Nicolas Théodore de *Saussure* (1767–1846) war ein Schweizer Naturforscher, der vor allem als Botaniker bekannt wurde. Der Genfer Pfarrer Jean *Senebier* (1742–1809) forschte über den Einfluss des Sonnenlichts auf Pflanzen und über die pflanzliche Atmung.

Eine der wenigen exakten Literaturangaben im Kapitel zur Assimilation des Kohlenstoffs bezieht sich auf das Werk des Mediziners und Botanikers Franz Julius *Meyen* (1804–1840), der auf Empfehlung Alexander von Humboldts als Schiffsarzt 1830 bis 1832 an einer Weltumsegelung teilgenommen hatte. Meyen veröffentlichte 1837 bis 1839 sein *Neues System der Pflanzenphysiologie* in drei Bänden. Die Elementaranalyse spielt bei Liebigs Angaben quantitativer Ergebnisse eine große Rolle. So erwähnt er beispielsweise Analysen seiner Schüler Petersen und Friedrich Karl Ludwig *Schödler* (1813–1884) über die Zusammensetzung 24 verschiedener Holzarten.

Im Abschnitt „Der Ursprung und die Assimilation des Stickstoffs" bezieht sich Liebig mehrmals auf Arbeiten des französischen Chemikers Jean Baptiste *Boussingault* (1802–1887), der ab 1832 als Professor der Chemie in Lyon und ab 1845 als Professor der Agrikultur an der Pariser Universität sowie der analytischen Chemie am Conservatoire des Arts et Métiers in Paris wirkte. Er gilt als einer der Mitbegründer der Agrikulturchemie mit bedeutenden Forschungen über den pflanzlichen Stickstoff-Stoffwechsel.

---

[30] Pötsch, WR, Fischer, A und Müller, W: Lexikon bedeutender Chemiker, Thun/Frankfurt (M.) 1989.

Brock, WH: Viewegs Geschichte der Chemie, Braunschweig/Wiesbaden 1997.

Weyer, J: Geschichte der Chemie Band 1 – Altertum, Mittelalter, 16.-18. Jahrhundert und Band 2–19. und 20. Jahrhundert, Heidelberg/Berlin 2018.

Im Abschnitt über die anorganischen Bestandteile der Vegetabilien wird neben de Saussure häufiger der Name Berthier zu den Analysen von Pflanzenaschen genannt. Pierre *Berthier* (1782–1861) war ein französischer Geologe und Mineraloge. Zu seinen Arbeiten zählen Studien über Phosphat, die für die Entwicklung der Düngemittellehre in der Landwirtschaft eine große Bedeutung hatten.

Im Kapitel „Die Cultur" erwähnt Liebig auch die Arbeiten von zwei Forstwissenschaftlern – von Hartig und Forstmeister Heyer sowie dem Agrarwissenschaftler von Schwerz.

Georg Ludwig *Hartig* (1764–1837) war im staatlichen Forstdienst bis 1811 zum Oberlandforstmeister in der preußischen Generalverwaltung der Domänen und Forsten in Berlin aufgestiegen. 1821 richtete er an der Universität Berlin einen Lehrstuhl für Forstwissenschaft ein, aus dem sich später die Forstliche Hochschule Eberswalde entwickelte. Er prägte in zahlreichen Veröffentlichungen bereits um 1800 den Begriff der Nachhaltigkeit in der Forstwirtschaft. 1831 erschien sein Werk *Die Forstwirtschaft in ihrem ganzen Umfange in gedrängter Kürze. Ein Handbuch für Forstleute, Kamerlisten und Waldbesitzer.*

Johann Nepomuk Hubert von *Schwerz* (1759–1844) war Agrarwissenschaftler. Er hatte im Auftrag des Königs von Württemberg 1818 eine staatliche landwirtschaftliche Lehranstalt in Hohenheim gegründet, aus der die heutige Universität Hohenheim hervorging. Der Sohn eines Koblenzer Kaufmannes hatte das Jesuitenkolleg in Koblenz besucht, war dann als Hauslehrer beim Grafen von Renesse tätig, dessen Witwe ihn 1801 zum Verwalter der gräflichen Gutsbetriebe im heutigen Belgien bestellte. Er erwarb sich aus der Praxis eigener Feldversuche, durch das Studium der Fachliteratur und durch Studienreisen umfassende Kenntnisse in der Landwirtschaft. Auf Vorschlag von Albrecht Thaer trat er 1816 zunächst in preußische Dienste als Regierungsrat ein, inspizierte die Landwirtschaft in Westfalen und Rheinpreußen und machte Vorschläge zu deren Verbesserung, bevor er dem Ruf König Wilhelms I. von Württemberg folgte. Er verfasste in Hohenheim das von Liebig genannte Lehrbuch *Anleitung zum practischen Ackerbau* (bei Cotta in drei Bänden 1823–1828; 2. Aufl. 1838, 3. Aufl. 1843, 4. Aufl. 1857).

Der Forstmeister Carl *Heyer* (1797–1856) war ein forstlicher Praktiker. Er war ab 1817 in verschiedenen Stellen der hessischen Forstverwaltung tätig. Er lehrte auch an der Hessischen Forstlehranstalt in Gießen und prägte als „Goldene Regel" die Durchforstung.

Der Schweizer Botaniker und Naturwissenschaftler Augustin-Pyrame de *Candolle* (1778–1841) wird von Liebig im Abschnitt „Die Wechselwirtschaft und die Dünger" mehrmals genannt. De Candolle hatte nach einem Studium der Medizin und Botanik in Paris 1808 den Lehrstuhl für Botanik in Montpellier erhalten. 1817 gründete er den ersten botanischen Garten in Genf und lehrte an der Universität (1834 Lehrstuhl für Botanik und Zoologie). Liebig schrieb: „Unter allen Vorstellungen, die man sich über die Ursache der Vortheilhaftigkeit des Fruchtwechsels geschaffen hat, verdient die Theorie des Herrn de Candolle als die einzige genannt zu werden, welche eine feste Grundlage besitzt." Als weiteren Namen hat Liebig hier auch den Genfer Botaniker und Chemiker

Macaire-Princep (1769–1869) erwähnt, über den zahlreiche Veröffentlichungen zu ermitteln waren. Neben Macaire nennt Liebig auch noch den Namen von Marcet; beide haben gemeinsam chemische Arbeiten publiziert, und von Alexander *Marcet* (1770–1822) ist bekannt, dass er aus Genf stammte, Arzt und Chemiker war, in England tätig wurde und nach seiner Rückkehr nach Genf 1819 eine Professur für medizinische Chemie bekam. Liebig führt in seinem Abschnitt über Dünger deren gemeinsame Analysen „frischer Excremente der Kuh" an.

Im Anhang zum Abschnitt „Die Wechselwirthschaft und der Dünger" fügte Liebig zwei unterschiedliche Beiträge an: „Beobachtungen über eine Pflanze" von William *Magnab* (1780–1846), „Director des Pflanzengartens in Edinburg" und „Versuche und Beobachtungen über die Wirkung der vegetabilischen Kohle auf die Vegetabilien" von Eduard *Lucas* (1816–1882), deutscher Pomologe. Er war 1841 Leiter des botanischen Gartens in Regensburg, wurde 1843 Institutsgärtner an die neu gegründete Gartenbauschule der Landwirtschaftlichen Unterrichts-, Versuchs- und Lehranstalt in Hohenheim berufen und gründete 1859/1860 in Reutlingen eine private Lehranstalt für Gartenbau, Obstkultur und Pomologie. Der Anhang „Ueber die Ernährung der Pflanzen" stammt von dem bereits genannten Forstwissenschaftler Theodor Hartig.

Im zweiten Teil „Der chemische Proceß der Gährung, Fäulniß und Verwesung" werden von Liebig zahlreiche Wissenschaftler genannt, die alle in der Geschichte der Chemie ein wichtige Rolle gespielt haben – zu nennen sind: *Berthollet* (1748–1822), *Berzelius* (1779–1848), *Bunsen* (1811–1899), *Döbereiner* (1780–1849), *Dumas* (1800–1884), *Gay-Lussac* (1778–1850), *Geiger* (1785–1836), *Regnault* (1810–1878), *Thenárd* (1777–1857), *Wöhler* (1800–1882). Weniger bekannt sind: Gerardus Johannes *Mulder* (1802–1880), ab 1840 Professor in Utrecht mit wichtigen Arbeiten auf dem Gebiet der physiologischen Chemie und der Agrochemie; Karl Gustav *Bischof* (1792–1870), Professor in Bonn, Pionier der Mineralwasseranalytik, und Frédéric *Kuhlmann* (1803–1881), Professor für angewandte Chemie in Lille.

Mit der Liste dieser an vielen Stellen von Liebig genannten Wissenschaftlern stellt sein Buch auch ein Stück Chemiegeschichte, vor allem aus der Zeit um 1800, dar.

1.7 Zur Verbreitung von Liebigs Werk

Liebigs Bibliograph Carlo Paoloni berichtete zur Verbreitung des Werkes u. a., dass sich Liebig 1840 zum ersten Mal an ein breiteres Publikum gewendet und sich trotz seiner Abneigung gegen das Bücherschreiben entschlossen habe, „die Anwendung aller seiner Kenntnisse in der organischen Chemie zur Aufklärung der Lebensprozesse in Pflanzen und Tieren schriftlich niederzulegen".[31]

---

[31] Paoloni, C.: Justus von Liebig. Eine Bibliographie sämtlicher Veröffentlichungen, Heidelberg 1968.

Aus einem Brief vom 2. April an seinen Freund Wöhler in Göttingen erfahren wir:

…Du weißt, ich schreibe soeben eine närrische Chemie, die es mit der Physiologie und dem Ackerbau zu thun hat. Was werden die Leute für Augen machen, daß ein Chemiker sich herausnimmt zu behaupten, die Physiologie und Agronomie seien die unwissendsten Pfuscher…[32]

Das genannte Werk erschien erstmalig durch Unterstützung seines Schülers Charles Frédéric Gerhardt (1816–1856, aus Straßburg, 1836/37 in Gießen, ab 1838 Assistent von Dumas) am 10. April 1840 mit einer Widmung von Gay-Lussac in französischer Sprache unter dem Titel *Traité de Chimie Organique* (Paris 1840): „Dieses Buch enthält zum ersten Mal als Einleitung (Introduction) in 195 besonders numerierten Seiten die Agrikulturchemie Liebigs mit dem Titel ‚Application des principes de Chimie Organique à la Physiologie végétale et animale‘. Diese Veröffentlichung bedeutet die Priorität der französischen Auflage der Agrikulturchemie Liebigs vor der ersten deutschen Auflage am 1. August 1840."[33,] 1841 erschien dann die französische Übersetzung der ersten deutschen Auflage durch Charles Gerhardt mit folgendem Vorwort von Liebig, in dem er feststellt (Übersetzung in[34]):

„Dieses Werk habe ich schon zum Vorschein gebracht als Einleitung (Introduction) zu meinem ‚Traité de Chimie Organique‘, aber da die Materie, welche sie als Objekt hat, außerhalb der eigentlichen Chemie ist, so schien mir zweckmäßig, dieselbe mit Vorteil separat zu geben im Bereich der Physiologen und Agronomen…"

Liebig war offensichtlich von dem Erfolg seines Werkes überzeugt, wie aus Briefen an seinen Verleger und Freund Eduard Vieweg (1797–1869) zu entnehmen ist.[35] In einem Brief vom 17. März 1840 ist u. a. zu lesen: *Es wird … großes Aufsehen erregen. Ich habe darin eine auf Versuche und Beobachtungen gegründete Theorie der Ernährung der Pflanzen, Einfluß des Humus und Düngers und eine Theorie der Wein- und Bierbereitung entwickelt, welche an den herrschenden Ansichten eine Revolution herbringen dürfte…*

Und in einem weiteren Brief vom 16. April 1840 bat Liebig um eine Auflage von 1500 Exemplaren und schrieb: *Sei unbesorgt, Du wirst sie absetzen, das Buch wird von Chemikern, Apothekern, den Ärzten und Ökonomen gekauft werden, dies ist ein großes Publikum…*

Die erste deutschsprachige Auflage erschien am 1. August mit einer Widmung an Alexander von Humboldt. Eine der wichtigsten Aussagen befindet sich auf der auch von Paoloni zitierten Seite 144/145:

Von chemischen Principien, gestützt auf die Kenntniß der Materien, welche die Pflanzen dem Boden entziehen, und was ihm in dem Dünger zurückgegeben wird, ist

---

[32] Zitiert nach: Paoloni, C.: Das Entstehen und die Entwicklung der Agrikulturchemie Liebigs im Lichte der Bibliographie (1840–1873), in: Berichte der Justus- Liebig-Gesellschaft zu Giessen, Band 1, Symposium 150 Jahre Agrikulturchemie, Giessen 1990., S. 7–18.

[33] Siehe Fußnote 32.

[34] Siehe Fußnote 32.

[35] Siehe Fußnote 32.

bis jetzt in der Agricultur keine Rede gewesen. Ihre Ausmittelung ist die Aufgabe einer künftigen Generation, denn was kann von der gegenwärtigen erwartet werden, welche mit einer Art von Scheu und Mißtrauen alle Hülfsmittel zurückweist, die ihr von der Chemie dargeboten werden, welche die Kunst nicht kennt, die Entdeckungen der Chemie auf eine rationelle Weise zur Anwendung zu bringen. Eine kommende Generation wird aus diesen Hülfsmitteln unberechenbare Vortheile ziehen.

In Deutschland erschienen von 1840 bis 1877 insgesamt zehn Auflagen, in Amerika 19 Auflagen zwischen 1841 und 1872, in England fünf Auflagen von 1840 bis 1847. Paoloni ermittelte weitere Auflagen bzw. Übersetzungen in Frankreich (1841, 1844), Italien (1842, 1844), Holland (1842), Belgien (1850), Russland (1842), Dänemark (1846), Schweden (1846) und Polen (1846).[36,37]

1.8 Kritische Stimmen – Rezensionen und weitere Entwicklungen bis heute

In den ersten Jahren nach dem Erscheinen von Liebigs Agrikulturchemie meldeten sich einige Kritiker zu Wort, wobei Liebigs fehlende Feldversuche verständlicherweise eine Rolle spielten.

In einer ausführlichen Rezension im *Jahrbuch für wissenschaftliche Kritik,* die bis auf Lavoisier zurückgeht, 1843 ist u. a. zu lesen:

„Sie [gemeint ist Liebigs Werk zur „Agrikulturchemie"] hat mannigfaltige Beurtheilungen erfahren, lobende und scharf tadelnde. An letztern ist vielleicht Liebig zum Theil in so fern selbst Schuld, als er mit zu caustischer Polemik viele vermeintliche Verirrungen zu geiseln suchte, in welche nach ihm Wissenschaftsmänner beim Studium der Naturwissenschaften verfallen sind. Auch ist die Richtigkeit vieler von ihm aufgestellter Thatsachen und Ansichten aufgegriffen worden. Liebig ist indessen selbst weit davon entfernt, Alles, was er entwickelt, und zum Theil verwirft, gehörig zu vertreten; aber neue scharfsinnige Ansichten und Hypothesen sind, auch wenn sie sich nicht bestätigen, in jeder Wissenschaft fördernd und heilsam; sie erregen Aufmerksamkeit, beschäftigen um so mehr geistreiche Köpfe, je geistreicher sie selbst sind, reizen zum Widerspruche und zu Versuchen und befördern dadurch die Wissenschaft."[38]

Paoloni[39] nennt auch die Namen der wichtigsten Kritiker: Hlubeck, Gruber, Schleiden, Sprengel und Mohl hätten sich gegen die Prinzipien Liebigs gestellt.

---

[36] Siehe Fußnote 31.

[37] Siehe Fußnote 32.

[38] Jahrbuch für wissenschaftliche Kritik (1843) Band 1 (Februar), Spalte 262 – Autor: Carl Heinrich Schultz (1804–1876), Arzt und Botaniker.

[39] Siehe Fußnote 32.

Franz Xaver von *Hlubek* (1802–1880) war ein österreichischer Agronom, ab 1830 Professor der Land- und Forstwirtschaft in Wien, ab 1840 am Johanneum in Graz (heute TU) und auch landwirtschaftlicher Schriftsteller. Er zählt zu den Vorläufern der landwirtschaftlichen Naturforschung. *Gruber* wird als Interpret der Ansichten von *Sprengel* (s. dort) bezeichnet. Matthias Jacob *Schleiden* (1804–1881) war Botaniker, ab 1839 Extraordinarius in Jena (ab 1850 Ordinarius), und Mitbegründer der Zelltheorie, der nach dem Vorbild von Alexander von Humboldt Vorlesungen für gebildete Bürger hielt. Hugo von *Mohl* (1805–1872) war Arzt und Botaniker, wurde 1835 Professor für Physiologie in Bern und im gleichen Jahr als Ordinarius für Botanik an die Universität in Tübingen berufen. Paoloni berichtete auch, dass Liebigs Freund Berzelius in einem Brief vom 11. Dezember 1840 einen „bösen Kommentar" zur Liebigs Werk geschrieben hätte.

Diese Kritiken beeinträchtigten den Erfolg von Liebigs Werk jedoch nicht. Weitere Kritiken, vor allem im Hinblick auf Liebigs Mineralstofftheorie, kamen von John Bennet Lawes (1814–1900, Besitzer eines Gutsbetriebes in Rothamsted, Grafschaft Hertfordshire, heute größtes Agrarforschungsinstitut Englands) und Gilbert aus England. Lawes führte Düngungsversuche durch und wandte sich vor allem gegen die These der Stickstoffversorgung durch Ammoniumsalze aus dem Boden. Joseph Henry Gilbert (1817–1901) war 1840 Schüler Liebigs in Gießen gewesen und eröffnete zusammen mit Lawes 1843 eine Superphosphatfabrik. Der von Liebig entwickelte Patentdünger hatte sich wegen der Schwerlöslichkeit einiger Substanzen nicht bewährt. Auch in Frankreich wurde Liebig in einen bitteren Prioritätenstreit verwickelt– ausführlich dazu bei W. H. Brock[40].

Neue Erkenntnisse veranlassten Liebig zu weiteren Publikationen – so veröffentlichte er 1855 *Die Grundsätze der Agricultur-Chemie, mit Rücksicht auf die in England angestellten Versuche*[41].

1862 erschien dann das „epochemachende Standardwerk der Agrikulturchemie Liebigs" (Paoloni) in zwei Teilen und zwei Bänden mit den Titeln *Der chemische Process der Ernährung der Vegetabilien* und *Die Naturgesetze des Feldbaues* (zum Inhalt s. in[42]).

Im ersten Teil werden u. a. die Analysenergebnisse von 709 Pflanzenaschen sowie von Exkrementen, Stallmist, Schafkot, Mistjauche, Guano, Knochen, Torf angegeben.

In seinem 1840 veröffentlichten Werk sind folgende Hauptthesen aufgeführt:

---

[40] Brock, WH: Justus von Liebig. Eine Biographie des großen Wissenschaftlers und Europäers, Kap. 6 Liebig und die Landwirte, S. 121–149, Braunschweig/Heidelberg 1999.

[41] 1. Aufl. und 2. Aufl., „durch einen Nachtrag vermehrte Auflage", Braunschweig 1855; engl. u. amerik. Auflagen mit dem Titel „Principles of agricultural chemistry, with special reference to the late researches made in England"; "The relation of chemistry to agriculture and the agricultural experiments of Mr. J. B. Lawes, translated by Samuel W. Johnson at the author request".

[42] Paoloni, C.: Justus von Liebig. Eine Bibliographie sämtlicher Veröffentlichungen, S. 184 u. 185, Heidelberg 1968.

- „Als Prinzip des Ackerbaus muß angenommen werden, daß der Boden in vollem Maße wieder erhalten muß, was ihm genommen wird. In welcher Form dieses Wiedergeben geschieht, ob in Form von Exkrementen oder von Asche oder Knochen, dies ist wohl ziemlich gleichgültig.
- Der Ertrag eines Feldes wird von demjenigen Nährstoff begrenzt, der sich im Vergleich zum Bedarf der Pflanzen im Minimum befindet. (Diese Feststellung wurde später als das *Gesetz des Minimums* bekannt.)
- Wir können die Fruchtbarkeit unserer Felder in einem stets gleichbleibenden Zustand erhalten, wenn wir ihren Verlust jährlich wieder ersetzen, eine Steigerung der Fruchtbarkeit, eine Erhöhung ihres Ertrages ist aber nur dann möglich, wenn wir mehr wiedergeben, als wir ihnen nehmen.
- Die Quelle, aus welcher Stickstoff dem Boden und der Pflanze fortwährend zufließt, ist die Atmosphäre." (Diese These hat Liebig später korrigiert.) – s. auch in[43].

1.8.1 Liebigs 50 Thesen

Die „epochemachenden 50 Thesen, welche er als Axiome seiner Lehre später veröffentlichte und die nur bezüglich der Löslichkeit pflanzlicher Nährstoffe durch Hereinziehen des Gesetzes der Bodenabsorption eine Änderung erfahren haben", werden u. a. auch von seinem Biographen Kohut aufgeführt. Sie haben folgenden Wortlaut[44]:

„1. Die Pflanzen empfangen im allgemeinen ihren Kohlenstoff und Stickstoff aus der Atmosphäre, den Kohlenstoff in Form der Kohlensäure, den Stickstoff in Form von Ammoniak. Das Wasser (und Ammoniak) liefert den Pflanzen ihren Wasserstoff; der Schwefel der schwefelhaltigen Bestandtheile der Gewächse stammt von der Schwefelsäure her.

2. Auf den verschiedensten Bodenarten, in den verschiedensten Klimaten, in der Ebene oder auf hohen Bergen gebaut, enthalten die Pflanzen eine gewisse Anzahl von Mineralsubstanzen, und zwar immer die nämlichen, deren Natur und Beschaffenheit sich aus der Zusammensetzung ihrer Asche ergibt. Diese Aschenbestandteile waren Bestandteile des Bodens; alle fruchtbaren Bodenarten enthalten gewisse Mengen davon; in keinem Boden, worauf Pflanzen gedeihen, fehlen sie.

---

[43] Schulz, St, Menzel P.: Justus von Liebig „Alles ist Chemie". Ausstellung an der Universität Hohenheim 5. März-30.April 1999, Begleitdokumentation, Universität Hohenheim 1999. – Anschauliche Darstellungen zu Liebigs Agrikulturchemie sind auch in seinen „Chemischen Briefen" vom 33. Brief („Principien der rationellen Agricultur....") bis 48./49. Brief („Standpunkt des modernen Ackerbaus zur Geschichte..." bzw. „Die Landwirthschaft in China") zu finden; 6. Aufl. Leipzig und Heidelberg 1878 (= Abdruck der Ausgabe letzter Hand).

[44] Kohut, A. – s. unter[3] zitiert S. 111–121.

3. In den Produkten des Feldes wird in den Ernten die ganze Quantität der Boden-bestandteile, welche Bestandteile der Pflanzen geworden sind, hinweggenommen und dem Boden entzogen; vor der Einsaat ist der Boden reicher daran als nach der Ernte, die Zusammensetzung des Bodens ist nach der Ernte geändert.

4. Nach einer Reihe von Jahren und einer entsprechenden Anzahl von Ernten nimmt die Fruchtbarkeit der Felder ab. Beim Gleichbleiben aller übrigen Bedingungen ist der Boden allein nicht geblieben, was er vorher war; die Änderung in seiner Zusammen-setzung ist die wahrscheinliche Ursache seines Unfruchtbarwerdens.

5. Durch den Dünger, den Stallmist, die Exkremente der Menschen und Tiere wird die verlorene Fruchtbarkeit wieder hergestellt.

6. Der Dünger besteht aus verwesenden Pflanzen- und Tierstoffen, welche eine gewisse Menge Bodenbestandteile enthalten. Die Exkremente der Tiere und Menschen stellen die Asche der im Leibe der Tiere und Menschen verbrannten Nahrung dar von Pflanzen, die auf den Feldern geerntet wurden. Der Harn enthält die im Wasser löslichen, die Fäces die darin unlöslichen Bodenbestandteile der Nahrung. Der Dünger enthält die Bodenbestandteile der geernteten Produkte des Feldes; es ist klar, daß durch seine Einverleibung im Boden dieser die entzogenen Mineralbestandteile wiedererhält; die Wiederherstellung seiner ursprünglichen Zusammensetzung ist begleitet von der Wieder-herstellung seiner Fruchtbarkeit; es ist gewiß, eine der Bedingungen der Fruchtbarkeit war der Gehalt des Bodens an gewissen Mineralbestandteilen. Ein reicher Boden enthält mehr davon als ein armer Boden.

7. Die Wurzeln der Pflanzen verhalten sich in Beziehung auf die Aufnahme der atmosphärischen Nahrungsmitteln ähnlich wie die Blätter, d. h. sie besitzen wie diese das Vermögen, Kohlensäure und Ammoniak aufzusaugen und in ihrem Organismus auf die-selbe Art zu verwenden, wie wenn die Aufnahme durch die Blätter vor sich gegangen wäre.

8. Das Ammoniak, welches der Boden enthält und was demselben zugeführt wird, verhält sich wie ein Bodenbestandteil, in gleicher Weise verhält sich die Kohlensäure.

9. Die Pflanzen- und Tierstoffe, die tierischen Exkremente, gehen in Fäulnis und Ver-wesung über. Der Stickstoff der stickstoffhaltigen Bestandteile derselben verwandelt sich infolge der Fäulnis und Verwesung in Ammoniak, ein kleiner Teil des Ammoniaks ver-wandelt sich in Salpetersäure, welche das Produkt der Oxydation (der Verwesung) des Ammoniaks ist.

10. Wir haben allen Grund, zu glauben, daß in dem Ernährungsprozeß der Gewächse die Salpetersäure das Ammoniak vertreten kann, d. h. der Stickstoff derselben zu den-selben Zwecken in ihrem Organismus verwendet werden kann wie der des Ammoniaks.

11. In dem tierischen Dünger werden demnach den Pflanzen nicht nur die Mineral-substanzen, welche der Boden liefern muß, sondern auch die Nahrungsstoffe, welche die Pflanze aus der Atmosphäre schöpft, zugeführt. Diese Zufuhr ist eine Vermehrung der-jenigen Menge, welche die Luft enthält.

12. Die nicht gasförmigen Nahrungsmittel, welche der Boden enthält, gelangen in den Organismus der Pflanzen durch die Wurzeln. Der Übergang derselben wird vermittelt

durch das Wasser, durch welches sie löslich werden und Beweglichkeit empfangen. Manche lösen sich im reinen Wasser, die anderen nur in Wasser, welches Kohlensäure oder ein Ammoniaksalz enthält.

13. Alle diejenigen Materien, welche die an sich im Wasser unlöslichen Bodenbestandteile löslich machen, bewirken, wenn sie in dem Boden enthalten sind, daß dasselbe Volum Regenwasser eine größere Menge davon aufnimmt.

14. Durch die fortschreitende Verwesung der im tierischen Dünger enthaltenen Pflanzen und Tierüberreste entstehen Kohlensäure und Ammoniaksalze. Sie stellen eine im Boden tätige Kohlensäurequelle dar, welche bewirkt, daß die Luft in dem Boden und das in demselben vorhandene Wasser reicher an Kohlensäure werden als ohne ihre Gegenwart.

15. Durch die tierischen Dünger wird den Pflanzen nicht nur eine gewisse Summe an mineralischen und atmosphärischen Nahrungsmitteln angeboten, sondern sie empfangen durch denselben auch in der durch seine Verwesung sich bildenden Kohlensäure und den Ammoniaksalzen ein unentbehrliches Mittel zum Übergange der im Wasser für sich unlöslichen Bestandteile, eine größere Menge in derselben Zeit, also ohne Mitwirkung der verwertbaren organischen Stoffe.

16. In warmen trockenen Jahren empfangen die Pflanzen durch den Boden weniger Wasser als in nassen Jahren. Die Ernte in verschiedenen Jahren steht damit im Verhältnis. Ein Feld von derselben Beschaffenheit liefert in regenarmen Jahren einen geringeren Ertrag; er steigt in regenreichern, bei gleicher mittlerer Temperatur, bis zu einer gewissen Grenze mit der Regenmenge.

17. Von zwei Feldern, von denen das eine mehr Nahrungsstoffe zusammen genommen hält als das andere, liefert das daran reichere auch in trockenen Jahren, unter sonst gleichen Verhältnissen, einen höheren Ertrag als das ärmere.

18. Von zwei Feldern von gleicher Beschaffenheit und gleichem Gehalt an Bodenbestandteilen, von denen das eine aber in verwesbaren Pflanzen- oder Düngerbestandteilen außerdem eine Kohlensäurequelle enthält, liefert das letztere auch in trockenen Jahren einen höheren Ertrag als das andere.

Die Ursache dieser Verschiedenheit oder Ungleichheit im Ertrag beruht auf der ungleichen Zufuhr der Bodenbestandteile in Quantität und Qualität, welche die Pflanze in gleichen Zeiten von dem Boden empfängt.

19. Alle Widerstände, welche die Löslichkeit und Aufnahmefähigkeit der im Boden vorhandenen Nahrungsstoffe der Gewächse behindern, heben in demselben Verhältnis deren Fähigkeit auf, zur Ernährung zu dienen, d. h. sie machen die Nahrung wirkungslos. Eine gewisse physikalische Beschaffenheit des Bodens ist eine notwendige Vorbedingung zur Wirksamkeit der darin vorhandenen Nahrung. Der Boden muß der atmosphärischen Luft und dem Wasser Zutritt und den Wurzelfasern die Möglichkeit gestatten, sich nach allen Richtungen zu verbreiten und die Nahrung aufzusuchen. Der Ausdruck tellurischer Bedingungen bezeichnet den Inbegriff aller von der physikalischen Beschaffenheit und Zusammensetzung des Bodens abhängigen, für die Entwickelung der Pflanzen notwendigen Bedingungen.

20. Alle Pflanzen ohne Unterschied bedürfen zu ihrer Ernährung Phosphorsäure, Schwefelsäure, die Alkalien, Kalk, Bittererde, Eisen; gewisse Pflanzengattungen Kieselerde; die am Strande des Meeres und im Meere wachsenden Pflanzen Kochsalz, Natron, Jodmetalle. In mehreren Pflanzengattungen können die Alkalien zum Teil durch Kalk- und Bittererde und diese umgekehrt durch Alkalien vertreten werden. Alle diese Stoffe sind inbegriffen in der Bezeichnung mineralische Nahrungsmittel, atmosphärische Nahrungsmittel sind Kohlensäure und Ammoniak. Das Wasser dient zur Nahrung und zur Vermittlung des Ernährungsprozesses.

21. Die für eine Pflanze notwendigen Nahrungsstoffe sind gleichwertig, d. h. wenn eines von der ganzen Anzahl fehlt, so gedeiht die Pflanze nicht.

22. Die für die Kultur aller Pflanzengattungen geeigneten Felder enthalten alle für die Pflanzengattungen notwendigen Bestandteile; die Worte fruchtbar oder reich, unfruchtbar oder arm drücken das relative Verhältnis dieser Bodenbestandteile in Quantität oder Qualität aus.

Unter qualitativer Verschiedenheit versteht man den ungleichen Zustand der Löslichkeit oder Übergangsfähigkeit der mineralischen Nahrungsmittel in den Organismus der Pflanzen, welche vermittelt wird durch das Wasser.

Von zwei Bodenarten, welche gleiche Mengen mineralischer Nahrungsmittel enthalten, kann die eine fruchtbar (als reich), die andere unfruchtbar sein (als arm angesehen werden), wenn in der letzteren diese Bestandteile nicht frei, sondern in einer chemischen Verbindung sich befinden. Ein Körper, der sich in chemischer Verbindung befindet, setzt, infolge der Anziehung seiner anderen Bestandteile, einem zweiten, der sich damit zu verbinden strebt, einen Widerstand entgegen, der überwunden werden muß, wenn beide sich verbinden sollen.

23. Alle für die Kultur geeigneten Bodenarten enthalten die mineralischen Nahrungsmittel der Pflanzen in diesen zweierlei Zuständen. Alle zusammen stellen das Kapital, die frei löslichen den flüssigen, beweglichen Teil des Kapitals dar.

24. Einen Boden durch geeignete Mittel, aber ohne Zufuhr von mineralischen Nahrungsmitteln verbessern, bereichern, fruchtbar machen, heißt einen Teil des toten, unbeweglichen Kapitals, das ist die chemisch gebundenen Bestandteile, frei, beweglich und verwendbar für die Pflanzen machen.

25. Die mechanische Bearbeitung des Feldes hat den Zweck, die chemischen Widerstände im Boden zu überwinden, die in chemischer Verbindung befindlichen mineralischen Nahrungsmittel frei und verwendbar zu machen. Dies geschieht durch Mitwirkung der Atmosphäre, der Kohlensäure, des Sauerstoffs und des Wassers. Die Wirkung heißt Verwitterung. Stehendes Wasser im Boden, welches der Atmosphäre den Zugang zu den chemischen Verbindungen verschließt, ist Widerstand gegen die Verwitterung.

26. Brachzeit heißt die Zeit der Verwitterung. Während der Brache wird dem Boden durch die Luft und das Regenwasser Kohlensäure und Ammoniak zugeführt. Letzteres bleibt im Boden, wenn Materien darin vorhanden sind, welche es binden, d. h. die ihm seine Flüchtigkeit nehmen.

27. Ein Boden ist fruchtbar für eine gegebene Pflanzengattung, wenn er die für diese Pflanze notwendigen mineralischen Nahrungsstoffe in gehöriger Menge, in dem richtigen Verhältnis und in der zur Aufnahme geeigneten Beschaffenheit enthält.

28. Wenn dieser Boden durch eine Reihe von Ernten ohne Ersatz der hinweg genommenen mineralischen Nahrungsmittel unfruchtbar für diese Pflanzengattung geworden ist, so wird er nach einem oder einer Anzahl von Brachjahren wieder fruchtbar für diese Pflanzengattung, wenn er neben den löslichen oder hinweg genommenen Bodenbestandteilen eine gewisse Summe derselben Stoffe im unlöslichen Zustand enthielt, welche während der Brachzeit durch mechanische Bearbeitung und Verwitterung löslich geworden sind. Durch die sogenannte Gründüngung wird diese Wirkung in kürzerer Zeit erzielt.

29. Ein Feld, worin diese mineralischen Nahrungsmittel fehlen, wird durch Brachliegen und mechanische Bearbeitung nicht fruchtbar.

30. Die Steigerung der Fruchtbarkeit eines Feldes durch die Brache und die mechanische Bearbeitung und Hinwegnahme der Bodenbestandteile in den Ernten, *ohne* Ersatz derselben, hat in kürzerer oder längerer Zeit eine dauernde Unfruchtbarkeit zur Folge.

31. Wenn der Boden seine Fruchtbarkeit *dauernd* bewahren soll, so müssen ihm nach kürzerer oder längerer Zeit die entzogenen Bodenbestandteile wieder ersetzt, d. h. die Zusammensetzung des Bodens muß wieder hergestellt werden.

32. Verschiedene Pflanzengattungen bedürfen zu ihrer Entwickelung dieselben mineralischen Nahrungsmittel, aber in ungleicher Menge oder in ungleichen Zeiten. Einige Kulturpflanzen müssen Kieselsäure in löslichem Zustande im Boden vorfinden.

33. Wenn ein gegebenes Stück Feld eine gewisse Summe *aller* mineralischen Nahrungsmittel in *gleicher* Menge und geeigneter Beschaffenheit enthält, so wird dieses Feld unfruchtbar für eine einzelne Pflanzengattung, wenn durch eine Aufeinanderfolge von Kulturen ein einzelner dieser Bodenbestandteile (z. B. lösliche Kieselerde) soweit entzogen ist, daß seine Quantität für eine neue Ernte nicht mehr ausreicht.

34. Eine *zweite* Pflanze, welche diesen Bestandteil (die Kieselerde z. B.) nicht bedarf, wird, auf demselben Felde gebaut, eine oder eine Reihenfolge von Ernten zu liefern vermögen, weil die andern, ihr notwendigen mineralischen Nahrungsmittel in einem zwar geänderten Verhältnisse (nicht mehr in gleicher Menge), aber für ihre vollkommene Entwicklung in ausreichender Menge vorhanden sind.

Eine *dritte* Pflanzengattung wird nach der zweiten auf demselben Felde gedeihen, wenn die zurückgelassenen Bodenbestandteile für den Bedarf der Ernte ausreichen; und wenn während der Kultur dieser Gewächse eine neue Quantität des fehlenden Bestandteiles (der löslichen Kiselerde) durch Verwitterung wieder löslich geworden ist, so kann auf demselben Felde beim Vorhandensein der andern Bedingungen die erste Pflanze wieder kultivierbar sein.

35. Auf der ungleichen Menge und Beschaffenheit der mineralischen Nahrungsmittel und dem ungleichen Verhältnis, in dem sie zur Entwickelung der verschiedenen

Pflanzengattungen dienen, beruht die Wechselwirtschaft und die Verschiedenheit des Fruchtwechsels in verschiedenen Gegenden.

36. Das Wachsen einer Pflanze, ihre Zunahme an Masse und ihre vollkommene Entwicklung in einer gegebenen Zeit, bei Gleichheit aller Bedingungen, steht in Verhältnis zur Oberfläche der Organe, welche bestimmt sind, die Nahrung aufzunehmen. Die Menge der aus der Luft aufnehmbaren Nahrungsstoffe ist abhängig von der Anzahl und der Oberfläche der Blätter, die der aus dem Boden aufnehmbaren Nahrung von der Anzahl und Oberfläche der Wurzelfasern.

37. Wenn während der Blatt- und Wurzelbildung zwei Pflanzen derselben Gattung eine ungleiche Menge Nahrung in derselben Zeit dargeboten wird, so ist ihre Zunahme an Masse ungleich in dieser Zeit, sie ist größer bei derjenigen Pflanze, welche in dieser Zeit mehr Nahrung empfängt, die Entwickelung derselben wird beschleunigt. Dieselbe Ungleichheit in der Zunahme zeigt sich, wenn den beiden Pflanzen die nämliche Nahrung in derselben Menge, aber in einem verschiedenen Zustande der Löslichkeit dargeboten wird.

Durch Darbietung der richtigen Menge aller zur Ernährung eines Gewächses notwendigen atmosphärischen und tellurischen Nahrungsmittel in der gehörigen Zeit und Beschaffenheit wird ihre Entwickelung in der Zeit beschleunigt. Die Bedingungen der Zeitverkürzung ihrer Entwickelung sind die nämlichen wie die zu ihrer Zunahme an Masse.

39. Die zum Leben einer Pflanze nötigen Nahrungsstoffe müssen in einer gegebenen Zeit zusammenwirken, wenn sie zur vollen Entwickelung in dieser Zeit gelangen soll.

Je rascher sich eine Pflanze in dieser Zeit entwickelt, desto mehr Nahrung bedarf sie in dieser Zeit, die Sommerpflanze mehr als die perennierenden Gräser [perennierend: ausdauernde Pflanze, die mehrere Jahre lebt].

40. Wenn einer der zusammenwirkenden Bestandteile des Bodens oder der Atmosphäre fehlt oder mangelt oder die zur Aufnahme geeignete Beschaffenheit nicht besitzt, so entwickelt sich die Pflanze nicht oder in ihren Teilen nur unvollkommen.

Der fehlende oder mangelnde Bestandteil macht die andern vorhandenen wirkungslos oder vermindert ihre Wirksamkeit.

41. Wird der fehlende oder mangelnde Bestandteil dem Boden zugesetzt oder der vorhandene löslich gemacht, so werden die andern wirksam.

Durch den Mangel oder die Abwesenheit eines notwendigen Bestandteiles, beim Vorhandensein aller andern, wird der Boden unfruchtbar für alle diejenigen Gewächse, welche diesen Bestandteil zu ihrem Leben nicht entbehren können. Der Boden liefert reichlich Ernten, wenn dieser Bestandteil in richtiger Menge und Beschaffenheit zugesetzt wird. Bei Bodenarten von unbekanntem Gehalt an mineralischen Nahrungsmitteln geben Versuche mit den einzelnen Düngerbestandteilen Mittel ab, um Kenntnis von der Beschaffenheit des Feldes und dem Vorhandensein der andern Düngerbestandteile zu erlangen. Wenn z. B. der phosphorsaure Kalk wirksam ist, d. h. den Ertrag eines Feldes erhöht, so ist dies ein Zeichen, daß derselbe gefehlt hat oder in zu geringer Menge vorhanden war, während an allen übrigen kein Mangel war. Hätte einer von den andern notwendigen Bestandteilen ebenfalls gefehlt, so würde der phosphorsaure Kalk keine Wirkung gehabt haben.

42. Die Wirksamkeit aller Bodenbestandteile zusammengenommen in einer gegebenen Zeit ist abhängig von der Mitwirkung der atmosphärischen Nahrungsmittel in eben dieser Zeit.

43. Die Wirksamkeit der atmosphärischen Nahrungsmittel in der Zeit ist abhängig von der Mitwirkung der Bodenbestandteile in eben dieser Zeit; beim Vorhandensein der Bodenbestandteile und ihrer geeigneten Beschaffenheit steht die Entwickelung der Pflanzen im Verhältnis zu der Menge der dargebotenen und aufgenommenen atmosphärischen Nahrungsmittel. Das Verhältnis der Menge und der Beschaffenheit der mineralischen Nahrungsmittel (ihres Zustandes der Aufnahmefähigkeit) im Boden und der Abwesenheit oder das Vorhandensein der Hindernisse ihrer Wirksamkeit (physikalische Beschaffenheit) erhöht oder vermindert die Anzahl und Masse der auf einer gegebenen Fläche kultivierbaren Pflanzen. Der fruchtbare Boden entzieht in den darauf wachsenden Pflanzen der atmosphärischen Luft mehr Kohlensäure und Ammoniak als der unfruchtbare; diese Entziehung steht im Verhältnis zu seiner Fruchtbarkeit und ist nur begrenzt durch den begrenzten Gehalt an Kohlensäure und Ammoniak in der Luft.

44. Bei gleicher Zufuhr der atmosphärischen Bedingungen des Wachstums der Pflanzen stehen die Ernten in geradem Verhältnis zu den im Dünger zugeführten mineralischen Nahrungsmitteln.

45. Bei gleichen tellurischen Bedingungen stehen die Ernten im Verhältnis zu der Menge der durch die Atmosphäre und den Boden zugeführten atmosphärischen Nahrungsmittel. Wenn den im Boden vorhandenen wirksamen mineralischen Nahrungsmitteln Ammoniak und Kohlensäure zugesetzt werden, so wird seine Ertragsfähigkeit erhöht.

Die Vereinigung der tellurischen und atmosphärischen Bedingungen und ihr Zusammenwirken in der richtigen Menge, Zeit und Beschaffenheit bedingen das Maximum des Ertrages.

46. Die Zufuhr einer größeren Menge atmosphärischer Nahrungsmittel (mittels Ammoniaksalze, Humus), als die Luft darbietet, erhöht die Wirksamkeit der vorhandenen mineralischen Nahrungsmittel in einer gegebenen Zeit. In derselben Zeit wird alsdann von gleicher Fläche mehr geerntet, in einem Jahre möglicherweise soviel wie in zwei Jahren ohne diesen Überschuß.

47. In einem an mineralischen Nahrungsmitteln reichen Boden kann der Ertrag des Feldes durch Zufuhr von denselben Stoffen nicht erhöht werden.

48. In einem an atmosphärischen Nahrungsstoffen reichen Felde kann der Ertrag durch Zufuhr derselben Stoffe nicht gesteigert werden.

49. Von einem an mineralischen Nahrungsmitteln reichen Felde lassen sich in einem Jahre oder in einer Reihenfolge von Jahren durch Zufuhr und Einverleibung von Ammoniak allein, oder von Humus und Ammoniak, reichliche Ernten erzielen, ohne allen Ersatz der in den Ernten hinweggenommenen Bodenbestandteile. Es hängt alsdann

die Dauer dieser Erträge ab von dem Vorrate, der Menge und Beschaffenheit der im Boden enthaltenen mineralischen Nahrungsmitteln. Die fortgesetzte Anwendung dieses Mittels bewirkt eine Erschöpfung des Bodens,

50. Wenn nach dieser Zeit der Boden seine ursprüngliche Fruchtbarkeit wieder erhalten soll, so müssen ihm die in der Reihe von Jahren entzogenen Bodenbestandteile wieder zugeführt werden. Wenn der Boden in zehn Jahren zehn Ernten geliefert hat, ohne Ersatz der hinweggenommenen Bodenbestandteile, so müssen ihm diese in der zehnfachen Quantität im elften Jahr wiedergegeben werden, wenn derselbe seine Fähigkeit wieder erhalten solle, eine gleiche Anzahl von Ernten zu liefern."

Die Formulierungen dieser 50 Thesen, seine allgemein verständliche Sprache, machen deutlich, dass sich Liebig an eine breite Schicht der Bevölkerung wenden wollte – an die praktizierenden Landwirte, an die damaligen Verwalter großer Gutshöfe (Ökonomen und Kameralisten des 19. Jahrhunderts), aber auch an interessierte und gebildete Laien. Der häufig verwendete Begriff *Löslichkeit* ist heute mit dem Fachbegriff *Pflanzenverfügbarkeit* nahezu identisch. Auch wird aus diesen Thesen deutlich, dass Liebig gegen eine *Überdüngung* war. Nach seinen Einsichten, konnte ein Übermaß an Nährstoffen, welches über den Bedarf der Pflanze hinausging, nicht zu größerem Wachstum und Ertrag führen.

1.8.2 Denk- und Streitschriften bis ins 21. Jahrhundert

1874 veröffentlichte August Vogel (1817–1889) seine ausführliche Denkschrift über Liebig als *Begründer der Agrikulturchemie* nach einem Vortrag auf der Königlichen Akademie der Wissenschaften in München 1873.[45] Vogel hatte zunächst Medizin studiert (Dr. med. 1839), ging dann zu Liebig in dessen Gießener Laboratorium zum Studium der Chemie, wo er sich auch speziell der Agrikulturchemie widmete, promovierte in Erlangen zum Dr. phil. und wurde 1869 in München o. Prof. für Agrikulturchemie.

In der Zeitschrift *Die Naturwissenschaften* erschien 1924 von Adolf Mayer ein Beitrag, der ebenfalls Liebigs Wirken für die Agrikulturchemie würdigt.[46,47] Adolf Mayer (1843–1942) hatte an der TH Karlsruhe und in Heidelberg Chemie studiert und war nach der Promotion 1864 bei Kekulé in Gent tätig. Er habilitierte sich in Heidelberg, veröffentlichte 1869 *Das Düngerkapital und der Raubbau*, worin er Liebigs Raubbautheorie widerlegte, was bei den Chemikern nicht gut ankam, und verfasste 1871 ein *Lehrbuch der Agrikulturchemie in vierzig Vorlesungen*. Er verließ Heidelberg und leitete zuletzt

---

[45] Siehe Fußnote 44.

[46] Vogel, A (1874). Justus Freiherr von Liebig als Begründer der Agrikulturchemie: eine Denkschrift, München.

[47] Mayer, A.: Zur Geschichte der Agrikulturchemie, in: Die Naturwissenschaften 12 (24. Okt. 1924), Heft 43, S. 885–887.

die neu gegründete Landwirtschaftliche Versuchsanstalt in Wageningen, wo er seit 1877 auch lehrte.

Seine Stellung zu Liebig vermitteln die folgenden ausgewählten Zitate:

„Der Schöpfer der Agrikulturchemie ist LIEBIG, und ihre Geburtsstunde ist das Erscheinen seines berühmten in vielen Auflagen gedruckten Buches: Die organische Chemie in ihrer Anwendung auf Agrikultur und Physiologie, …. Die Gründe, warum der junge Chemiker, Justus von LIEBIG, dieser Schöpfer sein konnte und sein mußte, liegen seit lange klar zutage. LIEBIG hatte durch seine beispiellosen Erfolge auf dem Gebiete der reinen Chemie bereits einen Weltruf und zumal in seinem Heimatlande eine führende Stellung erlangt. …

Es waren namentlich zwei Gebiete, für welche diese Bedeutung für ihn auf der Hand lag und nun der ganzen Welt ans Herz gelegt werden sollte: Landwirtschaft und Gärungsgewerbe, eigentlich nur eines, da auch die letzteren in einem gewissen Sinne in die Landwirtschaft mit einbezogen werden konnten. Sind doch die Gärungsgewerbe zugleich die bedeutendsten Nebenzweige der Landwirtschaft; und Tierernährung gehörte jedenfalls dazu. Das Organ, das diesem Zwecke dienen konnte, besaß der unternehmungslustige Gießener Professor, die Befähigung zu einer ausdrucksvollen Sprache.

…

Der Eingriff LIEBIGS in die Räder der Geschichte der Landwirtschaft geschah … keineswegs überwiegend auf Grund seiner eigenen Forschungen, sondern er geschah auf Grund der Logik der chemischen Gesamtwissenschaft.

…

Ein Schöpfer ist immer nur der, der durchdringt. Die Tat macht denselben, nicht der schüchterne Gedanke allein. Vorläufer gibt es bei jeder großen Entdeckung und Menschheitsangelegenheit. Und eine geschichtliche Tatsache ist es eben, daß es erst LIEBIG gelang, die Hüter der landwirtschaftlichen Interessen auf dem platten Lande oder vorläufig auf den Lehrstätten der landwirtschaftlichen Akademie aus dem tiefen Schlafe einer eigentlich schon lange überholten Lehre aufzurütteln, aus dem Schlendrian des Schwörens auf die Autoritäten von gestern und vorgestern, in welchen die große Masse so leicht und kaum wachgerüttelt immer wieder versinkt.

LIEBIG war ausgerüstet mit den Waffen des siegreichen Könnens auf dem Gebiete seiner auserkorenen Wissenschaft, einer gewinnenden Darstellungsform, die schwierige und anscheinend langweilige Dinge spannend darzustellen und dem Verständnis eines jeden nahezulegen wußte, und zugleich einer fabelhaften Energie, die jeden Widerstand der Gegner seiner Anschauungen zu brechen wußte. Daß es infolge dieses flammenden Feuereifers nicht immer rücksichtsvoll zuging und derbe Hiebe und grausamer Spott nicht gespart wurden, versteht sich, vor allem, wenn man die weniger höflichen Sitten des ersten Zweidrittels des vorigen Jahrhunderts in Gelehrtenkreisen mit in Betracht zieht, natürlich von selbst. "

Im Jahre 2010 erschien nochmals eine Kritik unter der Überschrift „Im Schatten von Liebig. Das Wissen um den Boden – eine Verlustgeschichte"[48], in der Liebig zwar als Begründer der Agrikulturchemie bezeichnet wird, der „die mineralische Düngung in der Landwirtschaft propagierte und damit den Grundstein für deren chemische Aufrüstung und Intensivierung legte. Zugleich ging es Liebig um den wissenschaftlichen Anspruch des modernen Landbaus." Kritisiert wird aber, dass sich die Agrikulturchemie „seit der Mitte des 19. Jahrhunderts zur Hegemonialwissenschaft im Bereich des Ackerbaus" entwickelt habe. Die Biologie des Bodens jedoch sei ein „randständiger Forschungszweig" geblieben. Und schließlich behauptet der Autor (als Historiker): „Über der Intensivlandwirtschaft und der ihr dienenden Wissenschaft liegt nach wie vor der Schatten Liebigs." Weiterhin ist der Autor der Meinung: „Seit dem 19. Jahrhundert gehört Liebig zu den Säulenheiligen des wissenschaftlichen Landbaus, und wer ihn kritisiert, hat mit Sanktionen zu rechnen." Und: „Wenn man nach spezifischen Forschungsergebnissen fragt, die bis in die Gegenwart von Bedeutung sind, reduziert sich Liebigs Erbe rasch auf eine Tonne. Gerne wird das Liebig'sche Gesetz vom Minimum, dem zufolge das Pflanzenwachstum von dem in relativ geringster Konzentration vorhandenen Nährstoff abhängt, durch ein hölzernes Fass mit unterschiedlich langen Dauben verdeutlicht, bei dem die kürzeste Daube das Fassungsvermögen bestimmt." Seine Kritik, dass die Biologie des Bodens und die spezielle Bodenbeschaffenheit zu wenig berücksichtigt werde, beendet er mit einem Zitat Liebigs zu dessen Gunsten zur Kunst des Landwirts (aus der Ausgabe *Theorie und Praxis in der Landwirtschaft* 1856, S. 52 f.):

„Diese Kunst hat ein Ende, wenn der Landwirth, von unwissenschaftlichen und blödsinnigen Lehrern verleitet, alle seine Hoffnungen auf Universalmittel setzt, die es in der Natur nicht giebt, wenn er, von vorübergehenden Erfolgen geblendet, sich auf ihre Anwendung verläßt, den Boden darüber vergißt und dessen Werth und Einfluß aus den Augen verliert."

Eine kritische Gegendarstellung zum Vorwurf der „unrühmlichen Rolle der Agrikulturchemie als Hegemonialwissenschaft" erfolgte unmittelbar danach, von 30 Agrarwissenschaftlern unterzeichnet, im Dezember 2011.[49]

Bereits 1990 stellte Dietmar Richter aus dem Institut für Pflanzenernährung und Ökotoxikologie der Universität Jena auf dem bereits genannten Symposium „150 Jahre Agrikulturchemie" fest:[50]

„Liebigs Mineraltheorie hat sich nach vielen Disputen als wahr und richtig erwiesen. Eine Theorie, die in einer Zeit entstand, wo niedrigste Nährstoffgehalte in den Böden

---

[48] Uekötter, F.: Im Schatten von Liebig. Das Wissen um den Boden – eine Verlustgeschichte, in: AgrarKultur 10. Der kritische Agrarbericht, S. 261–265 (2010).

[49] Erwerbs-Obstbau Dez. 2011, Vol. 53, Issue 4, pp. 181.

[50] Richter, D.: Liebigs Mineraltheorie zur Pflanzenernährung und die heutige Situation, in: Berichte der Justus-Liebig-Gesellschaft zu Giessen Band 1, Symposium „150 Jahre Agrikulturchemie", Giessen 1990 – S. 19–36.

und kleine Nährstoffzufuhren mit wirtschaftseigenen Düngern nur geringe Ernteerträge hervorbrachten, ist auch heute bei Anwendung von mineralischen und organischen Düngern und mindestens 10-fachen Erträgen wie vor 140 Jahren noch in vollem Umfang gültig. Auch unter Bedingungen, wo es gilt, Umweltbelastungen zu vermeiden, sind mit modernen Boden- und Pflanzenuntersuchungen Produktionskontrollen möglich."

Die organische Chemie in ihrer Anwendung auf Agricultur und Physiologie

2

Scans des Originaltextes von Justus Liebig

© Springer-Verlag GmbH Deutschland, ein Teil von Springer Nature 2021
G. Schwedt (Hrsg.), *Justus von Liebig,* Klassische Texte der Wissenschaft,
https://doi.org/10.1007/978-3-662-62150-9_2

Die

organische Chemie

in ihrer Anwendung

auf

Agricultur und Physiologie.

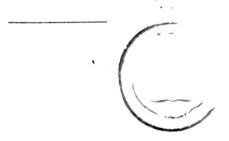

.

Druck und Papier
von Friedrich Vieweg u. Sohn
in Braunschweig.

Die

organische Chemie

in

ihrer Anwendung

auf

Agricultur und Physiologie.

Von

Justus Liebig,

Dr. der Medizin und Philosophie,

Professor der Chemie an der Ludwigs-Universität zu Gießen, Ritter des Großherzoglich Hessischen
Ludwigsordens und des Kaiserlich Russischen St. Annenordens dritter Klasse, Ehrenbürger der Stadt
Gießen, auswärtiges Mitglied der Königlichen Akademie der Wissenschaften zu Stockholm, der Royal
Society zu London, Ehrenmitglied der British association for the advancement of Science, Ehrenmit-
glied der Königlichen Akademie zu Dublin, correspondirendes Mitglied der Königlichen Akademieen der
Wissenschaften zu Berlin, München und St. Petersburg, des Königlichen Institutes zu Amsterdam
der Königlichen Societät der Wissenschaften zu Göttingen, der naturforschenden
Gesellschaft zu Heidelberg ꝛc. ꝛc. ꝛc.

Dritter unveränderter Abdruck.

Braunschweig,

Verlag von Friedrich Vieweg und Sohn.

1841.

An

Alexander von Humboldt.

Während meines Aufenthaltes in Paris gelang es mir, im Winter 18²³/₄, eine analytische Untersuchung über Howard's fulminirende Silber- und Quecksilber-Verbindungen, meine erste Arbeit, zum Vortrag in der Königlichen Akademie zu bringen.

Zu Ende der Sitzung vom 22. März 1824, mit dem Zusammenpacken meiner Präparate beschäftigt, näherte sich mir, aus der Reihe der Mitglieder der Akademie, ein Mann und knüpfte mit mir eine Unterhaltung an; mit der gewinnendsten Freundlichkeit wußte er den Gegenstand meiner Studien und alle meine Beschäftigungen und Pläne von mir zu erfahren; wir trennten uns, ohne daß ich, aus Unerfahrenheit und Scheu, zu fragen wagte, wessen Güte an mir Theil genommen habe.

Diese Unterhaltung ist der Grundstein meiner Zukunft gewesen; ich hatte den für meine wissenschaftlichen Zwecke mächtigsten und liebevollsten Gönner und Freund gewonnen.

Sie waren Tags zuvor von einer Reise aus Italien zurückgekommen; Niemand war von Ihrer Anwesenheit unterrichtet.

Unbekannt, ohne Empfehlungen, in einer Stadt, wo der Zusammenfluß so vieler Menschen aus allen Theilen der Erde das größte Hinderniß ist, was einer näheren persönlichen Berührung mit den dortigen ausgezeichneten und berühmten Naturforschern und Gelehrten sich entgegenstellt, wäre ich, wie so viele Andere, in dem großen Haufen unbemerkt geblieben

und vielleicht untergegangen; diese Gefahr war völlig abge-
wendet.

Von diesem Tage an waren mir alle Thüren, alle Insti-
tute und Laboratorien geöffnet; das lebhafte Interesse, welches
Sie mir zu Theil werden ließen, gewann mir die Liebe und
innige Freundschaft meiner mir ewig theueren Lehrer Gay-
Lussac, Dulong und Thénard. Ihr Vertrauen bahnte
mir den Weg zu einem Wirkungskreise, den seit 16 Jahren
ich unablässig bemüht war, würdig auszufüllen.

Wie Viele kenne ich, welche gleich mir die Erreichung
ihrer wissenschaftlichen Zwecke Ihrem Schutze und Wohlwollen
verdanken! Der Chemiker, Botaniker, Physiker, der Orienta-
list, der Reisende nach Persien und Indien, der Künstler, Alle
erfreuten sich gleicher Rechte, gleichen Schutzes; vor Ihnen
war kein Unterschied der Nationen, der Länder. Was die Wissenschaften in dieser besondern Beziehung Ihnen schuldig sind,
ist nicht zur Kunde der Welt gekommen, allein es ist in unserer Aller Herzen zu lesen.

Möchten sie es mir gestatten, die Gefühle der innigsten
Verehrung und der reinsten, aufrichtigsten Dankbarkeit öffent-
lich auszusprechen.

Das kleine Werk, welches ich mir die Freiheit nehme, Ihnen
zu widmen, ich weiß kaum, ob ein Theil davon mir als Ei-

genthum angehört; wenn ich die Einleitung lese, die Sie vor
42 Jahren zu J. Ingenhouß Schrift »über die Ernäh=
rung der Pflanzen« gegeben haben, so scheint es mir im=
mer, als ob ich eigentlich nur die Ansichten weiter ausgeführt
und zu beweisen gesucht hätte, welche der warme, immer treue
Freund von Allem, was wahr, schön und erhaben ist, welche
der Alles belebende, thätigste Naturforscher dieses Jahrhunderts
darinn ausgesprochen und begründet hat.

Von der British association for the advancement
of science habe ich 1837 in einer ihrer Sitzungen in Liver=
pool den ehrenvollen Auftrag erhalten, einen Bericht über den
Zustand unserer Kenntnisse in der organischen Chemie abzu=
statten. Auf meinen Antrag hat die Gesellschaft beschlossen,
den Herrn Dumas in Paris, Mitglied der Akademie, zu er=
suchen, mit mir gemeinschaftlich die Abstattung dieses Berichtes
übernehmen zu wollen. Dieß ist die Veranlassung zur Heraus=
gabe des vorliegenden Werkes gewesen, worinn ich die organi=
sche Chemie in ihren Beziehungen zur Pflanzenphysiologie und
Agricultur, so wie die Veränderungen, welche organische Stoffe
in den Processen der Gährung, Fäulniß und Verwesung erlei=
den, darzustellen versucht habe.

In einer Zeit, wo das rastlose Streben nach Neuem, oft
so Werthlosem der jüngeren Generation kaum einen Blick auf

die Grundpfeiler gestattet, welche das schönste und mächtigste Gebäude tragen, wo diese Grundpfeiler, des äußeren Zierraths und der Tünche wegen, dem oberflächlichen Beobachter kaum mehr erkennbar sind, wenn in dieser Zeit ein Eindringling in fremde Fächer es wagt, die Aufmerksamkeit und Kräfte der Naturforscher auf Gegenstände des Wissens zu lenken, die vor allen anderen längst schon verdienten, zum Ziel und Zweck ihrer Anstrengung und Bemühung gewählt zu werden, so kann man des Erfolges nicht gewiß sein; denn wenn auch des Men=schen Wille, Gutes zu bewirken, keine Grenzen kennt, so sind doch seine Mittel und sein Können in engere Schranken einge=schlossen.

Ganz abgesehen von den besonderen Beobachtungen, die ich darinn zusammengestellt habe, würde es für mich die größte Befriedigung sein, wenn die Principien der Naturforschung, welche ich in diesem kleinen Werke auf die Entwickelung und Er=nährung der Pflanzen anzuwenden Gelegenheit bekam, sich Ihres Beifalls zu erfreuen das Glück hätten.

Gießen, den 1sten August 1840.

Dr. Justus Liebig.

Inhalt.

___

XII

Zweiter Theil.

Der chemische Proceß der Gährung, Fäulniß und Verwesung.

Erster Theil.

Der

chemische Proceß der Ernährung

der

Vegetabilien.

Gegenstand.

Die organische Chemie hat zur Aufgabe die Erforschung der chemischen Bedingungen des Lebens und der vollendeten Entwickelung aller Organismen.

Das Bestehen aller lebendigen Wesen ist an die Aufnahme gewisser Materien geknüpft, die man Nahrungsmittel nennt; sie werden in dem Organismus zu seiner eigenen Ausbildung und Reproduction verwendet.

Die Kenntniß der Bedingung ihres Lebens und Wachsthums umfaßt demnach die Ausmittlung der Stoffe, welche zur Nahrung dienen, die Erforschung der Quellen, woraus diese Nahrung entspringt, und die Untersuchung der Veränderungen, die sie bei ihrer Assimilation erleiden.

Den Menschen und Thieren bietet der vegetabilische Organismus die ersten Mittel zu seiner Entwickelung und Erhaltung dar.

Die ersten Quellen der Nahrung der Pflanzen liefert ausschließlich die anorganische Natur.

Der Gegenstand dieses Werkes ist die Entwickelung des chemischen Processes, der Ernährung der Vegetabilien.

Der erste Theil ist der Aufsuchung der Nahrungsmittel, so wie den Veränderungen gewidmet, die sie in dem lebenden Organismus erleiden; es sollen darinn die chemischen Verbindungen betrachtet werden, welche den Pflanzen ihre Hauptbestandtheile, den Kohlenstoff und Stickstoff, liefern, so wie die Beziehungen, in welchen die Lebensfunctionen der Vege=

1*

4 Gegenſtand.

tabilien zu dem thieriſchen Organismus und zu anderen Naturerſcheinungen ſtehen.

Der zweite Theil handelt von den chemiſchen Proceſſen,
welche nach dem Tode aller Organismen ihre völlige Vernichtung bewirken; es ſind dies die eigenthümlichen Zerſetzungsweiſen, die man mit Gährung, Fäulniß und Verweſung bezeichnet; es ſollen darinn die Veränderungen der Beſtandtheile der Organismen bei ihrem Uebergang in anorganiſche Verbindungen, ſowie die Urſachen betrachtet werden, von
denen ſie abhängig ſind.

Die allgemeinen Beſtandtheile der Vegetabilien.

Der Kohlenſtoff iſt der Beſtandtheil aller Pflanzen und
zwar eines jeden ihrer Organe.

Die Hauptmaſſe aller Vegetabilien beſteht aus Verbindungen, welche Kohlenſtoff und die Elemente des Waſſers, und
zwar in dem nemlichen Verhältniß wie im Waſſer, enthalten;
hieher gehören die Holzfaſer, das Stärkemehl, Zucker
und Gummi.

Eine andere Klaſſe von Kohlenſtoffverbindungen enthält die
Elemente des Waſſers, plus einer gewiſſen Menge Sauerſtoff,
ſie umfaßt mit wenigen Ausnahmen die zahlreichen in den
Pflanzen vorkommenden organiſchen Säuren.

Eine dritte beſteht aus Verbindungen des Kohlenſtoffs mit
Waſſerſtoff, welche entweder keinen Sauerſtoff enthalten, oder
wenn Sauerſtoff einen Beſtandtheil davon ausmacht, ſo iſt
ſeine Quantität ſtets kleiner, als dem Gewicht-Verhältniß entſpricht, in dem er ſich mit Waſſerſtoff zu Waſſer verbindet.

Von den allgemeinen Bestandtheilen der Vegetabilien. 5

Sie können demnach betrachtet werden als Verbindungen des Kohlenstoffs mit den Elementen des Wassers, plus einer gewissen Menge Wasserstoff. Die flüchtigen und fetten Oele, das Wachs, die Harze gehören dieser Klasse an. Manche davon spielen die Rolle von Säuren.

Die organischen Säuren sind Bestandtheile aller Pflanzensäfte und, mit wenigen Ausnahmen, an anorganische Basen, an Metalloxide, gebunden; die letzteren fehlen in keiner Pflanze, sie bleiben nach der Einäscherung derselben in der Asche zurück.

Der Stickstoff ist ein Bestandtheil des vegetabilischen Eiweißes, des Klebers; er ist in den Pflanzen in der Form von Säuren, von indifferenten Stoffen und von eigenthümlichen Verbindungen enthalten, welche alle Eigenschaften von Metalloxiden besitzen; die letzteren heißen organische Basen.

Seinem Gewichtsverhältniß nach macht der Stickstoff den kleinsten Theil der Masse der Pflanzen aus, er fehlt aber in keinem Vegetabil, oder Organ eines Vegetabils; wenn er keinen Bestandtheil eines Organs ausmacht, so findet er sich dennoch unter allen Umständen in dem Saft, der die Organe durchdringt.

Die Entwickelung einer Pflanze ist nach dieser Auseinandersetzung abhängig von der Gegenwart einer Kohlenstoffverbindung, welche ihr den Kohlenstoff, einer Stickstoffverbindung, welche ihr den Stickstoff liefert; sie bedarf noch außerdem des Wassers und seiner Elemente, so wie eines Bodens, welcher die anorganischen Materien darbietet, ohne die sie nicht bestehen kann.

Die Assimilation des Kohlenstoffs.

Die Pflanzenphysiologie betrachtet einen Gemengtheil der Acker- und Dammerde, dem man den Namen Humus gegeben hat, als das Hauptnahrungsmittel, was die Pflanzen aus dem Boden aufnehmen, und seine Gegenwart als die wichtigste Bedingung seiner Fruchtbarkeit.

Dieser Humus ist das Product der Fäulniß und Verwesung von Pflanzen und Pflanzentheilen.

Die Chemie bezeichnet mit Humus eine braune, in Wasser in geringer Menge, in Alkalien leichter lösliche Materie, welche, als Product der Zersetzung vegetabilischer Stoffe, durch die Einwirkung von Säuren oder Alkalien erhalten wird. Dieser Humus hat von der Verschiedenheit in seiner äußeren Beschaffenheit und seinem Verhalten verschiedene Namen erhalten; Ulmin, Humussäure, Humuskohle. Humin heißen diese verschiedenen Modificationen des Humus der Chemiker; sie werden erhalten durch Behandlung des Torfs, der Holzfaser, des Ofenrußes, der Braunkohlen mit Alkalien, oder durch Zersetzung des Zuckers, der Stärke, des Milchzuckers vermittelst Säuren, oder durch Berührung alkalischer Lösungen der Gerbe- und Gallussäure mit der Luft.

Humussäure heißt die in Alkalien lösliche, Humin und Humuskohle die unlösliche Modification des Humus.

Den Namen nach, die man diesen Materien gegeben hat, ist man leicht verführt, sie für identisch in ihrer Zusammensetzung zu halten. Dieß wäre aber der größte Irrthum, den man begehen kann, denn merkwürdiger Weise stehen Zucker, Essigsäure und Colophonium in dem Gewichts-Verhältniß ihrer Bestandtheile nicht weiter auseinander.

Die Humussäure aus Sägespänen mit Kalihydrat erhalten, enthält nach Peligot's genauer Analyse 72 p. c. Kohlenstoff, die Humussäure aus Torf und Braunkohle nach Sprengel 58 p. c., die aus Zucker mit verdünnter Schwefelsäure nach Malaguti 57 p. c, die aus demselben Körper und aus Stärke mit Salzsäure gewonnene nach Stein 64 p. c. Kohlenstoff. Alle diese Analysen sind mit Sorgfalt und Umsicht wiederholt, und der Kohlenstoffgehalt einer jeden der analysirten Materien bestätigt worden, so daß jeder Grund hinwegfällt, die Ursache der Verschiedenheit in der Methode der Analyse oder der Geschicklichkeit der Analytiker zu suchen.

Nach Malaguti enthält die Humussäure Wasserstoff und Sauerstoff zu gleichen Aequivalenten, in dem Verhältniß also wie im Wasser; nach Sprengels Analyse ist darinn weniger Wasserstoff enthalten, und nach Peligot enthält die Humussäure sogar auf 14 Aeq. Wasserstoff nur 6 Aeq. Sauerstoff, also 8 Aeq. Wasserstoff mehr, als diesem Verhältniß entspricht.

Man sieht leicht, daß die Chemiker bis jetzt gewohnt waren, alle Zersetzungsproducte organischer Verbindungen von brauner oder braunschwarzer Farbe mit Humussäure oder Humin zu bezeichnen, je nachdem sie in Alkalien löslich waren oder nicht, daß aber diese Producte in ihrer Zusammensetzung und Entstehungsweise nicht das Geringste mit einander gemein haben.

Man hat nun nicht den entferntesten Grund, zu glauben, daß das eine oder das andere dieser Zersetzungsproducte, in der Form und mit den Eigenschaften begabt, die man den vegetabilischen Bestandtheilen der Dammerde zuschreibt, in der Natur vorkommt, man hat nicht einmal den Schatten eines Beweises für die Meinung, daß eins von ihnen als Nahrungsstoff oder sonst irgend einen Einfluß auf die Entwickelung einer Pflanze ausübt.

8   Die Aſſimilation des Kohlenſtoffs.

Die Eigenſchaften des Humus und der Humusſäure
der Chemiker ſind von den Pflanzenphyſiologen unbegreiflicher
Weiſe übertragen worden auf den Körper in der Dammerde,
den man mit dem nemlichen Namen belegt; an dieſe Eigen=
ſchaften knüpfen ſich die Vorſtellungen über die Rolle, die man
ihm in der Vegetation zuſchreibt.

Die Meinung, daß der Humus als Beſtandtheil der
Dammerde von den Wurzeln der Pflanzen aufgenommen, daß
ſein Kohlenſtoff in irgend einer Form von der Pflanze zur
Nahrung verwendet wird, iſt ſo verbreitet und hat in dem
Grade Wurzel gefaßt, daß bis jetzt jede Beweisführung für
dieſe ſeine Wirkungsweiſe für überflüſſig erachtet wurde; denn
die in die Augen fallende Verſchiedenheit des Gedeihens von
Pflanzen in Bodenarten, die man als ungleich reich an Hu=
mus kennt, erſchien auch dem Befangenſten als eine genügende
Begründung dieſer Meinung.

Wenn man dieſe Vorausſetzung einer ſtrengen Prüfung
unterwirft, ſo ergiebt ſich daraus der ſchärfſte Beweis, daß
der Humus in der Form, wie er im Boden enthalten iſt, zur
Ernährung der Pflanzen nicht das Geringſte beiträgt.

Durch das Feſthalten an der bisherigen Anſicht hat man
von Vorn herein jede Erkenntniß des Ernährungsprozeſſes der
Pflanzen unmöglich gemacht, und damit den ſicherſten und
treueſten Führer zu einem rationellen Verfahren in der Land=
und Feldwirthſchaft verbannt.

Ohne eine tiefe und gründliche Kenntniß der Nahrungs=
mittel der Gewächſe und der Quellen, aus denen ſie entſprin=
gen, iſt eine Vervollkommnung des wichtigſten aller Gewerbe,
des Ackerbaues, nicht denkbar. Man kann keine andere Urſache
des bisherigen ſo ſchwankenden und ungewiſſen Zuſtandes un=
ſeres Wiſſens auffinden, als daß die Phyſiologie der neuern

Die Assimilation des Kohlenstoffs.   9

Zeit mit den unermeßlichen Fortschritten der Chemie nicht
Schritt gehalten hat.

Wir wollen in dem Folgenden den Humus der Pflanzen=
physiologen mit den Eigenschaften begabt uns denken, welche
die Chemiker an den braunschwarzen Niederschlägen beobachtet
haben, die man durch Fällung einer alkalischen Abkochung von
Dammerde oder Torf vermittelst Säuren erhält, und die sie
Humussäure nennen.

Die Humussäure besitzt, frisch niedergeschlagen, eine flockige
Beschaffenheit; ein Theil davon löst sich in 2500 Th. Wasser,
sie verbindet sich mit Alkalien, Kalk und Bittererde, und bildet
damit Verbindungen von gleicher Löslichkeit. (Sprengel.)

Die Pflanzenphysiologen kommen darinn überein, daß der
Humus durch Vermittlung des Wassers die Fähigkeit erlangt,
von den Wurzeln aufgenommen zu werden.   Die Chemiker
haben nun gefunden, daß die Humussäure nur in frisch nieder=
geschlagenem Zustande löslich ist, daß sie diese Löslichkeit voll=
ständig verliert, wenn sie an der Luft trocken geworden ist;
sie wird ferner völlig unlöslich, wenn das Wasser, was sie
enthält, gefriert. (Sprengel.)

Die Winterkälte und Sommerhitze rauben mithin der reinen
Humussäure ihre Auflöslichkeit und damit ihre Assimilirbarkeit,
sie kann als solche nicht in die Pflanzen gelangen.

Von der Richtigkeit dieser Beobachtung kann man sich
leicht durch Behandlung guter Acker= und Dammerde mit kal=
tem Wasser überzeugen; das letztere entzieht nemlich derselben
nicht $\frac{1}{100000}$ an löslichen organischen Materien, die Flüssigkeit
ist farblos und enthält nur die Salze, die sich im Regen=
wasser finden.

Berzelius fand ebenfalls, daß vermodertes Eichenholz,
was dem Hauptbestandtheil nach aus Humussäure besteht, an

10 Die Assimilation des Kohlenstoffs.

kaltes Wasser nur Spuren von löslichen Materien abgiebt, eine Beobachtung, die ich an verfaultem Buchen= und Tannenholz bestätigt fand.

Die Unfähigkeit der Humussäure, den Pflanzen als Humussäure zur Nahrung zu dienen, ist den Pflanzenphysiologen nicht unbemerkt geblieben; sie haben deshalb angenommen, daß der Kalk oder die Alkalien überhaupt, die man in der Pflanzenasche findet, die Löslichkeit und damit die Assimilirbarkeit vermitteln.

In den Bodenarten finden sich Alkalien und alkalische Erden in hinreichender Menge vor, um Verbindungen dieser Art zu bilden.

Wir wollen nun annehmen, daß die Humussäure in der Form des humusreichsten Salzes, als humussaurer Kalk, von den Pflanzen aufgenommen wird, und aus dem bekannten Gehalte an alkalischen Basen in der Asche der Pflanzen die Menge berechnen, welche in dieser Form in die Pflanze gelangen kann; wir wollen ferner voraussetzen, daß Kali, Natron, die Oxide des Eisens und Mangans eine mit dem Kalke gleiche Sättigungscapacität besitzen, so wissen wir aus Berthier's Bestimmungen, daß 1000 Pfd. lufttrocknes Tannenholz 4 Pfd. reine kohlenfreie Asche liefern, und daß 100 Pfd. dieser Asche im Ganzen nach Abzug des Chlorkaliums und schwefelsauren Kali's, 53 Pfd. basische Metalloxide, Kali, Natron, Kalk, Bittererde, Eisen= u. Mangan=Oxidul zusammengenommen, enthalten.

2500 Quadratmeter Wald (40,000 Quadratfuß hess. 1 Morgen) liefern nun jährlich mittleren Ertrag 2650 Pfd. Tannenholz *), welche im Ganzen 5,6 Pfd. basische Metalloxide enthalten.

Nach den Bestimmungen von Malaguti und Sprengel ver=

---

*) Nach der Angabe des hiesigen verdienstvollen Professors der Forstwissenschaft, Herrn Forstmeister Dr. Heyer.

bindet sich 1 Pfd. Kalk mit 10,9 Pfd. Humussäure; es sind mithin durch diese Basen 61 Pfd. Humussäure in die Bäume übergegangen, und diese entsprechen — ihr Gehalt an Kohlenstoff zu 58 p. c. angenommen — der Bildung von 91 Pfd. lufttrocknem Holz.

Es sind aber auf diesem Lande 2650 Pfd. lufttrocknes Holz producirt worden.

Wenn man aus der bekannten Zusammensetzung der Asche des Weizenstrohes die Menge Humussäure berechnet, welche durch die darinn enthaltenen basischen Metalloxide (die Chlormetalle und schwefelsauren Salze abgerechnet) der Pflanze zugeführt werden können, so erhält man für 2500 Quadratmeter Land 57½ Pfd. Humussäure, entsprechend 85 Pfd. Holzfaser. Es werden aber auf dieser Fläche, Wurzeln und Körner nicht gerechnet, 1780 Pfd. Stroh producirt, was die Zusammensetzung der Holzfaser besitzt.

Bei diesen Berechnungen ist angenommen worden, daß die basischen Metalloxide, welche Humussäure zugeführt haben, nicht mehr in den Boden zurückkehren, weil sie während des Wachsthums der Pflanze in den neu entwickelten Theilen derselben zurückbleiben.

Wir wollen jetzt die Menge Humussäure berechnen, welche unter den günstigsten Verhältnissen, nemlich durch das Wasser, in die Pflanzen gelangen kann.

In Erfurt, in einer der fruchtbarsten Gegenden Deutschlands, fallen nach Schübler auf 1 Quadratfuß Fläche in den Monaten April, Mai, Juni und Juli 17½ Pfd. (2 Pfd. hess. = 1 Kilogr.) Regen. Ein Morgen Land (2500 ☐Meter) empfängt mithin 700,000 Pfd. Regenwasser.

Nehmen wir nun an, daß diese ganze Quantität Wasser von den Wurzeln einer Sommerfrucht aufgenommen werde, die in 4 Monaten gepflanzt wird und reift, in der Art also,

12   Die Assimilation des Kohlenstoffs.

daß kein Pfund von diesem Wasser anders als durch die Blätter
verdunste.

Nehmen wir ferner an, daß dieses Regenwasser mit hu=
mussaurem Kalk (dem löslichsten und an Humussäure reichsten
ihrer Salze) gesättigt von den Wurzeln aufgenommen werde,
so nimmt die Pflanze durch dieses Wasser, da ein Theil hu=
mussaurer Kalk 2500 Theile Wasser zu seiner Auflösung be=
darf, 300 Pfd. Humussäure auf.

Es wachsen aber auf diesem Felde 2580 Pfd. Getreide (Stroh
und Korn, die Wurzeln nicht gerechnet) oder 20,000 Pfd. Run=
kelrüben (ohne die Blätter und kleinen Wurzeln). Man sieht
leicht ein, daß diese 300 Pfd. Humussäure noch nicht genügen,
um Rechenschaft über den Kohlenstoffgehalt der Blätter und
Wurzeln zu geben, und da man weiß, daß von dem Regen=
wasser, was auf die Oberfläche der Erde fällt, verhältnißmä=
ßig nur ein sehr kleiner Theil durch die Pflanze verdunstet, so
verringert sich die Kohlenstoffmenge, welche durch die Humus=
säure denkbarer Weise producirt, wenn man sie mit der wirk=
lich producirten vergleicht, auf eine beinahe verschwindende
Menge.

Betrachtungen anderer und höherer Art widerlegen die ge=
wöhnliche Ansicht über die Wirkungsweise der Humussäure auf
eine so entschiedene und zweifellose Weise, daß man im Grunde
nicht begreift, wie man überhaupt dazu gelangen konnte.

Die Felder produciren Kohlenstoff in der Form von Holz,
von Heu, von Getreide und anderen Culturgewächsen, deren
Massen außerordentlich ungleich sind.

Auf 2500 Quadratmeter Wald von mittlerem Boden wachsen
2650 Pfd. lufttrocknes Tannen=, Fichten=, Birken= 2c. Holz.

Auf derselben Fläche Wiesen erhält man im Durchschnitt
2500 Pfd. Heu.

Die nemliche Fläche Getreideland liefert 18000 — 20000 Pfd. Runkelrüben.

Auf derselben Fläche gewinnt man 800 Pfd Roggen und 1780 Pfd. Stroh, im Ganzen also 2580 Pfd.

100 Theile lufttrocknes Tannenholz enthalten 38 Theile Kohlenstoff, obige 2650 Pfd. Holz enthalten demnach 1007 Pfd. Kohlenstoff.

100 Theile lufttrocknes Heu*) enthalten 44,31 Th. Kohlenstoff, obige 2500 Pfd. Heu enthalten demnach 1008 Pfd. Kohlenstoff.

Die Runkelrüben enthalten 89 bis 89,5 Th. Wasser und 10,5 bis 11 Th. feste Substanz, welche aus 8 — 9 p. c. Zucker und 2 bis 2½ p. c. Zellgewebe besteht. Der Zucker enthält 42,4 p. c., das Zellgewebe 47 p. c Kohlenstoff.

20,000 Pfd. Runkelrüben enthalten hiernach (Zucker zu 9 p. c. und Zellgewebe zu 2 p. c. gerechnet) im Zucker 756 Pfd., im Zellgewebe 180 Pfd., im Ganzen 936 Pfd. Kohlenstoff, den Kohlenstoff der Blätter nicht berechnet.

100 Pfd. Stroh **) enthalten lufttrocken 38 p. c. Kohlenstoff. 1780 Pfd. Stroh enthalten demnach 676 Pfd. Kohlenstoff. In 100 Th. Korn sind 43 Th. Kohlenstoff enthalten; in 800 Pfd. mithin 344 Pfd. Beide zusammen geben 1020 Pfd. Kohlenstoff.

2500 Quadratmeter Wiese, Wald bringen mithin

hervor an Kohlenstoff 1007 Pfd.

    »   »   Culturland, Runkelrüben ohne

Blätter . . . 936 Pfd.

    »   »   »   Getreide . . . . . 1020 Pfd.

---

*) 100 Theile Heu, bei 100° getrocknet, mit Kupferoxid in einen Strom Sauerstoffgas verbrannt, lieferten 51,93 Wasser, 156,8 Kohlensäure und 6,82 Asche. Dieß giebt 45,87 Kohlenstoff, 5,76 Wasserstoff, 31,55 Sauerstoff, 6,82 Asche. Das lufttrockne Heu verliert bei 100° erhitzt 11,2 p. c. Wasser. (Dr. Will.)

**) Die Analyse des Strohes, auf dieselbe Weise ausgeführt, gab für 100 Theile, bei 100° getrocknet, 46,37 Kohlenstoff, 5,68 Wasserstoff,

14   Die Affimilation des Kohlenstoffs.

Aus diesen unverwerflichen Thatsachen muß geschlossen
werden, daß gleiche Flächen culturfähiges Land eine gleiche
Quantität Kohlenstoff produciren; aber wie unendlich verschie=
ben sind die Bedingungen des Wachsthums der Pflanzen ge=
wesen, die man darauf gezogen hat.

Wo nimmt, muß man fragen, das Gras auf den Wiesen,
das Holz in dem Walde seinen Kohlenstoff her, da man ihm
keinen Dünger, keinen Kohlenstoff als Nahrung zugeführt hat,
und woher kommt es, daß der Boden, weit entfernt, an Koh=
lenstoff ärmer zu werden, sich jährlich noch verbessert?

Jedes Jahr nehmen wir dem Wald, der Wiese eine ge=
wisse Quantität von Kohlenstoff in der Form an Heu und
Holz, und demungeachtet finden wir, daß der Kohlenstoffgehalt
des Bodens zunimmt, daß er an Humus reicher wird.

Wir ersetzen, so sagt man, dem Getreide und Fruchtland
durch den Dünger, den als Kraut, Stroh, als Saamen oder
Frucht hinweggenommenen Kohlenstoff wieder, und dennoch
bringt dieser Boden nicht mehr Kohlenstoff hervor, als der
Wald und die Wiese, denen er nie ersetzt wird. Ist es denk=
bar, daß die Gesetze der Ernährung der Pflanzen durch die
Cultur geändert werden können, daß für das Getreide und
die Futtergewächse andere Quellen des Kohlenstoffs existiren als
für das Gras und die Bäume in den Wiesen und Wäldern?

Niemandem wird es in den Sinn kommen, den Einfluß
des Düngers auf die Entwickelung der Culturgewächse zu
läugnen, allein mit positiver Gewißheit kann man behaupten,
daß er zur Hervorbringung des Kohlenstoffs in den Pflanzen
nicht gedient, daß er keinen directen Einfluß darauf gehabt
hat, denn wir finden ja, daß der Kohlenstoff, vom gedüngten

43,93 Sauerstoff, 4,02 Asche, das lufttrockene Stroh verliert bei der
Siedhitze 18 p. c. Wasser. (Dr. Will.)

Lande hervorgebracht, nicht mehr beträgt, als der Kohlenstoff des ungedüngten.   Die Frage nach der Wirkungsweise des Düngers hat mit der nach dem Ursprung des Kohlenstoffs nicht das Geringste zu thun.   Der Kohlenstoff der Vegetabilien muß nothwendigerweise aus einer andern Quelle stammen, und da es der Boden nicht ist, der ihn liefert, so kann diese nur die Atmosphäre sein.

Bei der Lösung des Problems über den Ursprung des Kohlenstoffs in den Pflanzen hat man durchaus unberücksichtigt gelassen, daß diese Frage gleichzeitig den Ursprung des Humus umfaßt.

Der Humus entsteht nach Aller Ansicht durch Fäulniß und Verwesung von Pflanzen und Pflanzentheilen; eine Urdammerde, einen Urhumus kann es also nicht geben, denn es waren von dem Humus Pflanzen vorhanden.   Wo nahmen nun diese ihren Kohlenstoff her, und in welcher Form ist der Kohlenstoff in der Atmosphäre enthalten?

Diese beiden Fragen umfassen zwei der merkwürdigsten Naturerscheinungen, welche, gegenseitig ununterbrochen in Thätigkeit, das Leben und Fortbestehen der Thiere und Vegetabilien auf unendliche Zeiten hinaus auf die bewunderungswürdigste Weise bedingen und vermitteln.

Die eine dieser Fragen bezieht sich auf den unveränderlichen Gehalt der Luft an Sauerstoff: zu jeder Jahreszeit und in allen Klimaten hat man darinn in 100 Volum-Theilen 21 Volum Sauerstoff mit so geringen Abweichungen gefunden, daß sie als Beobachtungsfehler angesehen werden müssen.

So außerordentlich groß nun auch der Sauerstoffgehalt der Luft bei einer Berechnung sich darstellt, so ist seine Menge dennoch nicht unbegrenzt, sie ist im Gegentheil eine erschöpfbare Größe.

Wenn man nun erwägt, daß jeder Mensch in 24 Stunden 45 Cubicfuß (hessische) Sauerstoff in dem Athmungsproceß

16   Die Assimilation des Kohlenstoffs.

verzehrt, daß 10 Ctr. Kohlenstoff bei ihrem Verbrennen 58112
Cubicfuß Sauerstoff verzehren, daß eine einzige Eisenhütte
Hunderte von Millionen Cubicfuß, daß eine kleine Stadt, wie
Gießen, in dem zum Heizen dienenden Holz allein über 1000
Millionen Cubicfuß Sauerstoff der Atmosphäre entziehen, so
bleibt es völlig unbegreiflich, wenn keine Ursache existirt, durch
welche der hinweggenommene Sauerstoff wieder ersetzt wird,
wie es möglich sein kann, daß nach Zeiträumen, die man in
Zahlen nicht auszudrücken weiß *), der Sauerstoffgehalt der
Luft nicht kleiner geworden ist, daß die Luft in den Thränen=
krügen, die vor 1800 Jahren in Pompeji verschüttet wurden,
nicht mehr davon, als wie heute enthält. Woher kommt es
also, daß dieser Sauerstoffgehalt eine Größe ist, die sich nie
ändert?

---

*) Wenn die Atmosphäre überall dieselbe Dichte wie an der Meersfläche
hätte, so wäre sie 24555 par. Fuß hoch. Da hierin der Wasserdampf
mit eingeschlossen ist, so kann man ihre Höhe zu 1 geogr. Meile =
22843 par. Fuß annehmen. Der Radius der Erde = 860 solcher
Meilen gesetzt, so ergiebt sich

      das Volum der Atmosphäre = 9307500 Cubicmeilen,

      das Volum des Sauerstoffs = 1954578   »

      das Volum der Kohlensäure =   3862,7   »

Ein Mann verbraucht täglich = 45000 par. Cubiczoll Sauerstoff,
im Jahre mithin 9505,2 Cubicfuß. Tausend Millionen Menschen ver=
brauchen mithin 9 Billionen fünfhundert fünftausend zweihundert Mil=
lionen Cubicfuß. Man kann ohne Uebertreibung annehmen, daß die
Thiere und Verwesungs= und Verbrennungsprocesse doppelt soviel
verbrauchen. Hieraus geht hervor, daß jährlich 2,392355 Cubicmeilen
Sauerstoff, in runder Summe 2,4 Cubicmeilen, verzehrt werden, in
8mal hunderttausend Jahren würde die Atmosphäre keine Spur Sauer=
stoff mehr enthalten, allein in weit früherer Zeit würde sie für Re=
spirations= und für Verbrennungsprocesse gänzlich untauglich sein, da
sie schon bei einer Verminderung ihres Sauerstoffgehaltes auf 8 p. c.
(die durch Lungen ausgeathmete Luft enthält 12,5 bis 13 Sauerstoff=
gas und 8,5 bis 8 kohlensaures Gas) für das Leben der Thiere töd=
lich wirkt und brennende Körper darin nicht mehr fortbrennen.

Die Affimilation des Kohlenstoffs.   17

Die Beantwortung dieser Frage hängt mit einer andern auf's engste zusammen, wo die Kohlensäure nemlich hinkommt, die durch das Athmen der Thiere, durch Verbrennungsprocesse gebildet wird. Ein Cubicfuß Sauerstoff, der sich mit Kohlenstoff zu Kohlensäure vereinigt, ändert sein Volumen nicht; aus den Billionen Cubicfuß verzehrten Sauerstoffgases sind eben so viel Billionen Cubicfuß Kohlensäure entstanden und in die Atmosphäre gesendet worden.

Durch die genauesten und zuverläſſigſten Verſuche iſt von de Sauſſure ausgemittelt worden, daß die Luft, dem Volumen nach, im Mittel aller Jahreszeiten nach dreijährigen Beobachtungen 0,000415 Volumentheile Kohlensäure enthält.

Die Beobachtungsfehler, welche diesen Gehalt verkleinern mußten, in Anschlag gebracht, kann man annehmen, daß das Gewicht der Kohlensäure nahe ¹⁄₁₀₀₀ des Gewichts der Luft beträgt.

Dieser Gehalt wechselt nach den Jahreszeiten, er ändert sich aber nicht in verschiedenen Jahren.

Wir kennen keine Thatsache, welche zur Vermuthung berechtigt, daß dieser Gehalt vor Jahrhunderten oder Jahrtausenden ein anderer war, und dennoch müßten ihn die ungeheuren Massen Kohlensäure, welche jährlich in der Atmosphäre der vorhandenen sich hinzufügen, von Jahr zu Jahr bemerkbar vergrößern, allein bei allen früheren Beobachtern findet man ihn um die Hälfte bis zum zehnfachen Volumen höher angegeben, woraus man höchstens schließen kann, daß er sich vermindert hat.

Man bemerkt leicht, daß die im Verlauf der Zeit stets unveränderlichen Mengen von Kohlensäure und Sauerstoffgas in der Atmosphäre zu einander in einer bestimmten Beziehung stehen müssen; es muß eine Ursache vorhanden sein, welche die

2

18   Die Affimilation des Kohlenftoffs.

Anhäufung der Kohlenfäure hindert, und die fich bildende un=
aufhörlich wieder entfernt; es muß eine Urfache geben, durch
welche der Luft der Sauerftoff wieder erfett wird, den fie
durch Verbrennungsproceffe, durch Verwefung und durch die
Refpiration der Menfchen und Thiere verliert.

Beide Urfachen vereinigen fich zu einer einzigen in dem
Lebensproceffe der Vegetabilien.

In den vorhergehenden Beobachtungen ift der Beweis
niedergelegt worden, daß der Kohlenftoff der Vegetabilien aus=
fchließlich aus der Atmofphäre ftammt.

In der Atmofphäre exiftirt nun der Kohlenftoff nur in
der Form von Kohlenfäure, alfo in der Form einer Sauer=
ftoffverbindung.

Die Hauptbeftandtheile der Vegetabilien, gegen deren Maffe
die Maffe der übrigen verfchwindend klein ift, enthalten, wie oben
erwähnt wurde, Kohlenftoff und die Elemente des Waffers;
alle zufammen enthalten weniger Sauerftoff als die Kohlenfäure.

Es ift demnach gewiß, daß die Pflanzen, indem fie den
Kohlenftoff der Kohlenfäure fich aneignen, die Fähigkeit befitzen
müffen, die Kohlenfäure zu zerlegen; die Bildung ihrer Haupt=
beftandtheile fett eine Trennung des Kohlenftoffs von dem
Sauerftoff voraus; der lettere muß, während dem Lebensproceß
der Pflanze, während fich der Kohlenftoff mit dem Waffer
oder feinen Elementen verbindet, an die Atmofphäre wieder
zurückgegeben werden. Für jedes Volumen Kohlenfäure, deren
Kohlenftoff Beftandtheil der Pflanze wird, muß die Atmofphäre
ein gleiches Volumen Sauerftoff empfangen.

Diefe merkwürdige Fähigkeit der Pflanzen ift durch zahllofe
Beobachtungen auf das unzweifelhaftefte bewiefen worden; ein
Jeder kann fich mit den einfachften Mitteln von ihrer Wahr=
heit überzeugen.

Die Assimilation des Kohlenstoffs.   19

Die Blätter und grünen Theile aller Pflanzen saugen nemlich kohlensaures Gas ein und hauchen ein ihm gleiches Volumen Sauerstoffgas aus.

Die Blätter und grünen Theile besitzen dieses Vermögen selbst dann noch, wenn sie von der Pflanze getrennt sind; bringt man sie in diesem Zustande in Wasser, welches Kohlensäure enthält, und setzt sie dem Sonnenlichte aus, so verschwindet nach einiger Zeit die Kohlensäure gänzlich, und stellt man diesen Versuch unter einer mit Wasser gefüllten Glasglocke an, so kann man das entwickelte Sauerstoffgas sammeln und prüfen; wenn die Entwicklung von Sauerstoffgas aufhört, ist auch die gelöste Kohlensäure verschwunden; setzt man aufs Neue Kohlensäure hinzu, so stellt sie sich von Neuem ein.

In einem Wasser, welches frei von Kohlensäure ist, oder ein Alkali enthält, was sie vor der Assimilation schützt, entwickeln die Pflanzen kein Gas.

Diese Beobachtungen sind zuerst von Priestley und Sennebier gemacht, und von de Saussure ist in einer Reihe vortrefflich ausgeführter Versuche bewiesen worden, daß mit der Abscheidung des Sauerstoffs, mit der Zersetzung der Kohlensäure die Pflanze an Gewicht zunimmt. Diese Gewichtsvermehrung beträgt mehr, als der Quantität des aufgenommenen Kohlenstoffs entspricht, was vollkommen der Vorstellung gemäß ist, daß mit dem Kohlenstoff gleichzeitig die Elemente des Wassers von der Pflanze assimilirt werden.

Ein eben so erhabener als weiser Zweck hat das Leben der Pflanzen und Thiere auf eine wunderbar einfache Weise aufs engste aneinander geknüpft.

Ein Bestehen einer reichen üppigen Vegetation kann gedacht werden ohne Mitwirkung des thierischen Lebens, aber die

2*

20   Die Assimilation des Kohlenstoffs.

Existenz der Thiere ist ausschließlich an die Gegenwart, an die
Entwicklung der Pflanzen gebunden.

Die Pflanze liefert nicht allein dem thierischen Organis=
mus in ihren Organen die Mittel zur Nahrung, zur Erneue=
rung und Vermehrung seiner Masse, sie entfernt nicht nur
aus der Atmosphäre die schädlichen Stoffe, die seine Existenz
gefährden, sondern sie ist es auch allein, welche den höheren
organischen Lebensproceß, die Respiration, mit der ihr unent=
behrlichen Nahrung versieht; sie ist eine unversiegbare Quelle
des reinsten und frischesten Sauerstoffgases, sie ersetzt der Atmo=
sphäre in jedem Momente was sie verlor.

Alle übrigen Verhältnisse gleich gesetzt, athmen die Thiere
Kohlenstoff aus, die Pflanzen athmen ihn ein, das Medium,
in dem es geschieht, die Luft, kann in ihrer Zusammensetzung
nicht geändert werden.

Ist nun, kann man fragen, der dem Anschein nach so ge=
ringe Kohlensäuregehalt der Luft ein Gehalt, der dem Ge=
wicht nach nur $^2/_{10}$ p. c. beträgt, überhaupt nur genügend, um
den Bedarf der ganzen Vegetation auf der Oberfläche der Erde
zu befriedigen, ist es möglich, daß dieser Kohlenstoff aus der
Luft stammt?

Diese Frage ist unter allen am leichtesten zu beantworten.
Man weiß, daß auf jedem Quadratfuß der Oberfläche der
Erde eine Luftsäule ruht, welche 2216,66 Pfd. wiegt; man kennt
den Durchmesser und damit die Oberfläche der Erde; man
kann mit der größten Genauigkeit das Gewicht der Atmosphäre
berechnen; der tausendste Theil dieses Gewichts ist Kohlensäure,
welche etwas über 27 p. c. Kohlenstoff enthält. Aus dieser
Berechnung ergiebt sich nun, daß die Atmosphäre 3000 Billionen Pfd. Kohlenstoff enthält, eine Quantität, welche mehr beträgt,
als das Gewicht aller Pflanzen, der Stein= und Braunkohlenlager

Die Assimilation des Kohlenstoffs.   **21**

auf dem ganzen Erdkörper zusammengenommen. Dieser Koh=
lenstoff ist also mehr als hinreichend, um dem Bedarf zu ge=
nügen. Der Kohlenstoffgehalt des Meerwassers ist verhältniß=
mäßig noch größer.

Nehmen wir an, daß die Oberfläche der Blätter und grü=
nen Pflanzentheile, durch welche die Absorbtion der Kohlen=
säure geschieht, doppelt so viel beträgt, als die Oberfläche des
Bodens, auf dem die Pflanze wächst, was beim Wald, bei den
Wiesen und Getreidefeldern, die den meisten Kohlenstoff pro=
duciren, weit unter der wirklich thätigen Oberfläche ist; neh=
men wir ferner an, daß von einem Morgen, von 80,000 Qua=
dratfuß also, in jeder Zeitsecunde, 8 Stunden täglich, der Luft
0,00067 ihres Volumens oder 1/1000 ihres Gewichtes an Koh=
lensäure entzogen wird, so nehmen diese Blätter in 200 Tagen
1000 Pfd. Kohlenstoff auf *).

---

*) Wie viel Kohlensäure der Luft in einer gegebenen Zeit entzogen wer=
den kann, giebt folgende Rechnung zu erkennen: Bei dem Weißen
eines kleinen Zimmers von 105 Meter Fläche. (Wände und Decke zu=
sammengenommen) erhält es in 4 Tagen 6 Anstriche mit Kalkmilch,
es wird ein Ueberzug von kohlensaurem Kalk gebildet, zu welchem
die Luft die Kohlensäure liefert. Nach einer genauen Bestimmung er=
hält ein Quadratdecimeter Fläche einen Ueberzug von kohlensaurem
Kalk, welcher 0,732 Grm. wiegt. Obige 105 Meter sind mithin be=
deckt mit 7686 Grm. kohlensaurem Kalk, welche 4325,6 Grm. Koh=
lensäure enthalten. Das Gewicht eines Cubicdecimeters Kohlensäure
zu 2 Grm. angenommen (er wiegt 1,97978 Grm.), absorbirt mithin
obige Fläche 2,163 Cubicmeter Kohlensäure in 4 Tagen.

  Ein Morgen Land = 2500 Quadratmeter würde bei einer gleichen
Behandlung in 4 Tagen 51½ Cubicmeter Kohlensäure = 3296 Cu=
bicfuß Kohlensäure absorbiren, in zweihundert Tagen würde dieß 2575
Cubicmeter=164,800 Cubicfuß=10,300 Pfd. Kohlensäure = 2997 Pfd.
Kohlenstoff, also etwa dreimal mehr betragen, als die Blätter und
Wurzeln der Pflanzen, die auf diesem Boden wachsen, wirklich assi=
miliren.

22 Die Assimilation des Kohlenstoffs.

In keinem Zeitmomente ist aber in dem Leben einer Pflanze, in den Functionen ihrer Organe, ein Stillstand denkbar. Die Wurzeln und alle Theile derselben, welche die nemliche Fähigkeit besitzen, saugen beständig Wasser, sie athmen Kohlensäure ein; diese Fähigkeit ist unabhängig von dem Sonnenlichte; sie häuft sich während des Tages im Schatten und bei Nacht in allen Theilen der Pflanze an, und erst von dem Augenblicke an, wo die Sonnenstrahlen sie treffen, geht die Assimilation des Kohlenstoffs, die Aushauchung von Sauerstoffgas vor sich; erst in dem Momente, wo der Keim die Erde durchbricht, färbt er sich von der äußersten Spitze abwärts, die eigentliche Holzbildung nimmt damit ihren Anfang.

Die Tropen, der Aequator, die heißen Klimate, wo ein selten bewölkter Himmel der Sonne gestattet, ihre glühenden Strahlen einer unendlich reichen Vegetation zuzusenden, sind die eigentlichen ewig unversiegbaren Quellen des Sauerstoffgases; in den gemäßigten und kalten Zonen, wo künstliche Wärme die fehlende Sonne ersetzen muß, wird die Kohlensäure, welche die tropischen Pflanzen ernährt, im Ueberfluß erzeugt; derselbe Luftstrom, welcher, veranlaßt durch die Umdrehung der Erde, seinen Weg von dem Aequator zu den Polen zurückgelegt hat, bringt uns, zu dem Aequator zurückkehrend, den dort erzeugten Sauerstoff und führt ihm die Kohlensäure unserer Winter zu.

Die Versuche von de Saussure haben dargethan, daß die oberen Schichten der Luft mehr Kohlensäure als die unteren enthalten, die mit den Pflanzen sich in Berührung befinden, daß der Kohlensäuregehalt der Luft größer ist bei Nacht, als bei Tag, wo das eingesaugte kohlensaure Gas zersetzt wird.

Die Pflanzen verbessern die Luft, indem sie die Kohlensäure entfernen, indem sie den Sauerstoff erneuern; dieser Sauerstoff kommt Menschen und Thieren zuerst und unmittelbar zu

Gut. Die Bewegung der Luft in horizontaler Richtung bringt uns ſo viel zu, als ſie hinwegführt; der Luftwechſel von Unten nach Oben, in Folge der Ausgleichung der Temperaturen, er iſt, verglichen mit dem Wechſel durch Winde, verſchwindend klein.

Die Cultur erhöht den Geſundheitszuſtand der Gegenden; mit dem Aufhören aller Cultur werden ſonſt geſunde Gegenden unbewohnbar.

Wir erkennen in dem Leben der Pflanze, in der Aſſimilation des Kohlenſtoffs, als der wichtigſten ihrer Functionen, eine Sauerſtoffausſcheidung, man kann ſagen, eine Sauerſtofferzeugung.

Keine Materie kann als Nahrung, als Bedingung ihrer Entwickelung angeſehen werden, deren Zuſammenſetzung ihrer eigenen gleich oder ähnlich iſt, deren Aſſimilation alſo erfolgen könnte, ohne dieſer Function zu genügen.

In dem zweiten Theile ſind die Beweiſe niedergelegt, daß die in Verweſung begriffene Holzfaſer, der Humus, Kohlenſtoff und die Elemente des Waſſers ohne überſchüſſigen Sauerſtoff enthält; ihre Zuſammenſetzung weicht nur inſofern von der des Holzes ab, daß ſie reicher an Kohlenſtoff iſt.

Die Pflanzenphyſiologen haben die Bildung der Holzfaſer aus Humus für ſehr begreiflich erklärt, denn, ſagen ſie (Meyen Pflanzenphyſiologie II. S. 141), der Humus darf nur Waſſer chemiſch binden, um die Bildung von Holzfaſer, Stärke oder Zucker zu bewirken.

Die nemlichen Naturforſcher haben aber die Erfahrung gemacht, daß Zucker, Amylon und Gummi in ihren wäſſrigen Auflöſungen von den Wurzeln der Pflanzen eingeſaugt und in alle Theile der Pflanze geführt werden, allein ſie werden von

24   Die Affimilation des Kohlenstoffs.

der Pflanze nicht affimilirt, sie können zu ihrer Ernährung
und Entwickelung nicht angewendet werden.

Es läßt sich nun kaum eine Form denken, bequemer für
Affimilation, als die Form von Zucker, Gummi oder Stärke,
denn diese Körper enthalten ja alle Elemente der Holzfaser
und stehen zu ihr in dem nemlichen Verhältniß wie der Hu=
mus; allein sie ernähren die Pflanze nicht.

Eine durchaus falsche Vorstellung, ein Verkennen der wich=
tigsten Lebensfunctionen der Pflanze, liegt der Ansicht von der
Wirkungsweise des Humus zum Grunde.

Die Analogie hat die unglückliche Vergleichung der Le=
bensfunctionen der Pflanzen mit denen der Thiere in dem
Bett des Procrustes erzeugt, sie ist die Mutter, die Gebärerin
aller Irrthümer.

Materien, wie Zucker, Amylon ꝛc., welche Kohlenstoff und
die Elemente des Wassers enthalten, sind Producte des Lebens=
processes der Pflanzen, sie leben nur, insofern sie sich erzeugen.
Dasselbe muß von dem Humus gelten, denn er kann eben so
wie diese, in Pflanzen gebildet werden. Smithson, Jameson
und Thomson fanden, daß die schwarzen Ausschwißungen von
kranken Ulmen, Eichen und Roßkastanien aus Humus=
säure in Verbindung mit Alkalien bestehen.

Berzelius fand ähnliche Materien in den meisten Baum=
rinden. Kann man nun in der That voraussetzen, daß die
kranken Organe einer Pflanze diejenige Materie zu erzeugen
vermögen, der man die Fähigkeit zuschreibt, das Leben dieser
Pflanze, ihr Gedeihen zu unterhalten!

Woher kommt es nun, kann man fragen, daß in den
Schriften aller Botaniker und Pflanzenphysiologen die Affimi=
lation des Kohlenstoffs aus der Atmosphäre in Zweifel ge=

Die Affimilation des Kohlenstoffs.   25

stellt, daß von den Meisten die Verbefferung der Luft durch
die Pflanzen geläugnet wird?

Diese Zweifel sind hervorgegangen aus dem Verhalten der
Pflanzen bei Abwesenheit des Lichtes, nemlich in der Nacht.

An die Versuche von Ingenhouß knüpfen sich zum gro=
ßen Theil die Zweifel, welche der Ansicht entgegengestellt wer=
den, daß die Pflanzen die Luft verbessern. Seine Beobachtung,
daß die grünen Pflanzen im Dunkeln Kohlensäure aushauchen,
haben de Saussure und Grischow zu Versuchen geführt, aus
denen sich herausgestellt hat, daß sie in der That Sauerstoff
im Dunkeln einsaugen und dafür Kohlensäure aushauchen,
und daß sich die Luft, in welcher die Pflanzen im Dunkeln vege=
tiren, im Volumen vermindert; es ist hieraus klar, daß die Menge
des absorbirten Sauerstoffgases größer ist, als das Volumen
der abgeschiedenen Kohlensäure — es hätte sonst keine Luftver=
minderung stattfinden können.   Diese Thatsache kann nicht in
Zweifel gezogen werden, allein die Interpretationen, die man
ihr untergelegt hat, sind so vollkommen falsch, daß nur die
gänzliche Nichtbeachtung und Unkenntniß der chemischen Be=
ziehungen einer Pflanze zu der Atmosphäre, die sie umgiebt,
erklärt, wie man zu diesen Ansichten gelangen konnte.

Es ist bekannt, daß der indifferente Stickstoff, das Wasser=
stoffgas, daß eine Menge anderer Gase eine eigenthümliche,
meist schädliche Wirkung auf die lebenden Pflanzen ausüben.
Ist es nun denkbar, daß eins der kräftigsten Agentien, der
Sauerstoff, wirkungslos auf eine Pflanze bliebe, sobald sie sich
in dem Zustande des Lebens befindet, wo einer ihrer eigen=
thümlichen Affimilationsproceffe aufgehört hat?

Man weiß, daß mit der Abwesenheit des Lichtes die Zer=
setzung der Kohlensäure ihre Grenze findet.   Mit der Nacht
beginnt ein rein chemischer Proceß, in Folge der Wechselwir=

26   Die Assimilation des Kohlenstoffs.

kung des Sauerstoffs der Luft auf die Bestandtheile der Blät=
ter, Blüthen und Früchte.

Dieser Proceß hat mit dem Leben der Pflanze nicht das
Geringste gemein, denn er tritt in der todten Pflanze ganz in
derselben Form auf, wie in der lebenden.

Es läßt sich mit der größten Leichtigkeit und Sicherheit aus
den bekannten Bestandtheilen der Blätter verschiedener Pflanzen
vorausbestimmen, welche davon den meisten Sauerstoff im le=
benden Zustande während der Abwesenheit des Lichtes absorbi=
ren werden. Die Blätter und grünen Theile aller Pflanzen,
welche flüchtige Oele, überhaupt aromatische flüchtige Bestand=
theile enthalten, die sich durch Aufnahme des Sauerstoffs in
Harz verwandeln, werden mehr Sauerstoff einsaugen als an=
dere, welche frei davon sind. Andere wieder, in deren Safte
sich die Bestandtheile der Galläpfel befinden oder stickstoffreiche
Materien enthalten, werden mehr Sauerstoff aufnehmen, als
die, worin diese Bestandtheile fehlen. Die Beobachtungen
de Saussure's sind entscheidende Beweise für dieses Ver=
halten; während die Agave americana mit ihren fleischigen
geruch= und geschmacklosen Blättern nur 0,3 ihres Volumens
Sauerstoff in 24 Stunden im Dunkeln absorbirt, nehmen die mit
flüchtigem, verharzbarem Oel durchdrungenen Blätter der Pinus
abies die 10fache, die gerbersäurehaltigen der Quercus robur die
14fache, die balsamischen Blätter der Populus alba die 21fache
Menge an Sauerstoff auf. Wie zweifellos und augenscheinlich zeigt
sich diese chemische Action in den Blättern der Cotyledon Caly=
cina, der Cacalia ficoides und anderen, sie sind des Morgens
sauer wie Sauerampfer, gegen Mittag geschmacklos, am Abend
bitter. In der Nacht findet also ein reiner Säurebildungs=,
Oxidationsproceß Statt, am Tage und gegen Abend stellt sich
der Proceß der Sauerstoffausscheidung ein, die Säure geht in

Die Assimilation des Kohlenstoffs.   27

Substanzen über, welche Wasserstoff und Sauerstoff im Verhältniß wie im Wasser, oder noch weniger Sauerstoff enthalten, wie in allen geschmacklosen und bittern Materien.

Ja man könnte aus den verschiedenen Zeiten, welche die
grünen Blätter der Pflanzen bedürfen, um durch den Einfluß
der atmosphärischen Luft ihre Farbe zu ändern, die absorbirten
Sauerstoffmengen annähernd bestimmen. Diejenigen, welche
sich am längsten grün erhalten, werden in gleichen Zeiten weniger Sauerstoff aufnehmen als andere, deren Bestandtheile
eine rasche Veränderung erfahren. Man findet in der That,
daß die Blätter von Ilex aquifolium, ausgezeichnet durch die
Beständigkeit, mit welcher sie ihre Farbe bewahren, 0,86 ihres
Volumens Sauerstoff in derselben Zeit aufnehmen, in welcher
die so leicht und schnell ihre Farbe verändernden Blätter der
Pappel und Buche, die eine das 8fache, die andere das
9½fache ihres Volumens absorbiren.

Das Verhalten der grünen Blätter der Eiche, Buche und
Stechpalme, welche unter der Luftpumpe bei Abschluß des Lichtes getrocknet und nach Befeuchtung mit Wasser unter eine
gradnirte Glocke mit Sauerstoffgas gebracht werden, entfernt
jeden Zweifel über diesen chemischen Proceß. Alle vermindern
das Volumen des eingeschlossenen Sauerstoffgases, und zwar
in dem nemlichen Verhältniß, als sie ihre Farbe ändern.
Diese Luftverminderung kann nur auf der Bildung von höheren
Oxiden, oder einer Oxidation des Wasserstoffs der an diesem
Elemente reichen Bestandtheile der Pflanzen beruhen.

Die Eigenschaft der grünen Blätter, Sauerstoff aufzunehmen, gehört aber auch dem frischen Holze an, gleichgültig ob
es von Zweigen oder dem Innern eines Stammes genommen
worden ist. Bringt man es in dem feuchten Zustande, wie es
vom Baume genommen wird, in feinen Spänen unter eine

28   Die Affimilation des Kohlenftoffs.

Glocke mit Sauerstoffgas, so findet man stets im Anfange das
Volumen des Sauerstoffs verringert; während das trockene be-
feuchtete Holz, welches eine Zeitlang der Atmosphäre ausgesetzt
gewesen ist, den umgebenden Sauerstoff in Kohlensäure ohne
Aenderung des Volumens verwandelt, nimmt also das frische
Holz mehr Sauerstoff auf.

Die Herren Petersen und Schödler haben durch sorgfältige Elementaranalyse von 24 verschiedenen Holzarten bewiesen, daß sie Kohlenstoff, die Elemente des Wassers und noch
außerdem eine gewisse Menge Wasserstoff im Ueberschuß enthalten; das Eichenholz frisch vom Baume genommen und bei
100° getrocknet, enthielt 49,432 Kohlenstoff, 6,069 Wasserstoff
und 44,499 Sauerstoff.

Die Quantität Wasserstoff, welche nöthig ist, um mit
44,498 Sauerstoff Wasser zu bilden, ist $\frac{1}{8}$ dieser Quantität,
nemlich 5,56, es ist klar, daß das Eichenholz $\frac{1}{12}$ mehr Wasserstoff enthält, als diesem Verhältniß entspricht, Pinus larix, Abies
und Picea enthalten $\frac{1}{7}$, die Linde (Tilia europaea) sogar $\frac{1}{5}$
mehr Wasserstoff; man sieht leicht, daß der Wasserstoffgehalt
in einiger Beziehung steht zu dem specifischen Gewichte; die
leichten Holzarten enthalten mehr davon als die schweren; das
Ebenholz (Diospyros Ebenum) enthält genau die Elemente
des Wassers.

Der Unterschied in der Zusammensetzung der Holzarten von
der der reinen Holzfaser beruht unläugbar auf der Gegenwart
von wasserstoffreichen und sauerstoffarmen, zum Theil löslichen
Bestandtheilen, in Harz und anderen Stoffen, deren Wasserstoff sich in der Analyse zu dem der Holzfaser addirt.

Wenn nun, wie erwähnt worden ist, das in Verwesung
begriffene Eichenholz Kohle und die Elemente des Wassers
ohne Ueberschuß an Wasserstoff enthält, wenn es während sei-

Die Affimilation des Kohlenstoffs. 29

ner Verwesung das Volumen der Luft nicht ändert, so muß nothwendig dieses Verhältniß im Beginn der Verwesung ein anderes gewesen sein, denn in den wasserstoffreichen Bestand= theilen des Holzes ist der Wasserstoff vermindert worden, und diese Verminderung kann nur durch eine Absorbtion des Sauer= stoffs bewirkt worden sein.

Die meisten Pflanzenphysiologen haben die Aushauchung der Kohlensäure während der Nacht mit der Aufnahme von Sauerstoffgas aus der Atmosphäre in Verbindung gebracht, sie betrachten diese Thätigkeit als den wahren Athmungsproceß der Pflanzen, welcher, wie bei den Thieren, eine Entkohlung zur Folge hat. Es giebt kaum eine Meinung, deren Basis schwan= kender, man kann sagen, unrichtiger ist.

Die von den Blättern, von den Wurzeln mit dem Waſſer aufgenommene Kohlensäure wird mit der Abnahme des Lichtes nicht mehr zerseßt, sie bleibt in dem Safte gelöſt, der alle Theile der Pflanze durchdringt; in jedem Zeitmomente verdun= ſtet mit dem Waſſer aus den Blättern eine ihrem Gehalt ent= sprechende Menge Kohlensäure.

Ein Boden, in welchem die Pflanzen kräftig vegetiren, enthält als eine nie fehlende Bedingung ihres Lebens unter allen Umständen eine gewiſſe Quantität Feuchtigkeit, nie fehlt in diesem Boden kohlensaures Gas; gleichgültig, ob es von demselben aus der Luft aufgenommen oder durch die Verwe= sung von Vegetabilien erzeugt wird; kein Brunnen = oder Quellwaſſer, nie iſt das Regenwaſſer frei von Kohlensäure; in keinerlei Perioden des Lebens einer Pflanze hört das Ver= mögen der Wurzel auf, Feuchtigkeit und mit derselben Luft und Kohlensäure einzusaugen.

Kann es nun auffallend sein, daß diese Kohlensäure mit dem verdunſtenden Waſſer von der Pflanze an die Atmosphäre

30   Die Affimilation des Kohlenstoffs.

unverändert wieder zurückgegeben wird, wenn die Ursache der
Firirung des Kohlenstoffs, wenn das Licht fehlt?

Diese Aushauchung von Kohlensäure hat mit dem Affimi=
lationsproceß, mit dem Leben der Pflanze eben so wenig zu
thun, als wie die Einsaugung des Sauerstoffs. Beide stehen
mit einander nicht in der geringsten Beziehung, der eine ist
ein rein mechanischer, der andere ein rein chemischer Proceß.
Ein Docht von Baumwolle, den man in eine Lampe verschließt,
welche eine mit Kohlensäure gesättigte Flüssigkeit enthält, wird
sich gerade so verhalten, wie eine lebende Pflanze in der Nacht,
Wasser und Kohlensäure werden durch Capillarität aufgesaugt,
beide verdunsten außerhalb an dem Dochte wieder.

Pflanzen, welche in einem feuchten, an Humus reichen Bo=
den leben, werden in der Nacht mehr Kohlensäure aushauchen,
als andere an trockenen Standörtern, nach dem Regen mehr
als bei trockener Witterung; alle diese Einflüsse erklären die
Menge von Widersprüchen in den Beobachtungen, die man in
Beziehung auf die Veränderung der Luft durch lebende Pflan=
zen oder durch abgeschnittene Zweige davon, bei Abschluß des
Lichtes oder im gewöhnlichen Tageslichte gemacht hat. Wider=
sprüche, welche keiner Beachtung werth sind, da sie nur That=
sachen feststellen, ohne die Frage zu lösen.

Es giebt aber noch andere entscheidende Beweise, daß die
Pflanzen mehr Sauerstoff an die Luft abgeben, als sie über=
haupt derselben entziehen, Beweise, die sich freilich nur an den
Pflanzen, welche unter Wasser leben, mit Sicherheit führen
lassen.

Wenn die Oberfläche von Teichen und Gräben, deren
Boden mit grünen Pflanzen bedeckt ist, im Winter gefriert, so
daß das Wasser von der Atmosphäre völlig durch eine Schicht
klaren Eises abgeschlossen ist, so sieht man während des Ta=

30   Die Affimilation des Kohlenstoffs.

unverändert wieder zurückgegeben wird, wenn die Ursache der
Firirung des Kohlenstoffs, wenn das Licht fehlt?

Diese Aushauchung von Kohlensäure hat mit dem Affimi=
lationsproceß, mit dem Leben der Pflanze eben so wenig zu
thun, als wie die Einsaugung des Sauerstoffs. Beide stehen
mit einander nicht in der geringsten Beziehung, der eine ist
ein rein mechanischer, der andere ein rein chemischer Proceß.
Ein Docht von Baumwolle, den man in eine Lampe verschließt,
welche eine mit Kohlensäure gesättigte Flüssigkeit enthält, wird
sich gerade so verhalten, wie eine lebende Pflanze in der Nacht,
Wasser und Kohlensäure werden durch Capillarität aufgesaugt,
beide verdunsten außerhalb an dem Dochte wieder.

Pflanzen, welche in einem feuchten, an Humus reichen Bo=
den leben, werden in der Nacht mehr Kohlensäure aushauchen,
als andere an trockenen Standörtern, nach dem Regen mehr
als bei trockener Witterung; alle diese Einflüsse erklären die
Menge von Widersprüchen in den Beobachtungen, die man in
Beziehung auf die Veränderung der Luft durch lebende Pflan=
zen oder durch abgeschnittene Zweige davon, bei Abschluß des
Lichtes oder im gewöhnlichen Tageslichte gemacht hat. Wider=
sprüche, welche keiner Beachtung werth sind, da sie nur That=
sachen feststellen, ohne die Frage zu lösen.

Es giebt aber noch andere entscheidende Beweise, daß die
Pflanzen mehr Sauerstoff an die Luft abgeben, als sie über=
haupt derselben entziehen, Beweise, die sich freilich nur an den
Pflanzen, welche unter Wasser leben, mit Sicherheit führen
lassen.

Wenn die Oberfläche von Teichen und Gräben, deren
Boden mit grünen Pflanzen bedeckt ist, im Winter gefriert, so
daß das Wasser von der Atmosphäre völlig durch eine Schicht
klaren Eises abgeschlossen ist, so sieht man während des Ta=

ges und ganz vorzüglich während die Sonne auf das Eis
fällt, unaufhörlich kleine Luftbläschen von den Spitzen der
Blätter und kleineren Zweige sich lösen, die sich unter dem Eise
zu großen Blasen sammeln; diese Luftblasen sind reines Sauer=
stoffgas, was sich beständig vermehrt; weder bei Tage, wenn
die Sonne nicht scheint, noch bei Nacht, läßt sich eine Vermin=
derung beobachten. Dieser Sauerstoff rührt von der Kohlen=
säure her, die sich in dem Wasser befindet, und in dem Grade
wieder ersetzt wird, als sie die Pflanzen hinwegnehmen; sie
wird ersetzt durch fortschreitende Fäulnißprocesse in abgestorbe=
nen Pflanzenüberresten. Wenn demnach diese Pflanzen Sauer=
stoffgas während der Nacht einsaugen, so kann seine Menge
nicht mehr betragen, als das umgebende Wasser aufgelöst ent=
hält, denn der in Gasform abgeschiedene wird nicht wieder
aufgenommen.

Das Verhalten der Wasserpflanzen kann nicht als Aus=
nahme eines großen Naturgesetzes gelten, um so weniger, da
die Abweichungen der in der Luft lebenden Gewächse in ih=
rem Verhalten gegen die Atmosphäre ihre natürliche Erklärung
finden.

Die Meinnng, daß die Kohlensäure ein Nahrungsmittel
für die Pflanzen sei, daß sie den Kohlenstoff derselben in ihre
eigene Masse aufnehmen, ist nicht neu; sie ist von den ein=
sichtsvollsten und gediegensten Naturforschern, von Priestley,
Sennebier, Ingenhouß, de Saussure und anderen
aufgestellt, bewiesen und vertheidigt worden.

Es giebt in der Naturwissenschaft kaum eine Ansicht, für
welche man entschiedenere und schärfere Beweise hat; woraus
läßt sich nun erklären, daß sie von den meisten Pflanzenphysio=
logen in ihrer Ausdehnung nicht anerkannt, daß sie von vielen
bestritten, daß sie von einzelnen als widerlegt betrachtet wird?

32   Die Assimilation des Kohlenstoffs.

Allem diesem zusammengenommen unterliegen zwei Ursachen, die wir jetzt beleuchten wollen.

Die eine dieser Ursachen ist, daß sich in der Botanik alle Talente und Kräfte in der Erforschung des Baues und der Structur, in der Kenntniß der äußeren Form verfplittert haben, daß man die Chemie und Physik bei der Erklärung der einfachsten Procesfe nicht mit im Rathe sitzen läßt, daß man ihre Erfahrungen und Gesetze als die mächtigsten Hülfsmittel zur Erkenntniß nicht anwendet; man wendet sie nicht an, weil man verfäumt, sie kennen zu lernen.

Alle Entdeckungen der Physik und Chemie, alle Auseinandersetzungen des Chemikers, sie müssen für sie erfolg- und wirkungslos bleiben, denn selbst für ihre Koryphäen sind Kohlensäure, Ammoniak, Säuren und Basen bedeutungslose Laute, es sind Worte ohne Sinn, Worte einer unbekannten Sprache, die keine Beziehungen, keine Gedanken erwecken. Sie verfahren wie Ungebildete, welche den Werth und Nutzen der Kenntniß einer fremden Literatur um so tiefer herabsetzen und um so geringschätzender beurtheilen, je weniger sie davon verstehen, denn selbst diejenigen unter ihnen, die sie verstanden, sie sind nicht begriffen worden *).

---

*) Das Wachsen einer Pflanze.

Wie das Entstehen einer Pflanze durch irdische allgemeine Thätigkeit bedingt ist, so auch ihr Wachsen und Bestehen. Das Wachsen der Pflanzen geschieht allseitig und nur vorherrschend stärker nach gewissen Richtungen unter bestimmten Umständen. Um die Gesetze, nach welchen das Wachsen und das Gestalten der Pflanzen stattfindet, nur einigermaßen begreiflich finden zu können, muß man die folgenden naturwissenschaftlichen Ansichten sich deutlich gemacht haben.

1. Jeder stoffige Körper ist seinem Wesen nach der Schwere unterworfen, und auch der Pflanzenkörper folgt ihr, und die Pflanze überwindet nur theilweise durch eigene Selbstthätigkeit diese Kraft.

Die Physiologen verwerfen in der Erforschung der Geheim=
nisse des Lebens die Chemie, und dennoch kann sie es allein
nur sein, welche den richtigen Weg zum Ziele führt, sie ver=
werfen die Chemie, weil sie zerstört, indem sie Erkenntniß
sucht, weil sie nicht wissen, daß sie dem Messer des Anatomen
gleicht, welcher den Körper, das Organ, als solche vernichten
muß, wenn er Rechenschaft über Bau, Structur und über

---

2. Das Licht offenbart sich in der Natur als das unendlich Schaffende,
   so daß es (nach Steffens) das für die Natur ist, was das Be=
   wußtsein für das geistige Leben. Durch Licht ist daher neues Leben
   erst möglich und jede Pflanze verlangt ihrem Wesen nach eine be=
   stimmte Einwirkung des Lichtes, so daß bei zu viel Licht die Pflanze
   an Ueberreiz, und bei zu wenig Licht aus Mangel an Ueberreiz stirbt.
3. Kälte und Wärme sind begleitende Erscheinungen der Dinge beim
   Uebergange zum formlosen, theils zum besonderen mit innerem Ge=
   gensatze, und sie zeigen überhaupt nur Zustände der Dinge an. Da
   nun im Zustande der Kälte Alles erstarrt und nur in dem der Wärme
   etwas thätig oder flüssig sein kann, so können auch Pflanzen nur im
   Zustande der Wärme thätig sein, also entstehen und wachsen, und
   jede besondere Pflanze wird einen besonderen Zustand der Wärme
   verlangen.
4. Das Erdige, zusammengesetzt aus Kohlenstoff, Sauerstoff und Wasser=
   stoff, ist ein Hauptbestandtheil der Pflanze. Weil jedoch der Koh=
   lenstoff als die Grundlage der Erde, als Element erscheint, so ist
   dieser die unentbehrliche Nahrung für die Pflanzen; darum sind auch
   alle Pflanzen verbrennlich und verwandeln sich durch das Verbren=
   nen in Kohle. Im luftförmigen Zustande (als Gas) ist der Kohlen=
   stoff nicht rein, sondern mit dem Sauerstoffgas als kohlensaures
   Gas (Kohlensäure, Ursäure, wie Schwere die Urkraft ist) verbun=
   den, und diese Kohlensäure ist ja so ungemein günstig zum Gedeihen
   der Pflanzen.
5. Das Wasser ist der sichtbarste Bestandtheil (oft ⅔) der Pflanzen, so
   daß ohne dasselbe ebenfalls keine Pflanze möglich ist. Da mithin
   das Wasser hauptsächlich aus Sauerstoff, etwas vom sogenannten
   Wasserstoff und einem Minimum des Kohlenstoffs besteht, so stellt der
   Sauerstoff die Grundlage des Wasserelements dar. Ohne den Sauer=
   stoff keimt nicht einmal ein Saamen, geschweige daß eine Pflanze
   ohne ihn wachsen könnte.

34   Die Assimilation des Kohlenstoffs.

seine Verrichtungen geben soll *); sie huldigen dem Ausspruche
Hallers und schreiben der Lebenskraft zu, was sie nicht begrei=
fen, was sie nicht erklären können, gerade so, wie man vor 30
Jahren Alles durch Galvanismus verdeutlicht fand, zu einer
Zeit, wo man am allerwenigsten die Natur der Electricität er=
kannt hatte. Darf man sich wundern, wenn man statt Er=
klärungen und Einsicht nur Bilder, nur Hypothesen findet,
kann man von ihnen etwas Anderes als Täuschungen und
Trugschlüsse erwarten?

Es ist die deutsche Naturphilosophie, die ihren Namen mit
so großem Unrecht trägt, welche die Kunst verbreitet hat,

-----

6. Durch die Luft, als Element, wird beim Einathmen jedes Leben der
   Pflanzen (und Thiere) erhalten, und wenn durch ihre Einwirkung,
   wegen ihrer großen Leichtigkeit, auch die Pflanzenmasse nicht sehr ver=
   größert wird, so müssen, zum Belebtsein, doch alle Theile von ihr
   stetig durchdrungen und umgeben sein. Die Grundlage der Luft ist
   das Stickgas, da dieses aber nicht einfach, sondern mit dem Sauer=
   stoff gemengt erscheint, welche luftförmige Verbindung dann Wasser=
   stoff genannt wird (weil sie beim Zersetzen des Wassers in einer
   glühenden eisernen Röhre entsteht!), so kann man sagen, die Luft
   bestehe aus Sauerstoff, Wasserstoff (Stickstoff) und Kohlenstoff, und der
   Wasserstoff macht einen wesentlichen Bestandtheil der Pflanzen aus.
      Das Vorstehende wird hier als Beispiel der Behandlung der Pflanzen=
   physiologie und der Ansichten mancher Botaniker über die Ernährung der
   Gewächse gegeben; es ist aus J. A. Reum's, Professor in Tharand
   (Mitglied mehrerer wissenschaftlicher Vereine 2c.), Forstbotanik. 3te
   Auflage, Leipzig, Arnold'sche Buchhandlung, 1837.
   *) Das Axiom unserer Theorie ist also: Die Natur ist die Erscheinung
   des Unendlichen im Endlichen, da nun das Unendliche das Absolute,
   Alleinige, das Endliche aber das Relative, Mannichfaltige ist, so giebt
   es auch nur zwei wesentliche Urformen der Naturthätigkeit.
   »In der pflanzlichen und thierisch bewußtlosen Zeugung ist die Be=
   fruchtung eine electrische Wirkung bei offener Kette.«
   »Bei der innerlichen Begattung wirkt er (der Saame) auf das
   weibliche Leben selbst, steigert sein Dasein zu einer magnetischen
   Entfaltung, welche in einer Zersetzung des Fruchtstoffs sich ausspricht,
   und darin besteht das Wesen der Befruchtung.«
   Burdach's Physiologie als Erfahrungswissenschaft.

ohne gründliche Forschungen und Beobachtungen sich Rechenschaft von den Erscheinungen zu geben, eine Kunst, der es an
Jüngern nicht fehlen wird, so lange Arbeiten ohne Mühe und
Anstrengung, Aufmunterung und Anerkennung finden; sie zeugte
die taubstummen und blinden Kinder der Unwissenheit und des
Mangels aller Beobachtungsgabe, sie ist es, die in den vorhergegangenen Jahren alle Fortschritte in ihrem Keime erstickte.

Sobald den Physiologen die geheimnißvolle Lebenskraft in
einer Erscheinung entgegentritt, verzichten sie auf ihre Sinne
und Fähigkeiten, das Auge, der Verstand, das Urtheil und
Nachdenken, alles wird gelähmt, so wie man eine Erscheinung
für unbegreiflich erklärt.

Vor dieser allerletzten Ursache befinden sich noch eine Menge
letzte. Von dem Ringe aus, wo die Kette anfängt, bis zu
uns sind noch eine Menge unbekannte Glieder. Sollen diese
Glieder dem menschlichen Geiste unantastbar bleiben, welcher
die Gesetze der Bewegung der Weltkörper erforscht hat, von
deren Existenz ihn nur ein einzelnes Organ unterrichtet, ihm,
dem auf unsern Erdkörper noch so viele andere Hülfsmittel
zu Gebote stehen?

Wenn reine Kartoffelstärke in Salpetersäure gelöst einen
Ring des reinsten Wachses hinterläßt, was kann dem Schlusse
des Chemikers entgegengesetzt werden, daß jedes Stärkekörnchen
aus concentrischen Schichten Wachs und Amylon besteht, von
denen die eine und die andere sich gegenseitig sowohl vor dem
Angriff des Wassers als des Aethers schützen? Kann man
zu Schlüssen dieser Art, welche die Natur und das Verhalten
aufs Vollkommenste erläutern, durch Mikroskope gelangen?
Ist es möglich, auf rein mechanischem Wege in einem Stück
Brod den Kleber dem Auge sichtbar zu machen, die kleinsten
Theilchen des Klebers in ihrem Zusammenhange und allen

3 *

ihren Verzweigungen? Dies ist durch kein Werkzeug möglich, und dennoch dürfen wir das Stück Brod nur in eine lau= warme Abkochung von gekeimter Gerste legen, um alle Stärke, alles sogenannte Dextrin sich wie Zucker im Wasser auflösen zu sehen. Man behält zuletzt nichts übrig, als den Kleber in der Form des feinsten Schwammes, dessen kleinste Poren durch Mikroskope nur sichtbar sind.

Unzählige Hülfsmittel dieser Art bietet die Chemie zur Er= forschung der Beschaffenheit der Organe dar; sie werden nicht benutzt, weil sie Niemand bedarf.

Man kennt mit Zuverlässigkeit die wichtigsten Organe und Functionen von Thieren, die dem bloßen Auge nicht sichtbar sind, aber in der Pflanzenphysiologie ist ein Blatt stets ein Blatt. Aber ein Blatt, was Terpentinöl, Citronöl erzeugt, muß eine andere Beschaffenheit besitzen, als ein Blatt, in dem Sauerkleesäure gebildet wird. Die Lebenskraft bedient sich in ihren eigenthümlichen Aeußerungen stets besonderer Werkzeuge, für jede Verrichtung eines besondern Organs. Der auf einen Citronenbaum gepflanzte Rosenzweig bringt keine Citronen, er bringt Rosen hervor. Man hat unendlich vieles gesehen, aber das Sehenswürdigste ist zu sehen nicht versucht worden.

Die zweite Ursache ist, daß man in der Physiologie die Kunst nicht kennt, Versuche zu machen, eine Kunst, die man freilich nur in chemischen Laboratorien lernen kann.

Die Natur redet mit uns in einer eigenthümlichen Sprache, in der Sprache der Erscheinungen, auf Fragen giebt sie jeder= zeit Antwort, die Fragen sind die Versuche.

Ein Versuch ist der Ausdruck eines Gedankens, entspricht die hervorgerufene Erscheinung dem Gedachten, so sind wir einer Wahrheit nahe; das Gegentheil davon beweist, daß die Frage falsch gestellt, daß die Vorstellung unrichtig war.

Eine Prüfung der Versuche eines Andern ist eine Prüfung
seiner Ansichten, für die er Beweise gegeben hat; wenn die
Prüfung nur negirt, wenn sie keine richtigeren Vorstellungen
an die Stelle derjenigen setzt, die man zu widerlegen sucht, so
verdient eine solche Wiederholung von Versuchen nicht beachtet
zu werden, denn je schlechter der wiederholende Fragesteller
Experimentator ist, desto schärfer, desto größer im Widerspruch
fällt sein Beweis aus.

Man vergißt in der Physiologie zu sehr, daß es sich nicht
darum handelt, die Versuche eines Andern zu widerlegen oder
unrichtig zu finden, sondern daß das Ziel, nach dem wir Alle
streben, die Wahrheit und nur die Wahrheit ist. Daher denn
dieser Ballast von nichtsbedeutenden, aufs Geradewohl gemach=
ten Versuchen; man erstaunt, wenn man sich überzeugt, wie
der ganze Aufwand von Zeit und Kraft einer Menge Perso=
nen von Geist, Talent und Kenntnissen darauf hinausläuft,
sich gegenseitig zu sagen, daß sie vollkommen Unrecht haben.

Auch sie haben mit dem besten Willen, mit aller Gewissen=
haftigkeit Versuche angestellt, und die Meinung, ob die Koh=
lensäure wirklich nähre, einer Prüfung unterworfen, allein die
Antwort entsprach dieser Ansicht nicht, sie fiel gänzlich vernei=
nend aus. Wie waren aber die Fragen gestellt?

Sie säeten den Saamen von Balsaminen, Vietsbohnen,
Kresse, Kürbis in reinen carrarischen Marmor und begossen
ihn mit kohlensäurehaltigem Wasser, die Saamen gingen auf,
allein die Pflanzen waren nicht bis zur Entwickelung des drit=
ten Blättchens zu bringen.

Sie ließen in anderen Fällen das Wasser von unten hinauf
in den Marmor bringen, aber vergebens, alle starben; merk=
würdiger Weise brachten es Andere in reinem, destillirtem Wasser
weiter als in der Kohlensäure, aber sie gingen dennoch zu Grunde.

38   Die Affimilation des Kohlenstoffs.

Andere fäeten Saamen von Pflanzen in Schwefelblumen, in Schwerspath, und suchten sie mit Kohlensäure zu nähren, allein ohne Erfolg; diese Klassen von Versuchen sind es im Allgemeinen, welche als positive Beweise betrachtet werden, daß die Kohlensäure nicht nähre, allein sie sind gegen alle Regeln einer rationellen Naturforschung, gegen alle Regeln der Chemie angestellt.

Zum Leben einer Pflanze gehören mehrere, für besondere Pflanzengattungen besondere Bedingungen; giebt man der Pflanze sonst alles, und schließt nur eine einzige Bedingung aus, so wird sie nicht zur Entwickelung gelangen.

Die Organe einer Pflanze, wie die eines Thieres, enthalten Materien von der verschiedensten Zusammensetzung, stickstoffhaltige und stickstofffreie, sie enthalten Metalloxide in der Form von Salzen.

Die Nahrungsmittel, welche zur Reproduction aller Organe dienen sollen, müssen nothwendig alle ihre Elemente enthalten. Diese unerläßlichsten aller Bedingungen hinsichtlich der chemischen Beschaffenheit eines Nahrungsmittels können in einem einzelnen Stoffe sich vereinigt vorfinden, oder es können mehrere sein, in welchem Falle denn der eine enthält, was dem andern fehlt.

Man hat mit einer stickstoffhaltigen Substanz allein, mit Gallerte, Hunde zu Tode gefüttert; sie starben an Weißbrod, an Zucker und Stärke, wenn sie ausschließlich statt aller andern als Nahrung gegeben wurden. Kann man hieraus schließen, daß diese Materien kein assimilirbares Element enthalten? Gewiß nicht.

Die Lebensart ist die einem jeden einzelnen Organe innwohnende Fähigkeit, sich selbst in jedem Zeitmomente neu wieder zu erzeugen: hierzu gehören Stoffe, welche seine Elemente enthalten, und diese Stoffe müssen sich zu Metamorphosen eignen. Alle Organe zusammengenommen können kein einzelnes Element, keinen Stickstoff, Kohlenstoff oder ein Metalloxid erzeugen.

Ist die Masse der dargebotenen Stoffe zu groß, oder sind sie keiner Metamorphose fähig, oder üben sie eine chemische Wirkung irgend einer Art auf das Organ aus, so unterliegt das Organ selbst einer Metamorphose. Alle sogenannten Gifte gehören der letzteren Klasse an. Die besten Nahrungsmittel können den Tod bewirken.

Alle diese Bedingungen der Ernährung müssen bei Versuchen der Art in Rechnung genommen werden.

Außer den Elementen, welche Bestandtheile von Organen ausmachen, bedürfen Thiere und Pflanzen noch anderer Stoffe, deren eigentliche Function unbekannt ist. Es sind dies anorganische Materien, das Kochsalz z. B., bei dessen gänzlicher Abwesenheit der Tod bei den Thieren unausbleiblich erfolgt.

Wenn wir mit Bestimmtheit wissen, daß es einen Körper giebt, den Humus z. B., welcher fähig ist, eine Pflanze bis zur vollendeten Entwickelung mit Nahrung zu versehen, so führt uns die Kenntniß seines Verhaltens und seiner Zusammensetzung auf die Bedingungen des Lebens einer Pflanze.

Es muß sich alsdann mit dem Humus gerade so verhalten, wie mit einem einzigen Nahrungsmittel, was die Natur für den animalischen Organismus producirt, nemlich mit der Milch.

Wir finden in der Milch einen an Stickstoff reichen Körper, den Käse, eine Substanz, welche reich an Wasserstoff ist, die Butter, einen dritten, welcher eine große Menge Sauerstoff und Wasserstoff in dem Verhältniß wie im Wasser enthält, den Milchzucker; in der Butter befindet sich eine der aromatischen Substanzen, die Buttersäure; sie enthält in Auflösung milchsaures Natron, phosphorsauern Kalk und Kochsalz.

Mit der Kenntniß von der Zusammensetzung der Milch kennen wir die Bedingungen des Assimilationsprocesses aller Thiere.

40   Die Assimilation des Kohlenstoffs.

In Allem, was Menschen und Thieren zur Nahrung dient,
finden wir diese Bedingungen vereinigt, bei vielen in einer
andern Form und Beschaffenheit, aber keine davon darf auf
eine gewisse Zeitdauer hinaus fehlen, ohne daß die Folgen
davon an dem Befinden des Thieres bemerkbar sind *).

Die Kenntniß der Fähigkeit eines Körpers, als Nahrungs=
mittel zu dienen, setzt in ihrer Anwendung die Ausmittlung
der Bedingungen voraus, unter welchen er assimilirbar ist.

Ein fleischfressendes Thier stirbt bei allem Ueberfluß an
Speise unter der Luftpumpe, in der Luft stirbt es, wenn die
Anforderungen seines Magens nicht befriedigt werden, es stirbt
in reinem Sauerstoffgas bei einem Ueberfluß von Speise. Kann
man hieraus schließen, daß weder Fleisch, noch Luft, noch
Sauerstoff geeignet sind, das Leben zu erhalten? Gewiß nicht.

Aus dem Piedestal der Trajanssäule in Rom kann man
jedes einzelne Steinstück herausmeißeln, wenn bei dem Heraus=

---

*) Die unklaren Vorstellungen über die Materien, welche als Nahrungs=
mittel für Menschen und Thiere betrachtet werden müssen, führen täglich
zu einer Menge der widersinnigsten Anwendungen. Man giebt Säug=
lingen das Stärkemehl aus Pfeilwurzeln (Arrowroot), Salep rc.,
und glaubt sie damit zu ernähren, während diese Substanzen nur zur
Fettbildung (stickstofffreien Substanz) sich eignen und keinen Bestand=
theil enthalten, der ihren Knochen die kleinste Quantität phosphor=
sauren Kalks zuzusetzen vermöchte, keinen Bestandtheil, aus dem sich das
feinste Muskelfäserchen zu bilden vermöchte. In Folge dieser Nahrung
bedecken sich ihre Glieder mit Fett, sie bekommen Grübchen in den
Wangen und Armen, allein keinem Theile des Körpers wächst die
mindeste Kraft zu. Für die Gesundheit des Kindes ist es völlig gleich=
gültig, ob es in der Milch diese Nahrung genießt oder nicht.
    Linsen und Erbsen sind reich an stickstoffhaltiger Materie, sie ma=
chen satt, ohne aber ein Aequivalent von Kraft zu geben, denn in ih=
nen fehlt der Hauptbestandtheil der Knochen (phosphorsaurer Kalk),
der in dem Brod und Fleisch niemals mangelt. Man sehe über den
Begriff von Nahrungsmitteln das Kapitel Gift — Contagien —
Miasmen.

nehmen des zweiten und dritten 2c. die erften wieder eingefetzt
werden. Kann man hieraus fchließen, daß diefe Säule in
der Luft fchwebt, daß fein einzelnes Stück der Unterlage trägt?
Sicherlich nicht. Und dennoch hat man den ftrengften Beweis
geführt, daß jedes bezeichnete Stück hinweggenommen werden
kann, ohne daß die Säule umfällt.

Die Pflanzen= und Thierphyfiologen verfahren aber in Be=
ziehung auf den Affimilationsproceß nicht anders. Ohne die
Bedingung des Lebens, die Befchaffenheit und Nahrungsmittel,
die Natur und Beftandtheile der Organe zu kennen, ftellen fie
Verfuche an, Verfuche, denen man Beweiskraft zufchreibt, wäh=
rend fie Mitleid und Bedauern erwecken.

Ift es möglich, eine Pflanze zur Entwickelung zu bringen,
wenn man ihr nicht neben Waffer und Kohlenfäure eine ftick=
ftoffhaltige Materie giebt, die fie zur Erzeugung der ftickftoff=
haltigen Beftandtheile im Safte bedarf?

Muß fie nicht bei allem Ueberfluß an Kohlenfäure fterben,
wenn die wenigen Blätter, die fich gebildet haben, den Stick=
ftoffgehalt des Saamens verzehrt haben?

Kann eine Pflanze überhaupt in carrarifchem Marmor wach=
fen, felbft wenn ihr eine ftickftoffhaltige Materie dargeboten
wird, wenn man den Marmor mit kohlenfäurehaltigem Waffer
begießt, was den Kalk auflöft und ein faures kohlenfaures
Kalkfalz bildet? Eine Pflanze aus der Familie der Plumba=
gineen, bei denen die Blattoberfläche aus feinen hornartigen
oder fchuppigen Auswüchfen von kriftallifirtem kohlenfaurem Kalk
befteht, würde vielleicht unter diefen Umftänden zur Entwicke=
lung kommen; daß aber die Kreffe, der Kürbis, die Balfami=
nen bei Abwefenheit des Stickftoffs durch fauren kohlenfauren
Kalk nicht ernährt werden können, daß letzterer als Gift wirkt,
dieß kann man als eine völlig durch diefe Verfuche bewiefene

42   Die Affimilation des Kohlenstoffs.

Thatsache annehmen, denn in reinem Wasser, ohne Kalk und
Kohlensäure, bringen es diese Pflanzen noch weiter.

Die Schwefelblumen ziehen im feuchten Zustande aus der
Luft Sauerstoff an und werden sauer. Läßt sich erwarten,
daß bei Gegenwart von freier Schwefelsäure eine Pflanze in
Schwefelblumen durch Kohlensäure allein ernährt werden kann?
So wenig sich auch in Stunden oder Tagen an Schwefelsäure
bilden mag, die Fähigkeit der Schwefeltheile, Sauerstoff anzuziehen und zurückzuhalten, ist in jedem Zeitmomente da.

Wenn man weiß, daß die Wurzeln Feuchtigkeit, Kohlensäure und Luft bedürfen, darf man schwefelsauren Baryt, dessen
Beschaffenheit und Schwere den Zutritt der Luft ganz und gar ab-
schließt, als Mittel wählen, um Pflanzen darin wachsen zu lassen?

Alle diese Versuche sind für die Entscheidung irgend einer
Frage völlig bedeutungslos. Wenn man noch überdieß ungewiß über die Rolle ist, welche die verschiedenen fremden anorganischen Materien in den Pflanzen spielen, so lange darf
man aufs Geradewohl keinen Boden wählen.

Es ist völlig unmöglich, eine Pflanze aus der Familie der
Gramineen oder Equisetaceen, welche in ihrem festen Gerippe
kieselsaures Kali enthalten, ohne Kieselerde und Kali, eine
Oralisart ohne Kali, eine Salzpflanze ohne Kochsalz oder
ein Salz von gleicher Wirkungsweise zur Entwickelung zu bringen; alle Saamen der Cerealien enthalten phosphorsaure Bittererde, der feste Theil der Althäwurzeln enthält mehr phosphorsauren Kalk als Holzfaser. Sind dieß denn lauter durchaus entbehrliche Materien? Darf man eine Pflanze zu einem
Versuche wählen, wenn man nicht entfernt weiß, was sie zu
ihrer Assimilation bedarf?

Welchen Werth kann man nun vernünftiger Weise Versuchen
beilegen, wo man mit der größten Sorgfalt Alles ausgeschlossen

hat, was die Pflanze neben ihrer Nahrung überhaupt noch bedarf, um sie, um diese Nahrung nemlich, assimilirbar zu machen?

Kann man die Gesetze des Lebens erforschen an einem Organismus, der sich in einem dauernden Zustande des Krankseins und beständigen Sterbens befindet? ·

Die bloße Beobachtung einer Wiese, eines Waldes ist unendlich mehr geeignet, über so einfache Fragen zu entscheiden, als alle diese kleinlichen Versuche unter Glasglocken; anstatt einer Pflanze haben wir Tausende von Pflanzen, dieß ist der einzige Unterschied; wenn wir die Beschaffenheit eines einzigen Cubiczolls ihres Bodens, wenn wir die der Luft und des Regenwassers kennen, so haben wir damit alle Bedingungen ihres Lebens in der Hand.

Wenn wir die Formen kennen, in welchen die Pflanze ihre Nahrung aufnimmt, wenn wir die Zusammensetzung der Nahrung mit den Bestandtheilen der Pflanze vergleichen, so kann uns ohne Zweifel der Ursprung aller ihrer Elemente nicht entgehen.

Diese Fragen sollen in dem Folgenden einer Untersuchung, einer Discussion unterworfen werden.

In dem Vorhergehenden ist der Beweis niedergelegt, daß der Kohlenstoff der Pflanzen aus der Atmosphäre stammt; es sind nun die Wirkungen des Humus und der anorganischen Bestandtheile der Pflanzen, so wie der Antheil, den beide an der Entwickelung der Vegetation nehmen, und die Quellen des Stickstoffs zu beleuchten.

Ursprung und Verhalten des Humus.

Es ist in dem zweiten Theile auseinandergesetzt, daß alle Pflanzen und Pflanzentheile mit dem Aufhören des Lebens zwei Zersetzungsprocesse erleiden, von denen man den einen

44   Ursprung und Verhalten des Humus.

Gährung oder Fäulniß, den andern Verwesung nennt.

Es ist gezeigt worden, daß die Verwesung einen langsamen Verbrennungsproceß bezeichnet, den Vorgang also, wo die ver= brennlichen Bestandtheile des verwesenden Körpers sich mit dem Sauerstoff der Luft verbinden.

Die Verwesung des Hauptbestandtheiles aller Vegetabilien, der Holzfaser zeigt eine Erscheinung eigenthümlicher Art.

Mit Sauerstoff in Berührung, mit Luft umgeben, verwan= delt sie nemlich den Sauerstoff in ein ihm gleiches Volumen kohlensaures Gas; mit dem Verschwinden des Sauerstoffs hört die Verwesung auf.

Wird dieses kohlensaure Gas hinweggenommen und durch Sauerstoff ersetzt, so fängt die Verwesung von Neuem an, d. h. der Sauerstoff wird wieder in Kohlensäure verwandelt.

Die Holzfaser besteht nun aus Kohlenstoff und den Elemen= ten des Wassers; von allem Andern abgesehen, geht ihre Ver= brennung vor, wie wenn man reine Kohle bei sehr hohen Tem= peraturen verbrennt, gerade so, als ob kein Wasserstoff und Sauerstoff mit ihr in der Holzfaser verbunden wäre.

Die Vollendung dieses Verbrennungsprocesses erfordert eine sehr lange Zeit; eine unerläßliche Bedingung zu seiner Unterhal= tung ist die Gegenwart von Wasser; Alkalien befördern ihn, Säu= ren verhindern ihn, alle antiseptischen Materien, schweflige Säure, Quecksilbersalze und brenzliche Oele heben ihn gänzlich auf.

Die in Verwesung begriffene Holzfaser ist der Körper, den wir Humus nennen.

In demselben Grade, als die Verwesung der Holzfaser vor= angeschritten ist, vermindert sich ihre Fähigkeit, zu verwesen, d. h. das umgebende Sauerstoffgas in Kohlensäure zu ver= wandeln, zuletzt bleibt eine gewisse Menge einer braunen oder kohlenartigen Substanz zurück, der sie gänzlich fehlt, man nennt sie Moder; sie ist das Product der vollendeten Verwesung der Holzfaser. Der Moder macht den Hauptbestandtheil aller Braunkohlenlager und des Torfes aus.

In einem Boden, welcher der Luft zugänglich ist, verhält sich der Humus genau wie an der Luft selbst; er ist eine langsame äußerst andauernde Quelle von Kohlensäure.

Um jedes kleinste Theilchen des verwesenden Humus entsteht, auf Kosten des Sauerstoffs der Luft, eine Atmosphäre von Kohlensäure.

In der Cultur wird durch Bearbeitung und Auflockerung der Erde der Luft ein möglichst ungehinderter und freier Zutritt verschafft.

Ein so vorbereiteter und feuchter Boden enthält also eine Atmosphäre von Kohlensäure, und damit die erste und wichtigste Nahrung für die junge Pflanze, welche sich darauf entwickeln soll.

Im Frühlinge, wo die Organe fehlen, welche die Natur bestimmt hat, die Nahrung aus der Atmosphäre aufzunehmen, wo diese Organe erst gebildet werden, sind es die Bestandtheile des Saamens, welche zuerst und ausschließlich zur Bildung der Wurzeln verwendet werden; mit jeder Wurzelfaser erhält die Pflanze einen Mund, eine Lunge, einen Magen.

Von dem Augenblicke an, wo sich die ersten Wurzelfasern gebildet haben, sind sie es, welche die Functionen der Blätter übernehmen, sie führen aus der Atmosphäre, in der sie sich befinden, aus dem Boden nemlich, Nahrung zu; von dem Humus stammt die Kohlensäure her.

Durch Auflockerung des Bodens um die junge Pflanze erneuern und vervielfältigen wir den Zutritt der Luft, wir begünstigen damit die Bildung der Kohlensäure; die Quantität der erzeugten Nahrung würde sich vermindern mit jeder Schwie-

46   Urſprung und Verhalten des Humus.

rigkeit, die ſich im Boden dieſer Lufterneuerung entgegenſtellt; bei einem gewiſſen Grade der Entwickelung der Pflanze iſt ſie es ſelbſt, welche dieſen Luftwechſel bewirkt. Die Atmoſphäre von Kohlenſäure, welche den unverweſten Theil des Humus vor weiterer Veränderung ſchützt, wird von den feinen Wur= zelhaaren, den Wurzeln ſelbſt, aufgeſaugt und hinweggenommen, ſie wird erſetzt durch atmoſphäriſche Luft, die ihren Platz ein= nimmt; die Verweſung ſchreitet fort, es wird eine neue Quan= tität Kohlenſäure gebildet. In dieſer Zeit empfängt die Pflanze von den Wurzeln und äußeren Organen gleichzeitig Nahrung, ſie ſchreitet raſch ihrer Vollendung entgegen.

Iſt die Pflanze völlig entwickelt, ſind ihre Organe der Ernährung völlig ausgebildet, ſo bedarf ſie der Kohlenſäure des Bodens nicht mehr.

Mangel an Feuchtigkeit, völlige Trockenheit des Bodens hemmen die Vollendung ihrer Entwickelung nicht mehr, wenn ſie vom Thau und der Luft ſo viel Feuchtigkeit empfängt, als ſie zur Vermittelung der Aſſimilation bedarf; im heißen Sommer ſchöpft ſie den Kohlenſtoff ausſchließlich aus der Luft.

Wir wiſſen bei den Pflanzen nicht, welche Höhe und Stärke ihnen die Natur angewieſen hat, wir kennen nur das gewöhn= liche Maaß ihrer Größe.

Als große werthvolle Seltenheiten ſieht man in London und Amſterdam Eichbäume, von chineſiſchen Gärtnern gezogen, von anderthalb Fuß Höhe, deren Stamm, Rinde, Zweige und ganzer Habitus ein ehrwürdiges Alter erkennen laſſen, und die kleine Teltower=Rübe wird in einem Boden, wo ihr frei ſteht, ſo viel Nahrung aufzunehmen, als ſie kann, zu einem mehrere Pfunde ſchweren Dickwanſt.

Die Maſſe einer Pflanze ſteht im Verhältniß zu der Oberfläche der Organe, welche beſtimmt ſind,

Nahrung zuzuführen. Mit jeder Wurzelfaser, jedem Blatt gewinnt die Pflanze einen Mund und Magen mehr.

Der Thätigkeit der Wurzeln, Nahrung aufzunehmen, wird nur durch Mangel eine Grenze gesetzt; ist sie im Ueberfluß vorhanden, und wird sie zur Ausbildung der vorhandenen Organe nicht völlig verzehrt, so kehrt dieser Ueberschuß nicht in den Boden zurück, sondern er wird in der Pflanze zur Hervorbringung von neuen Organen verwendet.

Neben der vorhandenen Zelle entsteht eine neue, neben dem entstandenen Zweig und Blatt entwickelt sich ein neuer Zweig, ein neues Blatt; ohne Ueberschuß an Nahrung wären diese nicht zur Entwickelung gekommen. Der in dem Saamen entwickelte Zucker und Schleim verschwindet mit der Ausbildung der Wurzelfasern, der in dem Holzkörper, in den Wurzeln entstehende Zucker und Schleim verschwindet mit der Entwickelung der Knospen, grünen Triebe und Blätter.

Mit der Ausbildung, mit der Anzahl der Organe, der Zweige und Blätter, denen die Atmosphäre Nahrung liefert, wächst in dem nemlichen Verhältniß ihre Fähigkeit, Nahrung aufzunehmen und an Masse zuzunehmen, denn diese Fähigkeit nimmt im Verhältniß wie ihre Oberfläche zu.

Die ausgebildeten Blätter, Triebe und Zweige bedürfen zu ihrer eigenen Erhaltung der Nahrung nicht mehr, sie nehmen an Umfang nicht mehr zu; um als Organe fortzubestehen, haben sie ausschließlich nur die Mittel nöthig, die Function zu unterhalten, zu der sie die Natur bestimmt hat, sie sind nicht ihrer selbst wegen vorhanden.

Wir wissen, daß diese Function in ihrer Fähigkeit besteht, die Kohlensäure der Luft einzusaugen und unter dem Einfluß des Lichts, bei Gegenwart von Feuchtigkeit, ihren Kohlenstoff sich anzueignen.

48   Ursprung und Verhalten des Humus.

Diese Function ist unausgesetzt, von der ersten Entwickelung an in Thätigkeit, sie hört nicht auf mit ihrer völligen Ausbildung.

Aber die neuen, aus dieser unausgesetzt fortdauernden Assimilation hervorgehenden Producte, sie werden nicht mehr für ihre eigene Entwickelung verbraucht, sie dienen jetzt zur weiteren Ausbildung des Holzkörpers und aller ihr ähnlich zusammengesetzten festen Stoffe, es sind die Blätter, welche jetzt die Bildung des Zuckers, des Amylons, der Säuren vermitteln. So lange sie fehlten, hatten die Wurzeln diese Verrichtung in Beziehung auf diejenigen Materien übernommen, welche der Halm, die Knospe, das Blatt und die Zweige zu ihrer Ausbildung bedurften.

In dieser Periode des Lebens nehmen die Organe der Assimilation aus der Atmosphäre mehr Nahrungsstoffe auf, als sie selbst verzehren, und mit der fortschreitenden Entwickelung des Holzkörpers, wo der Zufluß an Nahrung immer der nemliche bleibt, ändert sich die Richtung, in der sie verwendet wird, es beginnt die Entwickelung der Blüthe, und mit der Ausbildung der Frucht ist bei den meisten Pflanzen der Function der Blätter eine Grenze gesetzt, denn die Producte ihrer Thätigkeit finden keine Verwendung mehr. Sie unterliegen der Einwirkung des Sauerstoffs, wechseln in Folge derselben gewöhnlich ihre Farbe und fallen ab.

Zwischen der Periode der Blüthe und Fruchtbildung entstehen in allen Pflanzen in Folge einer Metamorphose der vorhandenen Stoffe eine Reihe von neuen Verbindungen, welche vorher fehlten, von Materien, welche Bestandtheile der sich bildenden Blüthe, Frucht oder des Saamens ausmachen.

Eine organisch-chemische Metamorphose ist nun der Act der Umsetzung der Elemente einer oder mehrerer Verbindungen in zwei oder mehrere neuen, welche diese Elemente in einer andern Weise gruppirt, oder in andern Verhältnissen enthalten.

Von zwei Verbindungen, die in Folge dieser Umsetzungen gebildet werden, bleibt die eine als Bestandtheil in der Blüthe oder Frucht zurück, die andere wird in der Form von Excrementen von der Wurzel abgeschieden.

Die Ernährung des thierischen so wie des vegetabilischen Organismus ist ohne Ausscheidung von Excrementen nicht denkbar. Wir wissen ja, daß der Organismus nichts erzeugt, sondern nur verwandelt, daß seine Erhaltung und Reproduction in Folge der Metamorphose der Nahrungsstoffe geschieht, die seine Elemente enthalten.

Nennen wir die Ursache der Metamorphose Lebenskraft, höhere Temperatur, Licht, Galvanismus oder wie wir sonst wollen, der Act der Metamorphose ist ein rein chemischer Proceß; Verbindung und Zerlegung kann nur dann vor sich gehen, wenn die Elemente die Fähigkeit dazu haben. Was der Chemiker Verwandtschaft nennt, bezeichnet weiter nichts als den Grad dieser Fähigkeit.

In der Betrachtung der Gährung und Fäulniß ist weitläuftig auseinandergesetzt worden, daß jede Störung in der Anziehung der Elemente einer Verbindung eine Metamorphose hervorruft, die Elemente ordnen sich unter einander zu neuen Verbindungen nach den Graden ihrer Anziehung, und diese neuen Verbindungen sind unter den gegebenen Bedingungen keiner weiteren Metamorphose mehr fähig.

Die Producte dieser Metamorphose ändern sich mit den Ursachen, mit dem Wechsel der Bedingungen, durch die sie hervorgebracht werden, sie sind zahllos wie diese.

Der Character einer Säure z. B. ist ein unaufhörliches, bei verschiedenen Säuren ungleich starkes, Streben nach Aus=

4

50   Urſprung und Verhalten des Humus.

gleichung durch eine Baſe, er verſchwindet gänzlich, ſo wie
dieſem Streben genügt wird.   Der Charakter einer Baſis iſt
der umgekehrte; beide, obwohl in ihren Eigenſchaften ſo ver-
ſchiedenartig, bewirken durch dieſe Eigenthümlichkeiten in den
meiſten Fällen einerlei Metamorphoſe.

Blauſäure und Waſſer enthalten die Elemente von Kohlenſäure, Ammoniak, Harnſtoff, Cyanurſäure,
Cyamelid, Oralſäure, Ameiſenſäure, Melam, Am-
melid, Melamin, Ammelin, Azulmin, Mellon,
Mellonwaſſerſtoff, Allantoin ꝛc. Wir Alle wiſſen, daß
die genannten in ihrer Zuſammenſetzung unendlich verſchiedenen
Stoffe aus Blauſäure und Waſſer in chemiſchen Metamorphoſen
der mannichfaltigſten Art wirklich gebildet werden können.

Der ganze Proceß der Ernährung der Organismen läßt
ſich durch die Betrachtung einer einzigen dieſer Metamorphoſen
zur Anſchauung bringen.

Blauſäure und Waſſer z. B. in Berührung mit Salzſäure
zerlegen ſich augenblicklich in Ameiſenſäure und Ammoniak;
in beiden ſind die Elemente der Blauſäure und des Waſſers,
obwohl in einer andern Form, in anderer Weiſe geordnet,
enthalten.

Es iſt das Streben der Salzſäure nach Ausgleichung, wodurch dieſe Metamorphoſe bedingt worden iſt.

In Folge dieſes Strebens erleiden Blauſäure und Waſſer
gleichzeitig eine Zerſetzung; der Stickſtoff der Blauſäure und
der Waſſerſtoff in dem Waſſer treten zu einer Baſis, zu Ammoniak zuſammen, womit ſich die Säure verband. Ihrem Streben war, wenn man ſolche Ausdrücke brauchen darf, Befriedigung geworden, ihr Character verſchwand.   Ammoniak war
nur ſeinen Elementen nach vorhanden, aber die Fähigkeit, Ammoniak zu bilden, war da.

Die gleichzeitige Zerſetzung der Blauſäure und des Waſſers geſchah hier nicht in Folge einer chemiſchen Verwandtſchaft der Salzſäure zu Ammoniak, denn Blauſäure und Waſſer enthalten kein Ammoniak. Eine Verwandtſchaft eines Körpers zu einem zweiten, der gar nicht vorhanden, der erſt gebildet wird, iſt völlig undenkbar, und leicht wird man hieraus entnehmen, wie ſehr dieſe Zerſetzungsweiſen (es ſind dieß gerade die, welche man Metamorphoſen nennt) von den gewöhnlichen chemiſchen Zerſetzungen abweichen.

In Folge der Bildung von Ammoniak ſind Kohlenſtoff und Waſſerſtoff, die andern Elemente der Blauſäure, mit dem Sauerſtoff des zerſetzten Waſſers zu Ameiſenſäure zuſammengetreten; die Elemente und die Fähigkeit, ſich zu verbinden, ſind vorhanden.

Die Ameiſenſäure iſt alſo hier das Excrement; das Ammoniak repräſentirt den durch das Organ aſſimilirten Stoff.

Das Organ nimmt von den dargebotenen Nahrungsmitteln, was es zu ſeiner eigenen Erhaltung, was es zu ſeiner Reproduction bedarf. Die übrigen Elemente, welche nicht aſſimilirt werden, treten zu neuen Verbindungen, zu Excrementen zuſammen.

Während ihres Weges durch den Organismus kommen die Excremente des einen Organs in Berührung mit einem andern, durch deſſen Einwirkung ſie eine neue Metamorphoſe erfahren; die Excremente des einen Organs enthalten die Elemente der Nahrungsmittel für ein zweites und folgendes; zuletzt werden die, keiner Metamorphoſe mehr fähigen, Stoffe durch die dazu beſtimmten Organe aus dem Organismus entfernt. Jedes Organ iſt für ſeine ihm eigenthümlichen Functionen eingerichtet. Ein Cubiczoll Schwefelwaſſerſtoff in die Lunge gebracht, würde augenblicklichen Tod bewirken, in dem

4 *

52   Urſprung und Verhalten des Humus.

Darmkanal wird es unter manchen Umſtänden ohne Nachtheil
gebildet.

Durch die Nieren werden die in Folge von Metamorpho=
ſen entſtandenen ſtickſtoffhaltigen, durch die Leber die an Koh=
lenſtoff reichen und durch die Lunge alle waſſerſtoff= und
ſauerſtoffreichen Excremente aus dem Körper entfernt. Der
Weingeiſt, die keiner Aſſimilation fähigen ätheriſchen Oele ver=
dunſten nicht durch die Haut, ſondern durch die Lunge.

Die Reſpiration ſelbſt iſt eine langſame Verbrennung, d. h.
eine ſich ſtets erneuernde Verweſung. Wendet man auf dieſen
Proceß die Regeln an, die ſich aus der Betrachtung der ver=
weſenden Materien im Allgemeinen entwickeln laſſen, ſo iſt
klar, daß in der Lunge ſelbſt der Sauerſtoff der Luft mit dem
Kohlenſtoff einer Kohlenſtoffverbindung direct keine Kohlen=
ſäure bilden kann; es kann nur eine Oxidation von Waſſer=
ſtoff, oder die Bildung eines höhern Oxides ſtattfinden. Es
wird Sauerſtoff aufgenommen, der keine Kohlenſäure bildet;
es wird Kohlenſäure abgeſchieden, deren Kohlenſtoff und Sauer=
ſtoff von einer Materie aus dem Blute ſtammen *).

---

*) Eine Unterſuchung der Luft, die von Lungenſüchtigen ausgeathmet
wird, ſo wie ihres Blutes, würde über dieſe Krankheit großes Licht
verbreiten. Verweſung und Fäulniß bedingen ſich gegenſeitig, wie in
dem zweiten Theile auseinander geſetzt iſt. Die Zerſetzung, welche
das Blut in der Lunge erfährt, iſt in der Lungenſucht eine wahre
Fäulniß. Der ganze Körper verwandelt ſich in Blut, um das meta=
morphoſirte zu erſetzen. Gewiß verdient es Beachtung, daß alle Mit=
tel, welche dieſe ſchreckliche Krankheit mildern und ihren Ausgang ver=
zögern, lauter ſolche ſind, welche der Fäulniß entgegenwirken und ſie
unter Umſtänden aufzuheben vermögen. In Gasfabriken, in Salmiak=
hütten, in Holzeſſigfabriken, Theerſchweelereien, in Gerbereien iſt dieſe
Krankheit ganz unbekannt, aber alle Subſtanzen, mit denen die Ar=
beiter in dieſen Anſtalten umgehen, ſind Materien, die keine Art von
Fäulniß aufkommen laſſen. Das Einathmen von Chlor, von Eſſigſäure
und aromatiſchen Subſtanzen ſind als Linderungsmittel längſt erprobt.

Durch die Harnwege wird der überflüssige Stickstoff als flüssiges Excrement, durch den Darmkanal alle, keiner Metamorphose mehr fähigen festen Stoffe, und durch die Lunge alle gasförmigen aus dem Körper entfernt.

Man darf sich durch den Popanz der Lebenskraft nicht abhalten lassen, den Proceß der Metamorphose der Nahrungsmittel und in ihrem Zusammenhang die Assimilation der Organismen in dem chemischen Gesichtspunkte zu betrachten, um so mehr, da man weiß, wie erfolglos, wie aller Anwendung unfähig die bis jetzt gewählten blieben.

Ist es denn wirklich die Lebenskraft, welche den Zucker, die erste Nahrung der jungen Pflanzen, im Keime erzeugt, welche dem Magen die Fähigkeit giebt, alle Stoffe, die ihm zugeführt werden, zur Assimilation vorzubereiten, ihre Auflösung zu bewirken?

Eine Abkochung von gekeimter Gerste besitzt so wenig wie ein todter Kalbsmagen die Eigenschaft, sich selbst zu reproduciren, von Leben kann in beiden keine Rede sein. Aber wenn man in die Abkochung der Gerste Amylon bringt, so verwandelt es sich zuerst in einen gummiähnlichen Stoff, zuletzt in Zucker. In der Abkochung des Kalbmagens, der man einige Tropfen Salzsäure zufügt, löst sich hartgekochtes Eiweiß und Muskelfaser gerade so auf, wie in dem Magen selbst *). (Schwann, Schulz.)

Die Fähigkeit, Metamorphosen zu bewirken, gehört also nicht der Lebenskraft an, sie gehen vor sich in Folge von Störungen in der Anziehung der Elemente, in Folge also von chemischen Processen.

---

*) Das letztere merkwürdige Verhalten ist in dem hiesigen Laboratorium durch einen höchst ausgezeichneten jungen Physiologen, Dr. Vogel, auf's Vollständigste bestätigt worden.

54   Ursprung und Verhalten des Humus.

Diese Processe stellen sich in einer andern Form dar, als wie die Zersetzung von Salzen oder von Oxiden und Schwefelungsstufen. Dieß ist keine Frage. Welche Schuld trägt aber die Chemie, wenn die Physiologie von diesen neuen Formen der chemischen Actionen keine Notiz nimmt!

Wenn wir wissen, daß die Basen aller alkalischen Salze, welche durch organische Säuren gebildet sind, durch die Harnwege in der Form von kohlensauren Alkalien abgeführt werden (Wöhler); ist es rationell, daß der Arzt in der Steinkrankheit seine Patienten Borax unzenweise zu sich nehmen läßt. Kommt denn die Transformation der Harnsteine, die aus Harnsäure bestehen, in die sogenannten Maulbeersteine, welche Oxalsäure enthalten, nicht täglich vor, wenn die in der Stadt lebenden Patienten das Land beziehen, wo sie mehr Vegetabilien genießen. An dem Rhein, wo das weinsaure Kali in so großer Menge genossen wird, haben sich aus den von den Physikatsärzten geführten Listen nur eingewanderte Steinkranke herausgestellt. Sind alle diese Erscheinungen keiner Erklärung fähig?

Aus dem in der Gährung gebildeten Fuselöl der Kartoffeln erzeugen wir das flüchtige Oel der Baldrianwurzel mit allen seinen Eigenschaften (Dumas), aus einem krystallinischen Stoff, aus der Weidenrinde bekommen wir das Oel der Spiraea ulmaria (Piria). Wir sind im Stande, Ameisensäure, Oxalsäure, Harnstoff, den krystallinischen Körper in der allantoischen Flüssigkeit der Kuh, lauter Producte der Lebenskraft, in unseren Laboratorien zu erzeugen. Wie man sieht, hat diese mysteriöse Lebenskraft viele Beziehungen mit den chemischen Kräften gemein, denn die letzteren können sogar ihre Rolle übernehmen. Diese Beziehungen sind es nun, welche ausgemittelt werden

müſſen. Wahrlich, es würde ſonderbar erſcheinen, wenn die
Lebenskraft, die Alles zu ihren Zwecken braucht, wenn ſie den
chemiſchen Kräften keinen Antheil geſtattete, die ihr zur freie=
ſten Verfügung ſtehen. Sondern wir die Actionen, welche den
chemiſchen Kräften angehören, von denen, die einem andern
Impuls untergeordnet ſind, und wir werden erlangen, was
einer vernünftigen Naturforſchung erreichbar iſt. Den Ausdruck
»Lebenskraft« muß man vorläufig für gleichbedeutend mit dem
halten, was die Medizin »ſpeciſiſch« oder »dynamiſch« nennt;
Alles iſt ſpeciſiſch, was man nicht erklären kann, und dyna=
miſch iſt die Erklärung von Allem, was man nicht weiß.

Metamorphoſen vorhandener Verbindungen gehen in dem
ganzen Lebensacte der Pflanzen vor ſich, und in Folge der=
ſelben gasförmige Secretionen durch die Blätter und Blüthen,
feſter Excremente in den Rinden und flüſſiger löslicher Stoffe
durch die Wurzeln. Dieſe Secretionen finden ſtatt unmittel=
bar vor dem Beginn und während der Dauer der Blüthe, ſie
vermindern ſich nach der Ausbildung der Frucht; durch die
Wurzeln werden kohlenſtoffreiche Subſtanzen abgeſchieden und
von dem Boden aufgenommen.

In dieſen Stoffen, welche unfähig ſind, eine Pflanze zu
ernähren, empfängt der Boden den größten Theil des Kohlen=
ſtoffs wieder, den er den Pflanzen im Anfange ihrer Entwicke=
lung in der Form von Kohlenſäure gegeben hatte.

Die von dem Boden aufgenommenen löslichen Excremente
gehen durch den Einfluß der Luft und Feuchtigkeit einer fort=
ſchreitenden Veränderung entgegen; indem ſie der Fäulniß und
Verweſung unterliegen, erzeugt ſich aus ihnen wieder der Nah=
rungsſtoff einer neuen Generation, ſie gehen in Humus über.
Die im Herbſte fallenden Blätter im Walde, die alten Wur=
zeln der Graspflanzen auf den Wieſen verwandeln ſich durch

56   Urſprung und Verhalten des Humus.

dieſe Einflüſſe ebenfalls in Humus. In dieſer Form empfängt
der Boden im Ganzen an Kohlenſtoff mehr wieder, als der
verweſende Humus als Kohlenſäure abgab.

Im Allgemeinen erſchöpft keine Pflanze in ihrem Zuſtande
der normalen Entwickelung den Boden in Beziehung auf ſei=
nen Gehalt an Kohlenſtoff; ſie macht ihn im Gegentheil reicher
daran. Wenn aber die Pflanzen dem Boden den empfange=
nen Kohlenſtoff wiedergeben, wenn ſie ihn daran reicher ma=
chen, ſo iſt klar, daß diejenige Menge, die wir in irgend einer
Form bei der Ernte dem Boden nehmen, daß dieſe ihren Ur=
ſprung der Atmoſphäre verdankt. Die Wirkung des Humus
geht auf eine klare und unzweideutige Weiſe aus dem Vorher=
gehenden hervor.

Der Humus ernährt die Pflanze nicht, weil er im lösli=
chen Zuſtande von derſelben aufgenommen und als ſolcher aſſi=
milirt wird, ſondern weil er eine langſame und andauernde.
Quelle von Kohlenſäure darſtellt, welche als das Hauptnah=
rungsmittel die Wurzeln der jungen Pflanze zu einer Zeit mit
Nahrung verſieht, wo die äußeren Organe der atmoſphäriſchen
Ernährung fehlen.

Die Oberfläche der Erde war vor der gegenwärtigen Pe=
riode mit Pflanzen bedeckt, deren Trümmer und Ueberreſte die
Braun= und Steinkohlenlager bilden.

Alle dieſe rieſenhaften Palmen, Gräſer, Farrenkräuter ꝛc.
gehören zu Pflanzenarten, denen die Natur durch eine unge=
heure Ausdehnung der Blätter die Fähigkeit gegeben hat, den
Boden für ihre Nahrung ganz zu entbehren.

Sie ſind in dieſer Beziehung ähnlich den Wurzel= und
Zwiebelgewächſen, deren atmoſphäriſche Organe im Anfange
ihres Lebens auf Koſten ihrer eigenen Maſſe ernährt und ent=
wickelt werden.

Noch jetzt rechnet man diese Klasse von Gewächsen zu denen, welche den Boden nicht erschöpfen.

Alle Pflanzen der früheren Generationen unterscheiden sich
von den gegenwärtig lebenden durch die unbedeutende und
schwache Entwickelung der Wurzel. Man findet in den Braunkohlenlagern Früchte, Blätter, Saamen, beinahe alle Theile
der vorweltlichen Pflanzen, allein die Wurzeln findet man nicht
darin. Die Gefäßbündel, woraus sie bestanden, die leicht veränderlichen schwammigen Zellen, sie waren es zuerst, welche
der Zersetzung unterlagen, aber an Eichen und anderen Bäumen, die in späteren Perioden durch ähnliche Revolutionen
dieselben Veränderungen, wie die urweltlichen Gewächse erlitten haben, fehlen die Wurzeln niemals.

In den heißen Climaten sind die grünenden Gewächse
mehrentheils solche, die nur einer Befestigung in dem Boden
bedürfen, um ohne seine Mitwirkung sich zu entwickeln. Wie
verschwindend ist bei den Cactus - Sedum - und Semper-
vivum-Arten die Wurzel gegen die Masse, gegen die Oberfläche
der Blätter, und in dem dürresten, trockensten Sande, wo von
einer Zuführung von Nahrung durch die Wurzel gar nicht die
Rede sein kann, sehen wir die milchsaftführenden Gewächse zur
vollesten Entwickelung gelangen; die aus der Luft aufgenommene, zu ihrer Existenz unentbehrliche Feuchtigkeit, wird durch
die Beschaffenheit des Saftes selbst vor der Verdunstung geschützt; Kautschuck, Wachs umgeben, wie in den öligen Emul-
sionen, das Wasser mit einer Art undurchdringlicher Hülle, sie
strotzen von Saft. Wie in der Milch die sich bildende Haut der
Verdunstung eine Grenze setzt, so in diesen Pflanzen der Milchsaft.

Es würde nach den vorhergegangenen Betrachtungen völlig
zwecklos und überflüssig erscheinen, wenn man durch einzelne
Beispiele von Pflanzen, die in Versuchen im Kleinen ohne

58   Ursprung und Verhalten des Humus.

Beihülfe von Dammerde zur völligen Ausbildung gebracht
worden sind, zu den Beweisen, die man über den Ursprung
des Kohlenstoffs hat, noch neue hinzufügen wollte, die sie unter
keinerlei Umständen schlagender und überzeugender machen kön=
nen. Es kann aber hier nicht unerwähnt gelassen werden, daß
die gewöhnliche Holzkohle in ihrer eigenthümlichen Beschaffen=
heit und durch die Eigenschaften, die man an ihr kennt, die
Dammerde, den Humus aufs Vollständigste vertreten kann.
Die Versuche und Erfahrungen von Lukas, welche diesem
Werke beigegeben sind, überheben mich einer jeden weiteren
Auseinandersetzung ihrer Wirksamkeit.

Man kann in ausgeglühtem (etwas ausgewaschenen) Koh=
lenpulver Pflanzen zur üppigsten Entwickelung, zum Blühen
und zur Fruchtbildung bringen, wenn sie mit Regenwasser
feucht erhalten werden.

Die Holzkohle ist aber der unveränderlichste, indifferenteste
Körper, den man kennt, das Einzige, was sie der Pflanze von
ihrer eigenen Masse abgeben kann, ist Kali oder Kieselerde;
man weiß, daß sie sich Jahrhunderte lang zu erhalten vermag,
daß sie also der Verwesung nicht unterworfen ist.

Wir erkennen nun in der Holzkohle das Vermögen, Luft
und kohlensaures Gas in ihren Poren zu verdichten; sie ist es,
welche die sich bildende Wurzel, gerade so wie beim Humus,
mit einer Atmosphäre von Kohlensäure und Luft versieht, eine
Atmosphäre, die sich eben so schnell wieder erneuert, als sie
hinweggenommen wird.

In Kohlenpulver, welches in den Versuchen von Lukas
mehrere Jahre zu diesen Zwecken gedient hatte, fand Buchner
über 2 Procent einer braunen in Alkalien löslichen Materie;
sie stammt von den Secretionen der Wurzeln her, die in
dem Kohlenpulver vegetirten.

Läßt man eine Pflanze in einem eingeschlossenem Gefäße wachsen, so daß die Luft und mit der Luft die Kohlensäure sich nicht erneuern können, so stirbt die Pflanze, gerade so wie sie im luftleeren Raume der Luftpumpe, in Stickgas, in kohlensaurem Gas sterben würde, selbst wenn sie in die fruchtbarste Dammerde gepflanzt wäre.

Sie kommt aber im Kohlenpulver unter den gewöhnlichen Verhältnissen, wenn sie, anstatt mit Regen- oder Flußwasser, mit reinem destillirten Wasser begossen wird, nicht zur Fruchtbildung. Das Regenwasser muß deshalb noch eine Bedingung des Lebens der Pflanzen in sich schließen, und wir werden sehen, daß diese in einer Stickstoffverbindung besteht, bei deren Ausschluß der Humus und die Kohle ihren Einfluß auf die Vegetation gänzlich verlieren.

Die Assimilation des Wasserstoffs.

Die Luft enthält den Kohlenstoff der Gewächse in der Form von Kohlensäure, in der Form also einer Sauerstoffverbindung. Der feste Theil der Pflanzen, die Holzfaser, enthält Kohlenstoff und die Bestandtheile des Wassers, oder die Elemente der Kohlensäure plus einer gewissen Menge Wasserstoff. Wir können uns das Holz entstanden denken aus dem Kohlenstoff der Kohlensäure, der sich unter Mitwirkung des Sonnenlichts mit den Elementen des vorhandenen Wassers verbindet; in diesem Falle müssen für je 27,65 Gewichtstheile Kohlenstoff, welcher von der Pflanze assimilirt wird, 72,35 Gewichtstheile

CO   Die Affimilation des Wafferftoffs.

Sauerstoff als Gas abgeschieden werden, oder was weit wahr=
scheinlicher ist: Die Pflanze zerlegt unter denselben Bedin=
gungen bei Gegenwart von Kohlensäure das Wasser, sein Was=
serstoff wird mit der Kohlensäure assimilirt, während sein
Sauerstoff abgeschieden wird; zu 100 Theilen Kohlensäure
müssen demnach 8,04 Theile Wasserstoff treten, um die Holz=
faser zu bilden, und es werden 72,35 Gewichtstheile, eine
dem Gehalt der Kohlensäure genau gleiche Quantität Sauer=
stoff, die mit diesem Wasserstoff verbunden waren, in der Form
von Gas abgeschieden.

Ein jeder Morgen Land, welcher 10 Ctr. Kohle producirt,
wird mithin jährlich an die Atmosphäre 2600 Pfd. reines
Sauerstoffgas zurückgeben; da nun das specifische Gewicht des
Sauerstoffs durch die Zahl 1,1026 ausgedrückt wird, so wiegt
1 Cubicmeter Sauerstoff 1432 Grm. oder 2,864 Pfd. hess.
Gewicht, und diese 2600 Pfd. Sauerstoff entsprechen 908 Cu=
bicmetern oder 58112 Cubicfuß (hess.) Sauerstoffgas.

Ein Morgen Wiese, Wald oder überhaupt cultivirtes Land
ersetzt also den Sauerstoff der Atmosphäre wieder, welcher durch
10 Ctr. Kohlenstoff bei seiner Verbrennung in der Luft oder
durch den Respirationsproceß der Thiere verzehrt wird.

Es ist erwähnt worden, daß die Holzfaser Kohle und die
Bestandtheile des Wassers enthält, daß aber in dem Holz mehr
Wasserstoff enthalten ist, als diesem Verhältniß entspricht; die=
ser Wasserstoff befindet sich darin in der Form von Blattgrün,
Wachs, Oel, Harz oder überhaupt in der Form von sehr
wasserstoffreichen Materien, er kann diesen Substanzen nur von
dem Wasser geliefert worden sein; für jedes Aequivalent Was=
serstoff, was in einer dieser Formen von der Pflanze assimi=
lirt wird, muß 1 Aeq. Sauerstoff an die Atmosphäre zurück=
gegeben werden.

Man wird die Menge des hierdurch freiwerdenden Sauer=
stoffs nicht für verschwindend halten können, wenn man in
Erwägung zieht, daß für jedes Pfund assimilirten Wasserstoff
die Atmosphäre 1792 Cubicfuß (heff.) Sauerstoff empfängt.

Wie erwähnt, giebt die Pflanze in dem Assimilationsproceß
der Holzfaser eine Quantität Sauerstoff an die Atmosphäre,
welche unter allen Umständen die nemliche ist, gleichgültig, ob
seine Abscheidung in einer Zersetzung des Wassers oder der
Kohlensäure ihre Ursache hat. — Das Letztere ist oben für
wahrscheinlicher erklärt worden.

Wir wissen aus der Bildung des Wachses, der flüchtigen
und fetten Oele, des Kautschucks in den Pflanzen, daß sie im
lebenden Zustande die Fähigkeit besitzen, Wasser zu zerlegen,
denn der Wasserstoff dieser Materien kann nur von dem Was=
ser geliefert werden. Ja aus den Beobachtungen des A. v. Hum=
boldt über die Pilze, ergiebt sich, daß eine Zersetzung des
Wassers erfolgen kann ohne Assimilation des Wasserstoffs. Wir
kennen in dem Wasser die merkwürdige Verbindung zweier
Elemente, die sich in zahllosen Processen von einander zu tren=
nen vermögen, ohne daß wir im Stande sind, diese Trennung
durch unsere Sinne wahrzunehmen, während die Kohlensäure
nur unter den gewaltsamsten Einwirkungen zersetzbar ist.

Die meisten Pflanzengebilde enthalten Wasserstoff in der
Form von Wasser, welches sich als solches abscheiden, ersetzen
läßt durch andere Körper; derjenige Wasserstoff aber, welcher
zu ihrer Constitution wesentlich ist, kann unmöglich in der
Form von Wasser darin enthalten sein.

Aller zum Bestehen einer organischen Verbindung unent=
behrliche Wasserstoff wird durch Zersetzung von Wasser der
Pflanze geliefert.

Der Assimilationsproceß der Pflanze in seiner einfachsten

62   Die Affimilation des Wafferstoffs.

Form stellt sich mithin dar als eine Aufnahme von Wasserstoff
aus dem Wasser und von Kohlenstoff aus der Kohiensäure,
in Folge welcher aller Sauerstoff des Wassers und aller Sauer=
stoff der Kohlensäure, wie bei den flüchtigen sauerstofffreien
Oelen, dem Kautschuck ic., oder nur ein Theil dieses Sauer=
stoffs abgeschieden wird.

Die bekannte Zusammensetzung der verbreitetsten organi=
schen Verbindungen gestattet uns, die Quantität des ausge=
schiedenen Sauerstoffs in bestimmten Verhältnissen auszudrücken.
36 Aeq. Kohlensäure und 22 Aeq. Wasserstoff aus 22 Aeq. Wasser.

= Holzfaser mit Ausscheidung von 72 Aeq. Sauerstoff.

36 Aeq. Kohlensäure und 36 Aeq. Wasserstoff aus 36 Aeq. Wasser.

= Zucker, mit Ausscheidung von 72 Aeq. Sauerstoff.

36 Aeq. Kohlensäure und 30 Aeq. Wasserstoff aus 30 Aeq. Wasser.

= Stärke, mit Ausscheidung von 72 Aeq. Sauerstoff.

36 Aeq. Kohlensäure und 16 Aeq. Wasserstoff aus 16 Aeq. Wasser.

= Gerbesäure, mit Ausscheidung von 64 Aeq. Sauerstoff.

36 Aeq. Kohlensäure und 18 Aeq. Wasserstoff aus 18 Aeq. Wasser.

= Weinsäure, mit Ausscheidung von 45 Aeq. Sauerstoff.

36 Aeq. Kohlensäure und 18 Aeq. Wasserstoff aus 18 Aeq. Wasser.

= Aepfelsäure, mit Ausscheidung von 54 Aeq. Sauerstoff.

30 Aeq. Kohlensäure und 24 Aeq. Wasserstoff aus 24 Aeq. Wasser.

= Terpentinöl, mit Ausscheidung von 84 Aeq. Sauerstoff.

Man beobachtet leicht, daß die Bildung der Säuren be=
gleitet ist von der schwächsten Sauerstoffausscheidung, sie nimmt
zu bei den sogenannten neutralen Stoffen der Holzfaser, Zucker,
Stärke und erreicht ihr Maximum bei den Oelen. Die Wir=
kung des Sonnenlichtes, der Einfluß der Wärme bei dem
Reifen der Früchte wird gewissermaßen durch diese Zahlen
repräsentirt.

Beim Reifen der Früchte im Dunkeln vermindert sich un=

ten Abforbtion von Sauerſtoff das harzige wafferſtoffreiche Blatt=
grün j⸗es bilden ſich rothe und gelbe Farbeſtoffe; Weinſäure,
Eitronenſäure, Gerbeſäure verſchwinden, an ihrer Stelle findet
ſich Zucker, Amylon oder Gummi.

6 Aeq. Weinſäure, beim Hinzutreten von 6 Aeq. Sauerſtoff, geben
    Traubenzucker unter Abſcheidung von 12 Aeq. Kohlenſäure.

1 Aeq. Gerbeſtoff, beim Hinzutreten von 8 Aeq. Sauerſtoff
    und 4 Aeq. Waffer, geben unter Ausſcheidung von 6 Aeq. Koh=
    lenſäure 1 Aeq. Amylum.

Auf dieſe und ähnliche Weiſe läßt ſich die Bildung von
allen ſtickſtofffreien Beſtandtheilen aus Kohlenſäure und Waffer=
ſtoff mit Ausſcheidung von Sauerſtoff und die Umwandlung
des einen in den andern durch Ausſcheidung von Kohlenſäure
unter Affimilation von Sauerſtoff erklären.

Wir wiffen nicht, in welcher Form die Bildung der Be=
ſtandtheile organiſcher Weſen vor ſich geht; in dieſer Bezie=
hung muß man dieſe Entwickelung als ein Bild betrachten,
geeignet, uns die Entſtehung zu verſinnlichen, allein man muß
dabei nicht vergeffen, daß, wenn die Verwandlung der Wein=
ſäure in Zucker, in den Weintrauben z. B., als Thatſache an=
geſehen wird, ſo kann ſie in keinerlei Umſtänden in anderen
Verhältniffen vor ſich gehen.

Der Lebensproceß in der Pflanze ſtellt ſich unter dem be=
zeichneten Geſichtspunkt dar als der Gegenſatz des chemiſchen
Proceffes in der Salzbildung. Kohlenſäure, Waffer und Zink,
mit einander in Berührung, üben eine beſtimmte Wirkung auf
einander aus, unter Abſcheidung von Wafferſtoff ent=
ſteht eine weiße pulverförmige Verbindung, welche Kohlenſäure,
Zink und den Sauerſtoff des Waffers enthält.

Die lebende Pflanze vertritt in dieſem Proceß das Zink;
es entſtehen in ihrem Affimilationsproceffe unter Ausſchei=

64   Der Ursprung und die Assimilation des Stickstoffs.

dung von Sauerstoff, Verbindungen, welche die Elemente
der Kohlensäure und den Wasserstoff des Wassers enthalten.

Die Verwesung ist im Eingange als der große Naturpro-
ceß bezeichnet worden, in welchem die Pflanze den Sauerstoff
an die Luft wieder abgiebt, den sie im lebenden Zustande von
derselben nahm. In der Entwickelung begriffen, hat sie Kohlenstoff in der Form von Kohlensäure und Wasserstoff aufgenommen, unter Abscheidung des Sauerstoffs des Wassers und
einem Theil oder allem Sauerstoff der Kohlensäure. In dem
Verwesungsproceß wird genau die dem Wasserstoff entsprechende Menge von Wasser durch Oxidation auf Kosten der
Luft wieder gebildet; aller Sauerstoff der organischen Materie
kehrt in der Form der Kohlensäure zur Atmosphäre zurück.
Nur in dem Verhältniß also, in welchem die verwesenden Materien Sauerstoff enthalten, können sie in dem Act der Verwesung Kohlensäure entwickeln, die Säuren mehr als die neutralen Verbindungen; die fetten Säuren, Harz und Wachs,
verwesen nicht mehr, sie erhalten sich in dem Boden ohne bemerkbare Veränderung.

Der Ursprung und die Assimilation des Stickstoffs.

In dem humusreichsten Boden kann die Entwickelung der
Vegetabilien nicht gedacht werden ohne das Hinzutreten von
Stickstoff, oder einer stickstoffhaltigen Materie.

In welcher Form und wie liefert die Natur dem vegetabi-

lischen Eiweiß, dem Kleber, den Früchten und Saamen diesen
für ihre Existenz durchaus unentbehrlichen Bestandtheil?

Auch diese Frage ist einer einfachen Lösung fähig, wenn
man sich erinnert, daß Pflanzen zum Wachsen, zur Entwickelung gebracht werden können in reinem Kohlenpulver beim
Begießen mit Regenwasser.

Das Regenwasser kann den Stickstoff nur in zweierlei
Form enthalten, in der Form von aufgelöster atmosphärischer
Luft, oder in der Form von Ammoniak.

Der Stickstoff in der Luft kann durch die gewaltsamsten
chemischen Processe nicht befähigt werden, eine Verbindung mit
irgend einem Elemente außer dem Sauerstoff einzugehen; wir
haben nicht den entferntesten Grund, zu glauben, daß der Stickstoff der Atmosphäre Antheil an dem Assimilationsproceß der
Thiere oder Pflanzen nimmt, im Gegentheil wissen wir, daß
viele Pflanzen Stickstoff aushauchen, was die Wurzeln in der
Form von Luft oder aufgelöst im Wasser aufgenommen hatten.

Wir haben auf der andern Seite zahllose Erfahrungen,
daß die Entwickelung von stickstoffreichem Kleber in den Cerealien in einer gewissen Beziehung steht zu der Menge des
aufgenommenen Stickstoffs, der ihren Wurzeln in der Form
von Ammoniak durch verwesende thierische Körper zugeführt
wird.

Das Ammoniak steht in der Mannigfaltigkeit der Metamorphosen, die es bei Berührung mit anderen Körpern einzugehen vermag, dem Wasser, was sie in einem so eminenten
Grade darbietet, in keiner Beziehung nach. In reinem Zustande im Wasser im hohen Grade löslich, fähig, mit allen
Säuren lösliche Verbindungen zu bilden, fähig, in Berührung
mit anderen Körpern, seine Natur als Alkali gänzlich aufzu-
geben, und die verschiedenartigsten direct einander gegenüberste-

henden Formen anzunehmen: diese Eigenschaften finden wir in keinem andern stickstoffhaltigen Körper wieder.

Ameisensaures Ammoniak verwandelt sich durch den Einfluß einer höheren Temperatur in Blausäure und Wasser, ohne Abscheidung eines Elements; mit Cyansäure bildet das Ammoniak Harnstoff; mit ätherischem Senföl, Bittermandelöl, eine Reihe krystallinischer Körper; mit dem krystallisirbaren bittern Bestandtheil, der Wurzelrinde des Apfelbaums, dem Phloridzin, mit dem süßen des Lichen dealbatus, dem Orcin, mit dem geschmacklosen der Roccella tinctoria, dem Erythrin verwandelt es sich bei Gegenwart von Wasser und Luft in prachtvoll blaue oder rothe Farbestoffe; sie sind es, welche als Lackmus, Orseille, künstlich erzeugt werden. In allen diesen Verbindungen hat das Ammoniak aufgehört, in der Form von Ammoniak zu existiren, in der Form eines Alkalis. Alle blauen Farbenstoffe, welche durch Säuren roth, alle rothen, welche durch Alkalien, wie das Lackmus, blau werden, enthalten Stickstoff, aber den Stickstoff nicht in der Form einer Basis.

Dieses Verhalten reicht nicht allein hin, um die Meinung zu rechtfertigen, daß das Ammoniak es ist, was allen Vegetabilien ohne Ausnahme, den Stickstoff in ihren stickstoffhaltigen Bestandtheilen liefert.

Betrachtungen anderer Art geben nichtsdestoweniger dieser Meinung einen Grad der Gewißheit, der jede andere Form der Assimilation des Stickstoffs gänzlich ausschließt.

Fassen wir in der That den Zustand eines wohlbewirthschafteten Gutes in's Auge von der Ausdehnung, daß es sich selbst zu erhalten vermag, so haben wir darauf eine gewisse Summe von Stickstoff, was wir in der Form von Thieren, Menschen, Getreide, Früchten, in der Form von Thier- und Menschenexcrementen in ein Inventarium gebracht uns vorstellen wollen. Das Gut wird bewirthschaftet ohne Zufuhr von Stickstoff in irgend einer Form von Außen.

Jedes Jahr nun werden die Producte dieser Oekonomie ausgetauscht gegen Geld und andere Bedürfnisse des Lebens, gegen Materialien, die keinen Stickstoff enthalten. Mit dem Getreide, mit dem Vieh führen wir aber ein bestimmtes Quantum Stickstoff aus, und diese Ausfuhr erneuert sich jedes Jahr ohne den geringsten Ersatz; in einer gewissen Anzahl von Jahren nimmt das Inventarium an Stickstoff noch überdieß zu. Wo kommt, kann man fragen, der jährlich ausgeführte Stickstoff her? (Boussingault).

Der Stickstoff in den Excrementen kann sich nicht reproduciren, die Erde kann keinen Stickstoff liefern, es kann nur die Atmosphäre sein, aus welcher die Pflanzen und in Folge davon die Thiere ihren Stickstoff schöpfen. (Boussingault).

Es wird in dem zweiten Theil entwickelt werden, daß die letzten Producte der Fäulniß und Verwesung stickstoffhaltiger thierischer Körper in zwei Formen auftreten, in den gemäßigten und kalten Climaten in der Form der Wasserstoffverbindung des Stickstoffs, als Ammoniak, unter den Tropen in der Form seiner Sauerstoffverbindung, der Salpetersäure, daß aber der Bildung der letzteren stets die Erzeugung der ersteren vorangeht. Ammoniak ist das letzte Product der Fäulniß animalischer Körper, Salpetersäure ist das Product der Verwesung des Ammoniaks. Eine Generation von einer Milliarde Menschen erneuert sich alle dreißig Jahre; Milliarden von Thieren gehen unter und reproduciren sich in noch kürzeren Perioden. Wo ist der Stickstoff hingekommen, den sie im lebenden Zustande enthielten?

Keine Frage läßt sich mit größerer Sicherheit und Gewißheit beantworten. Die Leiber aller Thiere und Menschen ge-

68   Der Ursprung und die Assimilation des Stickstoffs.

ben nach dem Tode durch ihre Fäulniß allen Stickstoff, den sie enthalten, in der Form von Ammoniak an die Atmosphäre zurück. Selbst in den Leichen auf dem Kirchhofe des Innocens in Paris, 60 Fuß unter der Oberfläche der Erde, war aller Stickstoff, den sie in dem Adipocire zurückbehielten, in der Form von Ammoniak enthalten; es ist die einfachste, die letzte unter allen Stickstoffverbindungen, und es ist der Wasserstoff, zu dem der Stickstoff die entschiedenste, die überwiegendste Verwandtschaft zeigt.

Der Stickstoff der Thiere und Menschen ist in der Atmosphäre als Ammoniak enthalten, in der Form eines Gases, was sich mit Kohlensäure zu einem flüchtigen Salze verbindet, ein Gas, was sich im Wasser mit außerordentlicher Leichtigkeit löst, dessen flüchtige Verbindungen ohne Ausnahmen diese nemliche Löslichkeit besitzen.

Als Ammoniak kann sich der Stickstoff in der Atmosphäre nicht behaupten, denn mit jeder Condensation des Wasserdampfes zu tropfbarem Wasser muß sich alles Ammoniak verdichten, jeder Regenguß muß die Atmosphäre in gewissen Strecken von allem Ammoniak auf's Vollkommenste befreien. Das Regenwasser muß zu allen Zeiten Ammoniak enthalten, im Sommer, wo die Regentage weiter von einander entfernt stehen, mehr als im Winter oder Frühling; der Regen des ersten Regentages muß davon mehr enthalten, als der des zweiten, nach anhaltender Trockenheit müssen Gewitterregen die größte Quantität Ammoniak der Erde wieder zuführen. Die Analysen der Luft haben aber bis jetzt diesen, in derselben nie fehlenden, Ammoniakgehalt nicht angezeigt; ist es denkbar, daß er unsern feinsten und genauesten Instrumenten entgehen konnte? Gewiß ist diese Quantität für einen Cubicfuß Luft verschwindend, dessenungeachtet ist sie die Summe des Stickstoffgehaltes von Tausenden von Milliarden Thieren und Menschen, mehr

als hinreichend, um die einzelnen Milliarden der lebenden Ge=
schöpfe mit Stickstoff zu versehen.

Aus der Tension des Wasserdampfes bei 15° (6,98 Par.
Linien) und aus dem bekannten specifischen Gewichte desselben
bei 0° ergiebt sich, daß sich bei 15° und 28″ Barometerstand
1 Cubicmeter = 64 Cubicfuß (hess.) Wasserdampf von 15° ent=
halten sind in 487 Cubicmeter = 31,168 Cubicfuß Luft. Diese
64 Cubicfuß Wasserdampf wiegen 767 Grammen oder 1 Pfd.
16,8 Loth.

Wenn wir nun annehmen, daß die bei 15° völlig mit
Feuchtigkeit gesättigte Luft alles Wasser, was sie in Gas=
gestalt enthält, tropfbarflüssig in der Form von Regen fallen
läßt, so bekommen wir 1 Pfd. Regenwasser aus 20800 Cubic=
fuß Luft.

Mit diesem einen Pfunde Regenwasser muß die ganze Quan=
tität des in der Form von Gas, in 20800 Cubicfuß Luft
enthaltenen Ammoniaks der Erde wieder zugeführt werden.
Nehmen wir nun an, daß diese 20800 Cubicfuß Luft nur ei=
nen einzigen Gran Ammoniak enthalten, so enthalten 10 Cu=
biczoll Luft, die wir der Analyse unterwerfen, 0,00000048
Gran Ammoniak; diese außerordentlich geringe Quantität ist
absolut unbestimmbar in der Luft durch die feinsten und besten
Eudiometer, ihre Bestimmung fiele in die Beobachtungsfehler
selbst dann noch, wenn sie zehntausendmal mehr betrüge.

Aber in dem Pfunde Regenwasser, was den ganzen Am=
moniakgehalt von 20800 Cubicfuß Luft enthält, muß sie be=
stimmbar sein; es ist klar, daß, wenn dieses eine Pfund nur
¼ Gran Ammoniak enthält, daß jährlich in den 2,500,000 Pfd.
Regenwasser, die durchschnittlich auf 2500 ☐Meter Land fallen,
nahe an 80 Pfd. Ammoniak und damit 65 Pfd. reiner Stick=
stoff zugeführt werden. Dieß ist bei weitem mehr als 2650 Pfd.

70   Der Ursprung und die Assimilation des Stickstoffs.

Holz oder 2800 Pfd. Heu oder 200 Ctr. Runkelrüben, die
Erträge von 1 Morgen Wald, Wiese und cultivirtem Land in
der Form von vegetabilischem Eiweiß oder Kleber — es ist
weniger als Stroh, Korn und Wurzeln auf einem Morgen
Getreidefeld enthalten.

Die genauesten und mit aller Sorgfalt in dem hiesigen
Laboratorium angestellten Versuche haben den Ammoniakgehalt
des Regenwassers außer allen Zweifel gestellt; er ist bis jetzt
nur deßhalb aller Beachtung entgangen, weil Niemand daran
gedacht hat, in Beziehung auf seine Gegenwart eine Frage
zu stellen.

Alles Regenwasser, was zu diesen Versuchen genommen
wurde, war etwa 600 Schritte südwestlich von der Stadt
Gießen in einer Lage aufgefangen, wo die Richtung des Re-
genwindes nach der Stadt zugekehrt war.

Wenn man mehrere hundert Pfunde Regenwasser in einer reinen kupfernen Blase der Destillation unterwarf und die
zuerst übergehenden Pfunde mit Zusatz von Salzsäure verdampfen ließ, so bekam man nach gehöriger Concentration
beim Erkalten eine netzförmige sehr erkennbare Krystallisation
von Salmiak; stets waren die Krystalle braun oder gelb gefärbt.

Das Ammoniak fehlt eben so wenig im Schneewasser. Der
Schnee enthält beim Beginn des Schneefalles ein Maximum
von Ammoniak, und selbst in dem, welcher 9 Stunden nach
dem Anfang des Schneiens gefallen war, ließ sich das Ammoniak auf's Deutlichste nachweisen.

Bemerkenwerth ist, daß das im Schnee und Regenwasser
vorhandene Ammoniak, wenn es durch Kalk entwickelt wird, von
einem auffallenden Geruch nach Schweiß und fauligen Stoffen
begleitet ist, was über seinen Ursprung keinen Zweifel läßt.

Hünefeld hat dargethan, daß alle Brunnen in Greifs=
walde, Wiek, Eldena, Kostenhagen kohlensaures und
salpetersaures Ammoniak enthalten; man hat Ammoniaksalze in
vielen Mineralquellen z. B. in Kissingen und anderswo ent=
deckt; der Gehalt der letzteren kann allein nur aus der Atmo=
sphäre kommen.

Jedermann kann sich auf die einfachste Weise von seinem
Vorhandensein im Regenwasser überzeugen, wenn man frisch
aufgefangenes Regenwasser in reinen Porcellanschalen, mit Zu=
satz von etwas Schwefelsäure oder Salzsäure, bis nahe zur
Trockniß verdampfen läßt. Diese Säuren nehmen dem Am=
moniak, indem sie sich damit verbinden, seine Flüchtigkeit; der
Rückstand enthält Salmiak oder schwefelsaures Ammoniak, das
man mit Platinchlorid und noch viel leichter an dem durch=
dringend urinösen Geruch erkennt, welcher sich beim Zusatz
von pulverigem Kalkhydrat entwickelt.

Von diesem Ammoniakgehalt rührt die von dem reinen
destillirten Wasser so verschiedene Beschaffenheit, in der Benetzung
der Haut, sogenannte Weichheit des Regenwassers, her; es ist
darinn enthalten als kohlensaures Ammoniak.

Das Vorhandensein des Ammoniaks in der Atmosphäre,
als unbestreitbare Thatsache festgestellt, wissen wir, daß sich
seine Gegenwart in jedem Zeitmomente durch die ununterbro=
chene fortschreitende Fäulniß und Verwesung thierischer und
vegetabilischer Stoffe in der Luft wieder erneuert; ein Theil
des mit dem Regenwasser niedergefallenen Ammoniaks ver=
dampft wieder mit dem Wasser, ein anderer Theil wird, wir
wollen es annehmen, von den Wurzeln der Pflanzen aufge=
nommen, und indem er neue Verbindungen eingeht, entstehen
daraus, je nach den verschiedenen Organen der Assimilation,
Eiweißstoff, Kleber, Chinin, Morphium, Cyam und die große

Zahl der anderen Stickstoffverbindungen. Das bekannte che=
mische Verhalten des Ammoniaks entfernt jeden, auch den lei=
sesten, Zweifel in Beziehung auf seine Fähigkeit, Verbindungen
dieser Art einzugehen, sich also zu den mannigfaltigsten Me=
tamorphosen zu eignen; die jetzt zu lösende Frage beschränkt
sich lediglich darauf, ob das Ammoniak in der Form von Am=
moniak von den Wurzeln der Pflanzen aufgenommen, ob es
von den Organen der Pflanzen zur Hervorbringung der darinn
enthaltenen stickstoffhaltigen Stoffe verwendet wird. Diese Frage
ist leicht und mit den bekanntesten und entscheidendsten That=
sachen zu lösen.

Im Jahr 1834 beschäftigte ich mich gemeinschaftlich mit
Herrn Geh. Medicinalrath Wilbrand, Professor der Bota=
nik an der hiesigen Universität, mit der Bestimmung des Zucker=
gehaltes verschiedener Ahornarten, welche auf ungedüngtem
Boden standen. Wir bekamen aus allen durch bloße Ab=
dampfung ohne weitern Zusatz krystallisirten Zucker und mach=
ten bei dieser Gelegenheit die unerwartete Beobachtung, daß
dieser Saft bei Zusatz an Kalk, wie der Rohrzucker bei der
Raffination behandelt, eine große Menge Ammoniak entwickelte.
In der Voraussetzung, daß durch die Bosheit eines Menschen,
Urin in die an den Bäumen aufgestellten Gefäße zum Auf=
sammeln des Saftes gekommen wäre, wurden sie mit großer
Aufmerksamkeit überwacht, allein auch in diesem Safte fand
sich wieder eine reichliche Menge Ammoniak in der Form eines
neutralen Salzes vor, denn der Saft war vollkommen farblos
und besaß keine Wirkung auf Pflanzenfarben.

Dieselbe Beobachtung wurde am Birkensaft gemacht, wel=
cher, zwei Stunden von jeder menschlichen Wohnung entfernt,
von Bäumen aus dem Walde gewonnen war; der mit Kalk
geklärte Saft abgedampft, entwickelte reichlich Ammoniak.

Das Thränenwasser der Weinrebe hinterläßt, mit einigen
Tropfen Salzsäure abgedampft, eine farblose gummiähnliche
zerfließliche Masse, welche durch Zusatz von Kalk reichlich Am=
moniak entwickelt.

In den Rübenzuckerfabriken werden Tausende von Cubic=
fußen Saft täglich mit Kalk geklärt, von allem Kleber und
vegetabilischem Eiweiß befreit, zur Krystallisation abgedampft.
Jedermann, welcher in eine solche Fabrik eintritt, wird von
der außerordentlich großen Menge Ammoniak überrascht, was
sich mit den Wasserdämpfen verflüchtigt und in der Luft verbrei=
tet. Auch dieses Ammoniak ist darinn in der Form eines Am=
moniaksalzes zugegen, denn der neutrale Saft verhält sich wie
ihre Auflösungen im Wasser; er nimmt wie diese beim Verdam=
pfen eine saure Reaction an, indem sich das neutrale Salz durch
Ammoniakverlust in saures verwandelt. Die freie Säure, die
hierbei entsteht, ist, wie man weiß, eine Quelle von Verlust an
Rohrzucker für die Rübenzuckerfabrikanten, da durch sie ein Theil
des Rohrzuckers in nicht krystallisirbaren Traubenzucker und Sy=
rup übergeht. Die in den Apotheken durch Destillation über
Blüthen, Kräutern und Wurzeln erhaltenen Wasser, alle Ex=
tracte von Pflanzen enthalten Ammoniak. Der unreife, einer
durchsichtigen Gallerte ähnliche Kern der Mandeln und Pfir=
siche entwickelt beim Zusatz von Alkalien reichlich Ammoniak.
(Robiquet.) Der Saft frischer Tabacksblätter enthält Ammoniak=
salze. Wurzeln (Runkelrüben), Stämme (Ahorn), alle Blüthen,
die Früchte im unreifen Zustande, überall findet sich Ammoniak.

In dem Ahornsafte, dem Birkensafte ist neben Zucker der
stickstoffreichste unter allen Körpern das Ammoniak, es sind
darinn alle Bedingungen der Bildung der stickstoffhaltigen und
stickstofffreien Bestandtheile der Triebe, Sprossen und Blätter
enthalten. Mit ihrer Entwickelung vermindert sich die Menge

des Saftes, mit ihrer Ausbildung giebt der Baum keinen Saft
mehr. Den entscheidendsten Beweis, daß es das Ammoniak ist,
was den Vegetabilien den Stickstoff liefert, giebt die animalische
Düngung in der Cultur der Futtergewächse und Cerealien.

Der Gehalt an Kleber ist in dem Weizen, in dem Roggen,
der Gerste äußerst verschieden, ihre Körner, auch in dem aus=
gebildetsten Zustande, sind ungleich reich an diesem stickstoffhal=
tigen Bestandtheil. In Frankreich fand Proust 12,5 p. c,
in Baiern Vogel 24, nach Davy enthält der Winterweizen
19, der Sommerweizen 24 p. c., der Sicilianische 21, der
aus der Berberei 19 p. c., das Mehl aus Elsasser Weizen
enthält nach Boussingault 17,3, aus Weizen, der im Jar=
din des plantes gezogen ward, 26,7, der Winterweizen ent=
hält 33,3 p. c. (Boussingault) Kleber. Diesen so großen
Abweichungen muß eine Ursache unterliegen, und wir finden
diese Ursache in der Cultur. Eine Vermehrung des animali=
schen Düngers hat nicht allein eine Vermehrung der Anzahl
der Saamen zur Folge, sie übt auch einen nicht minder bemer=
kenswerthen Einfluß auf die Vergrößerung des Glutengehaltes.

Der animalische Dünger wirkt nun, wie später gezeigt wer=
den soll, nur durch Ammoniakbildung; während 100 Weizen,
mit dem am Ammoniak ärmsten Kuhmist gedüngt, nur 11,95 p. c.
Kleber und 62,34 Amylon enthielten, gab der mit Menschen=
harn gedüngte Boden das Maximum an Kleber, nemlich
35,1 p. c. in 100 Th. Weizen, also nahe die dreifache Menge
(Hermbstädt). In gefaultem Menschenharn ist aber der Stick=
stoff als kohlensaures, phosphorsaures, milchsaures Ammoniak,
und in keiner andern Form, als in der Form eines Ammoniak=
salzes enthalten.

»In Flandern wird der gefaulte Urin mit dem größten Er=
folg als Dünger verwendet. In der Fäulniß des Urins er=

zeugen sich im Ueberfluß, man kann sagen, ausschließlich nur Ammoniaksalze, denn unter dem Einfluß der Wärme und Feuchtigkeit verwandelt sich der Harnstoff, welcher in dem Urin vorwaltet in kohlensaures Ammoniak. An der Peruanischen Küste wird der Boden, der an und für sich im höchsten Grade unfruchtbar ist, vermittelst eines Düngers, des Guano*), fruchtbar gemacht, den man auf mehreren Inselchen des Südmeeres sammelt. In einem Boden, der einzig und allein nur aus Sand und Thon besteht, genügt es, dem Boden nur eine kleine Quantität Guano beizumischen um darauf die reichsten Ernten von Mais zu erhalten. Der Boden enthält außer Guano nicht das geringste einer andern organischen Materie, und dieser Dünger enthält weiter nichts, wie harnsaures, phosphorsaures, oxalsaures, kohlensaures Ammoniak und einige Erdsalze.« (*Boussingault*, Ann. de chim. et de phys. LXV. p. 319.)

Das Ammoniak in seinen Salzen hat also diesen Pflanzen, den Stickstoff geliefert. Was man in dem Getreide aber Kleber nennt, heißt in dem Traubensafte vegetabilisches Eiweiß, in den Pflanzensäften Pflanzenleim; obwohl dem Namen nach verschieden, sind doch diese drei Körper in ihrem Verhalten, in ihrer Zusammensetzung identisch.

Das Ammoniak ist es, was dem Hauptbestandtheil der Pflanzen, dem vegetabilischen Eiweiß, den Stickstoff liefert, nur das Ammoniak kann es sein, aus dem sich die blauen und rothen Farbestoffe in den Blumen bilden. In keiner andern Form als in der Form von Ammoniak bietet sich den wild-

---

*) Der Guano stammt auf diesen Inseln von zahllosen Wasservögeln, welche sie zur Zeit der Brut bewohnen, es sind die verfaulten Excremente derselben, welche den Boden mit einer mehre Fuß hohen Schicht bedecken.

76   Der Ursprung und die Assimilation des Stickstoffs.

wachsenden Pflanzen assimilirbarer Stickstoff dar, es ist das Ammoniak, was sich im Taback, der Sonnenblume, dem Chenopodium, dem Borago officinalis in Salpetersäure verwandelt, wenn sie auf völlig salpeterlosem Boden wachsen; salpetersaure Salze sind in ihnen Bedingungen ihrer Existenz, sie entwickeln nur dann die üppigste Vegetation, wenn ihnen Sonnenlicht und Ammoniak im Ueberfluß dargeboten wird; Sonnenlicht, was in ihren Blättern und Stengeln die Ausscheidung von freiem Sauerstoff bewirkt, Ammoniak, durch dessen Verbindung mit dem Sauerstoff unter allen Umständen Salpetersäure gebildet wird.

Der Urin des Menschen und der fleischfressenden Thiere enthält die größte Menge Stickstoff; theils in der Form von phosphorsauren Salzen, theils in der Form von Harnstoff; der letztere verwandelt sich durch Fäulniß in doppelt kohlensaures Ammoniak, d. h. er nimmt die Form des Salzes an, was wir im Regenwasser finden.

Der Urin des Menschen ist das kräftigste Düngmittel für alle an Stickstoff reichen Vegetabilien, der Urin des Hornviehs, der Schafe, des Pferdes ist minder reich an Stickstoff, aber immer noch unendlich reicher als die Excremente dieser Thiere.

Der Urin der grasfressenden Thiere enthält neben Harnstoff Hippursäure, die sich durch die Fäulniß in Ammoniak und Benzoesäure zersetzt, wir finden das Ammoniak derselben als Kleber, und die Benzoesäure in dem Anthoxanthum odoratum als Benzoesäure wieder.

Vergleichen wir den Stickstoffgehalt der Excremente von Thieren und Menschen mit einander, so verschwindet der Stickstoffgehalt der festen, wenn wir ihn mit dem Gehalt an Stickstoff in den flüssigen vergleichen, dieß kann der Natur der Sache nach nicht anders sein.

Die Nahrungsmittel, welche Thiere und Menschen zu sich nehmen, unterhalten nur insofern das Leben, die Assimilation, als sie dem Organismus die Elemente darbieten, die er zu seiner eigenen Reproduction bedarf; das Getreide, die frischen und trocknen Gräser und Pflanzen enthalten ohne Ausnahme stickstoffreiche Bestandtheile.

Das Gewicht des Futters und der Speise, welche das Thier zu seiner Ernährung zu sich nimmt, vermindert sich in dem nemlichen Verhältniß, als dieses Futter, die Speise, reich, sie nimmt in dem Verhältniß zu, als das Futter arm ist an diesen stickstoffhaltigen Bestandtheilen. Man kann durch Fütterung mit Kartoffeln allein ein Pferd am Leben erhalten, aber dieses Leben ist ein langsames Verhungern, es wächst ihm weder Masse noch Kraft zu, es unterliegt einer jeden Anstrengung. Die Quantitäten von Reis, welche der Indier bei seiner Mahlzeit zu sich nimmt, setzen den Europäer in Erstaunen, aber der Reis ist die an Stickstoff ärmste unter allen Getreidearten.

Es ist klar, daß der Stickstoff der Pflanzen und Saamen, welche Thieren zur Nahrung dienen, zur Assimilation verwendet wird, die Excremente dieser Thiere müssen, wenn sie verdaut sind, ihres Stickstoffs beraubt sein, sie können nur insofern Stickstoff noch enthalten, als ihnen Secretionen der Galle und Eingeweide beigemischt sind. Sie müssen unter allen Umständen weniger Stickstoff enthalten, als die Speisen, als das Futter. Die Excremente der Menschen sind unter allen die stickstoffreichsten, denn das Essen ist bei ihnen nicht nur die Befriedigung eines Bedürfnisses, sondern zugleich eine Quelle von Genuß, sie genießen mehr Stickstoff, als sie bedürfen, und dieser Ueberschuß geht in die Excremente über.

Wir bringen demnach in der Bewirthschaftung der Felder,

die wir mit thierischen Excrementen fruchtbarer machen, un=
ter allen Umständen weniger stickstoffhaltige Materie zurück, als
wir davon als Futter, Kraut oder Saamen denselben genom=
men haben, wir fügen durch den Dünger dem Nahrungsstoff,
den die Atmosphäre liefert, eine gewisse Quantität desselben
hinzu, und die eigentlich wissenschaftliche Aufgabe für den
Oekonomen beschränkt sich mithin darauf, dasjenige stickstoff=
haltige Nahrungsmittel der Pflanzen, welches die Excremente
der Thiere und Menschen durch ihre Fäulniß erzeugen, dieses
Nahrungsmittel für seine Pflanzen zu verwenden. Wenn er
es nicht in der geeigneten Form auf seine Aecker bringen würde,
wäre es für ihn zum großen Theil verloren. Ein unbenutzter
Haufen Dünger würde ihm nicht mehr als seinen Nachbarn
zu Gute kommen, nach einigen Jahren würde er an seinem
Platze die kohlehaltigen Ueberreste der verwesenden Pflanzen=
theile, aber in ihnen keinen Stickstoff mehr wiederfinden. Aller
Stickstoff würde daraus in Form von kohlensaurem Ammoniak
entwichen sein.

Jedes thierische Excrement ist eine Quelle von Ammoniak
und Kohlensäure, welche so lange dauert, als noch Stickstoff
darinn vorhanden ist, in jedem Stadium seiner Verwesung oder
Fäulniß entwickelt es, mit Kalilauge befeuchtet, Ammoniak, was
an dem Geruche und durch die dicken weißen Dämpfe bemerk=
bar wird, wenn man einen mit Säure benetzten festen Gegen=
stand in ihre Nähe bringt; dieses Ammoniak wird von dem
Boden theils in Wasser gelöst, theils in Form von Gas auf=
genommen und eingesaugt, und mit ihm findet die Pflanze
eine größere Menge des ihr unentbehrlichen Stickstoffs vor,
als die Atmosphäre ihr liefert.

Aber es ist weit weniger die Menge von Ammoniak, was
thierische Excremente den Pflanzen zuführen, als die Form, in

welcher es geschieht, welche ihren so auffallenden Einfluß auf
die Fruchtbarkeit des Bodens bedingt.

Die wildwachsenden Pflanzen erhalten durch die Atmosphäre
in den meisten Fällen mehr Stickstoff in der Form von Am=
moniak, als sie zu ihrer Entwickelung bedürfen, denn das Was=
ser, was durch die Blüthen und Blätter verdunstet, geht in
stinkende Fäulniß über, eine Eigenschaft, welche nur stickstoff=
haltigen Materien zukommt.

Die Culturpflanzen empfangen von der Atmosphäre die nem=
liche Quantität Stickstoff, wie die wildwachsenden, wie die
Bäume und Sträucher; allein er ist nicht hinreichend für die
Zwecke der Feldwirthschaft; sie unterscheidet sich dadurch wesent=
lich von der Forstwirthschaft, als ihre Hauptaufgabe, ihr wich=
tigster Zweck in der Production von assimilirbarem Stickstoff
in irgend einer Form besteht, während der Zweck der Forst=
wirthschaft sich hauptsächlich nur auf die Production von Koh=
lenstoff beschränkt.

Diesen beiden Zwecken sind alle Mittel der Cultur unter=
geordnet. Von dem kohlensauren Ammoniak, was das Regen=
wasser dem Boden zuführt, geht nur ein Theil in die Pflanze
über, denn mit dem verdampfenden Wasser verflüchtigt sich,
jeder Zeit, eine gewisse Menge davon. Nur was der Boden
in größerer Tiefe empfängt, was mit dem Thau unmittelbar
den Blättern zugeführt wird, was sie aus der Luft mit der
Kohlensäure einsaugen, nur dieß Ammoniak wird für die Assi=
milation gewonnen werden können.

Die flüssigen thierischen Excremente, der Urin der Menschen
und Thiere, mit welchem die ersten durchdrungen sind, ent=
halten den größten Theil des Ammoniaks in der Form von
Salzen, in einer Form, wo es seine Fähigkeit sich zu verflüch=
tigen gänzlich verloren hat.

80   Der Ursprung und die Assimilation des Stickstoffs.

In diesem Zustande dargeboten, geht auch nicht die kleinste Menge davon der Pflanze verloren, es wird im Wasser gelöst von den Wurzelfasern eingesaugt.

Die so in die Augen fallende Wirkung des Gypses auf die Entwickelung der Grasarten, die gesteigerte Fruchtbarkeit und Ueppigkeit einer Wiese, die mit Gyps bestreut ist, sie beruht auf weiter nichts, als auf der Fixirung des Ammoniaks der Atmosphäre, auf der Gewinnung von derjenigen Quantität, die auf nicht gegypstem Boden mit dem Wasser wieder verdunstet wäre.

Das in dem Regenwasser gelöste kohlensaure Ammoniak zerlegt sich mit dem Gyps auf die nemliche Weise wie in den Salmiakfabriken, es entsteht lösliches, nicht flüchtiges schwefelsaures Ammoniak und kohlensaurer Kalk. Nach und nach verschwindet aller Gyps, aber seine Wirkung hält an, so lange noch eine Spur davon vorhanden ist.

Man hat die Wirkung des Gypses und vieler Salze mit der von Gewürzen verglichen, welche die Thätigkeit des Magens, der Eingeweide steigern und den Organismus befähigen, mehr und kräftiger zu verdauen.

Eine Pflanze enthält keine Nerven, es ist keine Substanz denkbar, durch die sie in Rausch, in Schlaf, in Wahnsinn versetzt werden kann; es kann keine Stoffe geben, durch welche ein Blatt gereizt wird, eine größere Menge Kohlenstoff aus der Luft sich anzueignen, wenn die anderen Bestandtheile fehlen, welche die Pflanze, der Saamen, die Wurzel, das Blatt neben dem Kohlenstoff zu ihrer Entwickelung bedürfen.

Die günstigen Wirkungen von kleinen Quantitäten, den Speisen der Menschen beigemischten Gewürzen sind unleugbar, aber man giebt ja den Pflanzen das Gewürz allein, ohne die Speise hinzuzufügen, die sie verdauen sollen, und dennoch gedeihen sie mit weit größerer Ueppigkeit.

Man sieht leicht, daß die gewöhnliche Ansicht über den Einfluß gewisser Salze auf die Entwickelung der Pflanzen weiter nichts bethätigt, als daß man die Ursache nicht kannte.

Die Wirkung des Gypses, des Chlorcalciums ist eine Firirung des Stickstoffs, ein Festhalten in dem Boden von Ammoniak, was die Pflanzen nicht entbehren können.

Um sich eine bestimmte Vorstellung von der Wirksamkeit des Gypses zu machen, wird die Bemerkung genügen, daß 100 Pf. gebrannter Gyps so viel Ammoniak in dem Boden firiren, als 6250 Pfd. reiner Pferdeharn *) demselben in der Voraussetzung zuführen können, daß der Stickstoff der Hippursäure und der des Harnstoffs in der Form von kohlensaurem Ammoniak ohne den geringsten Verlust von der Pflanze aufgenommen wurden.

Nehmen wir nun nach Boussingault (Ann. de chim. et de phys. T. LXIII. pag. 243) an, daß das Gras $\frac{1}{100}$ eines Gewichts Stickstoff enthält, so steigert ein Pfd. Stickstoff, welches wir mehr zuführen, den Ertrag der Wiese um 100 Pfd. Futter, und diese 100 Pfd. Mehrertrag sind der Erfolg der Wirkung von 4 Pfd. Gyps.

Zur Assimilation des gebildeten schwefelsauren Ammoniaks und zur Zersetzung des Gypses ist, seiner Schwerlöslichkeit (1 Theil bedarf 400 Theile Wasser) wegen, Wasser die unentbehrlichste Bedingung; auf trockenen Feldern und Wiesen ist deshalb sein Einfluß nicht bemerkbar, während auf diesen thie-

---

*) Der Pferdeharn enthält nach Fourcroy und Vauquelin in 1000 Theilen:

Harnstoff . . . . 7 Theile,
hippursaures Natron . 24 «
Salze und Wasser . . . 979 «
_____
1000 Theile.

82   Der Ursprung und die Assimilation des Kohlenstoffs.

rischer Dünger, durch die Assimilation des gasförmigen koh=
lensauren Ammoniaks, was sich daraus in Folge seiner Ver=
wesung entwickelt, seine Wirkung nicht versagt.

Die Zersetzung des Gypses durch das kohlensaure Ammo=
niak geht nicht auf einmal, sondern sehr allmählig vor sich,
woraus sich erklärt, warum seine Wirkung mehrere Jahre anhält.

Nicht minder einfach erklärt sich jetzt die Düngung der Fel=
der mit gebranntem Thon, die Fruchtbarkeit der eisenoxidrei=
chen Bodenarten; man hat angenommen, daß ihre bis dahin so
unbegreifliche Wirkung auf einer Anziehung von Wasser beruhe,
aber die gewöhnliche trockene Ackererde besitzt diese Eigenschaft
in nicht geringerem Grade, und welchen Einfluß kann man
zuletzt einigen hundert Pfunden Wasser zuschreiben, welche in
einem Zustande auf einem Acker vertheilt sind, wo weder die
Wurzel noch die Blätter Nutzen davon ziehen können.

Eisenoxid und Thonerde zeichnen sich vor allen anderen
Metalloxiden durch die Fähigkeit aus, sich mit Ammoniak zu
festen Verbindungen vereinigen zu können. Die Niederschläge,
die wir durch Ammoniak in Thonerde= und Eisenoxidsalzen her=
vorbringen, sind wahre Salze, worin das Ammoniak die Rolle
einer Base spielt.

Diese ausgezeichnete Verwandtschaft zeigt sich noch in der
merkwürdigen Fähigkeit, welche alle eisenoxid= oder thonerde=
reichen Mineralien besitzen, Ammoniak aus der Luft anzuziehen
und zurückzuhalten.

Ein Criminalfall gab bekanntlich Vauquelin die Ver=
anlassung zur Entdeckung, daß alles Eisenoxid eine gewisse
Quantität Ammoniak enthält; später fand Chevallier, daß
das Ammoniak einen Bestandtheil aller eisenhaltigen Mineralien
ausmacht, daß sogar der nicht poröse Blutstein nahe ein p. c.
Ammoniak enthält, und Bouis entdeckte, daß der Geruch, den

man beim Befeuchten aller thonreichen Mineralien bemerkt,
zum Theil vom ausgehauchtem Ammoniak herrührt; eine Menge
Gyps= und Thonarten, die Pfeifenerde und andere entwickelten
selbst noch nach zwei Tagen, wenn sie mit kaustischem Kali be=
feuchtet wurden, so viel Ammoniak, daß darüber gehaltenes
geröthetes Lackmuspapier davon blau wurde.

Eisenoridhaltiger Boden und gebrannter Thon, dessen po=
röser Zustand das Einsaugen von Gas noch mehr begünstigt,
sind also wahre Ammoniaksauger, welches sich durch ihre chemische
Anziehung vor der Verflüchtigung schützen; sie verhalten sich
gerade so, wie wenn eine Säure auf der Oberfläche des Bo=
dens ausgebreitet wäre. Mineral= und andere Säuren würden
aber in den Boden dringen, sie würden durch ihre Verbindung
mit Kalk, Thonerde und anderen Basen ihre Fähigkeit, Am=
moniak aus der Luft aufzunehmen, schon nach einigen Stunden
verlieren. Mit jedem Regenguß tritt das eingesaugte Ammo=
niak an das Wasser, und wird in Auflösung dem Boden zu=
geführt.

Eine nicht minder energische Wirkung zeigt in dieser Be=
ziehung das Kohlenpulver; es übertrifft sogar im frisch geglüh=
ten Zustande alle bekannten Körper in der Fähigkeit, Ammoniakgas
in seinen Poren zu verdichten, da 1 Volumen davon 90 Vo=
lumina Ammoniakgas in seinen Poren aufnimmt, was sich durch
bloßes Befeuchten daraus wieder entwickelt (Saussure).

In dieser Fähigkeit kommt der Kohle das verwesende (Eichen=
holz) Holz sehr nahe, da es unter der Luftpumpe, von allem
Wasser befreit, 72mal sein eigenes Volumen davon verschluckt.

Wie leicht und befriedigend erklären sich nach diesen That=
sachen die Eigenschaften des Humus (der verwesenden Holz=
faser). Er ist nicht allein eine lange andauernde Quelle von
Kohlensäure, sondern er versieht auch die Pflanzen mit dem

6*

84   Der Ursprung und die Assimilation des Stickstoffs.

zu ihrer Entwickelung unentbehrlichen Stickstoff. Wir finden
Stickstoff in allen Flechten, welche auf Basalten, auf Felsen
wachsen; wir finden, daß unsere Felder mehr Stickstoff produciren, als wir ihnen als Nahrung zuführen; wir finden Stickstoff in allen Bodenarten, in Mineralien, die sich nie in Berührung mit organischen Substanzen befanden. Es kann nur
die Atmosphäre sein, aus welcher sie diesen Stickstoff schöpfen.

Wir finden in der Atmosphäre, in dem Regenwasser, im
Quellwasser, in allen Bodenarten diesen Stickstoff in der Form
von Ammoniak, als Product der Verwesung und Fäulniß der
ganzen, der gegenwärtigen Generation vorangegangenen, Thier-
und Pflanzenwelt; wir finden, daß die Production der stickstoffreichen Bestandtheile der Pflanzen mit der Quantität Ammoniak
zunimmt, die wir in dem thierischen Dünger zuführen; und
kein Schluß kann wohl besser begründet sein als der, daß das
Ammoniak der Atmosphäre es ist, welches den Pflanzen ihren
Stickstoff liefert.

Kohlensäure, Ammoniak und Wasser enthalten in ihren
Elementen, wie sich aus dem Vorhergehenden ergiebt, die Bedingungen zur Erzeugung aller Thier- und Pflanzenstoffe während
ihres Lebens. Kohlensäure, Ammoniak und Wasser sind die letzten
Producte des chemischen Processes ihrer Fäulniß und Verwesung. Alle die zahllosen, in ihren Eigenschaften so unendlich
verschiedenen, Producte der Lebenskraft nehmen nach dem
Tode die ursprünglichen Formen wieder an, aus denen sie
gebildet worden sind. Der Tod, die völlige Auflösung einer
untergegangenen Generation, ist die Quelle des Lebens für
eine neue.

Sind die genannten Verbindungen, kann man nun fragen,
die einzigen Bedingungen des Lebens aller Vegetabilien? Diese
Frage muß entschieden verneint werden.

Die anorganischen Bestandtheile der Vegetabilien.

Kohlensäure, Ammoniak und Wasser können von keiner Pflanze entbehrt werden, eben weil sie die Elemente enthalten, woraus ihre Organe bestehen; aber zur Ausbildung gewisser Organe zu besonderen Verrichtungen, eigenthümlich für jede Pflanzenfamilie, gehören noch andere Materien, welche der Pflanze durch die anorganische Natur dargeboten werden.

Wir finden diese Materien, wiewohl in verändertem Zustande, in der Asche der Pflanzen wieder.

Von diesen anorganischen Bestandtheilen sind viele veränderlich, je nach dem Boden, auf dem die Pflanzen wachsen; allein eine gewisse Anzahl davon ist für ihre Entwickelung unentbehrlich.

Die Wurzel einer Pflanze in der Erde verhält sich zu allen gelösten Stoffen wie ein Schwamm, der das Flüssige und Alles, was darinn ist, ohne Auswahl einsaugt. Die der Pflanze in dieser Weise zugeführten Stoffe werden in größerer oder geringerer Menge zurückbehalten oder wieder ausgeschieden, je nachdem sie zur Assimilation verwendet werden oder sich nicht dafür eignen.

In den Saamen aller Grasarten fehlt aber z. B. niemals phosphorsaure Bittererde in Verbindung mit Ammoniak; es ist in der äußeren hornartigen Hülle enthalten und geht durch das Mehl in das Brot und ebenfalls in das Bier über. Die Kleie des Mehls enthält die größte Menge davon, und es ist dieses Salz, aus dem im krystallisirten Zustande die oft

86   Die anorganiſchen Beſtandtheile der Vegetabilien.

mehrere Pfund ſchweren Steine in dem Blinddarm der Mül=
lerpferde gebildet werden, welches ſich aus dem Bier in Geſtalt
eines weißen Niederſchlags abſetzt, wenn man es mit Ammo=
niak vermiſcht.

Die meiſten, man kann ſagen, alle Pflanzen enthalten or=
ganiſche Säuren von der mannigfaltigſten Zuſammenſetzung
und Eigenſchaften; alle dieſe Säuren ſind an Baſen gebunden,
an Kali, Natron, Kalk oder Bittererde, nur wenige Pflanzen
enthalten freie organiſche Säuren; dieſe Baſen ſind es offen=
bar, welche durch ihr Vorhandenſein die Entſtehung dieſer Säu=
ren vermitteln; mit dem Verſchwinden der Säure bei dem
Reifen der Früchte, der Weintrauben z. B., nimmt der Kali=
gehalt des Saftes ab.

Zu denjenigen Theilen der Pflanzen, in denen die Aſſimilation
am ſtärkſten iſt, wie in dem Holzkörper, finden ſich dieſe Beſtand=
theile in der geringſten Menge, ihr Gehalt iſt am größten in den
Organen, welche die Aſſimilation vermitteln; in den Blättern
findet ſich mehr Kali, mehr Aſche, als in den Zweigen, dieſe
ſind reicher daran, als der Stamm (Sauſſure). Vor der
Blüthe enthält das Kartoffelkraut mehr Kali, als nach der=
ſelben (Mollerat).

In den verſchiedenen Pflanzenfamilien finden wir die ver=
ſchiedenſten Säuren; Niemand kann nur entfernt die Anſicht
hegen, daß ihre Gegenwart, daß ihre Eigenthümlichkeit ein
Spiel des Zufalls ſei. Die Fumarſäure, die Oralſäure in
den Flechten, die Chinaſäure in den Rubiaceen, die Roccell=
ſäure in der Roccella tinctoria, die Weinſäure in den Wein=
trauben, und die zahlreichen anderen organiſchen Säuren, ſie
müſſen in dem Leben der Pflanze zu gewiſſen Zwecken dienen.
Das Beſtehen einer Pflanze kann ohne ihre Gegenwart nicht
gedacht werden.

In dieser Voraussetzung aber, welche für unbestreitbar gehalten werden darf, ist irgend eine alkalische Basis ebenfalls eine Bedingung ihres Lebens, denn alle diese Säuren kommen in der Pflanze als neutrale oder saure Salze vor. Es giebt keine Pflanze, welche nicht nach dem Einäschern eine Kohlensäure haltige Asche hinterläßt, keine also, in welcher pflanzensaure Salze fehlen.

Von diesem Gesichtspunkte aus betrachtet, gewinnen diese Basen eine für die Physiologie und Agricultur hochwichtige Bedeutung, denn es ist klar, daß die Quantitäten dieser Basen, wenn das Leben der Pflanzen in der That an ihre Gegenwart gebunden ist, unter allen Umständen ebenso unveränderlich sein muß, als es, wie man weiß, die Sättigungscapacität der Säuren ist.

Es ist kein Grund vorhanden zu glauben, daß die Pflanze im Zustande der freien ungehinderten Entwickelung mehr von der ihr eigenthümlichen Säure producire, als sie gerade zu ihrem Bestehen bedarf; in diesem Falle aber wird eine Pflanze, auf welchem Boden sie auch wachsen mag, stets eine nie wechselnde Menge alkalischer Basis enthalten. Nur die Cultur wird in dieser Hinsicht eine Abweichung bewirken können.

Um diesen Gegenstand zum klaren Verständniß zu bringen, wird es kaum nöthig sein, daran zu erinnern, daß sich alle diese alkalischen Basen in ihrer Wirkungsweise vertreten können, daß mithin der Schluß, zu dem wir nothwendig gelangen müssen, in keiner Beziehung gefährdet wird, wenn eine dieser Basen in einer Pflanze vorkommt, während sie in einer andern Pflanze derselben Art fehlt.

Wenn der Schluß wahr ist, so muß die fehlende Basis ersetzt und vertreten sein, durch eine andere von gleichem Wirkungswerth, sie muß ersetzt sich vorfinden durch ein Aequivalent

88   Die anorganiſchen Beſtandtheile der Vegetabilien.

von einer der andern Baſen. Die Anzahl der Aequivalente dieſer
Baſen wären hiernach eine unveränderliche Größe, und hier=
aus würde von ſelbſt die Regel gefolgert werden müſſen, daß die
Sauerſtoffmenge aller alkaliſchen Baſen zuſammengenommen un=
ter allen Umſtänden unveränderlich iſt, — auf welchem Boden die
Pflanze auch wachſen, welchen Boden ſie auch erhalten mag.

Dieſer Schluß bezieht ſich, wie ſich von ſelbſt verſteht, nur
auf diejenigen alkaliſchen Baſen, welche als pflanzenſaure Salze
Beſtandtheile der Pflanzen ausmachen; wir finden nun gerade
dieſe in der Aſche derſelben als kohlenſaure Salze wieder, de=
ren Quantität leicht beſtimmbar iſt.

Es ſind von Sauſſure und Berthier eine Reihe von
Analyſen von Pflanzenaſchen angeſtellt worden, aus denen ſich
als unmittelbares Reſultat ergab, daß der Boden einen ent=
ſchiedenen Einfluß auf den Gehalt der Pflanzen an dieſen
Metalloxiden hat, daß Fichtenholzaſche vom Mont Breven
z. B. Bittererde enthielt, welche in der Aſche deſſelben Baumes
vom Gebirge La Salle fehlte, daß die Mengen des Kalis und
Kalks in den Bäumen der beiden Standorte ebenfalls ſehr
verſchieden waren.

Man hat, wie ich glaube, mit Unrecht hieraus geſchloſſen,
daß die Gegenwart dieſer Baſen in den Pflanzen in keiner
beſonderen Beziehung zu ihrer Entwickelung ſtehe, denn wenn
dieß wirklich wäre, ſo müßte man es für das ſonderbarſte
Spiel des Zufalls halten, daß gerade durch dieſe Analyſen
der Beweis vom Gegentheil geführt werden kann.

Dieſe beiden Fichtenaſchen von einer ſo ungleichen Zuſam=
menſetzung enthalten nemlich nach de Sauſſure's Analyſe
eine gleiche Anzahl von Aequivalenten von dieſen Metalloxiden,
oder, was das nemliche iſt, der Sauerſtoffgehalt von allen zu=
ſammengenommen, iſt in beiden gleich.

Die anorganischen Bestandtheile der Vegetabilien.   89

100 Theile Fichtenasche vom Mont Breven enthalten *):

Kohlensaures Kali . . 3,60	Sauerstoffgehalt des Kalis . . 0,41
Kohlensauren Kalf . . 46,34	» » des Kalfs . . 1,27
Kohlensaure Bittererde 6,77	» » der Bittererde 1,27

Summe der kohlensau-   in Summe Sauerstoff 9,01
ren Salze 56,71

100 Theile Fichtenasche vom Mont La Salle enthalten **):

Kohlensaures Kali 7,36	Sauerstoffgehalt des Kalis 0,85
Kohlensauren Kalf 51,19	» » des Kalfs 8,10
Bittererde 00,00	

Summe der koh-   in Summe Sauerstoff 8,95
lensauren Salze 58,55

Die Zahlen 9,01 und 8,95, welche den Sauerstoffgehalt aller Basen in beiden Fichtenaschen zusammengenommen ausdrücken, sind einander so nahe, wie nur in Analysen erwartet werden kann, wo die Ausmittelung desselben die ganze Aufmerksamkeit in Anspruch nimmt.

Vergleicht man Berthier's Analysen von zwei Tannenaschen mit einander, von der die eine in Norwegen, die andere in Allevard (Dep. de l'Isère) vorkommt, so findet man in der einen 50 p. c., in der andern nur 25 p. c. lösliche Salze; es giebt kaum in zwei ganz verschiedenen Pflanzengattungen eine größere Verschiedenheit in dem Gewichtsverhältniß der darinn vorkommenden alkalischen Basen, und dennoch sind die Sauerstoffmengen der Basen zusammengenommen einander gleich.

100 Theile Tannenholzasche von Allevard nach Berthier (Ann. de chim. et de phys. T. XXXII. p. 248).

---

*) 1000 Theile Fichtenholz von Mont Breven gaben 11,87 Asche.
**) 1000 Theile Fichtenholz von Mont La Salle gaben 11,28 Asche.

90   Die anorganifchen Beftandtheile der Begetabilien.

Kali und Natron	16,8	Sauerftoffgehalt *)	3,42
Kalf	29,5	» »	8,20
Magnefia . .	3,2	» »	1,20
	49,5		12,82

Das Kali und Natron ift in diefer Afche nur zum Theil
mit Pflanzenfäure verbunden, ein anderer Theil ift als fchwe=
felfaures und phosphorfaures Salz und Chlormetall zugegen,
in 100 Theilen find davon 3,1 Schwefelfäure, 4,2 Phosphor=
fäure und 0,3 Chlorwafferftofffäure, welche zufammen eine
Quantität Bafis neutralifiren, die 1,20 Sauerftoff enthält.
Diefe Zahl muß von 12,82 abgezogen werden. Man hat
demnach 11,82 für die Sauerftoffmenge der an Pflanzenfäuren
in dem Tannenholz von Allevard gebundenen alfalifchen
Bafen.

Das Tannenholz von Norwegen enthält in 100 Theilen:

Kali . . .	14,1	Sauerftoffgehalt	2,4
Natron . .	20,7	» »	5,3
Kalf . . .	12,3	» »	3,45
Magnefia .	4,35	» »	1,69
	51,45		12,84

Zieht man von 12,84 die Sauerftoffmengen der Bafen ab,
die in diefer Afche mit Schwefelfäure und Phosphorfäure ver=
einigt find, nemlich 1,37, fo bleiben für Sauerftoff in den Ba=
fen der pflanzenfauren Salze 11,47.

Diefe fo merfwürdige Uebereinftimmung fann nicht zufällig
fein, und wenn weitere Unterfuchungen fie bei anderen Pflan=
zengattungen beftätigen, fo läßt fich ihr feine andere Erflärung
unterlegen. Wir wiffen nicht, in welcher Form die Kiefelerde,

---

*) Für gleiche Atomgewichte angenommen.

das Mangan= und Eisenoxid in der Pflanze enthalten ist, nur
darüber sind wir gewiß, daß Kali, Natron und Bittererde
durch bloßes Wasser in der Form von pflanzensauren Salzen
aus allen Pflanzentheilen ausgezogen werden können; dasselbe
ist der Fall mit dem Kalf, wenn er nicht als unlöslicher klee=
saurer Kalf zugegen ist. Man muß sich daran erinnern, daß
in den Oralisarten Kleesäure und Kali vorkommt, und zwar
nie als neutrales oder als vierfachsaures, sondern stets als
doppeltsaures Salz, auf welchem Boden die Pflanze auch wach=
sen mag; wir finden in den Weintrauben das Kali immer als
Weinstein, als saures Salz, nie in der Form von neutralem.
Für die Entwickelung der Früchte und Saamen, man kann
sagen, für eine Menge von Zwecken, die wir nicht kennen,
muß die Gegenwart dieser Säuren und Basen eine gewisse
Bedeutung haben, eben weil sie niemals fehlen und weil die
Form ihres Vorkommens keinem Wechsel unterliegt. Die
Quantität der in einer Pflanze vorkommenden alkalischen Ba=
sen hängt aber lediglich von dieser Form ab, denn die Sät=
tigungscapacität einer Säure ist eine unveränderliche Größe,
und wenn wir sehen, daß der kleesaure Kalf in den Flechten
den fehlenden Holzförper, die Holzfaser, vertritt und ersetzt, so
müssen den löslichen pflanzensauren Salzen eben so bestimmte,
wenn auch abweichende, Functionen zugeschrieben werden.

Genaue und zuverlässige Untersuchungen der Asche von
Pflanzen derselben Art, welche auf verschiedenen Bodenarten
gewachsen sind, erscheinen hiernach als eine für die Physiologie
der Gewächse höchst folgenreiche Aufgabe; sie werden entscheiden,
ob sich diese merkwürdige Thatsache zu einem bestimmten Gesetze
für eine jede Pflanzenfamilie gestaltet, ob also eine jede noch
außerdem durch eine gewisse unveränderliche Zahl characterisirt
werden kann, welche der Ausdruck des Sauerstoffgehalts der

92   Die anorganischen Bestandtheile der Vegetabilien.

Basen ist, die in der Form von pflanzensauren Salzen ihrem Organismus angehören.

Man kann mit einiger Wahrscheinlichkeit voraussetzen, daß diese Forschungen zu einem wichtigen Resultate führen werden, denn es ist klar, wenn die Erzeugung von bestimmten unveränderlichen Mengen von pflanzensauren Salzen durch die Eigenthümlichkeit ihrer Organe geboten, wenn sie zu gewissen Zwecken für ihr Bestehen unentbehrlich sind, so wird die Pflanze Kali oder Kalk aufnehmen müssen, und wenn sie nicht so viel vorfindet, als sie bedarf, so wird das Fehlende durch andere alkalische Basen von gleichem Wirkungswerthe ersetzt werden; wenn ihr keine von allen sich darbietet, so wird sie nicht zur Entwickelung gelangen.

Der Saame von Salsola Kali giebt, in gewöhnliche Gartenerde gesäet, eine Pflanze, welche Kali und Natron enthält; der Saame der letztern liefert eine Pflanze, worin sich bloß Kalisalze mit Spuren von Kochsalz vorfinden (Cadet).

Das Vorkommen von organischen Basen in der Form von pflanzensauren Salzen giebt der Meinung, daß alkalische Basen überhaupt zur Entwickelung der Pflanzen gehören, ein großes Gewicht.

Wir sehen z. B., wenn wir Kartoffeln unter Umständen wachsen lassen, wo ihnen die Erde, als das Magazin anorganischer Basen fehlt, wenn sie z. B. in unseren Kellern wachsen, daß sich in ihren Trieben, in ihren langen, dem Lichte sich zuwendenden Keimen, ein wahres Alkali von großer Giftigkeit, das Solanin erzeugt, von dem wir nicht die kleinste Spur in den Wurzeln, dem Kraut, den Blüthen oder Früchten derjenigen Kartoffeln entdecken, die im Felde gewachsen sind (Otto).

In allen Chinasorten findet sich Chinasäure, aber die veränderlichsten Mengen von Chinin, Cinchonin und Kalk, man kann den Gehalt an den eigentlichen organischen Basen ziemlich genau nach der Menge von firen Basen beurtheilen, die nach der Einäscherung zurückbleiben.

Einem Maximum der ersteren entspricht ein Minimum der andern, gerade so wie es in der That stattfinden muß, wenn sie sich gegenseitig nach ihren Aequivalenten vertreten.

Wir wissen, daß die meisten Opiumsorten Meconsäure, gebunden an die veränderlichsten Mengen von Narcotin, Morphin, Codein ꝛc. enthalten, stets vermindert sich die Quantität der einen mit dem Zunehmen der andern. Die kleinste Menge Morphin finden wir stets begleitet von einem Maximum von Narcotin.

In manchen Opiumsorten läßt sich keine Spur Meconsäure entdecken *), aber die Säure fehlt deshalb nicht, sie ist in diesem Fall durch eine anorganische Säure, durch Schwefelsäure vertreten, und auch hier zeigt sich in den Sorten, wo beide vorhanden sind, daß sie zu einander stets in einem gewissen Verhältnisse stehen.

Wenn aber, wie in dem Safte des Mohns sich herauszustellen scheint, eine organische Säure in einer Pflanze vertreten sein kann durch eine anorganische, ohne daß die Entwickelung der Pflanze darunter leidet, so muß dies in um so höherem Grade bei den anorganischen Basen stattfinden können.

Finden die Wurzeln der Pflanze die eine Base in hinreichender Menge vor, so wird sie um so weniger von der andern nehmen.

Im Zustande der Cultur, wo von außen her auf die Hervorbringung und Erzeugung einzelner Bestandtheile und besonderer

---

*) Robiquet bekam in einer Behandlung von 300 ℔ Opium keine Spur meconsauren Kalk, während andere Sorten ihm sehr beträchtliche Quantitäten davon gaben. (Ann. de chim. LIII. p. 425).

94   Die anorganiſchen Beſtandtheile der Vegetabilien.

Organe eingewirkt wird, werden dieſe Verhältniſſe minder be=
ſtändig ſich zeigen.

Wenn wir die Erde, in welcher eine weiße blühende Hya=
zinthe ſteht, mit dem Safte von Phytolacca decandra begießen,
ſo ſehen wir nach einer oder zwei Stunden die weißen Blüthen
eine rothe Farbe annehmen; ſie färben ſich vor unſeren Augen,
aber im Sonnenlichte verſchwindet in zwei bis drei Tagen die
Farbe wieder, ſie werden weiß und farblos, wie ſie im An=
fange waren*). Offenbar iſt hier der Saft ohne die geringſte
Aenderung in ſeiner chemiſchen Beſchaffenheit in alle Theile
der Pflanze übergegangen, ohne durch ſeine Gegenwart der
Pflanze zu ſchaden, ohne daß man behaupten kann, er ſei für
die Exiſtenz der Pflanze nothwendig geweſen. Aber dieſer
Zuſtand war nicht dauernd, und wenn die Blüthe wieder farb=
los geworden iſt, ſo wird keiner der Beſtandtheile des rothen
Farbeſtoffes mehr vorhanden ſein; nur in dem Fall, daß einer
davon den Zwecken ihres Lebens dienen konnte, wird ſie die=
ſen allein zurückbehalten, die übrigen werden durch die Wurzel
in veränderter Form abgeſchieden werden.

Ganz derſelbe Fall muß eintreten, wenn wir eine Pflanze
mit Auflöſungen von Chlorkalium, Salpeter oder ſalpeterſaurem
Strontian begießen; ſie werden wie der erwähnte Pflanzenſaft
in die Pflanze übergehen, und wenn wir ſie zu dieſer Zeit
verbrennen, ſo werden wir die Baſen in der Aſche finden, ihre
Gegenwart iſt rein zufällig, es kann hieraus kein Schluß ge=
gen die Nothwendigkeit des Vorhandenſeins der anderen Baſen
gezogen werden. Wir wiſſen aus den ſchönen Verſuchen von
Macair=Princep, daß Pflanzen, die man mit ihren Wur=

---

*) Siehe Biot in den Comptus rendus de Séances de l'academie des
    Sciences à Paris 1re Semester 1837. p. 12.

zeln in schwachen Auflösungen von essigsaurem Bleioxid und
sodann in Regenwasser vegetiren ließ, daß das letztere von
derselben essigsaures Bleioxid wieder empfing, daß sie also
dasjenige wieder dem Boden zurückgeben, was zu ihrer Exi=
stenz nicht nothwendig ist.

Begießen wir eine Pflanze, die im Freien dem Sonnen=
lichte, dem Regen und der Atmosphäre ausgesetzt ist, mit einer
Auflösung von salpetersaurem Strontian, so wird das anfangs
aufgenommene, aber durch die Wurzeln wieder abgeführte Salz
bei jeder Benetzung des Bodens durch den Regen von den
Wurzeln weiter entfernt; nach einiger Zeit wird sie keine Spur
mehr davon enthalten.

Fassen wir nun den Zustand der beiden Tannen ins Auge,
deren Asche von einem der schärfsten und genauesten Analytiker
untersucht worden ist. Die eine wächst in Norwegen auf einem
Boden, dessen Bestandtheile sich nie ändern, dem aber durch
Regenwasser lösliche Salze und darunter Kochsalz in überwie=
gender Menge zugeführt werden; woher kommt es nun, kann
man fragen, daß seine Asche keine entdeckbare Spur Kochsalz
enthält, während wir gewiß sind, daß seine Wurzeln nach
jedem Regen Kochsalz aufgenommen haben.

Wir erklären uns die Abwesenheit des Kochsalzes durch
directe und positive Beobachtungen, die man an andern Pflan=
zen gemacht hat, indem wir sie der Fähigkeit ihres Organis=
mus zuschreiben, Alles dem Boden wieder zurückzugeben, was
nicht zu seinem Bestehen gehört.

Diese Thatsache ihrem wahren Werthe nach anerkannt,
müssen die alkalischen Basen, die wir in den Aschen finden,
zum Bestehen der Pflanze unentbehrlich sein; den wären sie es
nicht, so wären sie nicht da.

Von diesem Gesichtspunkte aufgefaßt, ist die völlige Ent=

96　　Die anorganischen Bestandtheile der Vegetabilien.

wickelung einer Pflanze abhängig von der Gegenwart von Al=
kalien oder alkalischen Erden. Mit ihrer gänzlichen Abwesen=
heit muß ihrer Ausbildung eine bestimmte Grenze gesetzt sein;
beim Mangel an diesen Basen wird ihre Ausbildung gehemmt
sein.

Vergleichen wir, um zu bestimmten Anwendungen zu kom=
men, zwei Holzarten mit einander, welche ungleiche Mengen
alkalischer Basen enthalten, so ergiebt sich von selbst, daß die
eine auf manchen Bodenarten kräftig sich entwickeln kann, auf
welchen die andere nur kümmerlich vegetirt. 10,000 Theile
Eichenholz geben 250 Theile Asche, 10,000 Theile Tannen=
holz nur 83, dieselbe Quantität Lindenholz giebt 500, Rocken
440 und Kartoffelkraut 1500 Theile *).

Auf Granit, auf kahlem Sandboden und Haiden wird die
Tanne und Fichte noch hinreichende Mengen alkalischer Basen
finden, auf welchen Eichen nicht fortkommen, und Weizen wird
auf einem Boden, wo Linden gedeihen, diejenigen Basen in
hinreichender Menge vorfinden, die er zu seiner völligen Ent=
wickelung bedarf.

Diese für die Forst= und Feldwirthschaft im hohen Grade
wichtigen Folgerungen lassen sich mit den evidentesten That=
sachen beweisen.

Alle Grasarten, die Equisetaceen z. B. enthalten eine
große Menge Kieselsäure und Kali, abgelagert in dem äußern
Saum der Blätter und in dem Halm als saures kohlensaures
Kali; auf einem Getreidefeld ändert sich der Gehalt an diesem
Salze nicht merklich, denn es wird ihm in der Form von
Dünger, als verwestes Stroh, wieder zugeführt.

Ganz anders stellt sich dieses Verhältniß auf einer Wiese;

---

*) Berthier in den Ann. d. chimie et de physique T. XXX. 248.

nie findet sich auf einem kaliarmen Sand= oder reinem Kalk=
boden ein üppiger Graswuchs*); denn es fehlt ihm ein für die
Pflanze durchaus unentbehrlicher Bestandtheil. Basalte, Grau=
wacke, Porphyr geben unter gleichem Verhältnisse den besten
Boden zu Wiesen ab, eben weil sie reich an Kali sind. Das
hinweggenommene Kali ersetzt sich wieder bei dem jährlichen
Wässern; der Boden selbst ist verhältnißmäßig für den Bedarf
der Pflanze unerschöpflich an diesem Körper.

Wenn wir aber bei dem Gypsen einer Wiese den Gras=
wuchs steigern, so nehmen wir mit dem Heu eine größere
Menge Kali hinweg, was unter gleichen Bedingungen nicht
ersetzt wird. Hiervon kommt es, daß nach Verlauf von eini=
gen Jahren der Graswuchs auf vielen gegypsten Wiesen ab=
nimmt; er nimmt ab, weil es an Kali fehlt.

Werden die Wiesen dagegen von Zeit zu Zeit mit Asche,
selbst mit ausgelaugter Seifensiederasche überfahren, so kehrt
der üppige Graswuchs zurück. Mit dieser Asche haben wir
aber der Wiese nichts weiter als das fehlende Kali zugeführt.

In der Lüneburger Haide gewinnt man dem Boden
von je dreißig zu dreißig oder vierzig Jahren eine Ernte an
Getreide ab, indem man die darauf wachsenden Haiden (Erica
vulgaris) verbrennt, und ihre Asche in dem Boden vertheilt.
Diese Pflanze sammelte in dieser langen Zeit das durch den
Regen zugeführte Kali oder Natron; beide sind es, welche in
der Asche dem Hafer, der Gerste oder dem Rocken, die sie
nicht entbehren können, die Entwickelung gestatteten.

---

*) Es wäre von Wichtigkeit, die Asche von Strandgewächsen, welche in
den muldenförmigen feuchten Vertiefungen der Dünen wachsen, nament=
lich die der Sandgräser, auf einen Alkaligehalt zu prüfen (Hartig).
Wenn das Kali darin fehlt, so ist es sicher durch Natron wie bei den
Salsolaarten, oder durch Kalk wie bei den Plumbagineen ersetzt.

98   Die anorganischen Bestandtheile der Vegetabilien.

In der Nähe von Heidelberg haben die Holzschläger die Vergünstigung, nach dem Schlagen von Lohholz den Boden zu ihrem Nutzen bebauen zu dürfen. Dem Einsäen des Landes geht unter allen Umständen das Verbrennen der Zweige, Wurzeln und Blätter voran, deren Asche dem darauf gepflanzten Getreide zu Gute kommt. Der Boden selbst, auf welchem die Eichen wachsen, ist in dieser Gegend Sandstein, und wenn auch der Baum hinreichende Mengen von Alkalien und alkalischen Erden für sein eigenes Bestehen in dem Boden vorfindet, so ist er dennoch unfruchtbar für Getreide in seinem gewöhnlichen Zustande.

Man hat in Bingen den entschiedensten Erfolg in Beziehung auf Entwickelung und Fruchtbarkeit des Weinstocks bei Anwendung des kräftigsten Düngers, von Hornspänen z. B., gesehen, aber der Ertrag, die Holz- und Blattbildung nahm nach einigen Jahren zum großen Nachtheil des Besitzers in einem so hohen Grade ab, daß er stets zu bereuen Ursache hatte, von der dort gebräuchlichen und als die beste anerkannten Düngungsmethode abgegangen zu sein. Der Weinstock wurde bei seiner Art zu düngen in seiner Entwickelung übertrieben, in zwei oder drei Jahren wurde alles Kali, was den künftigen Ertrag gesichert hatte, zur Bildung der Frucht, der Blätter, des Holzes verwendet, die ohne Ersatz den Weinbergen genommen wurden, denn sein Dünger enthält kein Kali.

Man hat am Rhein Weinberge, deren Stöcke über ein Jahrhundert alt sind, und dieses Alter erreichen sie nur bei Anwendung des stickstoffärmsten, aber kalireichsten Kuhdüngers. Alles Kali, was die Nahrung der Kuh enthält, geht, wie man weiß, in die Excremente über.

Eins der merkwürdigsten Beispiele von der Unfähigkeit eines Bodens, Weizen und überhaupt Grasarten zu erzeugen, wenn

in ihm eine der Bedingungen ihres Wachsthums fehlt, bietet
das Verfahren eines Gutsbesitzers in der Nähe von Göttingen
dar. Er bepflanzte sein ganzes Land zum Behufe der Pottasch=
erzeugung mit Wermuth, dessen Asche bekanntlich sehr reich an
kohlensaurem Kali ist. Eine Folge davon war die gänzliche
Unfruchtbarkeit seiner Felder für Getreidebau; sie waren auf
Jahrzehnde hinaus völlig ihres Kalis beraubt.

Die Blätter und kleinen Zweige der Bäume enthalten die
meiste Asche und das meiste Alkali; was durch sie bei dem
Laub= und Streusammeln den Wäldern genommen wird, ist
bei weitem mehr, als was das Holz enthält, welches jährlich
geschlagen wird. Die Eichenrinde, das Eichenlaub enthält z. B.
6 p. c. bis 9 p. c., die Tannen= und Fichtennadeln über 8 p. c.

Mit 2650 Pfd. Tannenholz, die wir einem Morgen Wald
jährlich nehmen, wird im Ganzen dem Boden, bei 0,83 p. c.
Asche, nur 0,114 bis 0,53 Pfd. an Alkalien entzogen, aber
das Moos, was den Boden bedeckt, dessen Asche reich an
Alkali ist, hält in ununterbrochen fortdauernder Entwickelung
das Kali an der Oberfläche des so leicht von dem Wasser
durchdringbaren Sandbodens zurück, und bietet in seiner Ver=
wesung den aufgespeicherten Vorrath den Wurzeln dar, die das
Alkali aufnehmen, ohne es wieder zurückzugeben.

Von einer Erzeugung von Alkalien, Metalloxiden und an=
organischen Stoffen überhaupt kann nach diesen so wohl bekann=
ten Thatsachen keine Rede sein.

Man findet es bewundernswürdig, daß die Grasarten,
deren Saamen zur Nahrung dienen, dem Menschen wie ein
Hausthier folgen. Sie folgen dem Menschen, durch ähnliche
Ursachen gezwungen, wie die Salzpflanzen dem Meeresstrande
und Salinen, die Chenopodien den Schutthaufen ꝛc.; so wie
die Mistkäfer auf die Excremente der Thiere angewiesen sind,

7 *

100   Die anorganiſchen Beſtandtheile der Vegetabilien.

ſo bedürfen die Salzpflanzen des Kochſalzes, die Schuttpflan=
zen des Ammoniaks und ſalpeterſaurer Salze. Keine von un=
ſeren Getreidepflanzen kann aber ausgebildete Saamen tragen,
Saamen, welche Mehl geben, ohne eine reichliche Menge von
phosphorſaurer Bittererde, ohne Ammoniak zu ihrer Ausbil=
dung vorzufinden. Dieſe Saamen entwickeln ſich nur in einem
Boden, wo dieſe drei Beſtandtheile ſich vereinigt befinden, und
kein Boden iſt reicher daran als Orte, wo Menſchen und Thiere
familienartig zuſammenwohnen; ſie folgen dem Urin, den Ex=
crementen derſelben, weil ſie ohne deren Beſtandtheile nicht
zum Saamentragen kommen.

Wenn wir Salzpflanzen mehrere hundert Meilen von dem
Strande des Meeres entfernt in der Nähe unſerer Salinen
finden, ſo wiſſen wir, daß ſie auf dem natürlichſten Wege
dahin gelangen; Saamen von Pflanzen werden durch Winde
und Vögel über die ganze Oberfläche der Erde verbreitet, aber
ſie entwickeln ſich nur da, wo ſich die Bedingungen ihres Le=
bens vorfinden.

In den Soolenkaſten der Gradirgebäude auf der Saline
Salzhauſen bei Nidda finden ſich zahlreiche Schaaren kleiner
nicht über zwei Zoll langer Stachelfiſche. (Gasterosteus acu-
leatus.) In den Soolenkaſten der 6 Stunden davon entfern=
ten Saline Nauheim trifft man kein lebendes Weſen an, aber
die letztere iſt überreich an Kohlenſäure und Kalk, ihre Gra=
dirwände ſind bedeckt mit Stalaktiten, in dem einen Waſſer
ſind die durch Vögel hingebrachten Eier zur Entwickelung gekom=
men, in dem andern nicht *).

––––––––––––––

*) »Die Krätzmilben werden von Burdach als Erzeugniſſe eines krank=
    haften Zuſtandes angeſehen, ebenſo die Läuſe bei Kindern, die Erzeu=
    gung von Miesmuſcheln in einem Fiſchteiche, von Salzpflanzen in der
    Nähe von Salinen, von Neſſeln und Gräſern, von Fiſchen in den Re=

Wieviel wunderbarer und unerklärlicher erscheint die Ei=
genschaft feuerbeständiger Körper, unter gewissen Bedingungen
sich zu verflüchtigen, bei gewöhnlicher Temperatur in einen
Zustand überzugehen, von dem wir nicht zu sagen vermögen,
ob sie zu Gas geworden oder durch ein Gas in Auflösung
übergegangen sind.   Der Wasserdampf, die Vergasung über=
haupt ist bei diesen Körpern die sonderbarste Ursache der Ver=
flüchtigung, ein in Gas übergehender, ein verdampfender flüf=
siger Körper ertheilt allen Materien, welche darinn gelöst sind,
in höherem oder geringerem Grade die Fähigkeit, den nemli=
chen Zustand anzunehmen, eine Eigenschaft, die sie für sich
nicht besitzen.

Die Vorsäure gehört zu den feuerbeständigsten Materien,
auch in der stärksten Weißglühhitze erleidet sie keine durch die
feinsten Wagen bemerkbare Gewichtsveränderung, sie ist nicht
flüchtig, aber ihre Auflösungen im Wasser können auch bei der
gelindesten Erwärmung nicht verdampft werden, ohne daß den
Wasserdämpfen nicht eine bemerkbare Menge Vorsäure folgt.
Diese Eigenschaft ist der Grund, warum wir bei allen Ana=

----

genwassertümpeln, Forellen in Gebirgswässern ꝛc. ist nach demselben
Naturforscher nicht unmöglich.« Man bedenke, daß einem Boden, der
aus verwitterten Felsarten, faulenden Vegetabilien, Regenwasser, Salz=
wasser ꝛc. besteht, die Fähigkeit zugeschrieben wird, Muscheln, Forellen,
Salicornien ꝛc. zu erzeugen. Wie alle Forschungen vernichtend sind
Meinungen dieser Art, von einem Lehrer ausgehend, der sich eines
verdienten Beifalls erfreut, der sich durch gediegene Arbeiten Zutrauen
und Anerkennung verschafft hat. Alles dieß sind doch zuletzt nur Ge=
genstände der oberflächlichsten Beobachtung gewesen, die sich zum Ge=
genstand gründlicher Untersuchung wohl eignen, allein das Geheimniß=
volle, Dunkle, Mystische, das Räthselhafte, es ist zu verführerisch für
den jugendlichen, für den philosophischen Geist, welcher die tiefsten
Tiefen der Natur durchdringt, ohne wie der Bergmann eines Schach=
tes und Leitern zu bedürfen. Dieß ist Poesie, aber keine nüchterne
Naturforschung.

102   Die anorganischen Bestandtheile der Vegetabilien.

lysen Borsäure haltiger Mineralien, wo Flüssigkeiten, welche
Borsäure enthalten, verdampft werden müssen, einen Verlust
erleiden; die Quantität Borsäure, welche einem Cubicfuß siedend
heißen Wasserdampfes folgt, ist durch die feinsten Reagentien
nicht entdeckbar, und dennoch, so außerordentlich klein sie auch
erscheinen mag, stammen die vielen tausend Centner Borsäure,
welche von Italien aus in den Handel gebracht werden, von
der ununterbrochenen Anhäufung dieser dem Anschein nach ver=
schwindenden Menge her. Man läßt in den Lagunen von
Castel nuovo, Cherchiago ꝛc. die aus dem Innern der Erde
strömenden siedend heißen Dämpfe durch Wasser streichen, was
nach und nach daran immer reicher wird, so daß man zuletzt
durch Verdunsten krystallisirbare Borsäure daraus erhält. Der
Temperatur dieser Wasserdämpfe nach kommen sie aus Tiefen,
wo menschliche Wesen, wo Thiere nie gelebt haben können;
wie bemerkenswerth und bedeutungsvoll erscheint in dieser Be=
ziehung der nie fehlende Ammoniakgehalt dieser Dämpfe. In
den großen Fabriken zu Liverpool, wo die natürliche Borsäure
zu Borax verarbeitet wird, gewinnt man daraus als Neben=
product viele hundert Pfunde schwefelsaures Ammoniak.

Dieses Ammoniak stammt nicht von thierischen
Organismen, es war vorhanden vor allen leben=
den Generationen, es ist ein Theil, ein Bestand=
theil des Erdkörpers.

Die von der Direction des poudre et salpêtres unter
Lavoisier angestellten Versuche haben bewiesen, daß bei dem
Verdampfen von Salpeterlaugen, die darinn gelösten Salze
sich mit dem Wasser verflüchtigen und einen Verlust herbeifüh=
ren, über den man sich vorher keine Rechenschaft geben konnte.
Eben so bekannt ist, daß bei Stürmen von dem Meere nach
dem Binnenlande hin, in der Richtung des Sturmes, sich die

Blätter der Pflanzen mit Salzkrystallen selbst auf 20 — 30 engl.
Meilen hin bedecken, aber es bedarf der Stürme nicht, um
diese Salze zum Verflüchtigen zu bringen, die über dem Meere
schwebende Luft trübt jederzeit die salpetersaure Silberlösung,
jeder, auch der schwächste Luftzug entführt mit den Milliarden
Centnern Seewasser, welche jährlich verdampfen, eine entspre=
chende Menge der darin gelös'ten Salze und führt Kochsalz,
Chlorkalium, Bittererde und die übrigen Bestandtheile dem fe=
sten Lande zu.

Diese Verflüchtigung ist die Quelle eines beträchtlichen Ver=
lustes in der Salzgewinnung aus schwachen Soolen. Auf der
Saline Nauheim ist diese Erscheinung durch den dortigen Di=
rector, Herrn Wilhelmi, einen sehr unterrichteten und kennt=
nißreichen Mann, zur Evidenz nachgewiesen worden; eine Glas=
platte auf einer hohen Stange zwischen zwei Gradirgebäuden
befestigt, die von einander etwa 1200 Schritte entfernt stan=
den, fand sich des Morgens nach dem Auftrocknen des Thau's
auf der einen oder andern Seite nach der Richtung des Win=
des stets mit Salzkrystallen bedeckt.

Das in steter Verdampfung begriffene Meer *) verbreitet
über die ganze Oberfläche der Erde hin, in dem Regenwasser,
alle zum Bestehen einer Vegetation unentbehrlichen Salze, wir
finden sie selbst da in ihrer Asche wieder, wo der Boden keine
Bestandtheile liefern konnte.

---

*) Das Seewasser enthält nach Marcet in 1000 Theilen:

26,660 Kochsalz,
4,660 schwefelsaures Natron,
1,232 Chlorkalium,
5,152 Chlormagnesium,
1,5 schwefelsauren Kalk.

39,204.

104   Die anorganischen Bestandtheile der Vegetabilien.

In der Betrachtung umfassender Naturerscheinungen haben
wir keinen Maßstab mehr für das, was wir gewohnt sind,
klein oder groß zu nennen, alle unsere Begriffe beziehen sich
auf unsere Umgebungen, aber wie verschwindend sind diese ge=
gen die Masse des Erdkörpers; was in einem begrenzten
Raume kaum bemerkbar ist, erscheint in einem unbegrenzten
unfaßbar groß. Die Luft enthält nur ein Tausendtheil ihres
Gewichts an Kohlensäure; so klein dieser Gehalt auch scheint,
so ist er doch mehr als hinreichend, um Jahrtausende hinaus
die lebenden Generationen mit Kohlenstoff zu versehen, selbst
wenn er derselben nicht ersetzt werden würde. Das Seewasser
enthält $1/12400$ seines Gewichts an kohlensaurem Kalk, und diese
in einem Pfunde kaum bestimmbare Menge ist die Quelle,
welche Myriaden von Schaalthieren, Korallen ꝛc. mit dem Ma=
terial zu ihrem Gehäuse versieht.

Während die Luft nur 4 bis 6 Zehntausendtheile ihres Vo=
lumens an Kohlensäure enthält, beträgt der Kohlensäuregehalt
des Meerwassers über hundertmal mehr (10,000 Volumen
Meerwasser enthalten 620 Vol. Kohlensäure, Laurent, Bouil=
lon = Lagrange), und in diesem Medium, worinn eine ganze
Welt von anderen Pflanzen und Thieren lebt, finden sich in der
Kohlensäure und dem Ammoniak *) die nemlichen Bedingungen
ihres Lebens vereinigt, welche das Bestehen lebender Wesen
auf der Oberfläche des festen Landes möglich machen.

Die Wurzeln der Pflanzen sind die ewig thätigen Samm=
ler der Alkalien, der Bestandtheile des Seewassers, die der Re=
gen zuführt, des Quellwassers, was den Boden durchdringt,
ohne Alkalien und alkalische Basen würden die meisten Pflan=

---

*) Wird der trockene Salzrückstand von der Verdampfung von Meer=
wasser in eine Retorte bis zum Glühen erhitzt, so erhält man ein
Sublimat von salzsaurem Ammoniak (Marcet.).

zen nicht bestehen, ohne die Pflanzen würden die Alkalien all=
mählig von der Oberfläche der Erde verschwinden.

Wenn man erwägt, daß das Meerwasser weniger als ein
Milliontheil seines Gewichts an Jod enthält, daß alle Ver=
bindungen des Jods mit Alkalimetallen im hohen Grade lös=
lich im Wasser sind, so muß·man nothwendig in dem Orga=
nismus der Seetangen, der Fucusarten, eine Ursache voraus=
setzen, welche diese Pflanzen bestimmt, während ihres Lebens
das Jod in der Form eines löslichen Salzes dem Meerwasser
zu entziehen und in der Weise zu assimiliren, daß es in das
umgebende Medium nicht wieder zurückkehren kann; diese Pflan=
zen sind für das Jod ähnliche Sammler, wie die Landpflanzen
für die Alkalien, sie sind es, welche uns Quantitäten von Jod
liefern, deren Gewinnung aus dem Seewasser die Verdam=
pfung ganzer Seen vorausgehen mußte.

Wir setzen voraus, daß diese Seepflanzen Jodmetalle zu
ihrer Entwickelung bedürfen, und daß ihr Bestehen an·deren
Vorhandensein geknüpft ist. Mit demselben Rechte schließen
wir von der nie fehlenden Gegenwart der Alkalien und alka=
lischen Erden in der Asche der Landpflanzen auf ihre Noth=
wendigkeit für die Entwickelung dieser Pflanzen während ihres
Lebens.

106   Die Cultur.

Die Cultur.

In dem Vorhergehenden sind die Bedingungen des Lebens
aller Vegetabilien betrachtet worden. Kohlensäure, Ammoniak
und Wasser liefern die Elemente aller Organe: Salze, Metall=
oxide, gewisse anorganische Materien, dienen zu besonderen Ver=
richtungen in dem Organismus der Pflanze, manche davon
müssen als Bestandtheile einzelner Pflanzentheile angesehen
werden.

Die atmosphärische Luft und der Boden bieten den Blät=
tern und Wurzeln einerlei Nahrungsmittel dar.

Die erstere enthält eine verhältnißmäßig unerschöpfliche
Menge Kohlensäure und Ammoniak, in dem Boden haben wir
in dem Humus eine sich stets erneuernde Quelle von Kohlen=
säure, den Winter hindurch häuft sich in dem Regen= und
Schneewasser, womit er durchdrungen wird, eine für die Ent=
wickelung der Blüthen und Blätter ausreichende Menge Am=
moniak.

Die völlige, ja man kann sagen, die absolute Unlöslichkeit
in kaltem Wasser der in Verwesung begriffenen Pflanzentheile
erscheint bei näherer Betrachtung als eine nicht minder weise
Natureinrichtung.

Wenn der Humus auch noch einen geringeren Grad von Lös=
lichkeit besäße, als man der sogenannten Humussäure zuschreibt,
so würde er der auflösenden Kraft des Regenwassers nicht wi=
derstehen können. Bei mehrwöchentlichem Wässern der Wiesen
müßte ein großer Theil davon aus dem Boden entführt wer=

den, heftige und anhaltende Regen müßten den Boden daran
ärmer machen. Er löf't sich aber nur auf insofern er sich mit
dem Sauerstoff verbindet, nur in der Form von Kohlensäure
wird er vom Wasser aufgenommen.

Bei Abwesenheit aller Feuchtigkeit erhält sich der Humus
Jahrhunderte lang, mit Wasser benetzt, verwandelt er den umgebenden Sauerstoff in Kohlensäure; von diesem Augenblicke an
verändert er sich ebenfalls nicht mehr, denn die Wirkung der
Luft hört auf, sobald sie ihres Sauerstoffs beraubt ist. Nur
wenn Pflanzen in diesem Boden wachsen, deren Wurzeln die
gebildete Kohlensäure hinwegnehmen, schreitet die Verwesung
fort, aber durch lebende Pflanzen empfängt der Boden wieder,
was er verloren hat, er wird nicht ärmer an Humus.

Die Tropfsteinhöhlen in Franken, in der Umgebung von
Baireuth, Streitberg sind mit fruchtbarer Ackererde bedeckt; der
Boden über diesen Höhlen ist mit verwesenden Vegetabilien,
mit Humus angefüllt, der bei Gegenwart von Feuchtigkeit und
Luft unausgesetzt Kohlensäure entwickelt, die sich im Regen-
wasser löset.

Das mit Kohlensäure angeschwängerte Regenwasser sickert
durch den porösen Kalkstein hindurch, der die Seitenwände
und Decke der Höhlen bildet, und löf't bei diesem Durchgang
eine der Kohlensäure entsprechende Menge von kohlensaurem
Kalk auf.

In dem Innern der Höhle angekommen, dunstet von dieser
Auflösung das Wasser und die überschüssige Kohlensäure ab,
und der Kalkstein, indem er sich abscheidet, überzieht Wände
und Decke mit Krystallkrusten von den mannichfaltigsten Formen.

An wenigen Orten der Erde vereinigen sich aber in gleichem Grade wie an diesen alle Bedingungen zur Erzeugung
von humussaurem Kalk, wenn der Humus in dem Boden in

108   Die Cultur.

der That in der Form von Humusſäure vorhanden wäre.

Verweſende Vegetabilien, Waſſer und Kalk in Auflöſung
ſind vorhanden, allein die gebildeten Stalaktiten enthalten keine
Spur einer vegetabiliſchen Materie, ſie enthalten keine Hu=
mus=Säure, ſie ſind glänzend weiß, oder gelblich, zum Theil
durchſichtig wie Kalkſpath und laſſen ſich zum Glühen erhitzen
ohne Schwärzung.

In den alten Burgen in der Nähe des Rheins, der Berg=
ſtraße und der Wetterau bieten unterirdiſche Gewölbe, aus
Sandſtein, Granit und Baſalt aufgeführt, eine ähnliche Er=
ſcheinung wie die Kalkhöhlen dar.

Dieſe Gewölbe oder Keller ſind bedeckt mit einer mehrere
Fuß dicken Lage von Dammerde, in der ſich verweſende Vege=
tabilien befinden. Das Regenwaſſer, was auf dieſe Gewölbe
fällt, nimmt die gebildete Kohlenſäure auf, ſickert durch die
Erde hindurch, löſ't durch ſeinen Kohlenſäuregehalt den Kalk=
mörtel auf; dieſe Auflöſung verdunſtet auf der Innenſeite der
Gewölbe wieder und überzieht ſie mit kleinen und dünnen hu=
musſäurefreien Stalaktiten.

Es ſind dieß aber durch die Natur gebaute Filtrirapparate,
in denen wir das Reſultat eines, Jahrhunderte oder Jahr=
tauſende fortgeſetzten, Verſuches vor Augen haben.

Wenn das Waſſer die Fähigkeit beſäße, auch nur ein Hun=
derttauſendtheil ſeines Gewichtes an Humusſäure oder humus=
ſaurem Kalk aufzulöſen, ſo würden wir beim Vorhandenſein
von Humusſäure die Decke dieſer Gewölbe und Höhlen damit
überzogen finden, allein man iſt nicht im Stande, auch nur die
kleinſte Spur davon wahrzunehmen. Es giebt kaum ſchärfere
und überzeugendere Beweiſe für die Abweſenheit der Humus=
ſäure der Chemiker in der Ackererde und Dammerde.

Die gewöhnliche Vorſtellung, welche man ſich über die

Wirkungsweise der Humussäure geschaffen hatte, gab Veranlassung zu einer durchaus unerklärbaren Erscheinung.

Eine sehr kleine Quantität davon im Wasser gelös't, färbt
dasselbe gelb oder braun. Man sollte nun denken, daß ein
Boden um so fruchtbarer sein müsse, je mehr Fähigkeit er besitzt, Wasser braun zu färben, d. h. Humussäure an dasselbe
abzugeben.

Sonderbarerweise gedeiht aber in einem solchen Boden
keine Pflanze, und aller Dünger muß, wenn er einen wohlthä-
tigen Einfluß auf die Vegetation äußern soll, diese Eigenschaft
verloren haben. Das Wasser auf unfruchtbarem Torfboden,
auf sumpfigen Wiesen, auf denen nur wenige Vegetabilien gedeihen, ist reich an dieser Humussäure, und alle Landwirthe
und Gärtner kommen darinn überein, daß sie nur den sogenannten humificirten Dünger für nützlich und gedeihlich für die
Pflanzen halten. Dieß ist nun gerade derjenige, der die Eigenschaft, das Wasser zu färben, gänzlich verloren hat.

Diese im Wasser mit brauner Farbe lösliche Materie ist
ein Produkt der Fäulniß aller Thier- und Pflanzenstoffe, ihr
Vorhandensein ist ein Zeichen, daß es an Sauerstoff fehlt, um
die Verwesung zu beginnen oder zu vollenden. An der Luft
entfärben sich diese braunen Auflösungen, unter Aufnahme von
Sauerstoff schlägt sich ein schwarzer, kohlenähnlicher Körper,
die sogenannte Humuskohle, nieder.

Denken wir uns einen Boden, durchdrungen von dieser
Substanz, so muß er auf die Wurzeln einer Pflanze gerade so
wirken, als wenn er gänzlich alles Sauerstoffs unaufhörlich
beraubt würde; eine Pflanze wird eben so wenig darinn wachsen können, als in einer Erde, die man mit Eisenoxidulhydrat
mischt.

In einem Boden, in einem Wasser, welches keinen Sauer-

110   Die Cultur.

stoff enthält, sterben alle Pflanzen, Mangel an Luft wirkt ganz
ähnlich wie ein Uebermaß an Kohlensäure.

Auf sumpfigem Boden schließt das Wasser, was nicht wech=
selt, die Luft aus, eine Erneuerung des Wassers wirkt ähnlich,
wie ein Hinzuführen von Luft, denn das Wasser enthält Luft
in Auflösung; geben wir dem Wasser in dem Sumpfe Abzug,
so gestatten wir der Luft freien Zutritt, der Sumpf verwandelt
sich in die fruchtbarste Wiese.

Ueberreste von Vegetabilien und Thieren, die sich in einem
Boden befinden, in den die Luft keinen oder nur geringen Zu=
tritt hat, gehen nicht in Verwesung über, eben weil es an
Sauerstoff fehlt, sie gehen in Fäulniß über, zu deren Einlei=
tung Luft genug sich vorfindet.

Die Fäulniß kennen wir nun als einen der mächtigsten Des=
oxidationsprocesse, dessen Einfluß sich auf alles in der Nähe
Befindliche, auf Wurzelfasern und die Pflanzen selbst erstreckt.
Alle Materien, denen Sauerstoff entzogen werden kann, geben
Sauerstoff an den faulenden Körper ab, gelbes Eisenoxid geht
in schwarzes Eisenoxiduloxid, schwefelsaures Eisenoxid in Schwe=
feleisen 2c. über.

Die öftere Lufterneuerung, die gehörige Bearbeitung des Bo=
dens, namentlich die Berührung mit alkalischen Metalloxiden, mit
Braunkohlenasche, gebranntem oder kohlensaurem Kalk, ändert die
vorgehende Fäulniß in einen reinen Oxidationsproceß um; von
dem Augenblick an, wo alle vorhandenen organischen Materien
in den Zustand der Verwesung übergehen, erhöht sich die Frucht=
barkeit des Bodens. Der Sauerstoff wird nicht mehr zur Ver=
wandlung der braunen löslichen Materie in unlösliche Humus=
kohle verwandt, sondern er dient zur Bildung von Kohlensäure.

Diese Veränderung geht äußerst langsam von Statten, nur
in seltenen Fällen findet sich dadurch der Sauerstoff völlig ab=

geschloſſen. Unter allen Umſtänden aber, wo es geſchieht, ver=
liert der Boden ſeine Fruchtbarkeit.

In der Nähe von Salzhauſen auf den ſogenannten Grün=
ſchwalheimer Wieſen bemerkt man ſtellenweiſe unfruchtbare Fle=
cken, die mit einem gelblichen Graſe bedeckt ſind. Wird in
einen derſelben ein Loch von 20 — 25 Fuß Tiefe gebohrt,
ſo entwickelt ſich daraus ein Strom kohlenſaures Gas mit einer
ſo großen Heftigkeit, daß man das Geräuſch beim Ausſtrömen
mehrere Schritte davon entfernt deutlich hört. Das von unten
in die Höhe ſteigende kohlenſaure Gas verdrängt aus dem
Boden alle Luft, und mit derſelben allen Sauerſtoff, aber
ohne Sauerſtoff kann ſich kein Saame, keine Wurzelfaſer ent=
wickeln, in Stickgas, in kohlenſaurem Gas allein vegetirt keine
Pflanze.

Inſofern der Humus die junge Pflanze zu einer Zeit mit
Nahrung durch die Wurzeln verſieht, wo die äußeren Organe
der Ernährung, die Blätter, erſt gebildet werden, inſofern die
Nahrung, welche er liefert, dazu beiträgt, die Anzahl der Or=
gane der atmoſphäriſchen Ernährung zu vervielfältigen, erhöht
ſein Vorhandenſein die Fruchtbarkeit des Bodens.

Für manche Pflanzengattungen, namentlich für diejenigen,
welche ihre erſte Nahrung von der Subſtanz der Saamen ſelbſt
empfangen, Wurzeln und Zwiebelgewächſe, iſt der Humus
völlig entbehrlich, ſeine Gegenwart iſt nützlich, inſofern ihre
Entwickelung beſchleunigt und geſteigert wird, ſie iſt aber nicht
nothwendig, in einer gewiſſen Beziehung iſt ein Uebermaaß in
dem Anfang der Entwickelung einer Pflanze ſchädlich.

Die Nahrung, welche die junge Pflanze aus der Luft in
der Form von Kohlenſäure und Ammoniak aufnehmen kann,
iſt in gewiſſe Grenzen eingeſchloſſen, ſie kann nicht mehr aſſi=
miliren, als die Luft enthält.

112   Die Cultur.

Wenn nun im Anfange ihrer Entwickelung die Anzahl der
Triebe, Halme, Zweige und Blätter durch ein Uebermaaß von
Nahrungsstoff aus dem Boden diese Grenze überschritten hat,
wo sie also zur Vollendung ihrer Entwickelung, zur Blüthe und
Frucht, mehr Nahrungsstoff aus der Luft bedarf, als diese bieten kann, so wird sie nicht zur Blüthe, zur Fruchtbildung gelangen. In vielen Fällen reicht diese Nahrung nur hin, um
die Blätter, Halme und Zweige völlig auszubilden.

Es tritt alsdann der nemliche Fall ein, wie bei den Zierpflanzen, wenn man beim Versetzen in größere Töpfe den
Wurzeln gestattet, sich zu vergrößern und zu vervielfältigen.
Alle Nahrung wird zur Vermehrung der Wurzeln und Blätter
verwendet; sie treiben, wie man sagt, ins Kraut und kommen
nicht zur Blüthe.

Bei dem Zwergobst nehmen wir gerade umgekehrt den
Bäumen einen Theil ihrer Zweige und damit ihrer Blätter;
wir hindern die Entwickelung neuer Zweige, es wird künstlich
ein Ueberschuß von Nahrung geschaffen, die dann zur Vermehrung der Blüthe und Vergrößerung der Frucht von der Pflanze
verwendet wird. Das Beschneiden des Weinstocks hat einen
ganz ähnlichen Zweck.

Bei allen perennirenden Gewächsen, bei den Sträuchern,
Frucht- und Waldbäumen geht nach der völligen Ausbildung
der Frucht ein neuer eigenthümlicher Vegetationsproceß an; während bei den einjährigen Pflanzen, von dieser Periode an, die
Stengel sich verholzen, die Blätter ihre Farbe wechseln und
gelb werden, bleiben die Blätter der Bäume und Sträucher
bis zum Anfang des Winters in Thätigkeit. Die Bildung
der Holzringe schreitet fort, das Holz wird fester und härter,
und vom August an erzeugen ihre Blätter kein Holz mehr;
alle Kohlensäure, die sie aufnehmen und assimiliren, wird zur

Erzeugung von Nahrungsstoffen für das künftige Jahr ver=
wendet; anstatt Holzfaser wird jetzt Amylon gebildet und durch
den Augustsaft (Sève d'Aout) in allen Theilen der Pflanze
verbreitet (Hartig, in Erdmann und Schweigger=Seidels
Journal V. 217. 1835). Man kann durch gute Mikroskope die ab=
gelagerte Stärke, nach den Beobachtungen des Herrn Forstmeisters
Heyer, in ihrer bekannten Form in dem Holzkörper sehr leicht
erkennen. Die Rinde mancher Espen und Fichten *) ist so
reich daran, daß sie durch Zerreiben und Waschen mit Was=
ser, wie Kartoffelstärke, daraus gewonnen werden kann; sie
findet sich ferner in den Wurzeln und Wurzelstöcken perenni=
render Pflanzen.

Sehr früher Winter oder rascher Temperaturwechsel hin=
dern die Erzeugung dieser Vorräthe von Nahrung für das
künftige Jahr, das Holz wird, wie beim Weinstock z. B., nicht
reif, seine Entwickelung ist das folgende Jahr in engere Gren=
zen eingeschlossen.

Aus diesem Amylon entsteht im nächsten Frühjahr der Zucker
und das Gummi, und aus diesem wieder die stickstofffreien
Bestandtheile der Blätter und jungen Triebe. Mit der Ent=
wickelung der jungen Kartoffelpflanze, mit der Bildung der
Keime nimmt der Amylongehalt der Wurzel ab; der Ahorn=
saft hört auf, süß zu sein, sein Zuckergehalt verliert sich mit
der Ausbildung der Knospen, der Blüthe und der Blätter.

Ein Weidenzweig, der durch seinen ganzen Holzkörper eine
große Menge Amylonkörnchen in sich schließt, treibt in reinem
destillirten oder Regenwasser Wurzeln oder Blätter, aber in dem
Grade, als sie sich vergrößern, nimmt der Amylongehalt ab;

---

*) Aus Fichtenrinde wird zu Zeiten der Noth in Schweden bekanntlich
Brod gebacken.

114 Die Cultur.

es ist evident, das Amylon ist zur Ausbildung der Wurzeln und Blätter verzehrt worden. In diesen Versuchen hat Herr Forstmeister Heyer die interessante Beobachtung gemacht, daß diese Zweige in (ammoniakhaltigem) Schneewasser vegetirend, drei- bis viermal längere Wurzeln treiben als in reinem destillirten Wasser, das Regenwasser wird nach und nach trübe und nimmt eine gelbbräunliche Farbe an, das destillirte Wasser bleibt klar.

Bei dem Blühen des Zuckerrohrs verschwindet ebenfalls ein Theil des gebildeten Zuckers; und bei den Runkelrüben hat man die bestimmte Erfahrung gemacht, daß er sich in der Wurzel erst mit Vollendung der Blattbildung anhäuft.

Diese so wohlbegründeten Beobachtungen entfernen jeden Zweifel über den Antheil, den Zucker, Stärke und Gummi an dem Entwickelungsprocesse der Pflanzen nehmen; es hört auf, räthselhaft zu sein, woher es kommt, daß diese drei Materien der entwickelten Pflanze zugeführt, keinen Antheil an ihrem Wachsthum, an ihrem Ernährungsprocesse nehmen.

Man hat — aber gewiß mit Unrecht — die gegen den Herbst hin sich in den Pflanzen anhäufenden Vorräthe von Stärke mit dem Fett der dem Winterschlaf unterworfenen Thiere verglichen; allein bei diesen sind alle Lebensfunctionen bis auf den Respirationsproceß in einem Zustande der Ruhe; sie bedürfen, wie eine sehr langsam brennende Oellampe, nur einer kohlen- und wasserstoffreichen Materie, um den Verbrennungsproceß in der Lunge zu unterhalten. Mit dem Erwachen aus dem Winterschlaf ist alles Fett verschwunden, es hat nicht zur Ernährung gedient, kein Theil ihres Körpers hat durch das Fett an Masse zugenommen, die Qualität von keinem davon hat eine bemerkbare Veränderung erlitten. Das Fett hatte mit der eigentlichen Ernährung nicht das Geringste zu thun.

Die einjährige Pflanze erzeugt und sammelt die Nahrung der künftigen, auf gleiche Weise wie die perennirende; sie speichert sie im Saamen in der Form von vegetabilischem Eiweiß von Stärkemehl und Gummi auf, sie wird beim Keimen zur Ausbildung der ersten Wurzelfasern und Blätter verwendet, mit dem Vorhandensein dieser Organe fängt die Zunahme an Masse, die eigentliche Ernährung erst an.

Jeder Keim, jede Knospe einer perennirenden Pflanze ist der aufgepfropfte Embryo eines neuen Individuums, die im Stamme, in der Wurzel aufgespeicherte Nahrung; sie entspricht dem Albumen des Saamens.

Nahrungsstoffe in ihrer eigentlichen Bedeutung sind offenbar nur solche Materien, welche von außen zugeführt, das Leben und alle Lebensfunctionen eines Organismus zu erhalten vermögen, insofern sie von den Organen zur Hervorbringung der ihnen eigenthümlichen Bestandtheile verwendet werden können.

Bei den Thieren entspringt aus dem Blute die Substanz ihrer Muskeln und Nerven, es unterhält durch einen seiner Bestandtheile den Athmungsproceß, durch andere wieder besondere Lebensprocesse, ein jeder Theil des Körpers empfängt Nahrung durch das Blut, allein die Bluterzeugung ist eine Lebensfunction für sich, ohne welche das Leben nicht gedacht werden kann; setzen wir die Organe der Bluterzeugung außer Thätigkeit, führen wir in die Adern eines Thieres Blut von Außen zu, so erfolgt der Tod, wenn seine Quantität eine gewisse Grenze überschreitet.

Wenn wir einem Baume Holzfaser im aufgelösten Zustande zuführen könnten, so würde der nemliche Fall eintreten, wie wenn wir eine Kartoffelpflanze in Stärkekleister vegetiren ließen.

Die Blätter sind vorhanden, um Stärke, Holzfaser und

8 *

116   Die Cultur.

Zucker zu erzeugen; führen wir Stärke, Holzfaser und Zucker
durch die Wurzeln zu, so wird offenbar die Lebensfunction der
Blätter gestört; kann der Assimilationsproceß nicht eine andere
Form annehmen, so muß die Pflanze sterben.

Neben der Stärke, dem Zucker und Gummi müssen in
einer Pflanze aber noch andere Materien vorhanden sein, wenn
sie überhaupt an der Entwickelung des Keims der ersten Wur=
zelfasern und Blätter Antheil nehmen sollen.

Ein Weizenkorn enthält in seiner eigenen Masse unzwei=
felhaft die Bestandtheile des Keims und der ersten Wurzelfasern,
und — wir müssen voraussetzen — genau in dem Verhältniß
als zu ihrer Entwickelung nöthig ist.

Wenn wir diese Bestandtheile mit Stärke und Kleber be=
zeichnen, so ist klar, daß keiner davon allein, sondern beide
zugleich an der Keim= und Wurzelbildung Antheil nehmen,
denn bei Gegenwart von Luft, Feuchtigkeit und einer ange=
messenen Temperatur erleiden sie beide eine Metamorphose.

Die Stärke verwandelt sich in Zucker, der Kleber nimmt
ebenfalls eine neue Form an, beide erhalten die Fähigkeit, sich
zu lösen, d. h. einer jeden Bewegung zu folgen.

Beide werden zur Bildung der Wurzelfasern und ersten
Blätter völlig aufgezehrt, ein Ueberschuß von dem einen würde
ohne die Gegenwart einer entsprechenden Menge von dem an=
dern zur Blattbildung, oder überhaupt nicht verwendet werden
können.

Man schreibt bekanntlich die Verwandlung der Stärke in
Zucker bei dem Keimen der Getreidekörner einer eigenthümli=
chen Materie, der Diastase, zu, die sich durch den Act der
beginnenden Vegetation erzeugt; aber durch Kleber allein kann
ihre Wirkungsweise, obwohl erst in längerer Zeit, ersetzt wer=
den; jedenfalls enthält der gekeimte Saamen bei weitem mehr

davon, als zur Umwandlung der Stärke in Zucker nöthig war,
denn man kann mit einem Theile gefeimter Gerste ein 5mal
größeres Gewicht Stärke noch in Zucker überführen.

Gewiß wird man diesen Ueberschuß von Diastase nicht für
zufällig ansehen können, eben weil sie selbst neben der Stärke
Antheil an der Bildung der ersten Organe nimmt, sie ver=
schwindet mit dem Zucker.

Kohlensäure, Ammoniak und Wasser sind die Nahrungs=
stoffe der Pflanzen; Stärke, Zucker oder Gummi dienen, wenn
sie begleitet sind von einer stickstoffhaltigen Substanz, dem Em=
bryo zur ersten Entfaltung seiner Ernährungsorgane.

Die Ernährung des Fötus, die Entwickelung des Eies ge=
schieht in anderer Weise, als die des Thieres, was seine Mut=
ter verlassen hat, der Abschluß der Luft, der das Leben des
Fötus nicht gefährdet, würde den Tod des Thieres bewirken,
so ist denn auch reines Wasser für das Gedeihen der jungen
Pflanze zuträglicher, als wie ein an Kohlensäure reiches; aber
nach einem Monat ist das Verhältniß umgekehrt (Saussure).

Die Bildung des Zuckers in den Ahornarten geht nicht in
den Wurzeln, sondern in dem Holzkörper vor sich. Der Zu=
ckergehalt des Saftes nimmt zu, wenn er bis zu einer gewissen
Höhe in dem Stamme steigt, über diesen Punkt hinaus bleibt
er unverändert.

Aehnlich wie in der keimenden Gerste eine Materie gebil=
det wird, durch deren Berührung mit Amylon das letztere seine
Unauflöslichkeit verliert und in Zucker übergeht, so muß in den
Wurzeln des Ahorns mit dem Beginn einer neuen Vegetation
eine Substanz erzeugt werden, die im Wasser gelöst, in ihrem
Wege durch den Holzkörper die Verwandlung der dort abge=
lagerten Stärke, oder was es sonst noch sein mag, in Zucker
bewirkt; es ist sicher, daß wenn ein Loch oberhalb der Wurzeln

118   Die Cultur.

in den Stamm gebohrt, mit Zucker gefüllt und wieder ver=
schlossen wird, daß derselbe in dem aufsteigenden Safte sich lö=
sen wird; es ist ferner möglich, daß dieser Zucker auf eine
ähnliche Weise wie der im Stamm gebildete verwendet werden
wird, jedenfalls bleibt es gewiß, das Hinzuführen dieses Zu=
ckers wird die Wirkung des Saftes auf das Amylon nicht hin=
dern, und da ein größeres Verhältniß davon vorhanden ist,
als das Blatt oder die Knospe verzehrt, so wird er auf der
Oberfläche der Blätter oder durch die Rinde wieder abgeschie=
den werden. Gewisse Krankheiten von Bäumen, der sogenannte
Honigthau, rühren offenbar von einem Mißverhältniß in der
Menge der zugeführten stickstofffreien und stickstoffhaltigen Nah=
rungsstoffe her.

   In welcher Form man sich, wie man sieht, die Zuführung
von Stoffen auch denken mag, die durch die Pflanzen selbst
erzeugt werden, so erscheint sie in keinem einzigen Fall geeig=
net, der Pflanze zu ersetzen, was sie verloren hat, oder ihre
Masse zu vergrößern. Zucker, Gummi und Stärke sind kein
Nahrungsmittel für Pflanzen, und eben so wenig kann die
Humussäure dafür angesehen werden, die in ihrer Zusammen=
setzung diesen Stoffen am nächsten steht.

   Bei der Betrachtung der einzelnen Organe einer Pflanze
finden wir jede Faser, jedes Holztheilchen umgeben mit einem
Safte, welcher eine stickstoffhaltige Materie enthält, die Stärke=
körnchen, der Zucker findet sich in Zellen eingeschlossen, gebildet
von einer stickstoffhaltigen Substanz, überall in allen Säften
in den Früchten und Blüthen finden wir eine stickstofffreie Ma=
terie, begleitet von einer stickstoffhaltigen.

   In den Blättern kann das Holz des Stammes als Holz nicht
gebildet werden, sie müssen die Fähigkeit haben, eine Materie zu
erzeugen, die geeignet ist, in Holz überzugehen, und diese muß in

gelös'tem Zustande stets begleitet sein von einer stickstoffhaltigen Verbindung; es ist höchst wahrscheinlich, daß sich Holz und Pflanzenleim, Amylon und Zelle gleichzeitig und zwar nebeneinander bilden, und in diesem Falle ist ein bestimmtes Verhältniß von beiden eine Bedingung ihrer Entstehung.

Alles Uebrige gleichgesetzt, wird hiernach nur eine dem Stickstoffgehalt entsprechende Quantität der von den Blättern erzeugten Substanzen assimilirbar sein; fehlt es an Stickstoff, so wird eine gewisse Menge stickstofffreier Substanz in irgend einer Form nicht verwendet und als Excremente der Blätter Zweige, Rinden und Wurzeln abgeschieden werden.

Die Ausschwitzungen gesunder, kräftiger Pflanzen von Mannit, von Gummi und Zucker können keiner andern Ursache zugeschrieben werden *).

Es tritt hier ein ähnlicher Fall ein, wie bei der Verdauung im menschlichen Organismus; wenn jedem Theil des Körpers ersetzt werden soll, was er durch Respiration und Exhalationsprocesse verliert, so muß den Organen der Verdauung ein bestimmtes Verhältniß von stickstofffreien und stickstoffhaltigen Nahrungsmitteln dargeboten werden. Ist die Quantität der zugeführten stickstofffreien Substanzen überwiegend, so werden sie entweder zur Fettbildung verwendet oder sie gehen unverändert durch den Organismus hindurch. Man beobachtet dieß namentlich bei Menschen, die sich beinahe ausschließlich von Kartoffeln nähren; ihre Excremente enthalten eine große Menge ganz unveränderter Stärkemehlkörnchen; bei

---

*) Herr Advocat Trapp in Gießen besitzt eine wohlriechende Volkamerie (Clerodendron fragrans), in deren Blattdrüsen im September, wo sie im Zimmer vegetirte, große farblose Tropfen ausschwitzten, die zu den regelmäßigsten Kryställen von Kandis=Zucker eintrockneten; es ist mir nicht bekannt, ob der Saft dieser Pflanze Zucker enthält.

120   Die Cultur.

einem gehörigen Verhältniß Kleber oder Fleisch läßt sich keine
Spur davon entdecken, sie sind in diesem Falle assimilirbar ge=
worden. Kartoffeln, welche neben Heufütterung die Kräfte
eines Pferdes kaum zu erhalten vermögen, geben neben Brod
und Hafer ein kräftiges und gesundes Futter.

Unter diesem Gesichtspunkte wird es einleuchtend, wie sehr
sich die in einer Pflanze erzeugten Producte, je nach dem Ver=
hältniß der zugeführten Nahrungsstoffe, ändern können. Ein
Ueberfluß an Kohlenstoff, in der Form von Kohlensäure durch
die Wurzeln zugeführt, wird bei Mangel an Stickstoff weder in
Kleber noch in Eiweiß, noch in Holz, noch in sonst irgend einen
Bestandtheil eines Organs übergehen; er wird als Zucker, Amy=
lon, Oel, Wachs, Harz, Mannit, Gummi, in der Form also
eines Excrements, abgeschieden werden, oder mehr oder weniger
weite Zellen und Gefäße füllen.

Bei einem Ueberschuß stickstoffhaltiger Nahrung wird sich
der Kleber, der Gehalt von vegetabilischem Eiweiß und Pflan=
zenleim vermehren, es werden Ammoniaksalze in den Säften
bleiben, wenn, wie beim Anbau der Runkelrüben, ein sehr stick=
stoffreicher Dünger dem Boden gegeben, oder die Function
der Blätter unterdrückt wird, indem man die Pflanze ihrer
Blätter beraubt.

Wir wissen in der That, daß die Ananas im wilden Zu=
stande kaum genießbar ist, daß sie bei reichlichem thierischen
Dünger eine Masse von Blättern treibt, ohne daß die Frucht
deshalb an Zucker zunimmt; daß der Stärkegehalt der Kar=
toffeln in einem humusreichen Boden wächst, daß bei kräftigem
animalischen Dünger die Anzahl der Zellen zunimmt, während
sich der Amylongehalt vermindert; in dem ersteren Falle be=
sitzen sie eine mehlige, in dem andern eine seifige Beschaffen=
heit. Die Runkelrüben, auf magerm Sandboden gezogen, ent=

Die Cultur.

halten ein Maximum von Zucker und kein Ammoniaksalz, und in gedüngtem Lande verliert die Teltower Rübe ihre mehlige Beschaffenheit, denn in diesem vereinigen sich alle Bedingungen für Zellenbildung.

Eine abnorme Production von gewissen Bestandtheilen der Pflanzen setzt in den Blättern eine Kraft und Fähigkeit der Assimilation voraus, die wir mit einer gewöhnlichen, selbst der mächtigsten chemischen Action nicht vergleichen können. Man kann sich in der That keine geringe Vorstellung davon machen, denn sie übertrifft an Stärke die mächtigste galvanische Batterie, mit der wir nicht im Stande sind, den Sauerstoff aus der Kohlensäure auszuscheiden. Die Verwandtschaft des Chlors zum Wasserstoff, seine Fähigkeit, das Wasser im Sonnenlichte zu zerlegen und Sauerstoff daraus zu entwickeln, ist für nichts zu achten gegen die Kraft und Energie, mit welcher ein von der Pflanze getrenntes Blatt das aufgesaugte kohlensaure Gas zu zerlegen vermag.

Die gewöhnliche Meinung, daß nur das direct einfallende Sonnenlicht die Zerlegung der Kohlensäure in den Blättern der Pflanzen zu bewirken vermöge, daß das reflectirte oder Tageslicht diese Fähigkeit nicht besitzt, ist ein sehr verbreiteter Irrthum, denn in einer Menge Pflanzen erzeugen sich absolut die nemlichen Bestandtheile, gleichgültig, ob sie vom Sonnenlichte getroffen werden, oder ob sie im Schatten wachsen, sie bedürfen des Lichtes und zwar des Sonnenlichtes, aber es ist für ihre Functionen durchaus gleichgültig, ob sie die Strahlen der Sonne direct erhalten oder nicht. Ihre Functionen gehen nur mit weit größerer Energie und Schnelligkeit im Sonnenlichte als wie im Tageslichte oder im Schatten vor sich; es kann keine andere Verschiedenheit hier gedacht werden, als wie bei ähnlichen Wirkungen, welche das Licht auf chemische Ver-

122   Die Cultur.

binbungen zeigt, und diese Verschiedenheit wird bemerkbar durch
einen höhern oder geringern Grad der Beschleunigung der
Action.

Chlor und Wasserstoff vereinigen sich beide zu Salzsäure,
im gewöhnlichen Tageslichte geht die Verbindung in einigen
Stunden, im Sonnenlichte augenblicklich mit einer gewaltsamen
Explosion vor sich, in völliger Dunkelheit beobachtet man nicht
die geringste Veränderung.

Das Oel des ölbildenden Gases liefert mit Chlor in Be=
rührung im Sonnenlichte augenblicklich Chlorkohlenstoff, im ge=
wöhnlichen Tageslichte kann der letztere ebenfalls mit derselben
Leichtigkeit erhalten werden, es gehört dazu nur eine längere
Zeit. Während man bei diesem Versuche, wenn er im Son=
nenlichte angestellt wird, nur zwei Producte bemerkt (Salz=
säure und Chlorkohlenstoff), beobachtet man bei der Einwirkung
im Tageslichte eine Reihe von Zwischenstufen, von Verbindun=
gen nemlich, deren Chlorgehalt beständig zunimmt, bis zuletzt
das ganze Oel in zwei Producte übergeht, die mit denen im
Sonnenlichte erhaltenen absolut identisch sind. Im Dunkeln
beobachtet man auch hier nicht die geringste Zersetzung. Sal=
petersäure zerlegt sich im gewöhnlichen Tageslichte in Sauer=
stoffgas und salpetrige Säure, Chlorsilber schwärzt sich im Ta=
geslichte so gut wie im Sonnenlichte, kurz alle Actionen ganz
ähnlicher Art nehmen im Tageslichte dieselbe Form an wie im
Sonnenlichte, nur in der Zeit, in der es geschieht, bemerkt
man einen Unterschied. Bei den Pflanzen kann es nicht an=
ders sein, die Art ihrer Ernährung ist bei allen dieselbe, und
ihre Bestandtheile beweisen es, daß die Nahrungsstoffe absolut
dieselbe Veränderung erlitten haben.

Was wir also an Kohlensäure einer Pflanze auch zuführen
mögen, wenn ihre Quantität nicht mehr beträgt, als was von

den Blättern zersetzbar ist, so wird sie eine Metamorphose erleiden. Wir wissen, daß ein Uebermaaß an Kohlensäure die Pflanze tödtet, wir wissen aber auch, daß der Stickstoff bis zu einem gewissen Grade unwesentlich für die Zersetzung der Kohlensäure ist.

Alle bis jetzt angestellten Versuche beweisen, daß frische Blätter, von der Pflanze getrennt, in einem Wasser, welches Kohlensäure enthält, Sauerstoffgas im Sonnenlichte entwickeln, während die Kohlensäure verschwindet.

In diesen Versuchen ist also mit der Kohlensäure kein Stickstoff gleichzeitig zugeführt worden, und man kann hieraus keinen andern Schluß ziehen, als den, daß zur Zersetzung der Kohlensäure, also zur Ausübung von einer ihrer Functionen, kein Stickstoff erforderlich ist, wenn auch für die Assimilation der durch die Zersetzung der Kohlensäure neugebildeten Producte, um Bestandtheile gewisser Organe der Pflanzen zu werden, die Gegenwart einer stickstoffhaltigen Substanz unentbehrlich zu sein scheint.

Der aus der Kohlensäure aufgenommene Kohlenstoff hat in den Blättern eine neue Form angenommen, in der er löslich und überführbar in alle Theile der Pflanze ist. Wir bezeichnen diese Form mit Zucker, wenn die Producte süß schmecken, und mit Gummi oder Schleim, wenn sie geschmacklos sind, sie heißen Exeremente, wenn sie durch die Wurzeln (Haare und Drüsen der Blätter rc.) abgeführt werden.

Es ist hieraus klar, daß, je nach den Verhältnissen der gleichzeitig zugeführten Nahrungsstoffe, die Menge und Qualitäten der durch den Lebensproceß der Pflanzen erzeugten Stoffe wechseln werden.

Im freien wilden Zustande entwickeln sich alle Theile einer Pflanze je nach dem Verhältnisse der Nahrungsstoffe, die ihr vom Standorte dargeboten werden, sie bildet sich auf dem ma-

124   Die Cultur.

gersten, unfruchtbarsten Boden eben so gut aus, wie auf dem
fettesten und fruchtbarsten, nur in ihrer Größe und Masse, in
der Anzahl der Halme, Zweige, Blätter, Blüthen oder Früchte
beobachtet man einen Unterschied.

Während auf einem fruchtbaren Boden alle ihre einzelnen
Organe sich vergrößern, vermindern sie sich auf einem andern,
wo ihr die Materien minder reichlich zufließen, die sie zu ihrer
Bildung bedarf, ihr Gehalt an stickstoffhaltigen oder stickstofffreien Bestandtheilen ändert sich mit der überwiegenden Menge
stickstoffhaltiger und stickstofffreier Nahrungsmittel.

Die Entwickelung der Halme und Blätter, der Blüthen
und Früchte ist an bestimmte Bedingungen geknüpft, deren Kenntniß uns gestattet, einen gewissen Einfluß auf ihren Gehalt in
ihren Bestandtheilen auf die Hervorbringung eines Maximums
an Masse auszuüben.

Die Ausmittelung dieser Bedingungen ist die Aufgabe des
Naturforschers; aus ihrer Kenntniß müssen die Grundsätze der
Land- und Feldwirthschaft entspringen.

Es giebt kein Gewerbe, was sich an Wichtigkeit dem Ackerbau, der Hervorbringung von Nahrungsmitteln für Menschen
und Thiere vergleichen läßt, in ihm liegt die Grundlage des
Wohlseins, die Entwickelung des Menschengeschlechts, die
Grundlage des Reichthums der Staaten, er ist die Grundlage
aller Industrie.

In keinem andern Gewerbe ist die Anwendung richtiger
Principien von wohlthätigeren Folgen, von größerem und be-
merkbarerem Einfluß, und es muß um so räthselhafter und
unbegreiflicher erscheinen, wenn man in den Schriften der
Agronomen und Physiologen vergebens nach einem leitenden
Grundsatz sich umsieht.

An allen Orten, in allen Gegenden wechseln die Methoden

des Feldbaues, und wenn man nach den Ursachen dieser Abweichung fragt, so erhält man die Antwort, sie hängen von
Umständen ab (Les circonstances sont les assolemens), es
giebt keine Antwort, in der sich die Unwissenheit offenbarer
ausspricht, denn Niemand hat sich bis jetzt damit abgegeben,
diese Umstände zu erforschen.

Fragt man nach der Wirkungsweise des Düngers, so erhält man von den geistreichsten Männern die Antwort, sie sei
durch den Schleier der Isis verhüllt *). Man erwäge nur,
was dieß eigentlich heißt; es will nichts anders sagen, als
daß die Excremente von Thieren und Menschen ein unbegreif-
liches Etwas enthalten, was den Pflanzen zur Nahrung, zur
Vermehrung ihrer Masse dient, und diese Meinung wird gefaßt, ohne daß man je versucht hat, die erforschbaren Bestandtheile des Düngers aufzusuchen, oder sich überhaupt damit
bekannt zu machen.

Neben gleichen allgemeinen Bedingungen des Wachsthums
aller Vegetabilien, der Feuchtigkeit, des Lichtes, der Wärme
und der Bestandtheile der Atmosphäre, giebt es besondere,
welche auf die Entwickelung einzelner Familien einen ausgezeichneten Einfluß ausüben. Diese besonderen Bedingungen liegen im Boden, oder sie werden ihnen gegeben in der Form von
Stoffen, die man mit dem allgemeinen Namen Dünger bezeichnet.

---

*) Von Schwerz, in seiner practischen Anleitung zum Ackerbau. 1828.
Stuttgart bei Cotta, sagt vom Dünger: »O des verwickelten gordi-
schen Knotens, den die scharfsinnigsten algebraischen Formeln wohl
nimmer lösen, selbst die pfropfenzieherförmigen Atome des Cartesius
nicht zu Tage fördern werden! Es ist nicht gut, sagt Plato, die Aufsuchung der Dinge zu weit zu treiben. Die Naturwissenschaften finden
ihre Grenzen, über die hinaus Isis Schleier das Geheimniß deckt,
oder kann Jemand uns das Wesen von Kraft, Leben und Bewegung
enthüllen?« (Dritter Theil. S. 33.)

126   Die Cultur.

Was enthält aber der Boden, was enthalten die Stoffe, die man Dünger nennt? Vor der Ausmittelung dieser Fragen kann an eine rationelle Land= und Feldwirthschaft nicht gedacht werden.

Zur vollständigen Lösung dieser Fragen werden die Kräfte und Kenntnisse des Pflanzenphysiologen, des Agronomen und Chemikers in Anspruch genommen, es muß dazu ein Anfang gemacht werden.

Die Aufgabe der Cultur ist im Allgemeinen die vortheil= hafteste Hervorbringung gewisser Qualitäten, oder eines Maxi= mums an Masse von gewissen Theilen oder Organen verschie= denartiger Pflanzen, sie wird gelöst durch die Anwendung der Kenntniß derjenigen Stoffe, die zur Ausbildung dieser Theile oder Organe unentbehrlich sind, oder der zur Hervorbringung dieser Qualitäten erforderlichen Bedingungen.

Die Gesetze einer rationellen Cultur müssen uns in den Stand setzen, einer jeden Pflanze dasjenige zu geben, was sie zur Erreichung ihrer Zwecke vorzugsweise bedarf.

Die Cultur beabsichtigt im Besonderen eine abnorme Ent= wickelung und Erzeugung von gewissen Pflanzentheilen oder Pflanzenstoffen, die zur Ernährung der Thiere und Menschen, oder für die Zwecke der Industrie verwendet werden.

Je nach diesen Zwecken ändern sich die Mittel, welche zu ihrer Ernährung dienen.

Die Mittel, welche die Cultur anwendet, um feines, weiches, biegsames Stroh für Florentiner=Hüte zu erzeugen, sind denen völlig entgegengesetzt, die man wählen muß, um ein Maximum von Saamen durch die nemliche Pflanze hervorzubringen. Ein Maximum von Stickstoff in diesen Saamen bedarf wieder der Erfüllung anderer Bedingungen, man hat wieder andere zu berücksichtigen, wenn man dem Halme die Stärke und Festig=

keit geben will, der er bedarf, um das Gewicht der Aehre zu
tragen.

Man verfährt in der Cultur der Gewächse auf eine ganz
ähnliche Weise wie bei den Thieren, die man mästen will, das
Fleisch der Hirsche, Rehe, überhaupt der wilden Thiere, ist
gewöhnlich wie das Muskelfleisch der Araber vollkommen fett=
los, sie enthalten nur geringe Menge davon. Die Production
von Fett und Fleisch kann gesteigert werden, alle Hausthiere
sind reich an Fett. Wir geben den Thieren Nahrungsmittel,
welche die Thätigkeit gewisser Organe erhöhen, welche einer
Metamorphose in Fett fähig sind. Wir steigern die Quantität
der Nahrungsstoffe, oder wir vermindern durch Mangel an Be=
wegung den Respirationsproceß und die Exhalationsprocesse.
Das Geflügel bedarf hierzu anderer Bedingungen als die vier=
füßigen Thiere, und von den Gänsen weiß man ganz bestimmt,
daß Kohlenpulver eine abnorme Wucherung der Leber bewirkt,
die zuletzt den Tod des Thieres herbeiführt.

Eine Erhöhung oder Verminderung der Lebensthätigkeit ist
bei den Vegetabilien allein abhängig von Wärme und Sonnen=
licht, über die wir nicht willkürlich verfügen können; es bleibt
uns nur die Zuführung von Stoffen gestattet, welche geeignet
sind, durch die vorhandene Thätigkeit von den Organen der
Pflanzen assimilirt zu werden.

Welche sind nun zuletzt diese Stoffe?

Sie sind leicht durch eine Untersuchung eines Bodens zu
ermitteln, welcher unter den gegebenen cosmischen und atmo=
sphärischen Bedingungen unter allen Umständen fruchtbar ist;
es ist klar, daß die Kenntniß seiner Beschaffenheit und Zusam=
mensetzung uns in den Stand setzen muß, die Bedingungen zu
ermitteln, unter welchen ein starker Boden fruchtbar wird.

Die Ausmittelung der Bedingungen, die in seiner Beschaf=

128   Die Cultur.

fenheit liegen, gehört dem Agronomen an, die feiner Zufam=
menfetzung hat der Chemifer zu löfen. Von der letzteren kann
allein nur die Rede fein.

Die Acfererde ift durch die Verwitterung von Felsarten
entftanden, von den vorwaltenden Beftandtheilen diefer Felsart
find ihre Eigenfchaften abhängig. Mit Sand, Kalf und Thon
bezeichnen wir diefe vorwaltenden Beftandtheile der Bodenarten.

Reiner Sand, reiner Kalfftein, in denen außer Kiefelfäure
oder fohlenfaurem oder fiefelfaurem Kalf andere anorganifche
Beftandtheile fehlen, find abfolut unfruchtbar.

Von fruchtbarem Boden macht aber unter allen Umftänden
der Thon einen nie fehlenden Beftandtheil aus.

Wo ftammt nun der Thon der Acfererde her? welches find
die Beftandtheile deffelben, welche Antheil an der Vegetation
nehmen?

Der Thon ftammt von der Verwitterung thonerdehaltiger
Mineralien, unter denen die verfchiedenen Feldfpathe (der ge=
wöhnliche) Kalifeldfpath, der Natronfeldfpath (Albit), der Kalf=
feldfpath (Labrador), Glimmer und Zeolithe die verbreitetften
unter denen find, welche verwittern.

Die Mineralien find Gemengtheile des Granits, Gneußes,
Glimmerfchiefers, Porphyrs, des Thonfchiefers, der Grauwacfe,
der vulfanifchen Gebirgsarten, des Bafalts, Klingfteins, der Lava.

Als die äußerften Glieder der Grauwacfe haben wir reinen
Quarz, Thonfchiefer und Kalf, bei den Sandfteinen Quarz
und Letten. In dem Uebergangsfalf, in den Dolomiten haben
wir Einmengungen von Thon, von Feldfpath, Feldfteinporphyr,
Thonfchiefer; der Zechftein ift ausgezeichnet durch feinen Thon=
gehalt. Der Jurafalf enthält 3—20, in der würtembergifchen
Alp 45—50 p. c. Thon. Der Mufchel= und Grobfalf ift
mehr oder weniger reich an Thon..

Man beobachtet leicht, daß die thonerdehaltigen Fossilien die verbreitetsten an der Erdoberfläche sind; wie schon erwähnt, fehlt der Thon niemals im fruchtbaren, und nur dann im culturfähigen Lande, wenn ein Bestandtheil desselben durch andere Quellen ersetzt wird. In dem Thon muß an und für sich eine Ursache vorhanden sein, welche Einfluß auf das Leben der Pflanzen ausübt, welche directen Antheil an ihrer Entwickelung nimmt.

Diese Ursache ist sein nie fehlender Kali- und Natrongehalt.

Die Thonerde nimmt an der Vegetation nur indirect, durch ihre Fähigkeit, Wasser und Ammoniak anzuziehen und zurückzuhalten, Antheil; nur in höchst seltenen Fällen findet sich Thonerde in den Pflanzenaschen, in allen findet sich aber Kieselerde, welche in den meisten Fällen nur durch Vermittlung von Alkalien in die Pflanze gelangt.

Um sich einen bestimmten Begriff von dem Gehalt des Thons an Alkalien zu machen, muß man sich erinnern, daß der Feldspath 17¾ p. c. Kali, der Albit 11,43 Natron, der Glimmer 3—5 p. c., die Zeolithe zusammen 13—16 p. c. an Alkalien enthalten.

Aus den zuverlässigen Analysen von Ch. Gmelin, Löwe, Fricke, Meyer, Redtenbacher weiß man, daß die Klingsteine, Basalte zwischen ¾ bis 3 p. c. Kali und 5—7 p. c. Natron, der Thonschiefer 2,75—3,31 Kali, daß der Letten 1½—4 p. c. Kali enthält.

Berechnet man bei Zugrundelegung des specifischen Gewichtes, wie viel Kali eine Bodenschicht enthält, welche aus der Verwitterung eines Morgens (2500 □Meter) einer 20 Zoll dicken Lage einer dieser Felsarten entstanden ist, so ergiebt sich, daß diese Bodenschicht an Kali enthält:

130   Die Cultur.

aus Feldspath entstanden	1,152000 Pfd.
aus Klingstein	200000 — 400000 »
aus Basalt	47500 — 75000 »
aus Thonschiefer	100000 — 200000 »
aus Letten	87000 - 300000 »

Das Kali fehlt in keinem Thon, es ist selbst im Mergel (Fuchs) enthalten; in allen Thonarten, die man auf Kali untersucht hat, ist dieser Bestandtheil gefunden worden, in dem Thon der Uebergangsgebirge des Flötzgebirges, so wie in den jüngsten Bildungen der Umgebungen von Berlin kann man durch bloßes Eintrocknen mit Schwefelsäure, durch die Bildung von Alaun (nach Mitscherlich) den Kaligehalt nachweisen, und allen Alaun-Fabrikanten ist es wohl bekannt, daß alle ihre Laugen eine gewisse Quantität Alaun fertig gebildet enthalten, dessen Kali aus der thonreichen Asche der Braun- und Steinkohlen herrührt.

Ist nach dieser außerordentlichen Verbreitung des Kalis sein Vorkommen in den Gewächsen nicht vollkommen begreiflich, ist es zu rechtfertigen, daß man, um sein Vorhandensein in den Pflanzen zu erklären, zu einer Erzeugung von einem Metalloxid durch den organischen Proceß, aus den Bestandtheiler der Atmosphäre also, seine Zuflucht nahm? Diese Meinung fand zu einer Zeit noch Anhänger, wo die Methoden, das Kali in dem Boden nachzuweisen, längst bekannt waren. Noch heutigen Tages sind Voraussetzungen dieser Art in den Schriften vieler Physiologen zu finden; man sieht sich in die Zeit zurückversetzt, wo man den Feuerstein aus Kreide entstehen ließ, wo man sich vollkommen beruhigte, Alles, was aus Mangel an Untersuchungen unbegreiflich erschien, mit einer noch bei weitem unbegreiflichern Erscheinung zu erklären.

Ein Tausendtheil Letten, dem Quarz in buntem Sand-

stein oder dem Kalk in den verschiedenen Kalkformationen bei=
gemengt, giebt einem Boden von nur 20 Zoll Tiefe so viel
Kali, daß ein Fichtenwald auf diesem Boden ein ganzes Jahr=
hundert lang damit versehen werden kann.

Ein einziger Cubicfuß Feldspath kann eine Waldfläche mit
Laubholz von 2500 ⬜Meter Fläche 5 Jahre lang mit Kali
versehen.

Ein Boden, welcher ein Maximum von Fruchtbarkeit be=
sitzt, enthält den Thon gemengt mit anderen verwitterten Ge=
steinen, mit Kalk und Sand in einem solchen Verhältniß, daß
er der Luft und Feuchtigkeit bis zu einem gewissen Grade leich=
ten Eingang verstattet.

Der Boden in der Nähe und Umgebung des Vesuvs läßt
sich als der Typus der fruchtbarsten Bodenarten betrachten; je
nach dem Verhältniß, als der Thon oder Sand darinn zu=
oder abnimmt, verringert sich der Grad seiner Fruchtbarkeit.

Dieser aus verwitterter Lava entstandene Boden kann sei=
nem Ursprung nach nicht die kleinste Spur einer vegetabilischen
Materie enthalten; Jedermann weiß, daß wenn die vulkanische
Asche eine Zeitlang der Luft und dem Einfluß der Feuchtigkeit
ausgesetzt gewesen ist, daß alle Vegetabilien darinn in der größ=
ten Ueppigkeit und Fülle gedeihen.

Die Bedingungen dieser Fruchtbarkeit sind nun die darinn
enthaltenen Alkalien, welche nach und nach durch die Verwit=
terung die Fähigkeit erlangen, von der Pflanze aufgenommen
zu werden. Bei allen Gesteinen und Gebirgsarten sind Jahr=
tausende erforderlich gewesen, um sie in den Zustand der Acker=
erde überzuführen, die Grenze der Verwitterung des Thons,
d. h. die völlige Entziehung alles Alkalis, wird noch eben so
viele Jahrtausende erfordern.

Wie wenig das Regenwetter aus dem Boden in Jahres=

9*

132   Die Cultur.

friſt aufzulöſen vermag, ſehen wir an der Zuſammenſetzung
des Flußwaſſers, des Waſſers der Bäche und Quellen; es ſind
dieß gewöhnlich weiche Waſſer, und der nie fehlende Kochſalz-
gehalt auch der weichſten Waſſer beweiſ't, daß dasjenige an
alkaliſchen Salzen, was durch Flüſſe und Ströme dem Meere
zufließt, durch Seewinde und Regen dem Lande wieder zurück-
gebracht wird.

Die Natur ſelbſt zeigt uns, was die Pflanze, ihr Keim,
die erſte Wurzelfaſer, im Anfang ihrer Entwickelung bedarf.
Bequerel hat nachgewieſen, daß die Saamen der Gramineen, Leguminoſen, Cruciferen, Cichoraceen,
Umbelliferen, Coniferen, Cucurbitaceen beim Keimen Eſſigſäure ausſcheiden. Eine Pflanze, welche aus der Erde,
ein Blatt, was aus der Knoſpe hervorbricht, enthält zu dieſer
Zeit eine Aſche, welche eben ſo ſtark und gewöhnlich mehr mit
alkaliſchen Salzen beladen iſt, als in einer andern Periode
der Vegetation (Sauſſure). Wir wiſſen nun aus Beque-
rels Verſuchen, wie und auf welche Weiſe dieſe alkaliſchen
Salze in die junge Pflanze gelangen, die gebildete Eſſigſäure
verbreitet ſich in dem naſſen und feuchten Boden, ſie ſättigt
ſich mit Alkalien, Kalk, Bittererde, und wird von den Wur-
zelfaſern in der Form von neutralen Salzen wieder aufgenommen.

Nach dem Aufhören des Lebens, wo die Beſtandtheile der
Pflanze den Zerſtörungsproceſſen der Fäulniß und Verweſung
unterliegen, erhält der Boden wieder, was ihm entzogen
wurde.

Denken wir uns einen Boden, der aus den Beſtandtheilen
des Granits, der Grauwacke, des Zechſteins, Porphyrs ꝛc.
durch Verwitterung entſtanden iſt und auf dem ſeit Jahrtau-
ſenden die Vegetation nicht gewechſelt hat, er wird ein Maga-

zin von Alkalien in einem von den Wurzeln der Pflanzen af=
similirbaren Zustande enthalten.

Die schönen Versuche von Struve haben dargethan, daß
ein kohlensäurehaltiges Wasser die Gebirgsarten, welche Alka=
lien enthalten, zerlegt, daß es einen Gehalt von kohlensaurem
Alkali empfängt. Es ist klar, daß die Pflanzen selbst, insofern
ihre Ueberreste durch Verwesung Kohlensäure erzeugen, insofern
ihre Wurzeln im lebenden Zustande Säuren ausschwitzen, nicht
minder kräftig dem Zusammenhang der Gebirgsarten entgegen=
wirken.

Neben der Einwirkung der Luft, des Wassers und Tempe=
raturwechsels sind die Pflanzen selbst die mächtigsten Ursachen
der Verwitterung.

Luft, Wasser, Temperaturwechsel bewirken die Vorbereitung
der Felsarten zu ihrer Aufschließung, d. h. zur Auflösung der
darinn enthaltenen Alkalien durch die Pflanzen.

Auf einem Boden, welcher Jahrhunderte lang allen Ursa=
chen der Verwitterung ausgesetzt gewesen ist, von dem aber die
aufgeschlossenen Alkalien nicht fortgeführt wurden, werden alle
Vegetabilien, die zu ihrer Entwickelung beträchtliche Mengen
Alkalien bedürfen, eine lange Reihe von Jahren hindurch hin=
reichende Nahrung finden, allein nach und nach muß er er=
schöpft werden, wenn das Alkali, was ihm entzogen wurde,
nicht wieder ersetzt wird; es muß ein Punkt eintreten, wo er
von Zeit zu Zeit der Verwitterung wieder ausgesetzt werden
muß, um einer neuen Ernte Vorrath von auflösbaren Alkalien
zu geben.

So wenig Alkali es auch im Ganzen betragen mag, was
die Pflanzen bedürfen, sie kommen ohne dieses Alkali nicht zur
Entwickelung; sie können es nicht entbehren.

Nach einem Zeitraume von einem oder mehreren Jahren,

134   Die Cultur.

während welcher Zeit das Alkali dem Boden nicht entzogen
wird, kann man wieder auf eine neue Ernte rechnen.

Die ersten Colonisten fanden in Virginien einen Boden
von der obenerwähnten Beschaffenheit vor; ohne Dünger ern=
tete man auf einem und demselben Felde ein ganzes Jahrhun=
dert lang Weizen oder Taback, und jetzt sieht man ganze Ge=
genden verlassen und in unfruchtbares Weideland verwandelt,
was kein Getreide, keinen Taback mehr ohne Dünger hervor=
bringt. Einem Morgen von diesem Lande wurden aber in
100 Jahren in den Blättern, dem Korn und Stroh über
1200 Pfd Alkali entzogen; er wurde unfruchtbar, weil der auf=
geschlossene Boden gänzlich seines Alkalis beraubt war und
weil dasjenige, was im Zeitraum von einem Jahre durch den
Einfluß der Witterung zur Aufschießung gelangte, nicht hin=
reichte, um die Bedürfnisse der Pflanze zu befriedigen.

In diesem Zustande befindet sich im Allgemeinen alles Cul=
turland in Europa. Die Brache ist die Zeit der Verwit=
terung.

Man giebt sich einer unbegreiflichen Täuschung hin, indem
man dem Verschwinden des Humusgehaltes in diesem Boden
zuschreibt, was eine bloße Folge der Entziehung von Alka=
lien ist.·

Man versetze sich in die Umgebungen Neapels, welche be=
kannt sind als fruchtbares Getreideland; die Ortschaften und
Dörfer liegen 6—8 Stunden entfernt von einander, von We=
gen ist in diesen Gegenden keine Rede, noch viel weniger von
Dünger; seit Jahrtausenden wird auf diesen Feldern Getreide
gezogen, ohne daß dem Boden wiedergegeben wird, was man
ihm jährlich nimmt. Wie kann man unter solchen Verhält=
nissen dem Humus eine Wirkung zuschreiben, die nach tau=
send Jahren noch bemerkbar ist, dem Humus, von dem man

nicht einmal weiß, ob er je ein Bestandtheil dieses Bodens
war.

Die Methode der Cultur, die man in diesen Gegenden
anwendet, erklärt diese Verhältnisse vollkommen; es ist in den
Augen unserer Landwirthe die schlechteste von allen, für diese
Gegenden hingegen die vortheilhafteste, die man wählen kann.
Man bebauet nemlich das Feld nur von drei zu drei Jahren,
und läßt es in der Zwischenzeit Viehheerden zu einer spärlichen
Weide dienen. Während der zweijährigen Brache hat das
Feld keine andere Aenderung erlitten, als daß der Boden den
Einflüssen der Witterung ausgesetzt gewesen ist, eine gewisse
Menge der darinn enthaltenen Alkalien ist wieder in den Zu-
stand der Aufschließbarkeit übergegangen.

Man muß erwägen, daß die Thiere, welche auf diesen
Feldern sich ernährt haben, dem Boden nichts gaben, was er
nicht vorher besaß. Die Unkrautpflanzen, von denen sie lebten,
stammten von diesem Boden, was sie ihm in den Excrementen
zurückgaben, mußte jedenfalls weniger betragen, als was sie
von ihm empfingen. Durch das Beweiden hat das Feld nichts
gewonnen, es hat im Gegentheil von seinen Bestandtheilen
verloren.

Als Princip des Feldbaues betrachtet man die Erfahrung,
daß sich Weizen nicht mit Weizen verträgt; der Weizen gehört
wie der Tabak zu den Pflanzen, welche den Boden erschöpfen.

Wenn aber der Humus dem Boden die Fähigkeit geben
kann, Getreide zu erzeugen, woher kommt es denn, daß der
humusreiche Boden in vielen Gegenden Brasiliens, daß auch
in unserm Klima der Weizen in reiner Holzerde nicht gedeiht,
daß der Halm keine Stärke erhält und sich frühzeitig umlegt?
Es kommt daher, weil die Festigkeit des Halmes von kieselsaurem Kali herrührt, weil das Korn phosphorsaure Bittererde

136   Die Cultur.

bedarf, die ihm der Humusboden nicht liefern kann, indem er
keins von beiden enthält, man erhält Kraut aber keine Frucht.

Woher kommt es denn, daß Weizen nicht auf Sandboden
gedeiht, daß der Kalfboden, wenn er nicht eine beträchtliche
Menge Thon beigemischt enthält, unfruchtbar für diese Pflanze
ist? Es kommt daher, weil diese Bodenarten für dieses Ge=
wächs nicht hinreichend Alkali enthalten, es bleibt selbst davon
in seiner Entwickelung zurück, wenn ihm alles andere im Ueber=
fluß dargeboten wird.

Ist es denn nur Zufall, daß in den Karpathen, im Jura
auf Sandstein und Kalk nur Nadelholz gedeiht, daß wir auf
Gneuß, Glimmerschiefer, auf Granitboden in Baiern, daß wir
auf Klingstein in der Rhön, auf Basalt im Vogelsberge, auf
Thonschiefer am Rhein und in der Eifel die schönsten Laub=
holzwaldungen finden, die auf Sandstein und Kalk, worauf
Fichten noch gedeihen, nicht mehr fortkommen? Es kommt
daher, weil die Blätter des Laubholzes, welche jährlich sich
erneuern, zu ihrer Entwickelung die 6 bis 10fache Menge Al=
kali erfordern. Sie finden auf kaliarmem Boden das Alkali
nicht vor, ohne welches sie nicht zur Ausbildung gelangen *).

Wenn auf Sandstein und Kalfboden Laubholz vorkommt,
wenn wir die Rothbuche, den Vogelbeerbaum, die wilde Süß=
kirsche auf Kalk üppig gedeihen sehen, so kann man mit Ge=
wißheit darauf rechnen, daß in dem Boden eine Bedingung
ihres Lebens, nemlich die Alkalien nicht fehlen.

Kann es auffallend sein, daß nach dem Abbrennen von Na=
delholzwaldungen in Amerika, durch welche der Boden das in

---

*) 1000 Theile trockener Eichenblätter geben 55 Theile Asche, worinn sich
24 Theile lösliche Alkalien befinden; dieselbe Quantität Fichtenblätter
giebt nur 29 Theile Asche, welche 4, 6 Theile lösliche Salze ent=
hält (Saussure).

Die Cultur.   137

Jahrhunderten gesammelte Alkali empfängt, Laubholz gedeiht,
daß Spartium scoparium, Erysimum latifolium, Blitum ca-
pitatum, Senecio viscosus, lauter Pflanzen, welche eine an
Alkali höchst reiche Asche geben, auf Brandstätten in üppiger
Fülle emporsprossen?

Nach Wermuth gedeiht kein Weizen, und umgekehrt auf
Weizen kein Wehrmuth, sie schaden sich gegenseitig, insofern
sie sich des Alkalis im Boden bemächtigen.

Hundert Theile Weizenstengel geben 15,5 Asche (H. Davy),
100 Theile trockner Gerstenstengel 8,54 Theile Asche (Schra-
der), 100 Theile Haferstengel nur 4,42 Asche; diese Asche ist
bei allen diesen Pflanzen von einerlei Zusammensetzung.

Sieht man hier nicht genau, was die Pflanze bedarf? Auf
einem und demselben Felde, das nur eine Ernte Weizen liefert,
läßt sich zweimal Gerste und dreimal Hafer bauen.

Alle Grasarten bedürfen des kieselsauren Kalis; es ist kieselsaures Kali, was beim Wässern der Wiesen dem Boden zugeführt, was in dem Boden aufgeschlossen wird; in Gräben
und in kleinen Bächen, an Stellen, wo durch den Wechsel des
Wassers die aufgelöste Kieselerde sich unaufhörlich erneuert,
auf kalireichem Letten= und Thonboden, in Sümpfen gedeihen
die Equisetaceen, die Schilf= und Rohrarten, welche so große
Mengen Kieselerde oder kieselsaures Kali enthalten, in der
größten Ueppigkeit.

Die Menge von kieselsaurem Kali, welches in der Form
von Heu den Wiesen jährlich genommen wird, ist sehr beträcht-
lich. Man darf sich nur an die zusammengeschmolzene glas-
artige Masse erinnern, die man nach einem Gewitter zwischen
Mannheim und Heidelberg auf einer Wiese fand, und für
einen Meteorstein hielt; es war, wie die Untersuchung ergab,
kieselsaures Kali; der Blitz hatte in einen Heuhaufen einge=

138   Die Cultur.

schlagen, an deſſen Stelle man nichts weiter als die zuſam=
mengefloſſene Aſche des Heues fand.

Das Kali iſt aber für die meiſten Gewächſe nicht die ein=
zige Bedingung ihrer Exiſtenz; es iſt darauf hingewieſen wor=
den, daß es in vielen erſetzbar iſt durch Kalk, Bittererde und
Natron, aber die Alkalien reichen allein nicht hin, um das
Leben der Pflanzen zu unterhalten.

In einer jeden bis jetzt unterſuchten Pflanzenaſche fand
man Phosphorſäure, gebunden an Alkalien und alkaliſche Er=
den; die meiſten Saamen enthalten gewiſſe Mengen davon,
die Saamen der Getreidearten ſind reich an Phosphorſäure,
ſie findet ſich darinn vereinigt mit Bittererde.

Die Phosphorſäure wird aus dem Boden von der Pflanze
aufgenommen, alles culturfähige Land, ſelbſt die Lüneburger
Haide, enthält beſtimmbare Mengen davon. In allen auf
Phosphorſäure unterſuchten Mineralgewäſſern hat man gewiſſe
Quantitäten davon entdeckt, wo ſie nicht gefunden worden iſt,
hat man ſie nicht aufgeſucht. Die der Oberfläche der Erde
am nächſten liegenden Schichten von Schwefelbleilagern ent=
halten kryſtalliſirtes phosphorſaures Bleioxid (Grünbleierz);
der Kieſelſchiefer, welcher große Lager bildet, findet ſich an
vielen Orten bedeckt mit Kryſtallen von phosphorſaurer Thonerde
(Wawellit); alle Bruchflächen ſind damit überzogen. Phos=
phorſaurer Kalk (Apatit) findet ſich ſelbſt in den vulkaniſchen
Bomben des Laacher See's.

Aus dem Boden gelangt die Phosphorſäure in die Saa=
men, Blätter und Wurzeln der Pflanzen, aus dieſen in den
Organismus der Thiere, indem ſie zur Bildung der Knochen,
der phosphorhaltigen Beſtandtheile des Gehirns verwendet
wird. Durch Fleiſchſpeiſen, Brod, Hülſenfrüchte gelangt bei
weitem mehr Phosphor in den Körper, als er bedarf; durch

den Urin und die festen Excremente wird aller Ueberschuß wieder abgeführt.

Man kann sich eine Vorstellung von dem Gehalt von phosphorsaurer Bittererde in dem Getreide machen, wenn man sich erinnert, daß die Steine in dem Blinddarm von Pferden, die sich von Heu und Hafer nähren, aus phosphorsaurer Bittererde und Ammoniak bestehen. Aus dem Mastdarm eines Müllerpferdes in Eberstadt wurden nach seinem Tode 29 Steine genommen, die zusammen über 3 Pfd. wogen, und Dr. Fr. Simon beschrieb vor Kurzem einen Stein von einem Fuhrmannspferde, dessen Gewicht 47½ Loth (über 700 Grammen) betrug.

Es ist klar, ohne phosphorsaure Bittererde, welche einen nie fehlenden Bestandtheil der Saamen der Getreidearten ausmacht, wird sich dieser Saame nicht bilden können; er wird nicht zur Reife gelangen.

Außer Kieselsäure, Kali und Phosphorsäure, die unter keinerlei Umständen in den Culturpflanzen fehlen, nehmen die Vegetabilien aus dem Boden noch fremde Stoffe, Salze auf, von denen man voraussetzen darf, daß sie die ebengenannten zum Theil wenigstens in ihren Wirkungen ersetzen; in dieser Form kann man bei manchen Pflanzen Kochsalz, schwefelsaures Kali, Salpeter, Chlorkalium und andere als nothwendige Bestandtheile betrachten.

Der Thonschiefer enthält meistens Einmischungen von Kupferoxid, der Glimmerboden enthält Fluormetalle. Von diesen Bestandtheilen gehen geringe Mengen in den Organismus der Pflanze über, ohne daß sich behaupten läßt, sie seien ihr nothwendig.

In gewissen Fällen scheint das Fluorcalcium den phosphorsauren Kalk in den Knochen und Zähnen vertreten zu können, es läßt sich sonst wenigstens nicht erklären, woher es kommt,

140   Die Cultur.

daß die nie fehlende Gegenwart derselben in den Knochen der
antediluvianischen Thiere als Mittel dienen kann, um sie von
Knochen aus späteren Perioden zu unterscheiden; die Schädel=
knochen von Menschen aus Pompeji sind eben so reich an
Flußsäure, wie die der vorweltlichen Thiere. Werden sie ge=
pulvert in einem verschließbaren Glasgefäß mit Schwefelsäure
übergossen, so findet sich dieses auf der Innenseite nach 24
Stunden auf's Heftigste corrodirt (J. L.), während die Kno=
chen und Zähne der jetzt lebenden Thiere nur Spuren davon
enthalten (Berzelius).

Beachtenswerth für das Wachsthum der Pflanzen ist die
Erfahrung von de Saussure, daß in den verschiedenen
Stadien ihrer Entwickelung die Vegetabilien ungleiche Men=
gen von den Bestandtheilen des Bodens bedürfen. Weizen=
pflanzen lieferten ihm einen Monat vor der Blüthe $^{70}/_{1000}$, in
der Blüthe $^{54}/_{1000}$, und mit reifem Saamen nur $^{33}/_{1000}$ Asche.
Man sieht offenbar, daß sie dem Boden, von der Blüthe an
einen Theil seiner anorganischen Bestandtheile wieder zurück=
geben, aber die phosphorsaure Bittererde ist im Saamen zu=
rückgeblieben.

Die Brache ist, wie sich aus dem Vorhergehenden ergiebt,
die Periode der Cultur, wo man das Land einer fortschreiten=
den Verwitterung vermittelst des Einflusses der Atmosphäre
überläßt, in der Weise, daß eine gewisse Quantität Alkali
wieder fähig gemacht wird, von einer Pflanze aufgenommen
zu werden.

Es ist klar, daß die sorgfältige Bearbeitung des Brach=
landes seine Verwitterung beschleunigt und vergrößert; für den
Zweck der Cultur ist es völlig gleichgültig, ob man das Land
mit Unkraut sich bedecken läßt, oder ob man eine Pflanze darauf
baut, welche dem Boden das aufgeschlossene Kali nicht entzieht.

Unter der Familie der Leguminosen sind viele Arten aus=
gezeichnet durch ihren geringen Gehalt von Alkalien und Sal=
zen überhaupt; die Bohne der Vicia faba enthält z. B. kein
freies Alkali, und an phosphorsaurem Kalk und Bittererde noch
kein ganzes Procent (Einhof); die grünen Blätter und Scho=
ten von Pisum sativum enthalten nur $\frac{1}{1000}$ phosphorsaure
Salze, die reifen Erbsen geben im Ganzen nur 1,93 Asche,
darinn 0,29 phosphorsauren Kalk (Einhof). Die Bohne
von Phaseolus vulgaris enthält nur Spuren von Salzen
(Braconnot). Der Stamm von Medicago Sativa enthält
nur 0,83 p. c., Ervum lens nur 0,57 p. c. phosphorsauren
Kalk mit Eiweiß (Crome). Der Buchweizen an der Sonne
getrocknet, liefert im Ganzen nur 0,681 p. c. Asche und darinn
nur 0,09 Theile löslicher Salze (Zenneck).

Die obenerwähnten Pflanzen gehören zu den sogenannten
Brachfrüchten, in ihrer Zusammensetzung liegt der Grund,
warum sie dem Getreide, was nach ihnen gepflanzt wird, nicht
schaden; sie entziehen dem Boden keine Alkalien, sondern nur
eine verschwindende Menge von phosphorsauren Salzen.

Es ist klar, daß zwei Pflanzen neben einander wachsend
sich gegenseitig schaden, wenn sie dem Boden einerlei Nah=
rungsstoffe entziehen, und es kann nicht auffallend sein, daß
Matricaria Chamomilla, Spartium scoparium das Aufkommen
des Getreides hindern, wenn man berücksichtigt, daß beide 7
bis 7,43 p. c. Asche geben, die $\frac{5}{10}$ kohlensaures Kali enthält.

Der Lolch (Trespe), das Freisamkraut (Erigeron acre),
kommen gleichzeitig mit dem Getreide zur Blüthe und Frucht=
bildung; in dem Getreide wachsend, werden sich beide Pflanzen
in die Bestandtheile des Bodens theilen, mit der Stärke der
Entwickelung der einen wird die der andern abnehmen müssen,
was die eine aufnimmt, entgeht der andern.

142   Die Cultur.

Zwei Pflanzen werden neben einander oder hinter einander
gedeihen, wenn sie aus dem Boden verschiedenartige Materien
zu ihrer Ausbildung nöthig haben, oder wenn die Stadien
ihres Wachsthums, die Blüthe und Fruchtbildung weit aus=
einander liegen.

Auf einem an Kali reichen Boden kann man mit Vortheil
Weizen nach Taback bauen, denn der Taback bedarf keiner phos=
phorsauren Salze, die dem Weizen nicht fehlen dürfen; diese
Pflanze hat nur Alkalien und stickstoffreiche Nahrungsmittel
nöthig.

Nach der Analyse von Posselt und Reimann enthalten
10,000 Theile Tabacksblätter 16 Theile phosphorsauren Kalk,
8,8 Kieselerde und keine Bittererde, während die gleiche Menge
Weizenstroh 47,3 Theile, und die nemliche Quantität Weizenkör=
ner 99,45 Theile phosphorsaure Salze enthalten (Saussure).

Nehmen wir an, daß die Weizenkörner halb so viel wie=
gen als das Stroh, so verhalten sich die phosphorsauren Salze,
welche vom Weizen und Taback von gleichen Gewichten der=
selben entzogen werden, wie 97,7 : 16.   Dieß ist ein höchst be=
deutender Unterschied.   Die Wurzeln des Tabacks nehmen so
gut wie die des Weizens die in dem Boden enthaltenen phos=
phorsauren Salze auf, allein der erstere giebt sie ihm wieder
zurück, weil sie zu seiner Ausbildung nicht wesentlich noth=
wendig sind.

Die Wechselwirthschaft und der Dünger.

Man hat seit Langem schon die Erfahrung gemacht, daß
einjährige Culturgewächse, auf einem und demselben Boden hinter einander folgend, in ihrem Wachsthum zurückbleiben, daß
ihr Ertrag an Frucht oder Kraut abnimmt, daß trotz des
Verlustes an Zeit eine größere Menge Getreide geerntet wird,
wenn man das Feld ein Jahr lang unbebaut liegen läßt.
Nach dieser Zeit sogenannter Ruhe erhält der Boden zum
großen Theil seine ursprüngliche Fruchtbarkeit wieder.

Man hat ferner beobachtet, daß gewisse Pflanzen, wie Erbsen, Klee, Lein, auf einem und demselben Felde erst nach einer
Reihe von Jahren wieder gedeihen, daß andere, wie Hanf,
Taback, Topinambur, Roggen, Hafer, bei gehöriger Düngung
hintereinander gebaut werden können; man hat gefunden, daß
manche den Boden verbessern, andere ihn schonen, und die
letzte und häufigste Klasse den Boden angreifen oder erschöpfen.
Zu diesen gehören die Brachrüben, Kopfkohl, Runkelrüben,
Dinckel, Sommer- und Wintergerste, Roggen und Hafer; man
rechnet sie zu den angreifenden; Weizen, Hopfen, Krapp, Stop-
pelrüben, Raps, Hanf, Mohn, Karden, Lein, Pastel, Wau,
Süßholz betrachtet man als erschöpfende.

Die Excremente von Thieren und Menschen sind seit den
ältesten Zeiten als Mittel angesehen worden, um die Fruchtbarkeit des Bodens zu steigern. Es ist eine durch zahllose Erfahrungen festgestellte Wahrheit, daß sie dem Boden gewisse

144   Die Wechselwirthschaft und der Dünger.

Bestandtheile wiedergeben, welche ihm in der Form von Wurzeln, von Kraut oder Frucht genommen wurden.

Aber auch bei der reichlichsten Düngung mit diesen Materien hat man die Erfahrung gemacht, daß die Ernte nicht immer mit der Düngung im Verhältniß steht, daß der Ertrag
vieler Pflanzen, trotz dem scheinbaren Ersatz durch Dünger,
abnimmt, wenn sie mehrere Jahre hintereinander auf dem
nemlichen Felde gebaut wird.

Auf der anderen Seite machte man die Beobachtung, daß
ein Feld, was unfruchtbar für eine gewisse Pflanzengattung war,
deshalb nicht aufgehört hatte, fruchtbar für eine andere zu sein,
und hieraus hat sich denn in einer Reihe von Jahren ein
System der Feldwirthschaft entwickelt, dessen Hauptaufgabe es
ist, einen möglichst hohen Ertrag mit dem kleinsten Aufwand
von Dünger zu erzielen.

Es ging aus diesen Erfahrungen zusammengenommen hervor, daß die Pflanzen verschiedenartige Bestandtheile des Bodens zu ihrem Wachsthum bedürfen, und sehr bald sah man
ein, daß die Mannigfaltigkeit der Cultur so gut wie die Ruhe
(Brache) die Fruchtbarkeit des Bodens erhalte. Es war offenbar, daß alle Pflanzen dem Boden in verschiedenen Verhältnissen gewisse Materien zurückgeben mußten, die zur Nahrung
einer folgenden Generation verwendet werden konnten.

Von chemischen Principien, gestützt auf die Kenntniß der
Materien, welche die Pflanzen dem Boden entziehen, und
was ihm in dem Dünger zurückgegeben wird, ist bis jetzt in
der Agricultur keine Rede gewesen. Ihre Ausmittelung ist die
Aufgabe einer künftigen Generation, denn was kann von der
gegenwärtigen erwartet werden, welche mit einer Art von
Scheu und Mißtrauen alle Hülfsmittel zurückweist, die ihr
von der Chemie dargeboten werden, welche die Kunst nicht

kennt, die Entdeckungen der Chemie auf eine rationelle Weise zur Anwendung zu bringen. Eine kommende Generation wird aus diesen Hülfsmitteln unberechenbare Vortheile ziehen.

Unter allen Vorstellungen, die man sich über die Ursache der Vortheilhaftigkeit des Fruchtwechsels geschaffen hat, verdient die Theorie des Herrn de Candolle als die einzige genannt zu werden, welche eine feste Grundlage besitzt.

De Candolle nimmt an, daß die Wurzeln der Pflan= zen, indem sie jede Art von löslichen Materien aufsaugen, unter diesen eine Menge Substanzen in ihre Masse aufnehmen, welche unfähig zu ihrer Nahrung sind. Diese Materien wer= den durch die Wurzeln wieder abgeschieden, und kehren als Excremente in den Boden zurück.

Als Excremente können sie von derselben Pflanze zu ihrer Assimilation nicht verwendet werden, und je mehr der Boden von diesen Stoffen enthält, desto unfruchtbarer muß er für die nemliche Pflanze werden.

Diese Materien können aber, nach de Candolle, von einer zweiten Pflanzengattung assimilirbar sein; indem sie einer andern Pflanze zur Nahrung dienen, wird diese den Boden von diesen Excrementen befreien und damit ihn wie= der für die erste Pflanze fruchtbar machen, wenn sie selbst durch ihre Wurzeln Stoffe absondert, die der ersteren zur Nah= rung dienen, so wird der Boden dadurch auf doppelte Weise gewinnen.

Eine Menge Erfahrungen scheinen von vorn herein dieser Ansicht einen hohen Grad von Wahrscheinlichkeit zu geben. Je= der Gärtner weiß, daß man an der Stelle eines Fruchtbaums keinen zweiten derselben Art zum Wachsen bringt, oder erst nach einer gewissen Reihe von Jahren. Bei dem Ausrotten von Weinbergen geht einer neuen Bepflanzung mit Wein=

146　　Die Wechselwirthschaft und der Dünger.

stöcken stets die mehrjährige Bebauung des Bodens mit anderen Culturgewächsen voraus.

Man hat damit die Erfahrung in Verbindung gebracht, daß manche Pflanzen aufs beste neben einander gedeihen, daß sich hingegen andere gegenseitig in ihrer Entwickelung hindern. Man folgerte daraus, daß die Begünstigung in einer Art von gegenseitiger Ernährung, und umgekehrt die Hinderung des Wachsthums auf einer Art von Vergiftung durch die Excremente beruhe.

Eine Reihe directer Versuche von Macaire-Princep, durch welche die Fähigkeit vieler Pflanzen, durch ihre Wurzeln extractartige Materien abzusondern, auf eine evidente Weise bewiesen und außer allen Zweifel gestellt wurde, gaben dieser Theorie ein großes Gewicht; er fand, daß die Excretionen reichlicher waren bei Nacht als am Tage (?), daß das Wasser, worinn er Pflanzen aus der Familie der Leguminosen hatte vegetiren lassen, sich braun färbte; Pflanzen derselben Art, die er in diesem mit Excrementen angeschwängerten Wasser vegetiren ließ, blieben in ihrem Wachsthum zurück und welkten ziemlich schnell; Getreidepflanzen hingegen wuchsen darin fort, und es war eine bemerkbare Abnahme der Farbe der Flüssigkeit damit wahrnehmbar, so daß es schien, als ob in der That eine gewisse Menge der Excremente der Leguminosen in die Getreidepflanzen übergegangen sei.

Als Resultat dieser Versuche stellte sich heraus, daß die Beschaffenheit und die Eigenschaften der Excremente verschiedenartiger Pflanzengattungen von einander abweichen; die einen sondern scharfe und harzartige, die anderen milde (douce) und gummiähnliche Stoffe aus, die ersteren können nach Macaire-Princep als Gifte, die andern als Nahrungsmittel angesehen werden.

Die Wechselwirthschaft und der Dünger.   147

Diese Versuche sind positive Beweise, daß die Wurzeln, man kann sagen, aller Pflanzen, Materien absondern, die in ihrem Organismus weder in Holzfaser, noch in Stärke, vegetabilisches Eiweiß, Kleber ꝛc. verwandelt werden konnten, denn ihre Ausscheidung setzt voraus, daß sie hierzu völlig unfähig sind; aber sie können nicht als Bestätigungen der Theorie des Herrn de Candolle angesehen werden, denn sie lassen völlig unentschieden, ob die Stoffe aus dem Boden stammen, oder ob sie durch den Lebensproceß der Pflanze gebildet worden sind.

Es ist sicher, daß die gummigen (gommeux) und harzigen Excremente, welche Macaire = Princep beobachtete, nicht in dem Boden enthalten waren, und da der Boden an Kohlenstoff durch die Cultur nicht ärmer wird, sondern im Gegentheile sich noch verbessert, so muß man hieraus schließen, daß alle Excremente, welche Kohlenstoff enthalten, von den Nahrungsmitteln herrühren, welche die Pflanze aus der Luft aufnimmt. Es sind dieß Verbindungen, die in Folge der Metamorphose der Nahrungsmittel, in Folge der neuen Formen gebildet werden, die sie annehmen, wenn sie zu Bestandtheilen des Organismus werden.

Die Ansicht des Herrn de Candolle ist eigentlich eine Art von Erläuterung einer frühern Theorie der Wechselwirthschaft, welche voraussetzt, daß die Wurzeln verschiedener Pflanzen verschiedene Nahrungsmittel dem Boden entziehen, jede Pflanze eine Materie von besonderer Beschaffenheit, die sich gerade zu ihrer Assimilation eignet. Die ältere Ansicht setzt voraus, daß die nicht assimilirbaren Stoffe dem Boden nicht entzogen, die Ansicht des Herrn de Candolle, daß sie ihm in der Form von Excrementen wieder zurückgegeben werden.

Nach beiden erklärt sich, woher es kommt, daß man nach Getreide kein Getreide, nach Erbsen keine Erbsen ꝛc. mit Vor-

10 *

148   Die Wechselwirthschaft und der Dünger.

theil ziehen kann, sie erklärt aber nicht, wie und auf welche
Weise die Brache das Feld, und zwar um so mehr verbessert,
je sorgfältiger es bearbeitet wird, woher es kommt, daß beim
Anbau gewisser Pflanzen, von Lucerne, Esparsette, der Boden
an kohlenstoffreichen Materien gewinnt.

Nach den theoretischen Betrachtungen über den Ernährungs=
proceß, so wie den Erfahrungen aller Landwirthe, welche eine so
schöne Erläuterung durch die Versuche von Macaire=Princep
gefunden haben, unterliegt es keinem Zweifel, daß die Wurzeln
der Pflanzen Materien ausschwitzen, durch die sie dem Boden
den Kohlenstoff wiedergeben, den sie von seinem Humus in
ihrer frühesten Periode der Entwickelung empfangen haben.
Können aber, kann man fragen, diese Excremente in der Form,
in welcher sie abgeschieden werden, zur Ernährung irgend einer
andern Pflanze dienen?

Die Excremente eines Fleischfressers enthalten keinen Be=
standtheil mehr, der zur Ernährung eines andern fleischfressen=
den Thieres sich eignet; es ist aber möglich, daß ein gras=
oder körnerfressendes Thier, ein Fisch oder Vogel, darinn noch
unverdaute Materien vorfindet, die durch ihren Organismus
verdaubar sind, eben weil ihre Verdauungswerkzeuge eine an=
dere Einrichtung haben. Nur in diesem Sinne ist es denkbar,
daß die Excremente eines Thieres Nahrungsstoffe für ein an=
deres abgeben können.

In den Nahrungsmitteln, die ein Thier genießt, kommt in
den Organismus eine Menge von Stoffen, welche durch die
Organe der Ernährung keine Veränderung erfahren, sie wer=
den von ihm wieder ausgestoßen, es sind dieß Excremente,
aber keine Excretionen; diese Art von Excrementen kann von
einem Thiere mit anderen Verdauungswerkzeugen aufschließbar,
ein Theil davon kann von diesem assimilirbar sein. In Folge

der Veränderungen, durch welche die assimilirbaren Stoffe zu
Chymus und Chylus werden, in Folge von neuen Metamor=
phosen, die diese wieder erleiden, insofern sie zu Bestandtheilen
des Organismus werden, scheiden die Organe der Secretion
Verbindungen aus, die in den Nahrungsmitteln nur ihren Ele=
menten nach enthalten waren.

Diese letzteren stößt der Organismus als Excremente eben=
falls aus, und es ist hieraus klar, daß die Excremente aus
zweierlei Stoffen bestehen müssen, von denen die einen unver=
daubare Gemeng= oder Bestandtheile der Nahrungsmittel, die
anderen aber durch den Lebensproceß neugebildete Verbindungen
sind; sie sind entstanden in Folge der Bildung von Fett, von
Muskelfaser, Hirn= und Nervensubstanz, und sind durchaus un=
fähig, in irgend einem andern thierischen Organismus zu Fett,
Eiweiß, Muskelfaser, Gehirn= und Nervensubstanz metamorpho=
sirt zu werden.

In dem Lebensproceß der Pflanzen muß ein ganz ähnliches
Verhältniß stattfinden.

Wenn unter den Stoffen, welche von den Wurzeln einer
Pflanze aus dem Boden aufgenommen werden, sich solche befin=
den, die sie zu ihrer Ernährung nicht verwendet, so müssen sie
dem Boden wieder zurückgegeben werden; Excremente dieser Art
können einer zweiten und dritten Pflanze zu ihrer Nahrung
dienlich, zu ihrem Bestehen selbst unentbehrlich sein, allein die
in dem Organismus der Vegetabilien durch den Ernährungs=
proceß neugebildeten Materien, die also in Folge der Er=
zeugung von Holzfaser, Amylon, Eiweiß, Kleber, Gummi,
Säuren ꝛc. entstanden sind, sie können in keiner andern Pflan=
zengattung zur Bildung von Holzfaser, Amylon, Eiweiß,
Kleber ꝛc. verwendet werden.

Man wird aus diesen Betrachtungen die Verschiedenheit

150   Die Wechselwirthschaft und der Dünger.

in den Ansichten de Candolle's und Macaire Princep's
entnehmen können. Die Stoffe, welche der erstere mit Excre=
menten bezeichnet, gehörten dem Boden an, es sind unverdaute
Nahrungsmittel, welche die eine Pflanze verwenden kann,
während sie einer andern entbehrlich sind. Die Materien hin=
gegen, welche Macaire=Princep mit Excrementen bezeichnet,
sie können nur in einer einzigen Form zur Nahrung der Ve=
getabilien dienen.

Es ist wohl kaum nöthig, daran zu erinnern, daß diese Excre=
mente im zweiten Jahre ihre Beschaffenheit geändert haben müssen;
in dem ersten ist der Boden damit angeschwängert worden,
während des Herbstes und Winters gehen sie durch die Ein=
wirkung des Wassers und der Luft einer Veränderung ent=
gegen, sie werden in Fäulniß und durch häufige Berührung
mit der Luft, durch Umackern in Verwesung übergeführt. Mit
dem Beginn des Frühlings sind sie ganz oder zum Theil in
eine Materie übergegangen, welche den Humus ersetzt, in eine
Substanz, die sich in einem fortdauernden Zustande der Koh=
lensäure=Entwickelung befindet.

Die Schnelligkeit dieser Verwesung hängt von den Bestand=
theilen des Bodens, von seiner mehr oder weniger porösen
Beschaffenheit ab. In einem an Kalk reichen Boden erhöht
die Berührung mit diesem alkalischen Bestandtheile die Fähig=
keit der organischen Excremente, Sauerstoff anzuziehen und zu
verwesen, sie wird durch die meistens porösere Beschaffenheit
dieser Bodenart, welche der Luft freien Zutritt gestattet, aus=
nehmend beschleunigt. In schwererem Thon= oder Lehmboden
erfordert sie längere Zeit.

In dem einen Boden wird man die nemliche Pflanze nach
dem 2ten Jahre, in anderen Bodenarten nach dem 5ten oder
9ten Jahre mit Vortheil wieder bauen können, weil die Ver=

wandlung und Zerstörung der auf ihre Entwickelung schädlich
einwirkenden Excremente in dem einen Fall schon in dem 2ten,
und im andern erst im 9ten Jahre vollendet ist.

In der einen Gegend geräth der Klee auf dem nemlichen
Felde erst im 6ten, in andern erst im 12ten, der Lein im 3ten
und 2ten Jahre wieder. Alles dieses hängt von der chemischen
Beschaffenheit des Bodens ab, denn in den Gegenden, wo die
Zeit der Cultur einer und der nemlichen Pflanze weit auseinander gelegt werden muß, wenn sie mit Vortheil gebaut werden sollen, hat man die Erfahrung gemacht, daß selbst bei
Anwendung von reichlichem Dünger diese Zeit nicht verkürzt
werden kann, eben weil die Zerstörung ihrer eigenen Excremente einer neuen Cultur vorangehen muß.

Lein, Erbsen, Klee, selbst Kartoffeln gehören zu denjenigen
Pflanzen, deren Excremente auf Thonboden die längste Zeit
zu ihrer Humifizirung bedürfen, aber es ist klar, daß die Anwendung von Alkalien, von selbst kleinen Mengen unausge-
laugter Asche, gebranntem Kalke das Feld in bei weitem kürzerer Zeit wieder in den Stand setzen muß, den Anbau der
nämlichen Pflanze wieder zu gestatten.

Der Boden erlangt in der Brache einen Theil seiner früheren Fruchtbarkeit schon dadurch wieder, weil in der Zeit der
Brache, neben der fortschreitenden Verwitterung die Zerstörung
oder Humifizirung der darinn enthaltenen Excremente erfolgt.

Eine Ueberschwemmung ersetzt die Brache in kalkreichem
Boden in der Nähe des Rheins, des Nils, wo man ohne
Nachtheil auf denselben Aeckern hintereinander Getreide baut.
Eben so vertritt das Wässern der Wiesen die Wirkung der
Brache; das an Sauerstoff so reiche Wasser der Bäche und
Flüsse bewirkt, indem es sich unaufhörlich erneuert und alle
Theile des Bodens durchdringt, die schnellste und vollständigste

152   Die Wechselwirthschaft und der Dünger.

Verwesung der angehäuften Excremente. Wäre es das Wasser
allein, was der Boden aufnimmt, so würden sumpfige Wiesen
die fruchtbarsten sein.

Es ergiebt sich aus dem Vorhergehenden, daß die Vortheil=
haftigkeit des Fruchtwechsels auf zwei Ursachen beruht.

In einem fruchtbaren Boden muß eine Pflanze alle zu
ihrer Entwickelung unentbehrlichen anorganischen Bestandtheile in
hinreichender Menge und in einem Zustande vorfinden, welcher
der Pflanze ihre Aufnahme gestattet.

Alle Pflanzen bedürfen der Alkalien, die eine Pflanze, wie
die Gramineen, in der Form von kieselsauren, die andere in
der Form von weinsauren, citronensauren, essigsauren, kleesau=
ren ꝛc. Salzen.

Enthalten sie das Alkali an Kieselsäure gebunden, so geben
sie beim Verbrennen eine Asche, welche mit Säuren keine Koh=
lensäure entwickelt; sind die Alkalien mit organischen Säuren
vereinigt gewesen, so braus't ihre Asche mit Säuren auf.

Eine dritte Pflanzengattung bedarf des phosphorsauren
Kalks, eine andere der phosphorsauren Bittererde, manche kön=
nen ohne kohlensauren Kalk nicht gedeihen.

Die Kieselsäure ist die erste feste Substanz, welche in die
Pflanze gelangt; sie scheint die Materie zu sein, von der aus
die Holzbildung ihren Anfang nimmt, und ähnlich zu wirken
wie ein Stäubchen, an das sich in einer krystallisirenden Salz=
lösung die ersten Krystalle bilden.   Aehnlich wie die Holzfaser
bei vielen Lichenen durch ein krystallisirbares Salz, durch klee=
sauren Kalk sich vertreten findet, nimmt die Kieselerde bei den
Equisetaceen und dem Bambus die Form und Function des
Holzkörpers an.

Bepflanzen wir nun einen Boden mehrere Jahre hinter=
einander mit verschiedenen Gewächsen, von welchen das erste

in dem Boden die anorganischen Bestandtheile zurückläßt, welche das zweite, dieses wieder, was das dritte bedarf, so wird er für diese drei Pflanzengattungen fruchtbar sein.

Wenn nun die erste Pflanze z. B. Weizen ist, welcher die größte Menge kieselsaures Kali consumirt, während die auf ihn folgenden Pflanzen nur eine geringe Menge Kali dem Boden entziehen, wie Leguminosen, Hackfrüchte ꝛc., so wird man nach dem vierten Jahre wieder Weizen mit Vortheil bauen können, denn während dreier Jahre ist der Boden durch die Verwitterung wieder fähig geworden, kieselsaures Kali in hinreichender Menge an die jungen Pflanzen abzugeben.

Für die anderen organischen Bestandtheile muß für verschiedene Pflanzen, wenn sie hinter einander gedeihen sollen, ein ähnliches Verhältniß berücksichtigt werden.

Eine Aufeinanderfolge von Gewächsen, welche dem Boden einerlei Bestandtheile entziehen, muß im Allgemeinen ihn nach und nach völlig unfruchtbar für diese Pflanzen machen.

Eine jede dieser Pflanzen hat während ihres Wachsthums eine gewisse Menge kohlenstoffreicher Materien an den Boden zurückgegeben, welche nach und nach in Humus übergingen, die meisten so viel Kohlenstoff, als sie in der Form von Kohlensäure von dem Boden empfingen; allein wenn auch dieser Gehalt in der Periode des Wachsthums für manche Pflanzen ausreicht, um sie zur vollendeten Entwickelung zu bringen, so ist er dennoch nicht hinreichend, um gewisse Theile ihrer Organe derselben, Saamen und Wurzeln, mit einem Maximum von Nahrung zu versehen. Die Pflanze dient in der Agricultur als Mittel, um Gegenstände des Handels oder Nahrungsmittel für Thiere und Menschen zu produciren, aber ein Maximum am Ertrag, steht genau im Verhältniß zu der Menge

154   Die Wechselwirthschaft und der Dünger.

der Nahrungsstoffe, die ihr in der ersten Zeit ihrer Entwickelung dargeboten werden.

Diese Nahrungsmittel sind Kohlensäure, welche der Boden
in der Form von Humus, es ist Stickstoff, den er in der Form
von Ammoniak erhalten muß, wenn dieser Zweck erreicht werden soll.

Die Bildung von Ammoniak kann auf dem Culturlande
nicht bewirkt werden, wohl aber eine künstliche Humuserzeugung. Diese muß als eine Hauptaufgabe der Wechselwirthschaft und als zweite Ursache ihrer Vortheilhaftigkeit angesehen
werden.

Das Ansäen eines Feldes mit einer Brachfrucht, mit Klee,
Roggen, Lupinen, Buchweizen 2c., und die Einverleibung der
ihrer Blüthe nahen Pflanzen in den Boden, durch Umackern,
löst diese Aufgabe insofern, als bei einer neuen Einsaat die
sich entwickelnde junge Pflanze in einer gewissen Periode ihres
Lebens ein Maximum von Nahrung, d. h. eine verwesende
Materie vorfindet.

Den gleichen Zweck erreicht man, und noch vollständiger
und sicherer, durch Bepflanzung des Feldes mit Esparsette oder
Lucerne. Diese durch eine starke Wurzelverzweigung und eben
so starken Blätterwuchs ausgezeichneten Pflanzen bedürfen aus
dem Boden nur einer geringen Menge von anorganischen
Stoffen. Bis zu einem gewissen Grade der Entwickelung gekommen, bleibt ihnen alle Kohlensäure, alles Ammoniak, was
die Luft und der Regen zuführen; was der Boden nicht aufnimmt, saugen die Blätter ein; sie sind es, durch welche die
assimilirende Oberfläche vervier- oder versechsfacht wird, welche
die Verdunstung des Ammoniaks auf der Bodenfläche hindern,
indem sie sie wie eine Haube bedecken.

Eine unmittelbare Folge der Erzeugung von Blattgrün und

der übrigen Bestandtheile der Blätter und Stengel ist die eben so reichliche Ausscheidung von organischen Stoffen, die der Boden als Excremente der Wurzeln erhält.

Diese Bereicherung des Bodens mit Stoffen, welche fähig sind, in Humus überzugehen, dauert mehrere Jahre hintereinander, aber nach einer gewissen Zeit entstehen darauf kahle Stellen.

Es ist klar, daß nach 5 — 7 Jahren die Erde in dem Grade mit diesen Excrementen sich aufschwängert, daß jede Wurzelfaser damit umgeben ist; in dem auflöslichen Zustande, den sie eine Zeitlang bewahren, wird ein Theil davon wieder von der Pflanze aufgenommen, auf welche sie nachtheilig wirken, indem sie nicht assimilirbar sind.

Beobachtet man nun ein solches Feld eine gewisse Reihe von Jahren hindurch, so sieht man deutlich, daß die kahlen Flecke sich wieder mit Vegetation (immer derselben Pflanze) bedecken, während andere kahl und anscheinend unfruchtbar für die nemliche Pflanze werden. Dieß geht denn abwechselnd so fort.

Die Ursachen dieses Kahl= und abwechselnd Fruchtbarwerdens sind einleuchtend. Die Excremente auf den kahlen Plätzen erhalten keinen neuen Zuwachs; dem Einfluß der Luft und Feuchtigkeit preisgegeben, gehen sie in Verwesung über, ihr schädlicher Einfluß hört auf; die Pflanze findet von diesen Stellen die Materien entfernt, die ihr Wachsthum hinderten, sie trifft im Gegentheile wieder Humus (verwesende Pflanzenstoffe) an.

Eine bessere und zweckmäßigere Humuserzeugung, als wie die durch eine Pflanze, deren Blätter Thieren zur Nahrung dienen, ist wohl kaum denkbar; als Vorfrucht sind diese Pflanzen einer jeden andern Gattung nützlich, namentlich aber denen,

156   Die Wechselwirthschaft und der Dünger.

welche wie Raps und Lein vorzugsweise des Humus bedürfen,
von unschätzbarem Werthe.

Die Ursachen der Vortheilhaftigkeit des Fruchtwechsels, die
eigentlichen Principien der Wechselwirthschaft, beruhen hiernach
auf einer künstlichen Humuserzeugung und auf der Bebauung
des Feldes mit verschiedenartigen Pflanzen, die in einer solchen
Ordnung auf einander folgen, daß eine jede nur gewisse Bestandtheile entzieht, während sie andere zurückläßt oder wieder-
giebt, die eine zweite und dritte Pflanzengattung zu ihrer Ausbildung und Entwickelung bedürfen.

Wenn nun auch der Humusgehalt eines Bodens durch
zweckmäßige Cultur in einem gewissen Grade beständig gesteigert werden kann, so erleidet es demumgeachtet nicht den kleinsten Zweifel, daß der Boden an den besonderen Bestandtheilen immer ärmer werden muß, die in den Saamen, Wurzeln
und Blättern, welche wir hinweggenommen haben, enthalten
waren.

Nur in dem Fall wird die Fruchtbarkeit des Bodens sich
unverändert erhalten, wenn wir ihnen alle diese Substanzen
wieder zuführen und ersetzen.

Dieß geschieht durch den Dünger.

Wenn man erwägt, daß ein jeder Bestandtheil des Körpers der Thiere und Menschen von den Pflanzen stammt, daß
kein Element davon durch den Lebensproceß gebildet werden
kann, so ist klar, daß alle anorganischen Bestandtheile der Thiere
und Menschen, in irgend einer Beziehung, als Dünger betrachtet werden müssen.

Während ihres Lebens werden die anorganischen Bestandtheile der Pflanzen, welche der animalische Organismus nicht
bedurfte, in der Form von Excrementen wieder ausgestoßen,
nach ihrem Tode geht der Stickstoff, der Kohlenstoff in den

Processen der Fäulniß und Verwesung als Ammoniak und Kohlensäure wieder in die Atmosphäre über; es bleibt zuletzt nichts weiter als die anorganischen Materien, der phosphorsaure Kalk und andere Salze in den Knochen zurück.

Eine rationelle Agricultur muß diesen erdigen Rückstand, so gut wie die Excremente, als kräftigen Dünger für gewisse Pflanzen betrachten, der dem Boden, von dem er in einer Reihe von Jahren entnommen worden ist, wiedergegeben werden muß, wenn seine Fruchtbarkeit nicht abnehmen soll.

Sind nun, kann man fragen, die Excremente der Thiere, welche als Dünger dienen, alle von einerlei Beschaffenheit, besitzen sie einerlei Fähigkeit, das Wachsthum der Pflanzen zu befördern, ist ihre Wirkungsweise in allen Fällen die nämliche?

Diese Fragen sind durch die Betrachtung der Zusammensetzung der Excremente, leicht zu lösen, denn durch die Kenntniß derselben erfahren wir, was denn eigentlich der Boden durch sie wieder empfängt.

Nach der gewöhnlichen Ansicht über die Wirkung der festen thierischen Excremente beruht sie auf den verwesbaren organischen Substanzen, welche den Humus ersetzen, und auf ihrem Gehalte an stickstoffreichen Stoffen, denen man die Fähigkeit zuschreibt, von der Pflanze assimilirt und in Kleber und die anderen stickstoffhaltigen Bestandtheile verwendet zu werden.

Diese Ansicht entbehrt, in Beziehung auf den Stickstoffgehalt des Kothes der Thiere, einer jeden Begründung.

Diese Excremente enthalten nemlich so wenig Stickstoff, daß ihr Gehalt davon nicht in Rechnung genommen werden kann; sie können durch ihren Stickstoffgehalt unmöglich eine Wirkung auf die Vegetation ausüben.

Ohne weitere Untersuchung wird man sich eine klare Vor-

158   Die Wechſelwirthſchaft und der Dünger.

ſtellung über ihre chemiſche Beſchaffenheit in Hinſicht auf ihren
Stickſtoffgehalt machen können, wenn man die Excremente
eines Hundes mit ſeiner Nahrung vergleicht. Wir geben dem
Hunde Fleiſch und Knochen, beide ſind reich an organiſchen
ſtickſtoffhaltigen Subſtanzen, und wir erhalten als das Reſultat
ihrer Verdauung ein völlig weißes, mit Feuchtigkeit durch=
brungenes Excrement, was in der Luft zu einem trockenen
Pulver zerfällt und was, außer dem phosphorſauren Kalk
der Knochen, kaum ¹⁄₁₀₀ einer fremden organiſchen Subſtanz
enthält.

Der ganze Ernährungsproceß im Thiere iſt eine fortſchrei=
tende Entziehung des Stickſtoffs aller zugeführten Nahrungs=
mittel; was ſie in irgend einer Form als Excremente von ſich
geben, muß, in Summa, weniger Stickſtoff als das Futter
oder die Speiſe enthalten.

Einen directen Beleg hierzu liefern uns die Analyſen des
Pferdemiſtes von Macaire und Marcet; er war friſch
geſammelt und unter der Luftpumpe über Schwefelſäure aller
Feuchtigkeit beraubt worden. 100 Theile davon (entſprechend
im friſchen Zuſtande 350—400 Theilen) enthielten 0,8 Stick=
ſtoff. Jedermann, welcher eine Erfahrung in dieſer Art von
Beſtimmungen hat, weiß, daß ein Gehalt, der unter einem
Procent beträgt, nicht mehr mit Genauigkeit beſtimmbar iſt.
Man nimmt immer noch ein Maximum an, wenn man ihn
auf die Hälfte herabſetzt. Ganz frei an Stickſtoff ſind übri=
gens die Excremente des Pferdes nicht; denn ſie ent=
wickeln, mit Kali geſchmolzen, geringe Quantitäten Am=
moniak.

Die Excremente der Kuh geben beim Verbrennen mit Ku=
pferoxid ein Gas, was auf 30 bis 26 Volumen Kohlenſäure
1 Volumen Stickgas enthielt.

Die Wechselwirthschaft und der Dünger.   159

100 Theile frischer Excremente enthielten:

Stickstoff 0,506
Kohlenstoff 6,204
Wasserstoff 0,824
Sauerstoff 4,818
Asche 1,748
Wasser 85,900
_____
100,000

Wenn wir nun annehmen, daß das Heu, nach Boussin=
gault's Analysen, welche das meiste Vertrauen verdienen,
ein p. c. Stickstoff enthält, so wird eine Kuh in 25 Pfd.
Heu, was sie täglich zu sich nimmt, ¼ Pfd. Stickstoff zu ihrer
Nahrung assimilirt haben. Diese Stickstoffmenge würde, in
Muskelfaser verwandelt, 8,3 Pfd. Fleisch in seinem natürlichen
Zustande gegeben haben *).

Die Zunahme an Masse beträgt täglich bei weitem weniger
als dieß Gewicht, und wir finden in der That im Harn und
in der Milch den Stickstoff, der hier zu fehlen scheint. Die
milchgebende Kuh giebt weniger und einen an Stickstoff ärme=
ren Harn, als im gewöhnlichen Zustande; so lange sie reichlich
Milch giebt, kann sie nicht gemästet werden.

Es sind mithin die flüssigen Excremente, in denen wir den
nicht assimilirten Stickstoff zu suchen haben; wenn die festen
auf die Vegetabilien überhaupt von Einfluß sind, so beruht er
nicht auf ihrem Stickstoffgehalt; ein dem trocknen Koth gleiches
Gewicht Heu müßte sonst dieselbe Wirkung äußern, d. h.
20—25 Pfd. Heu müßten, in das Feld gebracht, soviel wirken,

---

*) 100 Pfd. frisches Fleisch enthalten durchschnittlich 15,86 Muskelfaser;
in 100 Theilen der letzteren sind 18 Theile Stickstoff.

160   Die Wechſelwirthſchaft und der Dünger.

als 100 Pfd. friſcher Kuhdünger. Dieß iſt aber aller Erfah=
rung gänzlich entgegen.

Welches ſind nun dieſe ſtickſtofffreien Materien in den
Excrementen des Pferdes und der Kuh, denen man Wirkung
auf die Vegetation zuſchreiben kann?

Wenn wir den Pferdekoth mit Waſſer ausziehen, ſo löſ't
dieſes, indem es ſich gelblich färbt, 3—3½ p. c. auf. Dieſe
Flüſſigkeit enthält außer geringen Mengen organiſcher Sub=
ſtanzen vorzüglich phosphorſaure Bittererde und Natronſalze.
Das im Waſſer Unlösliche giebt an Weingeiſt eine braune
harzähnliche Subſtanz ab, die alle Eigenſchaften von verän=
derter Galle zeigt, der Rückſtand beſitzt die Eigenſchaften von
ausgekochten Sägeſpänen; er verbrennt ohne Geruch. 100 Theile
friſcher Pferde=Excremente hinterlaſſen, nach dem Trocknen bei
100°, 25, 30 bis 31 Theile feſter Subſtanz, ſie enthalten
demnach 69 bis 75 Theile Waſſer.

Die trockenen Excremente hinterlaſſen nach dem Einäſchern
nach Macaire und Marcet 27 p. c., nach meinen Ver=
ſuchen von einem Pferde, was mit geſchnittenem Stroh, Ha=
fer und Heu gefüttert war, 10 p. c. Salze und erdige Sub=
ſtanzen.

Mit 3600 bis 4000 Pfd. friſchem Pferdekoth, entſprechend
1000 Pfd. trocknem Pferdekoth, bringen wir alſo auf den Acker
2484 bis 3000 Pfd. Waſſer, ſodann: 730 bis 900 Pfd.
vegetabiliſcher Materie und veränderter Galle, zuletzt geben wir
dem Acker 100 bis 270 Pfd. Salze und anorganiſche Subſtanzen.
Dieſe ſind es offenbar, die wir vorzugsweiſe in Betrachtung
zu ziehen haben; es ſind dieß nämlich lauter Subſtanzen, die
Beſtandtheile des Heus, Strohes und Hafers waren, womit
das Pferd gefüttert wurde. Der Hauptbeſtandtheil davon iſt
phosphorſaurer Kalk und Bittererde, kohlenſaurer Kalk und

kieselsaures Kali, das letztere ist in dem Heu, die ersteren in den Körnern in überwiegender Menge zugegen gewesen.

In 10 Ctrn. Pferde=Excrementen bringen wir im Maximo die anorganischen Substanzen von 60 Ctr. Heu oder von 83 Ctr. Hafer (der Hafer hinterläßt nach de Saussure 3,1 p. c. Asche) auf den Acker; dieß ist hinreichend, um 1½ Ernten Weizen mit Kali und phosphorsauren Salzen vollkommen zu versehen.

Der Koth der Kühe, des Rindviehes und der Schafe ent= hält, außer den vegetabilischen Materien, phosphorsauren Kalk, Kochsalz und kieselsaures Kali; das Gewicht derselben wechselt je nach der Fütterung von 9 bis 28 p. c., der Kuhkoth ent= hält im frischen Zustande 86 bis 90 p. c. Wasser.

Die festen menschlichen Excremente sind von Berzelius einer genauen Analyse unterworfen worden, sie enthalten frisch ³/₄ ihres Gewichts Wasser, ferner Stickstoff in sehr abwechseln= den Verhältnissen, im Minimum 1½, im Maximum 5 p. c., sie sind unter allen die stickstoffreichsten.

Berzelius erhielt von 100 Theilen trocknen Excremen= ten, nach dem Einäschern, 15 Theile Asche, deren Haupt= bestandtheile 10 Theile phosphorsauren Kalks und Bittererde waren.

Gewiß können die vegetabilischen Materien, die wir in den Excrementen der Thiere und Menschen auf die Felder bringen, nicht ohne einigen Einfluß auf die Vegetation bleiben; indem sie verwesen, werden sie den jungen Pflanzen Kohlensäure zur Nahrung liefern, allein wenn man erwägt, daß ein gutbeschaf= fener Boden nur von 6 bis 7 Jahren, beim Umlauf mit Es= parsette und Lucerne nur von 12 zu 12 Jahren einmal ge= düngt wird, daß die Quantität des Kohlenstoffs, den man als Dünger dem Acker zuführt, nur 5 bis 8 p. c. von dem

162   Die Wechselwirthschaft und der Dünger.

beträgt, was man als Kraut, Stroh und Frucht hinwegnimmt,
daß das Regenwasser in einem Zeitraume von 6 bis 12 Jah=
ren in der Kohlensäure bei weitem mehr Kohlenstoff zuführt,
als dieser Dünger, so wird man seinen Einfluß nicht sehr
hoch anschlagen können.

Es bleibt demnach die eigentliche Wirkung der festen Ex=
cremente auf die anorganischen Materien beschränkt, welche dem
Boden wiedergegeben werden, nachdem sie ihm in der Form
von Getreide, von Wurzelgewächsen, von grünem und trock=
nem Futter genommen worden waren.

In dem Kuhdünger, den Excrementen der Schafe geben
wir dem Getreideland kieselsaures Kali und phosphorsaure
Salze, in den menschlichen Excrementen phosphorsauren Kalk
und Bittererde, in den Excrementen der Pferde phosphorsaure
Bittererde und kieselsaures Kali.

In dem Stroh, was als Streu gedient hat, bringen wir
eine neue Quantität von kieselsaurem Kali und phosphorsaure
Salze hinzu; wenn es verwest ist, bleiben diese genau in dem
von der Pflanze assimilirbaren Zustande im Boden.

Wie man leicht bemerkt, ändert sich bei sorgfältiger Ver=
theilung und Sammlung des Düngers die Beschaffenheit des
Feldes nur wenig; ein Verlust einer gewissen Menge phos=
phorsaurer Salze ist demungeachtet unvermeidlich, denn wir
führen jedes Jahr in dem Getreide und gemästetem Vieh ein
bemerkbares Quantum aus, was den Umgebungen großer
Städte zufließt. In einer wohleingerichteten Wirthschaft muß
dieser Verlust ersetzt werden. Zum Theil geschieht dieß durch
die Wiesen.

Zu hundert Morgen Getreideland rechnet man in Deutsch=
land als nothwendiges Erforderniß einer zweckmäßigen Cultur
20 Morgen Wiesen, welche durchschnittlich 500 Ctr. Heu pro=

Die Wechselwirthschaft und der Dünger.　　　163

buciren; bei einem Gehalt von 6,82 p. c. Asche erhält man
jährlich in den Excrementen der Thiere, denen es zur Nahrung
gegeben wird, 341 Pfd. kieselsaures Kali und phosphorsauren
Kalk und Bittererde, welche den Getreidefeldern zu Gute kom=
men und den Verlust bis zu einem gewissen Grade decken.

Der wirkliche Verlust an phosphorsauren Salzen, die nicht
wieder in Anwendung kommen, vertheilt sich auf eine so große
Fläche, daß er kaum verdient, in Anschlag gebracht zu werden.
In der Asche des Holzes, was in den Haushaltungen ver=
braucht wird, ersetzen wir den Wiesen wieder, was sie an
phosphorsauren Salzen verloren haben.

Wir können die Fruchtbarkeit unserer Felder in einem stets
gleichbleibenden Zustande erhalten, wenn wir ihren Verlust
jährlich wieder ersetzen; eine Steigerung der Fruchtbarkeit, eine
Erhöhung ihres Ertrages ist aber nur dann möglich, wenn wir
mehr wiedergeben, als wir ihnen nehmen.

Unter gleichen Bedingungen wird von zwei Aeckern der
eine um so fruchtbarer werden, je leichter und in je größerer
Menge die Pflanzen, die wir darauf cultiviren, die besonderen
Bestandtheile sich darauf aneignen können, die sie zu ihrem
Wachsthum und zu ihrer Entwickelung bedürfen.

Man wird aus dem Vorhergehenden entnehmen können,
daß die Wirkung der thierischen Excremente ersetzbar ist durch
Materien, die ihre Bestandtheile enthalten.

In Flandern wird der jährliche Ausfall vollständig ersetzt
durch das Ueberfahren der Felder mit ausgelaugter oder un=
ausgelaugter Holzasche, durch Knochen, die zum großen Theil
aus phosphorsaurem Kalk und Bittererde bestehen.

Die ausnehmende Wichtigkeit der Aschendüngung ist von
sehr vielen Landwirthen durch die Erfahrung schon anerkannt;
in der Umgegend von Marburg und der Wetterau legt man

11*

164   Die Wechselwirthschaft und der Dünger.

einen so hohen Werth auf dieses kostbare Material, daß man
einen Transport von 6, 8 Stunden Weges nicht scheut, um
es für die Düngung zu erhalten.

Diese Wichtigkeit fällt in die Augen, wenn man in Erwä=
gung zieht, daß die mit kaltem Wasser ausgelaugte Holzasche
kieselsaures Kali gerade in dem Verhältniß wie im Stroh ent=
hält ($10 \, Si \, O_5 + K \, O$), daß sie außer diesem Salze nur
phosphorsaure Salze enthält.

Die verschiedenen Holzaschen besitzen übrigens einen höchst
ungleichen, die Eichenholzasche den geringsten, die Buchenholz=
asche den höchsten Werth.

Die Eichenholzasche enthält nur Spuren von phosphorsau=
ren Salzen, die Buchenholzasche enthält den fünften Theil
ihres Gewichts, der Gehalt der Fichten= und Tannenholzasche
beträgt 9 bis 15 p. c. (Die Fichtenholzasche aus Norwegen
enthält das Minimum von phosphorsauren Salzen, nemlich
nur 1,8 p. c. Phosphorsäure. Berthier).

Mit je hundert Pfund ausgelaugter Buchenholzasche brin=
gen wir mithin auf das Feld eine Quantität phosphorsaurer
Salze, welche gleich ist dem Gehalt von 460 Pfd. frischer
Menschenexcremente.

Nach de Saussure's Analyse enthalten 100 Th. Asche
von Weizenkörnern 32 Th. lösliche und 44,5 unlösliche, im
Ganzen 76,5 phosphorsaure Salze. Die Asche von Weizen=
stroh enthält im Ganzen 11,5 p. c phosphorsaure Salze. Mit
100 Pfd. Buchenholzasche bringen wir mithin auf das Feld
eine Quantität Phosphorsäure, welche hinreicht für die Erzeu=
gung von 3820 Pfd. Stroh (zu 4,3 p. c. Asche, de Saus=
sure), oder zu 15 bis 18000 Pfd. Weizenkörner (die Asche
zu 1,3 p. c. angenommen, de Saussure).

Eine noch größere Wichtigkeit in dieser Beziehung besitzen

die Knochen. Die letzte Quelle der Bestandtheile der Knochen
ist das Heu und Stroh, überhaupt das Futter, was die Thiere genießen. Wenn man nun in Anschlag bringt, daß die Knochen
55 p. c. phosphorsauren Kalk und Bittererde enthalten (Berzelius), und annimmt, daß das Heu so viel davon als das
Weizenstroh enthält, so ergiebt sich, daß 8 Pfd. Knochen so
viel phosphorsauren Kalk, als wie 1000 Pfd. Heu oder Weizenstroh enthalten, oder 2 Pfd. davon so viel, als in 1000
Pfund Weizen= oder Haferkörnern sich vorfindet.

In diesen Zahlen hat man kein genaues, aber ein sehr
annähirendes Maaß in Beziehung auf die Quantität phosphorsaurer Salze, die der Boden diesen Pflanzen jährlich abgiebt.

Die Düngung eines Morgen Landes mit 40 Pfd. frischen
Knochen reicht hin, um drei Ernten (Weizen, Klee und Hackfrüchte) mit phosphorsauren Salzen zu versehen. Die Form,
in welcher die phosphorsauren Salze dem Boden wiedergegeben werden, scheint hierbei aber nicht gleichgültig zu sein. Je
feiner die Knochen zertheilt, und je inniger sie mit dem Boden
gemischt sind, desto leichter wird die Assimilirbarkeit sein; das
beste und zweckmäßigste Mittel wäre unstreitig, die Knochen
fein gepulvert, mit ihrem halben Gewichte Schwefelsäure und
3—4 Th. Wasser eine Zeitlang in Digestion zu stellen, den Brei
mit etwa 100 Th. Wasser zu verdünnen und mit dieser sauren
Flüssigkeit (phosphorsaurem Kalk und Bittererde) den Acker vor
dem Pflügen zu besprengen. In wenigen Secunden würde sich
die freie Säure mit dem basischen Bestandtheilen des Bodens
verbinden, es würde ein höchst fein zertheiltes, neutrales Salz
entstehen. Versuche, die in dieser Beziehung auf Grauwacke-
boden angestellt wurden, haben das positive Resultat gegeben,
daß Getreide und Gemüsepflanzen durch diese Düngungsweise

166   Die Wechselwirthschaft und der Dünger.

nicht leiden, daß sie sich im Gegentheile aufs Kräftigste ent=
wickeln.

In der Nähe von Knochenleim = Fabriken werden jährlich
viele tausend Centner einer Auflösung von phosphorsauren
Salzen in Salzsäure unbenutzt verloren; es wäre wichtig, zu
untersuchen, in wie weit diese Auflösung die Knochen ersetzen
kann. Die freie Salzsäure würde sich mit den Alkalien, mit
dem Kalk auf dem Acker verbinden, es würde ein lösliches
Kalksalz entstehen, dessen Wirkung als wohlthätig auf die Ve=
getation an und für sich schon anerkannt ist; der salzsaure Kalk
(Chlorcalcium) ist eins der Salze, die Wasser mit großer Be=
gierde aus der Luft anziehen und zurückhalten, was den Gyps
beim Gypsen vollkommen zu ersetzen vermag, indem es mit
kohlensaurem Ammoniak sich zu Salmiak und kohlensaurem
Kalk umsetzt.

Eine Auflösung der Knochen in Salzsäure im Herbste oder
Winter auf den Acker gebracht, würde nicht allein dem Boden
einen nothwendigen Bestandtheil wiedergeben, sondern demsel=
ben die Fähigkeit geben, alles Ammoniak, was in dem Re=
genwasser in Zeit von 6 Monaten auf den Acker fällt, darauf
zurückzuhalten.

Die Asche von Braunkohlen und Torf enthält mehrentheils
kieselsaures Kali; es ist klar, daß diese Asche einen Hauptbestand=
theil des Kuh = und Pferdedüngers vollständig ersetzt, sie ent=
halten ebenfalls Beimischungen von phosphorsauren Salzen.

Es ist von ganz besonderer Wichtigkeit für den Oekonomen,
sich über die Ursache der Wirksamkeit der so eben besprochenen
Materien nicht zu täuschen. Man weiß, daß sie einen höchst
günstigen Einfluß auf die Vegetation haben, und ebenso gewiß
ist es, daß die Ursache in einem Stoffe liegt, der, abgesehen
von ihrer Wirkungsweise, durch ihre Form, Porosität, Fähigkeit

Waſſer anzuziehen und zurückzuhalten, Antheil an dem Pflan=
zenleben nimmt.   Man muß auf Rechenſchaft über dieſen
Einfluß verzichten, wenn man den Schleier der Iſis darüber
deckt.

Die Medizin hat Jahrhunderte lang auf der Stufe geſtan=
den, wo man die Wirkungen der Arzneien durch den Schleier
der Iſis verhüllte, aber alle Geheimniſſe haben ſich auf eine ſehr
einfache Weiſe gelöſt. Eine ganz unpoetiſche Hand erklärte die
anſcheinend unbegreifliche Wunderkraft der Quellen in Savoyen,
wo ſich die Walliſer ihre Kröpfe vertreiben, durch einen Ge=
halt an Jod; in den gebrannten Schwämmen, die man zu
demſelben Zweck benutzte, fand man ebenfalls Jod; man fand,
daß die Wunderkraft der China in einem darinn in ſehr ge=
ringer Menge vorhandenen kryſtalliniſchen Stoff, dem Chinin,
daß die mannigfaltige Wirkungsweiſe des Opiums in einer
eben ſo großen Mannigfaltigkeit von Materien liegt, die ſich
daraus darſtellen laſſen.

Einer jeden Wirkung entſpricht eine Urſache; ſuchen wir
die Urſachen uns deutlich zu machen, ſo werden wir die Wir=
kungen beherrſchen.

Als Princip des Ackerbaues muß angeſehen werden, daß
der Boden in vollem Maaße wieder erhalten muß, was ihm
genommen wird; in welcher Form dieß Wiedergeben geſchieht,
ob in der Form von Excrementen, oder von Aſche oder Knochen,
dieß iſt wohl ziemlich gleichgültig. Es wird eine Zeit kommen,
wo man den Acker mit einer Auflöſung von Waſſergas (kieſel=
ſaurem Kali), mit der Aſche von verbranntem Stroh, wo man
ihn mit phosphorſauren Salzen düngen wird, die man in che=
miſchen Fabriken bereitet, gerade ſo, wie man jetzt zur Heilung
des Fiebers und der Kröpfe chemiſche Präparate giebt.

Es giebt Pflanzen, welche Humus bedürfen, ohne bemerk=

168   Die Wechselwirthschaft und der Dünger.

lich zu erzeugen; es giebt andere, die ihn entbehren können, die einen humusarmen Boden daran bereichern; eine rationelle Cultur wird allen Humus für die ersten, und keinen für die anderen verwenden, sie wird die letzteren benutzen, um die ersteren damit zu versehen.

Wir haben in dem Vorhergehenden dem Boden Alles gegeben, was die Pflanzen für die Bildung der Holzfaser, des Korns, der Wurzel, des Stengels aus dem Boden ziehen, und gelangen nun jetzt zum wichtigsten Zweck des Feldbaues, nemlich zur Production von assimilirbarem Stickstoff, also von Materien, welche Stickstoff enthalten. Das Blatt, was den Holzkörper nährt, die Wurzel, aus der sich die Blätter entwickeln, was den Früchten ihre Bestandtheile zubereitet, alle Theile des Organismus der Pflanze enthalten stickstoffhaltige Materien in sehr wechselnden Verhältnissen; die Wurzeln und Saamen sind besonders reich daran.

Untersuchen wir nun, in welcher Weise eine möglichst gesteigerte Erzeugung von stickstoffhaltigen Substanzen in irgend einer Form erreichbar ist. Die Natur, die Atmosphäre liefert den Stickstoff in hinreichender Menge zur normalen Entwickelung einer Pflanze, und ihre Entwickelung muß schon als normal betrachtet werden, wenn sie nur ein einziges Saamenkorn wieder erzeugt, was fähig ist, in einem darauf folgenden Jahre die Pflanze wiederkehrend zu machen. Ein solcher normaler Zustand würde die Pflanzen auf der Erde erhalten, allein sie sind nicht ihrer selbst wegen da; die größere Anzahl von Thieren sind in Beziehung auf ihre Nahrung auf die vegetabilische Welt angewiesen, und eine weise Einrichtung giebt der Pflanze die merkwürdige Fähigkeit, bis zu einem gewissen Grade allen Stickstoff, der ihr dargeboten wird, in Nahrungsstoff für das Thier zu verwandeln.

Geben wir der Pflanze Kohlensäure und alle Materien, die
sie bedarf, geben wir ihr Humus in der reichlichsten Quantität,
so wird sie nur bis zu einem gewissen Grade zur Ausbildung
gelangen; wenn es an Stickstoff fehlt, wird sie Kraut, aber
keine Körner, sie wird vielleicht Zucker und Amylon, aber keinen Kleber erzeugen.

Geben wir der Pflanze aber Stickstoff in reichlicher Quan=
tität, so wird sie den Kohlenstoff, den sie zu seiner Assimilation
bedarf, aus der Luft, wenn er im Boden fehlt, mit der kräf=
tigsten Energie schöpfen; wir geben ihr in dem Stickstoff die
Mittel, um den Kohlenstoff aus der Atmosphäre in ihrem Or=
ganismus zu fixiren.

Als Dünger, der durch seinen Stickstoffgehalt wirkt, können
die festen Excremente des Rindviehes, der Schafe und des
Pferdes gar nicht in Betrachtung gezogen werden, eben weil
ihr Gehalt an diesem Bestandtheil verschwindend klein ist; die
menschlichen Excremente hingegen sind verhältnißmäßig reich
an Stickstoff, ihr Gehalt ist aber außerordentlich variirend; die
Excremente der Menschen, welche in Städten wohnen, wo die
animalische Kost vorherrscht, sie sind reicher daran, als die
von Bauern und überhaupt vom Lande her genommenen; Brod
und Kartoffeln geben beim Menschen Excremente von einer
ähnlichen Beschaffenheit und Zusammensetzung, wie bei den
Thieren.

Die Excremente überhaupt haben in dieser Beziehung einen
höchst ungleichen Werth; für Sand= und Kalkboden, dem es
an kieselsaurem Kali und phosphorsauren Salzen fehlt, haben
die Excremente der Pferde und des Rindviehes einen ganz be=
sonderen Nutzen, der sich für kalireichen Thonboden, für Basalt,
Granit, Porphyr, Klingstein, selbst für Zechsteinboden außer=
ordentlich vermindert; für diese letzteren ist der Dünger von

170   Die Wechselwirthschaft und der Dünger.

menschlichen Excrementen das Hauptmittel, um seine Frucht=
barkeit auf eine außerordentliche Weise zu steigern; denselben
Nutzen hat er natürlich für alle Bodenarten überhaupt, aber
zur Düngung der ersteren können die Excremente von Thieren
nicht entbehrt werden.

Von dem Stickstoffgehalt der festen Excremente abgesehen,
haben wir nur eine einzige Quelle von stickstoffhaltigem Dün=
ger, und diese Quelle ist der Harn der Thiere und Menschen.

Wir bringen den Harn entweder als Mistjauche oder in
der Form der Excremente selbst, die davon durchdrungen sind,
auf die Felder; es ist der Harn, der den letzteren die Fähig=
keit giebt, Ammoniak zu entwickeln, eine Fähigkeit, die er an
und für sich nur in einem geringen Grade besitzt.

Wenn wir untersuchen, was wir in dem Harn den Feldern
eigentlich geben, so kommen wir als einziges und mittelbares
Resultat auf Ammoniaksalze, welche Bestandtheile des Harns
sind, auf Harnsäure, welche ausnehmend reich an Stickstoff ist,
und auf phosphorsaure Salze, die im Harne sich gelös't be=
finden.

Nach der Analyse von Berzelius enthalten 1000 Theile
Menschenharn:

Harnstoff	30,10
Freie Milchsäure	
Milchsaures Ammoniak	17,14
Fleisch=Extract	
Extractivstoffe	
Harnsäure	1,00
Harnblasenschleim	0,32
Schwefelsaures Kali	3,71
Schwefelsaures Natron	3,16

Latus . 55,43

$$\begin{array}{lr}
\text{Transport} & 55,43 \\
\text{Phosphorsaures Natron} \ldots \ldots & 2,94 \\
\text{Zweifach-phosphorsaures Ammoniak} & 1,65 \\
\text{Kochsalz} \ldots \ldots \ldots \ldots & 4,45 \\
\text{Salmiak} \ldots \ldots \ldots \ldots & 1,50 \\
\text{Phosphorsaure Bttererde und Kalk} & 1,00 \\
\text{Kieselerde} \ldots \ldots \ldots \ldots & 0,03 \\
\text{Wasser} \ldots \ldots \ldots \ldots & 933,00 \\
\hline
& 1000,00
\end{array}$$

Nehmen wir aus dem Harn den Harnstoff, das milchsaure Ammoniak, die freie Milchsäure, Harnsäure, phosphorsaures Ammoniak und Salmiak hinweg, so bleiben 1 p. c. fester Stoffe, die aus anorganischen Salzen bestehen, die natürlicherweise auf den vegetabilischen Organismus ganz gleich wirken müssen, ob wir sie im Harn oder im Wasser gelös't aufs Feld bringen.

Es bleibt, wie man sieht, nichts übrig, als die kräftige Wirkungsweise des Urins dem Harnstoff oder den andern Ammoniaksalzen zuzuschreiben.

Der Harnstoff ist in dem Urin des Menschen zum Theil in der Form von milchsaurem Harnstoff (Henry), eine andere Portion davon ist frei vorhanden.

Untersuchen wir nun, was geschehen wird, wenn wir den Harn sich selbst überlassen, faulen lassen, wenn er also in den Zustand übergeht, in welchem er als Dünger dient; aller an Milchsäure gebundene Harnstoff verwandelt sich in milchsaures Ammoniak, aller frei vorhandene geht in äußerst flüchtiges kohlensaures Ammoniak über.

In wohlbeschaffenen, vor der Verdunstung geschützten Düngerbehältern wird das kohlensaure Ammoniak gelös't bleiben; bringen wir den gefaulten Harn auf unsere Felder, so wird ein Theil des

172   Die Wechselwirthschaft und der Dünger.

kohlensauren Ammoniaks mit dem Wasser verdunsten, eine andere
Portion davon wird von thon= und eisenoxidhaltigem Boden
eingesaugt werden, im Allgemeinen wird aber nur das milch=
saure, phosphorsaure und salzsaure Ammoniak in der Erde
bleiben; der Gehalt an diesem allein macht den Boden fähig,
im Verlauf der Vegetation auf die Pflanzen eine directe Wir=
kung zu äußern, keine Spur davon wird den Wurzeln der
Pflanzen entgehen.

Das kohlensaure Ammoniak macht bei seiner Bildung den
Harn alkalisch, in normalem Zustande ist er, wie man weiß,
sauer; wenn es, was in den meisten Fällen eintritt, sich ver=
flüchtigt und in der Luft verliert, so ist der Verlust, den wir
erleiden, beinahe gleich dem Verluste an dem halben Gewichte
Urin; wenn wir es fixiren, d. h. ihm seine Flüchtigkeit nehmen,
so haben wir seine Wirksamkeit aufs Doppelte erhöht.

Das Vorhandensein von freiem kohlensaurem Ammoniak in
gefaultem Urin hat selbst in früheren Zeiten zu dem Vorschlage
Veranlassung gegeben, die Mistjauche auf Salmiak zu benutzen.
Von manchem Oekonomen ist dieser Vorschlag in Ausführung
gebracht worden, zu einer Zeit, wo der Salmiak einen hohen
Handelswerth besaß. Die Mistjauche wurde in Gefäßen von
Eisen der Destillation unterworfen und das Destillat auf ge=
wöhnliche Weise in Salmiak verwandelt (Demachy).

Es versteht sich von selbst, daß die Agricultur eine solche
widersinnige Anwendung verwerfen muß, da der Stickstoff von
100 Pfd. Salmiak (welche 26 Theile Stickstoff enthalten) gleich
ist dem Stickstoffgehalte von 1200 Pfd. Weizenkörnern, 1480 Pfd.
Gerstenkörnern oder 2500 Pfd. Heu (Boussingault).

Das durch Fäulniß des Urins erzeugte kohlensaure Ammo=
niak kann auf mannigfaltige Weise fixirt, d. h. seiner Fähigkeit
sich zu verflüchtigen beraubt werden.

Denken wir uns einen Acker mit Gyps bestreut, den wir mit gefaultem Urin, mit Mistjauche überfahren, so wird alles kohlensaure Ammoniak sich in schwefelsaures verwandeln, was in dem Boden bleibt.

Wir haben aber noch einfachere Mittel, um alles kohlen= saure Ammoniak den Pflanzen zu erhalten, ein Zusatz von Gyps, Chlorcalcium, von Schwefelsäure oder Salzsäure, oder am besten von saurem phosphorsaurem Kalk, lauter Substan= zen, deren Preis ausnehmend niedrig ist; bis zum Verschwin= den der Alkalinität des Harns wird das Ammoniak in ein Salz verwandeln, was seine Fähigkeit, sich zu verflüchtigen, gänzlich verloren hat.

Stellen wir eine Schale mit concentrirter Salzsäure in einen gewöhnlichen Abtritt hinein, in welchem die obere Oeff= nung mit dem Düngbehälter in offener Verbindung steht, so findet man sie nach einigen Tagen mit Krystallen von Sal= miak angefüllt. Das Ammoniak, dessen Gegenwart die Ge= ruchsnerven schon anzeigen, verbindet sich mit der Salzsäure und verliert seine Flüchtigkeit; über der Schale bemerkt man stets dicke weiße Wolken oder Nebel von neuentstandenem Salmiak. In einem Pferdestall zeigt sich die nemliche Er= scheinung. Dieses Ammoniak geht nicht allein der Vegetation gänzlich verloren, sondern es verursacht noch überdieß eine langsam aber sicher erfolgende Zerstörung der Mauer. In Berührung mit dem Kalk des Mörtels verwandelt es sich in Salpetersäure, welche den Kalk nach und nach auflöst, der sogenannte Salpeterfraß (Entstehung von löslichem salpetersau= rem Kalk) ist die Folge seiner Verwesung.

Das Ammoniak, was sich in Ställen und aus Abtritten entwickelt, ist unter allen Umständen mit Kohlensäure verbun= den. Kohlensaures Ammoniak und schwefelsaurer Kalk (Gyps)

174   Die Wechselwirthschaft und der Dünger.

können bei gewöhnlicher Temperatur nicht mit einander in Be=
rührung gebracht werden, ohne sich gegenseitig zu zersetzen.
Das Ammoniak vereinigt sich mit der Schwefelsäure, die Koh=
lensäure mit dem Kalk zu Verbindungen, welche nicht flüchtig,
d. h. geruchlos sind. Bestreuen wir den Boden unserer Ställe
von Zeit zu Zeit mit gepulvertem Gyps, so wird der Stall
seinen Geruch verlieren, und wir werden nicht die kleinste
Quantität Ammoniak, was sich gebildet hat, für unsere Felder
verlieren.

Die Harnsäure, nach dem Harnstoff das stickstoffreichste unter
den Produkten des lebenden Organismus, ist im Wasser lös=
lich, sie kann durch die Wurzeln der Pflanzen aufgenommen
und ihr Stickstoff in der Form von Ammoniak, von kleesaurem,
blausaurem oder kohlensaurem Ammoniak assimilirt werden.

Es wäre von außerordentlichem Interesse, die Metamor=
phosen zu studiren, welche die Harnsäure in einer lebenden
Pflanze erfährt; als Düngmittel in reinem Zustande unter
ausgeglühtes Kohlenpulver gemischt, in welchem man Pflanzen
vegetiren läßt, würde die Untersuchung des Saftes der Pflanze
oder der Bestandtheile des Saamens oder der Frucht leicht die
Verschiedenheit erkennen lassen.

In Beziehung auf den Stickstoffgehalt sind 100 Theile
Menschenharn ein Aequivalent für 1300 Theile frischer Pferde=
excremente nach Macaire's und Marcet's Analysen und
600 Theile frischer Excremente der Kuh. Man wird hieraus
leicht entnehmen, von welcher Wichtigkeit es für den Ackerbau
ist, auch nicht den kleinsten Theil davon zu verlieren. Die kräf=
tige Wirkung des Harns im Allgemeinen ist in Flandern vor=
züglich anerkannt, allein nichts läßt sich mit dem Werthe ver=
gleichen, den das älteste aller Ackerbau treibenden Völker, das
chinesische, den menschlichen Excrementen zuschreibt, die Gesetze

des Staates verbieten das Hinwegschütten derselben, in jedem
Hause sind mit der größten Sorgfalt Reservoirs angelegt, in
denen sie gesammelt werden, nie wird dort für Getreidefelder
ein andrer Dünger verwendet.

China ist die Heimath der Experimentirkunst, das unab=
lässige Bestreben, Versuche zu machen, hat das chinesische Volk
seit Jahrtausenden zu Entdeckungen geführt, welche die Euro=
päer Jahrhunderte lang, in Beziehung auf Färberei, Malerei,
Porzellan= und Seidebereitung, Lack= und Malerfarben, bewun=
derten, ohne sie nachahmen zu können; man ist dort dazu ge=
langt, ohne durch wissenschaftliche Principien geleitet zu wer=
den, denn man findet in allen ihren Büchern Recepte und
Vorschriften, aber niemals Erklärungen.

Ein halbes Jahrhundert genügte den Europäern, die Chi=
nesen in den Künsten und in den Gewerben nicht allein zu
erreichen, sondern sie zu übertreffen, und dieß geschah aus=
schließlich nur durch die Anwendung richtiger Grundsätze, die
aus dem Studium der Chemie hervorgingen, aber wie unendlich
weit ist der europäische Ackerbau hinter dem chinesischen zurück.
Die Chinesen sind die bewundernswürdigsten Gärtner und Er=
zieher von Gewächsen, für jedes wissen sie eigends zubereiteten
Dünger anzuwenden. Der Ackerbau der Chinesen ist der voll=
kommenste in der Welt, und man legt in diesem Lande, dessen
Klima in den fruchtbarsten Bezirken sich von dem europäischen
nur wenig entfernt, den Excrementen der Thiere nur einen
höchst geringen Werth bei. Bei uns schreibt man dicke Bücher,
aber man stellt keine Versuche an, man drückt in Procenten
aus, was die eine und die andere Pflanze an Dünger verzehrt,
und weiß nicht, was Dünger ist!

Wenn wir annehmen, daß die flüssigen und festen Excre=
mente eines Menschen täglich nur 1½ Pfd. betragen (⁵/₄ Pfd.

176   Die Wechselwirthschaft und der Dünger.

Urin und ¼ Pfd. fester Excremente), daß beide zusammenge=
nommen 3 p. c. Stickstoff enthalten, so haben wir in einem
Jahre 547 Pfd. Excremente, welche 16,41 Pfd. Stickstoff ent=
halten, eine Quantität, welche hinreicht, um 800 Pfd. Weizen=,
Roggen=, Hafer= und 900 Pfd. Gerstenkörnern (Boussin=
gault) den Stickstoff zu liefern.

Dieß ist bei weitem mehr, als man einem Morgen Land
hinzuzusetzen braucht, um mit dem Stickstoff, den die Pflanzen
aus der Atmosphäre auffaugen, ein jedes Jahr die reichlichsten
Ernten zu erzielen. Eine jede Ortschaft, eine jede Stadt könnte
bei Anwendung von Fruchtwechsel alle ihre Felder mit dem
stickstoffreichsten Dünger versehen, der noch überdieß der reichste
an phosphorsauren Salzen ist. Bei Mitbenutzung der Knochen
und der ausgelaugten Holzasche würden alle Excremente von
Thieren völlig entbehrlich sein.

Die Excremente der Menschen lassen sich, wenn durch ein
zweckmäßiges Verfahren die Feuchtigkeit entfernt und das freie
Ammoniak gebunden wird, in eine Form bringen, welche die
Versendung, auch auf weite Strecken hin, erlaubt.

Dieß geschieht schon jetzt in manchen Städten und die Zu=
bereitung der Menschenexcremente in eine versendbare Form
macht einen nicht ganz unwichtigen Zweig der Industrie aus.
Aber die Grundsätze, die man befolgt, um diesen Zweck zu er=
reichen, sind die verkehrtesten und widersinnigsten, die man sich
denken kann. Die in den Häusern in Paris in Fässern gesam=
melten Excremente werden in Montfaucon in tiefen Gruben
gesammelt und sind zum Verkaufe geeignet, wenn sie einen
gewissen Grad der Trockenheit durch Verdampfung an der Luft
gewonnen haben; durch die Fäulniß derselben in den Behäl=
tern in den Häusern verwandelt sich aller Harnstoff zum größ=
ten Theil in kohlensaures Ammoniak; es entsteht milch= und

phosphorsaures Ammoniak, die vegetabiliſchen Theile, welche
darinn enthalten ſind, gehen ebenfalls in Fäulniß über, alle
ſchwefelſauren Salze werden zerſetzt, der Schwefel bildet Schwe=
felwaſſerſtoff und flüchtiges Schwefelammonium. Die an der
Luft trocken gewordene Maſſe hat mehr wie die Hälfte ihres
Stickſtoffgehalts mit dem verdampfenden Waſſer verloren, der
Rückſtand beſteht neben phosphorſaurem und milchſaurem Am=
moniak zum größten Theil aus phosphorſaurem Kalk, etwas
harnſaurer Bittererde und fettigen Subſtanzen; er iſt nichts
deſto weniger noch ein ſehr kräftiger Dünger, aber ſeine Fä=
higkeit zu düngen wäre verdoppelt und verdreifacht worden,
wenn man die Excremente von dieſem Eintrocknen durch eine
wohlfeile Mineralſäure neutraliſirt hätte.

In anderen Fabriken mengt man die weichen Excremente
mit Holzaſche oder mit Erde, die eine reichliche Quantität von
ätzendem Kalk enthält, und bewirkt damit eine völlige Austrei=
bung alles Ammoniaks, wobei ſie ihren Geruch aufs Vollſtän=
digſte verlieren. Wenn dieſer Rückſtand düngt, ſo geſchieht
dieß lediglich nur durch die phosphorſauren Salze, die er noch
enthält, denn alle Ammoniakverbindungen ſind zerſetzt und das
Ammoniak iſt ausgetrieben worden.

In dem ſterilen Boden der Küſten Südamerika's düngt man
mit Guano, mit hornſauren und anderen Ammoniakſalzen, und
erhält damit eine üppige Vegetation und die reichſten Ernten.
In China giebt man den Getreidefeldern keinen andern Dün=
ger als Menſchenexcremente; bei uns überfährt man die Fel=
der jährlich mit dem Saamen von allen Unkrautpflanzen, die
in der Beſchaffenheit und Form, welche ſie beſitzen, unverdaut
mit ihrer ganzen Keimkraft in die Excremente der Thiere wie=
der übergehen, und man wundert ſich, daß das Unkraut trotz
aller Anſtrengung, auf den Aeckern, wo er ſich einmal einge=

12

178   Die Wechselwirthschaft und der Dünger.

niſtet hat, nicht vertrieben werden kann; man begreift es nicht,
und ſäet es jedes Jahr von Neuem an. Ein berühmter Botaniker, der in den neunziger Jahren mit der holländiſchen
Geſandtſchaft nach China reiſte, konnte auf den chineſiſchen
Getreidefeldern kaum irgend eine andere Pflanze finden, als
das Korn ſelbſt. (Ingenhouß, die Ernährung der Pflanzen
S. 129.)

Der Harn der Pferde iſt weit weniger reich an Stickſtoff
und phosphorſauren Salzen. Nach Foucroy und Vauquelin enthält er nur 5 p. c. feſte Subſtanz, und darinn nur
0,7 Harnſtoff. 100 Theile Menſchenharn enthalten mehr wie
viermal ſo viel.

Der Kuhharn iſt vorzüglich reich an Kaliſalzen; nach
Rouelle und Brande enthält er ſogar keine Natronſalze.
Der Harn der Schweine iſt vorzüglich reich an phosphorſau-
rem Bittererde-Ammoniak, welches die ſo häufig vorkommenden
Steine in den Harnblaſen dieſer Thiere bildet.

Es iſt klar, daß wenn wir die feſten und flüſſigen Excremente der Menſchen und die flüſſigen der Thiere in dem Verhältniſſe zu dem Stickſtoff auf unſere Aecker bringen, den wir
in der Form von Gewächſen darauf geerntet haben, ſo wird
die Summe des Stickſtoffs auf dem Gute jährlich wachſen
müſſen. Denn zu dem, welchen wir in dem Dünger zuführen, iſt aus der Atmoſphäre eine gewiſſe Quantität hinzuge-
kommen. Was wir in der Form von Getreide und Vieh an
Stickſtoff ausführen, was ſich davon in großen Städten anhäuft, kommt anderen Feldern zu gut, wenn wir ihn nicht
erſetzen. Ein Gut, was keine Wieſen hat und nicht Felder
genug für den Anbau von Futtergewächſen beſitzt, muß ſtickſtoffhaltigen Dünger von Außen einführen, wenn man auf
ihm ein Maximum von Ertrag erzielen will. Auf größeren

Gütern ersetzen die Wiesen den jährlichen Ausfall an Stick=
stoff auf's Vollständigste wieder.

Der einzige wirkliche Verlust an Stickstoff beschränkt sich
demnach auf diejenige Quantität, welche die Menschen mit in
ihre Gräber nehmen, aber diese kann im Maximo nicht über
3 Pfd. für jedes Individuum betragen, welche sich auf ein gan=
zes Menschenalter vertheilen; sie bleibt, wie man weiß, den Ge=
wächsen unverloren, denn durch Fäulniß und Verwesung kehrt
dieselbe in der Form von Ammoniak in die Atmosphäre zurück.

Eine gesteigerte Cultur erfordert eine gesteigerte Düngung,
mit derselben wird die Ausfuhr an Getreide und Vieh wach=
sen, sie wird gehemmt durch den Mangel an Dünger.

Der höchste Werth als stickstoffhaltigen Dünger muß nach
dem Vorhergehenden vor Allem den flüssigen Excrementen der
Thiere und Menschen beigelegt werden. Der größte Theil des
Mehrertrages, des Zuwachses also, dessen Steigerung wir in
der Hand haben, geht von ihnen ausschließlich aus.

Wenn man erwägt, daß jedes Pfund Ammoniak, welches
unbenutzt verdampft, einem Verlust von 60 Pfd. Getreide gleich=
kommt, daß mit jedem Pfunde Urin ein Pfund Weizen gewonnen
werden kann, so ist die Leichtfertigkeit unbegreiflich, mit welcher
gerade die flüssigen Excremente betrachtet werden; man benutzt
an den meisten Orten nur die, von welchen die festen durch=
drungen und befeuchtet sind; man schützt die Düngerstätten we=
der vor dem Regen, noch vor der Verdunstung. Die festen
Excremente enthalten die unlöslichen, die flüssigen alle lösli=
chen phosphorsauren Salze, und die letzteren enthalten alles
Kali, was die verzehrten Pflanzen in der Form von organisch=
sauren Salzen enthalten.

Die frischen Knochen, Wolle, Lumpen, Haare, Klauen und
Horn sind stickstoffhaltige Dünger, welche gleichzeitig durch ihren

12*

180   Die Wechselwirthschaft und der Dünger.

Gehalt an phosphorsauren Salzen Antheil an dem vegetabili=
schen Lebensprocesse nehmen.

100 Th. trockne Knochen enthalten 32 bis 33 p. c. trockne
Gallerte, nehmen wir darinn denselben Gehalt an Stickstoff
wie im thierischen Leim an, so enthalten sie 5,28 p. c. Stick=
stoff, sie sind mithin als Aequivalent für 250 Th. Menschen=
Urin zu betrachten.

Die Knochen halten sich in trocknem oder selbst feuchtem
Boden (z. B. die in Lehm oder Gyps sich findenden Knochen
urweltlicher Thiere) bei Luftabschluß Jahrtausende unverändert,
indem der innere Theil durch den äußern vor dem Angriff des
Wassers geschützt wird.   Im feingepulverten feuchten Zustande
erhitzen sie sich, es tritt Fäulniß und Verwesung ein, die Gal=
lerte, die sie enthalten, zersetzen sich; ihr Stickstoff verwandelt
sich in kohlensaures Ammoniak und in andere Ammoniaksalze,
welche zum größten Theil von dem Pulver zurückgehalten wer=
den (1 Vol. wohl ausgeglühte weißgebrannte Knochen absor=
biren 7,5 Vol. reines Ammoniakgas).

Als ein kräftiges Hülfsmittel zur Beförderung des Pflan=
zenwuchses auf schwerem und namentlich auf Thonboden muß
schließlich noch das Kohlenpulver betrachtet werden.

Schon Ingenhouß hat die verdünnte Schwefelsäure als
Mittel vorgeschlagen, um die Fruchtbarkeit des Bodens zu stei=
gern, auf Kalkboden erzeugt sich beim Besprengen mit verdünn=
ter Schwefelsäure augenblicklich Gyps, den sie also auf's Voll=
ständigste ersetzen kann.   100 Th. concentrirte Schwefelsäure,
mit 800 bis 1000 Th. Wasser verdünnt, sind ein Aequivalent
für 176 Th. Gyps.

Anhang zur Seite 57.

Beobachtungen über eine Pflanze

(Ficus Australis),

welche 8 Monate hintereinander in dem Gewächshause des
botanischen Gartens in Edinburg in der Luft hangend, ohne
mit der Erde sich in Berührung zu befinden,
gelebt hat,

von

William Macnab, *)
Director des Pflanzengartens in Edinburg.

Die Ficus Australis stammen aus dem südlichen Theile Neu-
hollands und sind durch Sir Joseph Banks 1789 in unsere
Gärten eingeführt worden; sie sind jetzt ziemlich verbreitet in
England, wo man sie wie die Pflanzen in den mäßig warmen
Treibhäusern (green house) behandelt. In einem solchen guten

---

*) Nach einer Angabe in Turner's Elements of Chemistry, London
1834. S. 932, lebte diese Pflanze noch 16 Jahre nach dem in der
Abhandlung angeführten Datum.

182   Anhang.

Treibhause gedeihen sie wirklich, obgleich sie im Allgemeinen
empfindlicher gegen die Wirkungen der Kälte, als andere Pflan=
zen der nemlichen Gegend sind.

Bei meiner Ernennung zum Director des Gartens von
Edinburg im Jahre 1810 fand ich diese Pflanze ein wenig
kränkelnd im Green=House; nachdem ich sie aber 1811 in das
heiße Treibhaus verpflanzt hatte, fing sie sogleich mit großer
Ueppigkeit zu gedeihen an.

Der Stengel der Pflanze, von dem Boden an gerechnet bis
an den Anfang der Zweige, hatte ungefähr einen Fuß Höhe.
Auf einem der Zweige sah ich eine Wurzel hervorkommen, zwei
Fuß entfernt von seiner Vereinigung mit dem Stiele. Als sie
einen Fuß Länge erreicht hatte, stellte ich einen irdenen Topf
mit Untersatz darunter; sobald dieser Topf mit Wurzelfasern
angefüllt war, beschloß ich, zu untersuchen, ob er bei häufigem
Begießen zur Ernährung der ganzen Pflanze hinreichen würde.

Im August 1816 hörte ich deshalb auf, das erste Gefäß
zu begießen, während die Erde des zweiten im Gegentheil oft
befeuchtet wurde; das Ganze blieb so acht Monate lang. Nun
gab augenscheinlich die völlig ausgetrocknete Erde des ersten
Topfes der Pflanze keine Nahrung mehr; demungeachtet aber
war sie so üppig, als werde ihr noch von den ursprünglichen
Wurzeln Leben zugeführt. Um alle Zweifel zu heben, wurde
das Gefäß, worinn sich diese ersten Wurzeln befanden, im
Frühling 1817 weggethan; die sie umgebende, von der Sonne
ausgetrocknete Erde fiel durch ein langes Rütteln ab; die
Pflanze aber schien nicht im Geringsten darunter zu leiden;
nur die Wurzeln zeigten sich an ihren verschiedenen Theilen in
größerer Anzahl, als es bisher der Fall war.

Eine dieser neuen Wurzeln — von einem Zweige, 3 Fuß
von dem Stiele aus in der entgegengesetzten Richtung von der=

jenigen, welche seit einiger Zeit die Pflanze ernährte — wurde
zu Ende des Sommers 1817 in einen neuen Topf gepflanzt;
sobald eine gewisse Anzahl Wurzelfasern sich gebildet hatten,
wurde sie oft begossen, während man, das nemliche Verfahren
befolgend, aufhörte, den zweiten Topf zu begießen; die Pflanze
litt nicht im Mindesten. Im Frühling 1818 nahm ich das
durchaus trockene zweite Gefäß hinweg und schüttelte, wie es
bei den ersten Wurzeln geschehen, die daran hängende Erde
wieder los.

Dieser dritte Topf, von welchem nun die Pflanze alle Nahrung empfing, war 4 Fuß von dem äußersten Ende des Stie-
les — und sehr wenig von der Spitze eines der Zweige entfernt. Die ursprünglichen Wurzeln sowohl, als die in den
zweiten Topf verpflanzten, schwebten in der Luft. Bei einem
dritten Versuche — den vorhergehenden in Allem gleich —
der im Mai 1819 angestellt wurde, nahm die Pflanze ihre
Nahrung von einem einzigen sehr kleinen Gefäße (von nur
2 Zoll im Durchmesser), welches man am äußersten Ende
eines der Zweige unter der Wurzel angebracht hatte.

Endlich im Juli 1819 dachte ich zu versuchen, ob die
Pflanze — wenn schwebend in der Luft, und ohne daß einer
ihrer Theile die Erde berühre — leben könne. Ich nahm den
oben erwähnten kleinen Topf hinweg, ließ die Erde an den
Wurzeln fallen und begnügte mich, zweimal des Tages die
Blätter mit Wasser zu besprengen; nun aber — obgleich dieser Versuch seit 8 Monaten dauert — ist die an einem Spalier hängende Pflanze eben so üppig, als andere in Erde ge-
zogene Individuen derselben Art.

Bemerkenswerth ist noch, daß diese Pflanze, welche, nach
der gewöhnlichen Weise behandelt, selten Früchte trägt, an
dem Spalier aufgezogen, mit solchen beladen war; 2 Feigen

184   Anhang.

sind an dem Blattwinkel fast eines jeden Blattes entstanden,
und ich habe deren kaum dickere in den Treibhäusern von Kew
gesehen.

Von dem äußersten Ende der Wurzel bis an das der Blät=
ter hat die Pflanze jetzt (Februar 1819) 7½ Fuß. Der Sten=
gel, da wo er am stärksten ist, hat 5½ Zoll im Umfang. Sie
fährt fort zu wachsen und sich auszubreiten, obgleich seit 8 Mo=
naten sie schwebend hängt, ohne daß einer ihrer Theile in Be=
rührung mit Erde steht.

(Ausgezogen mit einigen Abkürzungen aus den Annales de Chimie et de
Physique. T. XV. 13. Edinbourg philosophical Journal Nr. 5).

Versuche und Beobachtungen
über die
Wirkung der vegetabilischen Kohle
auf die Vegetation,
von
Eduard Lucas.

In einer Abtheilung eines niederen Warmhauses des bo=
tanischen Gartens zu München wurde ein Beet für junge tro=
pische Pflanzen, statt der sonst gebräuchlichen Lohe, mit Kohlen=
staub, der überall sehr leicht zu erhalten war, nachdem durch
ein Sieb die größeren Kohlenstücke entfernt worden, ausgefüllt.
Die Heizung lief mittelst einer 6 Zoll weiten Röhre von Eisen=
blech durch dieses Beet in einen hohlen Raum und theilte
ihm so eine gelinde Wärme mit, was bei der Lohe durch den

Proceß ihrer Gährung bezweckt wurde. Die in dieses Kohlen=
beet eingesenkten Pflanzen zeichneten sich gar bald durch eine
lebhafte Vegetation und ihr frisches, gesundes Ansehen aus.
Wie es in dergleichen Beeten immer der Fall ist, daß nemlich
die Wurzeln vieler Pflanzen durch die Abzugslöcher der Töpfe
hindurchdringen und sich dann ausbreiten, so auch hier, nur
zeigte sich das Auffallende, daß diese in Kohle durchgewurzel=
ten Pflanzen sich durch Trieb und Ueppigkeit vor allen anderen,
z. B. in Lohe durchgewurzelten, sehr auszeichneten. Einige,
unter denen ich nur die schöne Thunbergia alata und die Gat=
tung Peireskia nenne, wucherten zum Erstaunen; erstere blü=
hete so reichlich, daß Jeder, der sie sah, bestätigte, noch nie
solche Exemplare gefunden zu haben. Auch setzte sie, was sonst
meist nur nach künstlicher Bestäubung geschieht, ohne Zuthun
eine Menge Saamen an. Die Peiriskien kamen so stark in
Trieb, daß die Aculeata Loten von mehreren Ellen trieb und
P. grandifolia Blätter von einem Fuß Länge machte. Solche
Erscheinungen, wozu noch viele scheinbare geringere, wie das
rasche Aufkeimen von Saamen, die sich selbst ausgestreut hat=
ten, das häufige Erscheinen junger Filices kommen, mußten
natürlich meine Aufmerksamkeit rege machen, und ich wurde so
nach und nach zu einer Reihe von Versuchen geführt, deren
Resultate in doppelter Beziehung nicht uninteressant sein dürf=
ten, denn außer dem technischen Nutzen für die Cultur der mei=
sten Pflanzen bieten sie auch in physiologischer Beziehung Man=
ches dar.

Das Nächste, was die Natur der Sache mit sich brachte,
war, daß ich zu verschiedenen Pflanzen einen Theil vegetabili=
scher Kohle der Erde beimischte und in dem Quantum steigerte,
je mehr ich die Vortheile der Methode einsah. Ganz vor=
züglich zeigt sich z. B. ein Beisatz von ⅓ Kohle unter Laub=

186   Anhang.

erde bei Gesneria und Gloxinia, so wie bei den tropischen
Aroideen mit knolligen Wurzeln. Die beiden ersteren Gattun=
gen erregten bald durch die größte Ueppigkeit aller ihrer Theile
die Bewunderung der Kenner. Die Stengel übertrafen an
Dicke, so wie die Blätter an dunkler Färbung und Straffheit
die auf gewöhnliche Weise cultivirten Exemplare; die Blüthe
ließ nichts zu wünschen übrig, und ihre Vegetation dauerte
ausnehmend lange, so daß jetzt, in Mitte des Novembers, wo
die meisten der anderen Exemplare bis auf die Knolle abgestor=
ben sind, diese noch in üppiger Frische dastehen und theilweise
blühen. Die Aroideen zeigten ein sehr rasches Wurzelvermögen,
und ihre Blätter übertreffen an Größe die nicht so behandel=
ten um Vieles; die Arten, welche wir ihrer schönen Färbung
der Blätter wegen als Zierpflanzen ziehen (man denke nur
an Caladium bicolor, pictum, paecile ꝛc.), machten sich durch
das lebhafteste Colorit noch bemerkbarer; auch trat hier der
Fall wieder ein, daß ihre Vegetationsperiode ungewöhnlich lang
fortdauerte. Cactus, die in einer Mischung von gleichen Thei=
len Kohle und Erde gepflanzt wurden, wucherten förmlich und
überwuchsen ihre vorherige Größe in einigen Wochen um die
Hälfte. Bei einigen Bromeliaceen und Liliaceen leistete die
Anwendung der Kohle wesentliche Vortheile, ebenso bei Citrus,
Begonia und selbst bei Palmen. In geringeren Quantitäten
bei fast allen Pflanzenarten, bei denen man Sand zur Locker=
erhaltung der Erde anwendet; nach dem Verhältniß des Sand=
zusatzes, anstatt diesen beigemischt, verfehlte die Kohle ihre
Wirkung nicht und erzielte immer eine kräftige Vegetation.

    Zugleich mit obigen Versuchen der Untermischung der Kohle
unter Erdarten wurde sie auch rein ohne Zusatz zur Vermeh=
rung der Pflanzen angewendet, und auch hierbei erhielt ich die
erfreulichsten Resultate. Stöcklinge von den verschiedensten

Gattungen bewurzelten sich darinn sehr schnell und gut; ich er=
wähne nur Euphorbia fastuosa und fulgens in 10 Tagen,
Pandanus utilis in 3 Monaten, P. amaryllifolius, Chamae-
dorea elatior in 4 Wochen, Piper-nigrum, Begonia, Ficus,
Cecropia, Chiococca, Buddleja, Hakea, Phyllanthus, Cappa-
ris, Laurus, Stifftia, Jacquinia, Mimosa, Cactus in 8 bis
10 Tagen einige 40 Species, Ilex und viele andere. Doch
auch Blätter und Blattstücke, selbst Pedunculi, wurden zum
Wurzeln und theilweise zur Augenbildung in reine Kohle ge=
bracht. So gelang es unter andern, die Foliola mehrerer
Cycadeen zum Wurzeln zu bringen, eben so einzelne Theile
des gefiederten Blattes von Bignonia Telsairiae und Jaca-
randa brasiliensis, Blätter von Euphorbia fastuosa, Oxa-
lis Barrelieri, Ficus, Cyclamen, Polyanthes, Mesembrianthe-
mum, auch zartlaubige Pflanzen, wie Lophospermum und
Martynia, Stücke eines Blattes der Agave americana, Na=
belbündel von Pinus ꝛc., alle ohne einen Ansatz eines vorbe=
reiteten Auges.

Als Kurmittel für kranke Pflanzen hat sich auch die reine
Kohle sehr vortrefflich bewiesen. So wurde z. B. eine Do-
rianthes excelsa, die seit drei Jahren immer nur zurückgegan=
gen war, in kurzer Zeit völlig gesund hergestellt. Einem Pom=
meranzenbäumchen, welches die leider sehr häufige Krankheit,
das Gelbwerden der Blätter, hatte, wurde dadurch, daß die
obere Erdschicht hinweggenommen und 1 Zoll dick ein Ring
von Kohle in die Peripherie des Topfes gestreut wurde, bin=
nen 4 Wochen seine gesunde grüne Farbe wieder gegeben. Der=
selbe Fall war bei Gardenia.

Es würde zu weit führen, alle Versuche mit ihren Resul=
taten, die mit der Kohle angestellt wurden, hier aufzuzählen;
es gehört auch nicht mehr in das Bereich dieser Blätter, in=

188   Anhang.

dem nur im Allgemeinen gezeigt werden sollte, wie die Kohle
ihre Wirkungen auf die Vegetation äußerte. Ausführlichere
Mittheilungen mögen die verehrlichen Leser, die besonderes
Interesse an diesem Gegenstande finden, in der Allgemeinen
deutschen Gartenzeitung von Otto und Dietrich in Berlin
in der Folge nachsehen.

Die Kohle, die zu obigen Versuchen angewendet wurde,
war nur der staubige Abfall von Föhren= oder Fichtenkohle,
wie derselbe bei Schmieden, Schlossern ꝛc. in Menge umsonst
zu haben ist. Dieses Kohlenpulver zeigte sich am wirksamsten,
nachdem es einen Winter hindurch der Luft exponirt gewesen
war. Für die Folge werden aber auch Versuche mit Kohle
von harten Holzarten, so wie mit Torfkohle und mit thierischer
Kohle angestellt werden, obgleich wohl mit Wahrscheinlichkeit
vorauszusehen, daß keine derselben so entsprechen wird, als die
Fichtenkohle, ihrer Porosität und leichtern Zersetzbarkeit wegen.

Zu bemerken ist übrigens, daß alle auf erwähnte Art zu
behandelnden Pflanzen reichliches Begießen bedürfen, indem es
leicht begreiflich ist, daß ohne dieses, da die Luft bei weitem
leichter die Wurzelballen durchdringen und austrocknen kann,
ein Mißlingen jedes Versuchs fast unvermeidlich ist.

Dieser Wirksamkeit der Kohle liegt wohl zuerst zu Grunde,
die Theile der Pflanzen, die mit ihr in Berührung gebracht
werden, seien es Wurzeln, Zweige, Blätter oder Blattstücke,
eine geraume Zeit unverändert in ihrer Lebensthätigkeit zu er=
halten, so daß das Individuum Zeit gewinnt, aus sich selbst
die Organe zu entwickeln, die zu seiner weitern Erhaltung
und Fortpflanzung nothwendig sind. Es leidet auch wohl fast
keinen Zweifel, daß die Kohle bei ihrer Zersetzung — nach meh=
reren, vielleicht 5 bis 6 Jahren ist dieselbe, wenn sie beständig
in Thätigkeit bleibt, zu Kohlenerde geworden — Kohlenstoff

oder Kohlenoxid der Pflanze in reichlicher Menge zuführt und
durch diese Mittheilung des Hauptbestandtheils der pflanzlichen
Nahrung Wirkungen hervorzubringen vermag; wie wäre denn
sonst das tiefere Grün und die Ueppigkeit der Blätter, ja des
ganzen Wachsthums zu erklären, die bei der besten Cultur in
irgend einer Erdart nach dem Urtheil erfahrener Männer nicht
erzielt werden konnte. Sie wirkt auch insofern äußerst gün=
stig, als sie die von den Wurzeln absorbirten Theile zersetzt
und aufsaugt und dadurch die Erde immer rein von faulenden
Substanzen, die oft Ursache des Absterbens der Spongiolen
sind, erhält. Ihre Porosität, so wie das Vermögen, das Wasser
rasch aufzusaugen und nach geschehener Sättigung alles übrige
durchsickern zu lassen, sind gewiß nicht minder Ursache der gün=
stigen Ergebnisse. Welche nahe Verwandtschaft übrigens die
Bestandtheile der Kohle zu allen Pflanzen haben müssen, geht
daraus hervor, daß alle angestellten Versuche die Bemühungen
krönten, und zwar bei der großen Verschiedenheit der Pflan=
zenfamilien, die denselben unterworfen wurden. (Buchner's
Repertorium, II. Reihe XIX. Bd. S. 38).

Ueber Ernährung der Pflanzen
vom
Forst-Rathe Dr. Th. Hartig.

Wenn heute eine Sandscholle, deren Boden kaum erkenn=
bare Spuren von Humus enthält, mit Kiefern angesäet und
sorgfältig bewirthschaftet wird, so liefert nach einer Reihe von
Jahren der aus der Saat hervorgegangene Holzbestand nicht
allein eine beträchtliche Kohlenstoffmasse in der Holzernte, son=
dern auch die Fruchtbarkeit des Bodens zeigt sich durch einen
erhöhten Humusgehalt gesteigert. Wo kann diese Kohlenstoff=
masse herstammen, wenn nicht aus der Luft?

Kann in diesem Falle ein Holzbestand auf schlechtem
Boden seinen und seines Bodens Kohlenstoff aus der Luft
beziehen, so wird er diese Fähigkeit auf einem in seinen anor=
ganischen Bestandtheilen besserem Boden in nicht geringerm
Grade besitzen.

Wenn es eine nicht in Abrede zu stellende Thatsache ist,
daß der jährliche Laubabfall geschlossener Waldbestände hinreicht,
und auf fruchtbarem Boden mehr als hinreichend ist, denselben in
seinem Humusgehalte zu erhalten, so ist es mathematisch ge=
wiß, daß die gesammte Holz=Production der Wälder ihrer
Masse nach aus der Atmosphäre stamme.

Eben so bestimmt erkennen wir in unseren Wäldern, daß

der atmosphärische Kohlenstoff durch die Blätter in die Pflanze
aufgenommen wird, denn in geschlossenen Beständen ist der
Blattschirm so dicht, daß nur die gröbsten Niederschläge, und
diese erst dann, wenn sie wenig Kohlenstoff enthalten, den Bo=
den erreichen; alle feineren atmosphärischen Niederschläge und
die mit Kohlensäure reichlich geschwängerten ersten Tropfen
gröberer Niederschläge werden von den Blättern gierig einge=
sogen und erreichen den Boden nicht.

Trotz dem erkennen wir eine weit größere Abhängigkeit des
Pflanzenwuchses von der Bodenbeschaffenheit als vom Klima.
Guter Boden vermag in weit höherem Grade die Ungunst des
Klima, als eine günstige Atmosphäre die schlechte Beschaffenheit
des Bodens zu heben; den Erfahrungen über Abhängigkeit des
Pflanzenwuchses vom Boden, über den günstigen Einfluß, wel=
chen besonders der Humus äußert, müssen sich alle Resultate
wissenschaftlicher Untersuchungen, alle Erkenntniß der Nahrung
und Ernährung des Pflanzenkörpers unterordnen.

Es ist die Frage: worinn die Abhängigkeit des Pflanzen=
wuchses von der Beschaffenheit des Standorts begründet sei,
eine der wichtigsten für den Acker= und Forstwirth. Meine
Erfahrungen und Ansichten hierüber sind enthalten im ersten
Bande der achten Auflage des Lehrbuchs für Förster (Luft=,
Boden= und Pflanzenkunde, in ihrer Anwendung auf Forst=
wirthschaft. Stuttgart, bei Cotta 1840).

Neuere Versuche haben mir einige für die Lehre von der
Ernährung der Pflanzen nicht unwichtige Resultate geliefert.
Dem Wunsche des verehrten Herrn Verfassers vorliegenden
Werkes entsprechend, theile ich dieselben in Folgendem mit:

192   Anhang.

**1) Die Pflanzen nehmen keine sogenannten Extractiv=
stoffe, keine Humusauflösung aus dem Boden auf.**

Vier größere Glascylinder wurden gefüllt mit einer Auf=
lösung sogenannter Humussäure aus Dammerde in Kali, und
zwar in der Art, daß dem ersten Glase die Auflösung sehr
concentrirt und dunkel=schwarzbraun, jedem der folgenden Glä=
ser mit der Hälfte Wasser verdünnt gegeben wurde, so daß
das zweite Glas nur ½, das dritte nur ¼, das vierte nur
⅛ der Humusauflösung enthielt. In diesen Gläsern wurden
junge Bohnenpflanzen gezogen, und es zeigte sich ein verhält=
nißmäßig kräftigeres und rascheres Wachsen der Pflänzchen, je
m e h r Humus die Auflösung enthielt. Nachdem ich mich auf
diese Weise von der günstigen Wirkung des aufgelösten hu=
mussauren Kali im Allgemeinen überzeugt hatte, kam ich dar=
auf, zu erforschen, ob und wieviel dieses Stoffes von den Wur=
zeln der Pflanze aufgesogen werde. Zu diesem Zwecke wurden
sehr kleine Glascylinder von 3 Zoll Länge, 4 Linien innerem
Durchmesser und 0,35 Loth Wassergehalt mit einer Lösung von
humussaurem Kali gefüllt, in welcher 0,057 p. c. des Wasser=
gewichtes oder in 0,35 Loth Wasser 0,0002 Loth trocknes
humussaures Kali aufgelöst waren.

In die gefüllten Cylinder wurden kleine Bohnenpflänzchen
gebracht, welche freudig wuchsen und bald eine Menge Wur=
zeln entwickelten. In den ersten 14 Tagen wurde täglich die
Hälfte der stets durch destillirtes Wasser ergänzten Flüssigkeit,
in den folgenden 14 Tagen, von Morgens 5½ Uhr bis Abends
7 Uhr ¾, in der Nacht ¼ derselben, binnen 24 Stunden
daher durchschnittlich die ganze Wassermasse des Gefäßes, d a s
D o p p e l t e des Gewichts der Pflanze betragend, von den
Wurzeln derselben eingesogen. Die Gewichtzunahme der einzelnen

Pflanze während der einmonatlichen Versuchszeit betrug 0,1076
Loth. Die Pflanzen hatten eine Höhe von 5 Zoll und eine
Stammdicke von 1½ Par. Linien erreicht. Während der Ver=
suchszeit konnte das Auge eine Verminderung des Humus in
der Lösung nicht entdecken. War am Abende heißer und son=
niger Tage die Flüssigkeit bis auf ¼ aufgesogen, so zeigte sich
der Rückstand verhältnißmäßig dunkler gefärbt und erhielt nach
dem Auffüllen mit destillirtem Wasser und Mengung desselben
mit dem Rückstande wieder die ursprüngliche Färbung. Die
Wurzeln nahmen also das Wasser mit Zurücklas=
sung der Humuslösung auf. Nach Verlauf eines Mo=
nats wurde die Flüssigkeit, in welcher die Pflanzen gewachsen,
untersucht, und es ergab sich eine Verminderung der Humus=
menge von 0,0001 Loth. Diese höchst unbedeutende Vermin=
derung rührt theils daher, daß sich etwas Humussäure an den
Wurzeln der Pflanze flockig niedergeschlagen hatte. Wollte man
annehmen, daß die Hälfte der Verminderung = 0,00005 Loth
von den Wurzeln wirklich aufgesogen, nicht durch Bildung von
Kohlensäure verschwunden sei, so ist dennoch die Menge im
Verhältniß zu Gewicht= und Volumvermehrung der Pflanzen
so gering, daß man sie füglich als unwesentlich beim Ernäh=
rungsprocesse außer Acht lassen kann.

Dieselben Gläser mit denselben Pflanzen wurden nun nach
dieser ersten Untersuchung mit einer filtrirten Abkochung reiner
Dammerde von dunkelbrauner Färbung angefüllt. Nach Ver=
lauf von drei Wochen konnte auch hier das Auge keine Lich=
tung der Flüssigkeit entdecken.

Dieselben Versuche wurden mit humussaurem Ammoniak und
mit humussaurem Natron wiederholt; aber nirgend ließ sich
eine Verminderung der aufgelösten Stoffe und Entfärbung der
Flüssigkeit entdecken, obgleich die Pflanzen täglich fast die ganze

194   Anhang.

Flüssigkeit der Gefäße absorbirten. Ich glaube daher zu dem Schlusse berechtigt zu sein, daß die Pflanzenwurzeln keine Humuslösung aus dem Boden aufnehmen.

2) Die Pflanzen nehmen Kohlensäure durch die Wurzeln aus dem Boden auf.

Zwei Glasröhren von 8 Zoll Länge und 4 Linien innerem Durchmesser wurden am untern Ende durch eine sehr enge gebogene Glasröhre in Verbindung gesetzt, so daß die beiden Schenkel parallel neben einander standen. Nachdem der Apparat mit kohlensaurem Wasser gefüllt worden, wurde in die obere Oeffnung des einen Schenkels eine reich bewurzelte junge Bohnenpflanze, deren Wurzeln 2½ Zoll tief in die Flüssigkeit hinab reichten, eingesenkt, und die Oeffnung mit Kautschuck luftdicht verschlossen, der Luftzutritt zum kohlensauren Wasser im zweiten Schenkel des Apparats durch eine Oelschicht verhindert. Die Pflanze absorbirte täglich ihr eigenes Gewicht an Feuchtigkeit, welche alle Abende in dem mit Oel abgesperrten Schenkel durch destillirtes Wasser ergänzt wurde.

Die Menge des kohlensauren Wassers im Apparate lieferte ursprünglich mit Kalkwasser einen Niederschlag von 0,0035 Loth kohlensaurem Kalke; nachdem die Pflanze acht Tage in der Flüssigkeit vegetirt hatte, wog der Niederschlag nur noch 0,0012 Loth. Bei der Untersuchung wurde die obere Oeffnung des Schenkels ohne Pflanze luftdicht verschlossen, aus dem andern Schenkel die Pflanze herausgenommen und die Flüssigkeit schichtenweise von 2½ zu 2½ Zoll untersucht. In der oberen Schicht, welche die Pflanzenwurzeln umgeben hatte, fanden sich kaum Spuren von Kohlensäure; die darauf folgenden Schichten zeigten kaum eine Verringerung derselben gegen den ursprünglichen Säuregehalt. Der Schenkel ohne Pflanze enthielt natürlich

nur wenig Kohlensäure, da sein kohlensaures Wasser in den
Pflanzenschenkel größtentheils eingesogen und durch destillirtes
Wasser ersetzt worden war.

Wenn sich hieraus ergiebt, daß die Pflanzen kohlensaures
Wasser aus dem Boden durch die Wurzeln aufnehmen, so muß
auch, da das Endresultat der Zersetzung des Humus Kohlen=
säure ist, dem Kohlenstoff der Dammerde Ernährungsfähigkeit
zugestanden werden.

Es ergiebt sich ferner aus dem Versuche, daß, da die Wur=
zeln das kohlensaure Wasser in ihrer nächsten Umgebung ent=
säuert hatten, die Kohlensäure mit Auswahl und Abscheidung
von den Wurzeln aufgenommen wird.

Der Versuch wurde mehrere Male wiederholt und ziemlich
übereinstimmende Resultate erlangt.

**3) Die Kohlensäure im Boden ist nicht unbedingt nöthig
zum Wachsthume der Pflanzen selbst nicht zur
Blüthe und Fruchtbildung.**

Bohnenpflanzen, gezogen in geglühtem, pulverisirtem und
geschlemmtem Quarz, wie solcher zur Porcellanfabrication ver=
wendet wird, begossen mit destillirtem Wasser, lieferten mir
Blüthen und Früchte. Ich habe eine solche Pflanze mit vier
kräftigen Schoten vor mir stehen, von denen die älteste bereits
2 Zoll 9 Linien lang und 5½ Linien breit ist. Organische
Stoffe waren hier gänzlich ausgeschlossen. Leider zeigte sich
bei einer nachträglichen Untersuchung des Quarzes derselbe nicht
so frei von Kalk, Talk und Eisen, daß sich aus dem Aschen=
rückstande Schlüsse auf das Bedürfniß der Pflanze an anorga=
nischen Stoffen ziehen ließen; bei wiederholtem Versuche werde
ich diesen Fehler beseitigen. Auffallend ist der ungemein große
Gehalt der im Quarz gezogenen Pflanzen an Kieselerde.

13 *

196   Anhang.

Zusatz zur Seite 114.

»»Was den Einfluß des Abpflückens der Blüthen auf
höheren Kartoffelertrag betrifft, so hat ein auf dem landwirth=
schaftlichen Versuchsfelde im Jahr 1839 angestellter Versuch
die Sache vollkommen bestätigt, indem ihr Ertrag bei sonst ganz
gleichen Verhältnissen betragen hat beim Abpflücken 47 Malter,
beim Nichtabpflücken 37 Malter pr. Morgen (2600 Qua=
dratmeter).« «

(Oekonomierath Zeller in der Zeitschrift des landwirthschaftlichen Vereins
im Großherzogthume Hessen vom 8. Juni 1840).

Zusatz zur S. 154.

Der Fruchtwechsel mit Esparsette und Luzerne ist in einer
der fruchtbarsten Gegenden vom Rhein, bei Bingen und in
der Umgegend, so wie in der Pfalz allgemein eingeführt; die
Aecker erhalten dort nur nach 9 Jahren wieder Dünger. In
dem ersten Jahre werden weiße Rüben, in dem darauf fol=
genden Gerste mit Klee angesäet, in dem siebenten Jahre fol=
gen Kartoffeln, in dem achten Weizen, im neunten Gerste, im
zehnten wird gedüngt, und es beginnt ein neuer Umlauf mit
Rüben.

Als einige der merkwürdigsten Beweise für die aufgestellten
Principien des Feldbaues, namentlich für die Wirkungsweise
des Düngers und für den Ursprung des Kohlenstoffs und
Stickstoffs, verdienen die folgenden Beobachtungen in einem
größeren Kreise bekannt zu werden, da sie beweisen, daß ein
Weinberg seine Fruchtbarkeit unter gewissen Umständen ohne
Zufuhr von animalischem Dünger, oder überhaupt ohne Zu=

fuhr von Außen behält, wenn die Blätter und das abgeschnittene Rebholz von dem Weinberg nicht entfernt, sondern unter-
gehackt und als Dünger benutzt werden. Nach der ersteren Angabe
war diese Düngungsweise seit acht, nach der anderen, welche
gleiche Glaubwürdigkeit verdient, seit zehn Jahren mit dem
besten Erfolge fortgesetzt worden; es lassen diese Erfahrungen
über den Ursprung des Kohlen- und Stickstoffs nicht den kleinsten Zweifel zu. Mit dem Holze, welches man den Weinbergen nimmt, entführen wir ihm höchst bedeutende Mengen von
Alkali, die in dem thierischen Dünger wieder ersetzt werden;
dasjenige, was in dem Weine ausgeführt wird, beträgt, wie
diese Beispiele belegen, nicht mehr als diejenige Quantität, die
jährlich in dem Boden zur Verwitterung gelangt und aufschließbar wird. Man rechnet am Rheine im Durchschnitt einen
jährlichen Ertrag von einem Litre Wein auf einen Quadratmeter Weinberg; wenn wir nun annehmen, daß der Wein
zu ²/₄ gesättigt ist mit Weinstein (saurem weinsaurem Kali) so
nehmen wir in dieser Flüssigkeit dem Boden 1,8 Grm. reines
Kali im Marimo. Diese Schätzung ist, den Kaligehalt der
Hefe mit inbegriffen, jedenfalls das Höchste, was man annehmen darf; da 100 Th. Champagner-Wein nur 1,54 und
1000 Th. Wachenheimer nur 1,72 Th. trockenen, geglühten Rückstand hinterlassen. Auf jeden Quadratmeter Weinberg kann
man aber einen Weinstock rechnen, dessen abgeschittenes Holz
nach dem Einäschern in 1000 Th. 56—60 Th. kohlensaures
Kali = 38—40 Th. reinem Kali zurückläßt. Man sieht hiernach leicht, daß 45 Grm., = 1½ Unze, Rebholz so viel Kali
enthalten als 1 Litre Wein; es wird aber dem Rebstock jährlich die 8—10fache Quantität an Holz genommen. Die An-
lage neuer Weinberge in der Umgegend von Johannesberg,
Rüdesheim und Büdesheim beginnt mit der Ausrottung der

198   Anhang.

alten Stöcke, mit dem Ansäen von Gerste und Luzerne oder
Esparsette, welche fünf Jahre auf dem Felde stehen bleibt; in
dem sechsten Jahre wird der junge Weinberg angepflanzt, und
in dem neunten Jahre wird er zum ersten Male gedüngt.

Gründüngung in Weinbergen.

(Aus einem Schreiben des Herrn Verwalters Krebs zu Seeheim.)

In Bezug auf den Artikel in der landwirthschaftlichen Zei=
tung Nr. 7. 1838, meine Weinbergsanlage betreffend, so wie
auf den Artikel: »Gründüngung in den Weinbergen,« in der=
selben Zeitschrift Nr. 29. 1839, kann ich nicht umhin, den
Gegenstand noch einmal aufzunehmen und Jedem, der noch
zweifelt, daß man in den Weinbergen keine andere Düngung,
als den der Weinstock selbst abwirft, nöthig hat, zuzurufen:
Komm her und überzeuge Dich! Nun steht mein Weinberg im
achten Jahr und hat noch keinen andern Dünger erhalten,
demungeachtet möchte kaum Jemand einen schöneren, kräftigeren
im Trieb, noch voller Frucht aufzuweisen haben, und stände
er in der Dünggrube.

Ich hätte nach der hier gewöhnlichen Weise, die Weinberge
zu düngen, jetzt schon dreimal düngen müssen, wozu ich jedes
Mal 25 Wagen voll Dünger gebraucht und die mich, bis sie
im Boden gewesen, 3 fl. pr. Wagen, also 75 fl. und für drei
Mal 225 fl. gekostet hätten. Diese sind erspart und meine
Aecker sind in sehr gutem Zustande.

Wenn ich im Früh= und Spätjahr die mühevolle Arbeit
ansehe, wie der Dünger mit 2 bis 3 und oft mit 4 Pferden

an die Weinberge gefahren, dann durch viele Leute oft noch
weit auf dem Kopfe getragen wird, während ihre Sandäcker
ihn so nöthig haben, dann möchte ich ihnen zurufen: Kommt
doch in meinen Weinberg und seht, wie der gütige Schöpfer
schon dafür gesorgt hat, daß der Weinstock so gut wie der
Baum im Walde seinen Dünger selbst abwirft, ja ich behaupte:
noch reichlicher und besser. Das Laub im Walde fällt erst im
Herbste, wenn es dürr ist, ab und liegt jahrelang, bis es ver-
weset, und kann, weil die Luft alle Kraft ausgesogen hat, dem
Reblaub, welches in der letzten Hälfte Juli oder Anfangs August sammt den Reben ab- und kleingehauen und grün unter-
gehackt wird, keineswegs gleichgerechnet werden, indem dieses,
was mich die Erfahrung lehrte, binnen 4 Wochen so in Verwesung übergeht, daß auch nicht die entfernteste Spur mehr
zu finden ist. Sodann stehen auf dem Raume, den ein Buch-
und Eichbaum einnimmt, wenigstens 10 Weinstöcke, die weit
mehr Dünger als der größte Baum abwerfen, wenn man be-
denkt, wie viel manchmal dem Walde entzogen wird und er
dennoch fortbesteht.

Anmerkung der Redaction. In Al. Henderson's
Geschichte der Weine der alten und neuen Zeit heißt es:

»Das beste Düngmittel für den Weinstock sind die beim
Beschneiden desselben erhaltenen frisch untergebrachten Reben.«

An der Bergstraße, badischer Seits, wird das Rebholz
noch längst da und dort als Düngmittel der Weinberge benutzt. So sagt z. B. Peter Frauenfelder zu Großsachsen,
Amts Weinheim *):

»Ich erinnere mich, daß vor 20 Jahren dahier ein gewisser Peter Müller obiges Düngmittel in hiesigen Weinbergen an-

---

*) Badisches landw. Wochenblatt 1834. S. 52 u. 79.

200   Anhang.

gewendet und über 30 Jahre fortgesetzt hat. Derselbe zerschnitt
die abgeschnittenen Rebhölzer in handlange Stücke und ließ sie
fallen, dann wurden sie beim Hacken untergebracht. Seine
Weinberge befanden sich immer in einem kräftigen Zustande,
und man spricht heutzutage noch davon, daß der alte Müller
keinen Dung in seine Weinberge brachte und diese doch so gut
im Stande waren.«

Ferner der Wingertsmann W. Ruf zu Schriesheim:

»Seit 10 Jahren konnte ich keinen Dung in meinen Weinberg thun, weil ich arm bin und keinen kaufen konnte. Zu
Grunde wollte ich meinen Weinberg auch nicht gehen lassen,
da er meine einzige Nahrungsquelle in meinem Alter ist; da
ging ich oft betrübt in demselben auf und ab und wußte mir
nicht zu helfen. Endlich bemerkte ich, durch die größte Noth
aufmerksam gemacht, daß von einigen Rebenhaufen, die im
Pfade liegen geblieben sind, das Gras größer und maßter war
als an den Orten, wo keine Reben lagen; ich dachte näher
nach und sagte endlich zu mir selbst: Könnt ihr Reben machen, daß das Gras um euch herum größer, stärker und grüner wird, so könnt ihr auch machen, daß die Stöcke und Reben in meinem armen, magern Wingert besser wachsen, stärker und grüner werden.

Ich zog meinen Weinberg so tief zu, als wenn ich Dung
hineinthun wollte, fing an zu schneiden, schnitt die abgeworfe-
nen Reben noch zwei= auch dreimal durch, legte sie in die gemachten Furchen und bedeckte sie mit Erde. Im Jahre darauf
sah ich mit der größten Freude, wie sich mein magerer Weinberg kräftig erholte. Ich setzte dieses Mittel von Jahr zu Jahr
fort und siehe, mein Weinberg wuchs herrlich, und blieb den
ganzen Sommer grün, auch wenn die größte Hitze eintrat.

Meine Nachbarn wundern sich oft, daß mein Wingert so

maſt iſt, ſo grün ausſieht, ſo ſtarke lange Reben treibt, da ſie
doch wiſſen, daß ich ſeit 10 Jahren keinen Dung hineingethan.«

Dieß dürften für die wohlgemeinten, wohl zu beherzigenden
Worte des Herrn Verwalters Krebs hinlängliche Belege ſein.

(Zeitſchrift für die landwirthſchaftlichen Vereine des Großherzogthums
Heſſen. 1840. Nr. 28).

Zuſatz zur Seite 167.

Vor ganz kurzer Zeit war die Wirkungsweiſe des Kuh=
koths in der Färberei eben ſo unbegreiflich, wie die des Dün=
gers in der Landwirthſchaft. Bei den mit Alaunbeize oder
eſſigſaurem Eiſen bedruckten Zeugen muß das Verdickungsmit=
tel der Beize aufgelöſt und hinweggenommen werden; die un=
verbundene Beize muß entfernt, ſie muß verhindert werden,
ſich im Bade aufzulöſen und in den weißen Grund zu ſchla=
gen; die mit der Faſer verbundene Beize muß damit noch
vollkommener vereinigt und auf dieſelbe befeſtigt werden. Alle
dieſe, für die Färberei höchſt wichtigen Zwecke erreicht man
durch das heiße Kuhmiſtbad; es ſchien früher ganz unerſetz=
bar durch andere Materien zu ſein, eben weil der thieriſche
Organismus dazu gehörte, um den Kuhmiſt hervorzubringen.
Jetzt, ſeitdem man weiß, daß alle dieſe Wirkungen den phos=
phorſauren Alkalien in dieſem Kothe angehören, wendet man
in England und Frankreich keinen Kuhkoth mehr an; man be=
dient ſich ſtatt deſſelben einer Miſchung von Salzen, in wel=
chen der Hauptbeſtandtheil phosphorſaures Natron iſt.

Zweiter Theil.

Der

chemische Proceß der Gährung Fäulniß und Verwesung.

Chemische Metamorphosen.

Die organischen Verbindungen, Holzfaser, Zucker, Gummi
und alle übrigen erleiden bei Berührung mit anderen Körpern
gewisse Aenderungen in ihren Eigenschaften, sie erleiden eine
Zersetzung.

Diese Zersetzungsweisen nehmen in der organischen Chemie
zweierlei Formen an.

Denken wir uns eine aus zwei zusammengesetzten Körpern
bestehende Verbindung, die krystallisirte Oxalsäure z. B.,
die wir mit concentrirter Schwefelsäure in Berührung bringen,
so erfolgt bei der gelindesten Erwärmung eine vollkomne Zer=
setzung. Die krystallisirte Oxalsäure ist eine Verbindung von
Wasser mit Oxalsäure, die concentrirte Schwefelsäure besitzt
zu dem Wasser eine bei weitem größere Anziehung als die
Oxalsäure, sie entzieht der krystallisirten alles Wasser. In Folge
dieser Wasserentziehung wird wasserfreie Oxalsäure abgeschieden,
aber diese Säure kann für sich, ohne mit einem andern Körper
verbunden zu sein, nicht bestehen; ihre Bestandtheile theilen sich
in Kohlensäure und Kohlenoxid, die sich zu gleichen Raum=
theilen gasförmig entwickeln.

In diesem Beispiel ist Zersetzung in Folge des Austretens
zweierlei Bestandtheile (der Elemente des Wassers) vor sich
gegangen, die sich mit der Schwefelsäure vereinigt haben. Die

größere, die überwiegende Verwandtschaft des einwirkenden Körpers (der Schwefelsäure) zu diesem Wasser war in diesem Fall die Ursache der Zersetzung.

In Folge des Austretens der Bestandtheile des Wassers treten die übrigen Elemente in einer neuen Form zusammen, wir hatten Oralsäure und bekommen alle Elemente derselben, als Kohlensäure und Kohlenoxid wieder.

Diese Zersetzungsweise, wo also die Veränderung durch einen einwirkenden Körper bewirkt wird, der sich mit einem oder mehreren Bestandtheilen eines zusammengesetzten Körpers verbindet, ist vollkommen ähnlich den Zersetzungen anorganischer Verbindungen.

Denken wir uns salpetersaures Kali, was wir mit Schwefelsäure zusammenbringen, so wird Salpetersäure ausgeschieden, in Folge der Verwandtschaft der Schwefelsäure zum Kali, in Folge also der Bildung einer neuen Verbindung (des schwefelsauren Kalis).

Eine zweite Form nimmt diese Zersetzungsweise an, wenn durch die chemische Verwandtschaft des einwirkenden Körpers aus den Bestandtheilen des Körpers, welcher zersetzt wird, neue Verbindungen gebildet werden, von denen sich beide, oder nur der eine, mit dem einwirkenden Körper vereinigen.

Nehmen wir z. B. trockenes Holz und befeuchten es mit Schwefelsäure, so erfolgt nach kurzer Zeit unter Wärmeentwickelung eine wahre Verkohlung, wir finden die Schwefelsäure unverändert, aber mit mehr Wasser verbunden wieder, als sie vorher enthielt. Dieses Wasser war in dem Holze nur seinen Elementen nach (als Wasserstoff und Sauerstoff) zugegen, beide sind durch die chemische Anziehung der Schwefelsäure gewissermaßen gezwungen worden, sich zu Wasser zu vereinigen, in Folge dessen ist der Kohlenstoff des Holzes als Kohle abgeschieden worden.

Blausäure und Wasser in Berührung mit Salzsäure
zerlegen sich beide.

Aus dem Stickstoff der Blausäure und dem Wasserstoff einer
gewissen Quantität Wasser entsteht Ammoniak, aus dem Koh=
lenstoff und Wasserstoff der Blausäure und dem Sauerstoff des
Wassers entsteht Ameisensäure.

Das Ammoniak verbindet sich mit der Salzsäure.

Die Berührung der Salzsäure mit Wasser und Blausäure
veranlaßte eine Störung in der Anziehung der Elemente von
beiden, in Folge welcher sie sich zu zwei neuen Verbindungen
ordneten, von denen die eine, das Ammoniak, die Fähigkeit
besaß, eine Verbindung mit dem störenden Körper einzugehen.

Auch für diese Zersetzungsweisen, welche nicht minder häufig
sind, bietet die anorganische Chemie Analoga dar, allein der or=
ganischen Chemie gehören noch ganz andere Zersetzungsweisen
an, die sich von dem eben angeführten darinn unterscheiden,
daß der einwirkende Körper keine Verbindung eingeht mit einem
Bestandtheil der Materie, welche die Zersetzung oder Verände=
rung erfährt.

Es erfolgt in diesen Fällen eine Störung der Anziehungen
unter den Elementen der Verbindung in der Art, daß sie sich
zu einer oder mehreren neuen Verbindungen ordnen, welche
unter gegebenen Bedingungen keiner weiteren Veränderung mehr
unterliegen.

Wenn eine organische Verbindung durch chemische Ver=
wandtschaft eines zweiten Körpers, oder durch den Einfluß der
Wärme, oder durch irgend andere Ursachen sich zersetzt, und
zwar so, daß sich aus ihren Elementen zwei oder mehrere neue
Verbindungen bilden, so heißt die Zersetzung eine chemische
Metamorphose.

Die Bezeichnung einer chemischen Metamorphose schließt den

208   Urſache der Gährung, Fäulniß und Verwesung.

ſtimmten Begriff in ſich ein, daß in der Zerſetzung einer organiſchen Verbindung keines ihrer Elemente einzeln in Freiheit
geſetzt wird.   Die Veränderungen, welche in der organiſchen
Natur mit Gährung, Fäulniß und Verweſung bezeichnet
werden, ſind chemiſche Metamorphoſen, welche bewirkt werden
durch eine bis jetzt unbeachtet gebliebene Urſache, deren Exiſtenz
in dem Folgenden dargelegt werden ſoll.

Die Urſache, wodurch Gährung, Fäulniß und Verweſung bewirkt werden.

Man iſt erſt in der letzten Zeit darauf aufmerkſam geworden, daß ein Körper, der ſich im Zuſtande der Verbindung
oder Zerſetzung befindet, auf das Verhalten eines andern ihn
berührenden Körpers nicht ohne Einfluß iſt. Platin z. B. zerlegt nicht die Salpeterſäure; ſelbſt in dem Zuſtande der außerordentlichen Zertheilung, wo ſeine kleinſten Theile nicht mehr
das Licht zurückwerfen, als Platinſchwarz, wird es, mit dieſer
Säure gekocht, nicht oxidirt.   Eine Legirung von Platin mit
Silber löſt ſich hingegen leicht in Salpeterſäure.   Die Oxidation, welche das Silber erfährt, überträgt ſich mithin dem
Platin, es erhält in Berührung damit die Fähigkeit, die Salpeterſäure zu zerſetzen.

Kupfer zerlegt das Waſſer nicht beim Sieden mit verdünnter Schwefelſäure, eine Legirung von Kupfer, Zink und Nickel
löſt ſich leicht unter Waſſerſtoffgasentwickelung in waſſerhalti-
ger Schwefelſäure.

Zinn zerlegt die Salpeterſäure mit außerordentlicher Leich=
tigkeit, das Waſſer hingegen nur ſchwierig; bei der Auflöſung
von Zinn in verdünnter Salpeterſäure geht mit der Zerſetzung
der Salpeterſäure eine lebhafte Waſſerzerſetzung vor ſich, neben
einem Oxide des Zinns bildet ſich Ammoniak.

In den angeführten Beiſpielen läßt ſich die Verbindung
oder Zerſetzung nur bei dem letztern durch chemiſche Verwandt=
ſchaft erklären; allein bei den anderen ſollte gerade durch elec=
triſche Action die Oxidationsfähigkeit des Platins oder Kupfers
bei Berührung mit Silber oder Zink verhindert oder aufgeho=
ben werden, die Erfahrung zeigt aber, daß hierbei der Einfluß
von entgegengeſetzt electriſchen Zuſtänden bei weitem von der
chemiſchen Action überwogen wird.

In einer minder zweifelhaften Form tritt die Erſcheinung
bei Materien ein, in welchen die Elemente nur mit einer ſchwa=
chen Kraft zuſammengehalten ſind. Man weiß, daß es chemi=
ſche Verbindungen ſo ſchwacher Art giebt, daß Aenderungen
der Temperatur, des Electricitätszuſtandes, die bloße mechani=
ſche Reibung, oder die Berührung mit anſcheinend durchaus
indifferenten Körpern, eine Störung der Anziehung zwiſchen den
Beſtandtheilen dieſer Körper in der Art bewirken, daß ſie ſich
zerlegen, daß dieſe Beſtandtheile nemlich ſich zu neuen Verbin=
dungen ordnen, ohne eine Verbindung mit den einwirkenden
Körpern einzugehen. Dieſe Körper ſtehen an der Grenze der
chemiſchen Verbindungen, auf ihr Beſtehen üben Urſachen ei=
nen aufhebenden Einfluß, welche auf Verbindungen von ſtär=
kerer Verwandtſchaft durchaus wirkungslos ſind. Durch eine
geringe Erhöhung der Temperatur trennen ſich die Elemente
des Chloroxids mit der heftigſten Licht= und Wärmeentwicke=
lung, Chlorſtickſtoff explodirt in Berührung mit einer Menge
von Körpern, die ſich bei gewöhnlicher Temperatur weder mit

210   Urſache der Gährung, Fäulniß und Verweſung.

Chlor noch mit Stickstoff verbinden, und die Berührung ir=
gend einer festen Substanz reicht bei dem Jodstickstoff und dem
Silberorid=Ammoniak hin, um ein Zerfallen mit Explosion zu
Wege zu bringen.

Niemand hat je daran gedacht, die Ursache der Zerlegung
dieser Körper einer besondern von der chemischen Verwandt=
schaft verschiedenen Kraft zuzuschreiben, welche thätig wird, z. B.
durch Berührung mit dem Barte einer Feder, und die in Folge
ihres Auftretens die Zersetzung bedingt; man betrachtete von
jeher diese Körper als chemische Verbindungen der schwächsten
Art, in denen also die Bestandtheile in einem Zustande der
Spannung sich befinden, die in jeder auch der geringsten Stö=
rung die chemische Verwandtschaft überwiegt.   Diese Verbin=
dungen bestehen nur durch die Kraft der Trägheit (vis inertiae),
ein jedes in Bewegung Setzen, die Reibung, ein Stoß reichen
hin, um das statische Moment der Anziehung der Bestandtheile,
d. h. das Bestehen in einer bestimmten Form, aufzuheben.

Das Wasserstoffhyperorid gehört zu dieser Klasse von Kör=
pern; es zerlegt sich mit allen Substanzen, die ihm den Sauer=
stoff entziehen, es zerlegt sich selbst augenblicklich durch Berüh=
rung mit vielen Körpern, wie mit Platin und metallischem
Silber, welche keine Verbindung hierbei eingehen, und in die=
ser Beziehung wird seine Zersetzung offenbar durch die nem=
liche Ursache bedingt, welche das Zerfallen des Jodstickstoffs
und Knallsilbers veranlaßt.   Bei dem Wasserstoffhyperoride
hat man, merkwürdiger Weise, die Ursache der plötzlichen
Trennung seiner Bestandtheile als eine von den gewöhn=
lichen Ursachen verschiedene angesehen, und sie einer neuen
Kraft zugeschrieben, der man den Namen katalytische
Kraft gegeben hat; man hat dabei aber nicht erwogen, daß
die Wirkung des Platins und Silbers nur eine beschleu=

nigende iſt, denn auch ohne Berührung mit dieſen Metallen
zerlegt es ſich unabwendbar von ſelbſt, obwohl erſt in längerer Zeit, beim bloßen Aufbewahren. Die plötzliche Trennung
der Beſtandtheile des Waſſerſtoffhyperoxids unterſcheidet ſich
von der des gasförmigen Chloroxids oder des feſten Jodſtick-
ſtoffs nur inſofern, als ſeine Zerſetzung in einer Flüſſigkeit
vor ſich geht.

Die merkwürdigſte Erſcheinung in dem Verhalten des
Waſſerſtoffhyperoxids, und gerade diejenige, welche vor allem
Andern die Aufmerkſamkeit feſſelt, inſofern ſie aus der Reihe
der bekannten heraustritt, iſt die Reduction, welche gewiſſe
Oxide bei Berührung mit Waſſerſtoffhyperoxid erleiden, in dem
Augenblicke, wo ſich ſein Sauerſtoff von dem Waſſer trennt;
hierher gehören Silberoxid, Bleihyperoxid und andere, in denen aller oder ein Theil des Sauerſtoffs nur mit einer ſchwa-
chen Kraft gebunden iſt.

Während andere Oxide, in denen die Beſtandtheile durch
eine mächtige Verwandtſchaft zuſammengehalten werden, durch
Berührung mit dem Waſſerſtoffhyperoxid ſeine Zerlegung bewirken, ohne die geringſte Aenderung zu erleiden, trennt ſich
bei Anwendung von Silberoxid, mit dem ſich entwickelnden
Sauerſtoff des Waſſerſtoffhyperoxids aller Sauerſtoff des Silberoxids und es bleibt metalliſches Silber; von dem Bleihyperoxid trennt ſich, unter denſelben Umſtänden, die Hälfte Sauerſtoff und entweicht als Gas. Man iſt ſelbſt im Stande, auf
dieſem Wege eine Zerlegung des Manganhyperoxids in Sauer-
ſtoffgas und Oxidul zu bewerkſtelligen, wenn man gleichzeitig
eine chemiſche Verwandtſchaft auf das Manganoxidul in Thätigkeit treten läßt, eine Säure z. B., welche mit dem Oxidul
ein lösliches Salz bildet. Verſetzt man Waſſerſtoffhyperoxid
mit Salzſäure und bringt ſodann gepulvertes Manganhyper-

212   Ursache der Gährung, Fäulniß und Verwesung.

oxid hinzu, so erhält man bei weitem mehr Sauerstoffgas, als
das erstere für sich zu liefern im Stande ist, man findet aber
in der rückständigen Flüssigkeit ein Manganoxidulsalz, entstan=
den aus Manganhyperoxid, dessen Hälfte Sauerstoff sich als
Gas entwickelt hat.

Eine ganz ähnliche Erscheinung bietet das kohlensaure Sil=
beroxid dar, wenn es mit manchen organischen Säuren zu=
sammengebracht wird.   Pyro=Traubensäure z. B. verbindet sich
leicht mit reinem Silberoxid zu einem weißen im Wasser schwer
löslichen Salze; mit kohlensaurem Silberoxid zusammengebracht,
trennt sich mit der entweichenden Kohlensäure der Sauerstoff
von einem Theile des Silberoxids und es bleibt regulinisches
Silber als schwarzes Pulver zurück (Berzelius).

Man kann den angeführten Erscheinungen keine andere Er=
klärung unterlegen, als daß hierbei Zersetzung oder Verbindung
in Folge der Berührung mit einem andern Körper herbeige=
führt wird, der sich selbst im Zustande der Zersetzung oder
Verbindung befindet. Es ist klar, daß die Action, in der sich
die Atome des einen Körpers befinden, auf die Atome des
danebenliegenden zweiten Körpers von Einfluß ist; sind diese
Atome fähig, die nemliche Veränderung zu erfahren, so erleiden
sie diese Veränderung; sie gehen Verbindungen oder Zersetzun=
gen ein; allein wenn sie diese Fähigkeit für sich nicht besitzen,
so hört ihre weitere Veränderung von dem Augenblick an auf,
wo sich die Atome des erstern Körpers in Ruhe befinden, wo
mithin die Veränderung oder die Metamorphose dieses Körpers
vollendet ist.

Der eine Körper übt auf den andern eine ähnliche Wir=
kung aus, wie wenn ein brennender Körper mit einem ver=
brennlichen zusammengebracht wird, nur mit dem Unterschiede,
daß die Ursache der Mittheilung des Zustandes und der Fort=

dauer dieſes Zuſtandes eine andere iſt. Bei dem verbrennli=
chen Körper iſt dieſe Urſache die Temperatur, welche ſich in
jedem Zeitmomente wieder neu erzeugt; in den Zerſetzungs=
und Verbindungserſcheinungen, die wir betrachten, iſt dieſe Ur=
ſache ein in chemiſcher Action begriffener Körper, und nur ſo
lange thätig, als dieſe Action dauert.

Wir kennen aus zahlloſen Erfahrungen, welchen Einfluß
das bloße in Bewegungſetzen auf die Aeußerung der chemi=
ſchen Kräfte ausübt; in einer Menge von Salzlöſungen äußert
ſich z. B. die Cohäſionskraft nicht, wenn ſie in der Wärme
geſättigt, bei völliger Ruhe erkaltet; das aufgelöſte Salz ſchei=
det ſich nicht kryſtalliniſch aus, aber ein Sandkorn in die Flüſſig=
keit geworfen, ſowie die kleinſte Erſchütterung, reicht hin, um die
ganze Auflöſung plötzlich und unter Wärmeentwickelung zum
Erſtarren zu bringen; wir ſehen die nemliche Erſcheinung bei
Waſſer, was weit unter 0° bei völliger Ruhe erkaltet werden
kann, ohne zu gefrieren, was aber in dem Momente feſt wird,
wo ſeine Theile in Bewegung geſetzt werden.

Um in einer beſtimmten Weiſe ſich anzuziehen und zu
ordnen, muß die Trägheit zuerſt überwunden werden, die Atome
müſſen in Bewegung geſetzt werden.

Eine verdünnte Auflöſung eines Kaliſalzes mit Weinſäure
gemiſcht, giebt in der Ruhe keinen Niederſchlag; ſetzt man die
Flüſſigkeit durch heftiges Umſchütteln in Bewegung, ſo trübt
ſie ſich augenblicklich und ſetzt Kryſtalle von Weinſtein ab.

Eine Auflöſung von einem Bittererdeſalz, welche durch
phosphorſaures Ammoniak nicht getrübt wird, ſetzt augenblick=
lich phosphorſaures Bittererde=Ammoniak an den Gefäßwän=
den ab, an den Stellen, wo ſie mit einem Glasſtabe in der
Flüſſigkeit gerieben werden.

Die Bewegung, mithin die Ueberwindung der Trägheit,

214   Urſache der Gährung, Fäulniß und Verweſung.

des Beharrungsvermögens, verurſacht in den ſo eben angeführ=
ten Bildungs= und Zerſetzungsproceſſen eine augenblickliche a n=
d e r e Lagerung der Atome eines Körpers, d. h. die Entſtehung
einer Verbindung, die vorher nicht vorhanden war.

Wie ſich von ſelbſt verſteht, müſſen dieſe Atome die Fähig=
keit beſitzen, ſich auf dieſe beſtimmte Weiſe zu ordnen, denn
ſonſt würde Reibung und Bewegung ohne den geringſten Ein=
fluß darauf ſein.

Das bloße Beharren in der Lage, wo ſich die Atome ei=
nes Körpers befinden, macht, daß uns viele Körper in anderen
Zuſtänden mit anderen Eigenſchaften begabt erſcheinen, als ſie
nach ihren natürlichen Anziehungen beſitzen. Geſchmolzener
und raſch erkalteter Zucker und Glas ſind durchſichtig, von
muſchlichem Bruch, beide bis zu einem gewiſſen Grade elaſtiſch
und biegſam; der erſtere wird beim Aufbewahren matt und
undurchſichtig und zeigt alsdann im Bruche regelmäßige Spal=
tungsflächen, welche dem kryſtalliſirten Zucker angehören; das
Glas nimmt dieſen Zuſtand an und wird weiß und undurch=
ſcheinend, hart, ſo daß es am Stahle Funken giebt, wenn es
lange Zeit hindurch bei einer hohen Temperatur im weichen
Zuſtande erhalten wird. Offenbar beſaßen die Atome der bei=
den Körper in dieſen verſchiedenen Zuſtänden verſchiedene La=
gen, in dem erſtern war ihre Anziehung nicht in den Rich=
tungen thätig, in denen ihre Cohäſionskraft am ſtärkſten war.
Wir wiſſen, daß der geſchmolzene Schwefel beim raſchen Ab=
kühlen in kaltem Waſſer weich, durchſichtig und elaſtiſch bleibt
und ſich in lange Fäden ziehen läßt, und daß er erſt nach
Stunden oder Tagen wieder hart und kryſtalliniſch wird.

Das Bemerkenswertheſte iſt hierbei unſtreitig, daß der
amorphe Zucker oder Schwefel, ohne Mitwirken einer äußern
Urſache, in den kryſtalliniſchen Zuſtand wieder zurückkehrt, denn

dieß ſetzt voraus, daß ihre Atome eine andere Lage angenom=
men haben, daß ſie mithin ſelbſt im feſten Zuſtande bis zu
einem gewiſſen Grade Beweglichkeit beſitzen. Die raſcheſte Um=
ſetzung oder Formänderung dieſer Art kennt man vom Arra=
gonit; identiſch in ſeiner chemiſchen Zuſammenſetzung mit dem
Kalkſpath, beweiſt ſeine verſchiedene Kryſtallform und Härte,
daß ſeine Atome auf eine andere Weiſe geordnet ſind, als wie
beim Kalkſpath; beim Erwärmen eines Arragonitkryſtalls, bei
dem Inbewegungſetzen ſeiner Atome durch die Ausdehnung he=
ben wir ihr Beharrungsvermögen auf, und mit großer Kraft
zerſpringt in Folge deſſen der Arragonitkryſtall zu einem Hauf=
werk von Kryſtallen von Kalkſpath.

Es iſt unmöglich, ſich über die Urſache dieſer Veränderun=
gen zu täuſchen, ſie iſt eine Aufhebung des Zuſtandes der
Ruhe, in Folge welcher die in Bewegung geſetzten Theilchen
eines Körpers entweder anderen, oder ihren eigenen natürlichen
Anziehungen folgen.

Wenn aber, wie ſich aus dem Vorhergehenden ergiebt, die
mechaniſche Bewegung ſchon hinreicht, um bei vielen Körpern
eine Form= und Zuſtandsänderung zu bewirken, ſo kann es um
ſo weniger zweifelhaft erſcheinen, daß ein im Zuſtand der Ver=
bindung oder Zerſetzung begriffener Körper fähig iſt, gewiſſen
anderen Körpern den nemlichen Zuſtand der Bewegung oder
Thätigkeit zu ertheilen, in welchem ſich ſeine Atome befinden,
durch ſeine Berührung alſo mit anderen Körpern dieſe zu befähi=
gen, Verbindungen einzugehen oder Zerſetzungen zu erleiden.

Dieſer Einfluß iſt durch die angeführten Thatſachen aus
dem Verhalten anorganiſcher Körper hinreichend belegt worden,
er zeigt ſich bei den organiſchen Materien bei weitem häufiger
und nimmt die Form an von den umfaſſendſten und bewun=
dernswürdigſten Naturerſcheinungen.

216   Urſache der Gährung, Fäulniß und Verweſung.

Mit Gährung, Fäulniß und Verweſung bezeichnet
man im Allgemeinen die Form- und Eigenſchaftsänderungen
welche die complexen organiſchen Materien erleiden, wenn ſie von
den Organismen getrennt, bei Gegenwart von Waſſer und
einer gewiſſen Temperatur ſich ſelbſt überlaſſen werden. Gährung und Fäulniß ſind Zerſetzungsproceſſe von der eigenthümlichen Art, die wir mit Metamorphoſen bezeichnet haben; die
Elemente der Körper, welche in Gährung oder Fäulniß überzugehen fähig ſind, ordnen ſich zu neuen Verbindungen, und
in dieſer Ordnungsweiſe nehmen meiſtens die Beſtandtheile des
Waſſers einen beſtimmten Antheil.

Die Verweſung iſt verſchieden von der Gährung
und Fäulniß, inſofern ſie ohne Zutritt der Luft nicht ſtatt-
findet, deren Sauerſtoff hierbei von dem Körper aufgenommen
wird, es iſt eine langſame Verbrennung, bei welcher unter
allen Umſtänden Wärme und zuweilen auch Licht entwickelt
wird; bei den Zerſetzungsproceſſen, die man Fäulniß und Gährung nennt, entwickeln ſich ſehr häufig luftförmige Producte,
die entweder geruchlos ſind oder einen unangenehmen Geruch
verbreiten.

Man iſt gewiſſermaßen übereingekommen, mit dem Ausdruck
Gährung die Metamorphoſe derjenigen Materien zu bezeichnen, welche geruchloſe gasförmige Producte entwickeln, während die Bezeichnung Fäulniß gewöhnlich für diejenigen von
ſelbſt erfolgenden Zerſetzungen gebraucht wird, in denen übelriechende Gasarten gebildet werden. Der Geruch kann aber,
wie ſich von ſelbſt verſteht, keineswegs über die Natur der
Zerſetzung als entſcheidender Character gelten, beide, Gährung
und Fäulniß, ſind einerlei Zerſetzungsproceſſe, die erſtere von
ſtickſtofffreien, die andere von ſtickſtoffhaltigen Subſtanzen.

Man iſt ferner gewöhnt, eine gewiſſe Klaſſe von Metamor-

phosen von der Gährung und Fäulniß zu trennen, und zwar
diejenige, wo Veränderungen und Umsetzungen erfolgen, ohne
Enwickelung von gasförmigen Producten. Allein die Zustände,
in denen die neuen Verbindungen sich darstellen, sind, wie man
weiß, rein zufällig, und deshalb nicht der entfernteste Grund
vorhanden, Zersetzungen dieser Art, wie man gethan hat, einer
besondern Ursache zuzuschreiben.

Gährung und Fäulniß.

Manche Materien gehen dem Anschein nach von selbst in
Gährung und Fäulniß über, und dieß sind namentlich diejenigen, welche Stickstoff oder stickstoffhaltige Substanzen beige-
mengt enthalten, und das Merkwürdigste hierbei ist, daß außerordentlich kleine Quantitäten derjenigen Substanzen, die in
den Zustand der Gährung und Fäulniß übergegangen sind,
die Fähigkeit besitzen, in unbegrenzten Mengen der nemlichen
Materien denselben Act der Zersetzung hervorzurufen.

Eine kleine Quantität gährenden Traubensaft zu nicht gährendem zugesetzt, bringt die ganze Quantität in Gährung.

Die kleinste Quantität im Zustande der Gährung begriffener Milch, Mehlteig, Rübensaft, faulenden Fleisches, Blut x.
mit frischer Milch, Rübensaft, Mehlteig, Fleisch oder Blut in
Berührung gebracht, macht, daß diese Materien in den nemlichen Zersetzungsproceß übergehen.

Diese Erscheinungen treten, wie man leicht bemerkt, aus

218   Gährung und Fäulniß.

der Klaſſe der gewöhnlichen Zerſetzungen, die durch chemiſche
Verwandtſchaften bewirkt werden, heraus; ihre Elemente ord=
nen ſich in Folge einer Störung nach ihren Verwandtſchaften;
es ſind Aeußerungen chemiſcher Thätigkeiten, Umwandlungen
oder Zerſetzungen, die vor ſich gehen in Folge der Berührung
mit Körpern, die ſich in dem nemlichen Zuſtande befinden.

Um ſich ein klares Bild über dieſe Vorgänge zu verſchaffen,
muß man analoge aber minder verwickelte Erſcheinungen in's
Auge faſſen.

Die Zuſammengeſetztheit der organiſchen Atome und ihr
Verhalten gegen andere Materien im Allgemeinen führt von
ſelbſt auf die wahre Urſache, durch welche dieſe Metamorphoſen
herbeigeführt werden.

Aus dem Verhalten der einfachen Körper weiß man, daß
bei Bildung von Verbindungen die Kraft, mit welcher die Be=
ſtandtheile zuſammenhängen, in demſelben Verhältniß abnimmt,
in welchem die Anzahl der Atome in dem zuſammengeſetzten
Atome zunimmt.

Manganoxidul geht durch Aufnahme von Sauerſtoff in
Orid, in Hyperorid, in Mangan= und Uebermanganſäure
über, wodurch die Anzahl der Sauerſtoffatome in dem erſte=
ren um die Hälfte vermehrt, oder verdoppelt, verfünffacht
wird, aber alle Sauerſtoffmengen über die hinaus, welche
in dem Oridul enthalten iſt, ſind bei weitem ſchwächer ge=
bunden, die bloße Glühhitze treibt Sauerſtoff aus dem Hyper=
oride aus, und die Manganſäuren können von den Baſen
nicht getrennt werden, ohne augenblicklich eine Zerſetzung zu
erfahren.

Die umfaſſendſten Erfahrungen beweiſen, daß die am ein=
fachſten zuſammengeſetzten anorganiſchen Verbindungen die be=
ſtändigſten, die den Veränderungen am meiſten widerſtehenden

sind, und daß mit ihrer Zusammengesetztheit ihre Veränder=
lichkeit, ihre leichte Zersetzbarkeit zunimmt, offenbar nur des=
halb, weil mit der Anzahl der Atome, welche in Verbindung
treten, die Richtungen sich vervielfältigen, in denen ihre An=
ziehung thätig ist.

Welche Art von Vorstellung man auch über die Natur der
Materie haben mag, die Existenz der chemischen Proportionen
weist jeden Zweifel über das Vorhandensein von gewissen be=
grenzten Gruppen oder Massen von Materie zurück, über deren
weitere Spaltung oder Theilung wir keine Erfahrungen besitzen.
Diese in der Chemie Aequivalente benannten Massen sind
nicht unendlich klein; denn sie wiegen; indem sie, je nach
ihren Anziehungen, sich auf die mannigfaltigste Weise ordnen,
gehen aus dieser Verbindung die zahllosen zusammengesetzten
Atome hervor, deren Eigenschaften in der organischen Natur
nach der Form, ja man kann bei vielen sagen, nach der Rich=
tung, nach dem Platze wechseln, den sie in dem zusammenge=
setzten Atome einnehmen.

Vergleicht man nun die Zusammensetzung der organischen
mit den anorganischen Verbindungen, so wird man wahrhaft
überrascht durch die Existenz von Verbindungen, in denen sich
99 und mehrere hundert einzelne Atome oder Aequivalente ver=
einigt finden zu einem einzigen zusammengesetzten Atom. Das
Atom einer organischen Säure von einfacher Zusammensetzung,
die Essigsäure z. B., enthält 12 Aequivalente, 1 Atom China=
säure enthält 33, 1 Atom Zucker 36, Amygdalin enthält 90,
und 1 Atom Talgsäure 138 Aequivalente an Elementen, und
die Bestandtheile der thierischen Körper übertreffen die genann=
ten bei weitem noch an Zusammengesetztheit.

In eben dem Grade, als die anorganischen Verbindungen
die organischen an Einfachheit in ihrer Zusammensetzung über=

220   Gährung und Fäulniß.

treffen, weichen sie von diesen durch ihr Verhalten ab. Wäh=
rend z. B. ein zusammengesetzter Atom, das schwefelsaure Kali,
mit einer Menge von Materien in Berührung, nicht die ge=
ringste Veränderung in seinen Eigenschaften erleidet, während
bei seiner Zerlegung mit anderen Substanzen die Cohäsions=
kraft, die Fähigkeit von einem seiner Bestandtheile, mit dem be=
rührenden Körper eine unlösliche feste, oder bei gewisser Tem=
peratur flüchtige Verbindung zu bilden, während also andere
Ursachen mitwirken, um seine Zerlegung zu bewerkstelligen, fin=
den wir bei complexen organischen Atomen nichts Aehnliches.

Betrachten wir die Formel des schwefelsauren Kalis: SKO_4,
so haben wir darinn nur 1 Aeq. Schwefel und 1 Aeq. Kalium,
wir können im höchsten Fall den Sauerstoff uns ungleich in
der Verbindung vertheilt denken und bei einer Zersetzung einen
Theil oder allen Sauerstoff der Verbindung entziehen, oder
einen der Bestandtheile ersetzen, eine verschiedene Lagerung der
Atome können wir aber nicht hervorbringen, eben weil es die
einfachste Form ist, in welcher die gegebenen Elemente zu den
Verbindungen zusammenzutreten die Fähigkeit besitzen.

Vergleichen wir damit die Zusammensetzung des Trauben=
zuckers, so haben wir darinn, auf 12 Aeq. Kohlenstoff, 12 Aeq.
Wasserstoff und 12 Aeq. Sauerstoff; wir haben darinn eine An=
zahl von Atomen, von denen wir wissen, daß sie die mannig=
faltigsten Verbindungen mit einander einzugehen vermögen; die
Formel des Zuckers kann ausdrücken ein Hydrat des Kohlen=
stoffs, oder ein Hydrat des Holzes, oder der Stärke, oder des
Milchzuckers, oder eine Verbindung von Aether mit Alkohol,
oder von Ameisensäure mit Sachulmin; wir können, mit einem
Worte, wenn wir die Elemente von Wasser hinzutreten lassen
oder einzelne Elemente in dem Zucker ersetzen, die meisten be=
kannten stickstofffreien organischen Stoffe durch Rechnung dar=

aus entwickeln; die Elemente dazu sind also in der Zusammen=
setzung des Zuckers enthalten, und man kann hinzufügen, die
Fähigkeit, zahllose Verbindungen mit einander zu bilden, ist in
der Anziehung, welche diese Elemente zu einander gegenseitig
haben, ebenfalls vorhanden.

Untersuchen wir nun, wie sich der Zucker bei Berührung
mit Materien verhält, die eine bemerkbare Wirkung auf ihn
haben, so finden wir, daß die Veränderungen, die er erfährt,
nicht in die engen Grenzen eingeschlossen sind, die wir bei den
anorganischen Verbindungen bemerken; diese Veränderungen
haben in der That keine Grenzen.

Die Elemente des Zuckers folgen jeder Anziehung, und zwar
einer jeden auf eine eigenthümliche Weise. Während bei den
anorganischen Verbindungen eine Säure durch den Grad ihrer
Verwandtschaft zu einem der Bestandtheile der Verbindung, die
davon zersetzt wird, wirkt und ihren chemischen Charakter nie
aufgiebt, in welcher Form sie auch angewendet werden mag,
zerstört und verändert sie den Zucker, nicht, indem sie eine
vorhandene Basis vermöge ihrer größeren Verwandtschaft in
Beschlag nimmt, sondern indem sie das Gleichgewicht in der
Anziehung der Elemente des Zuckers aufhebt. Salzsäure und
Schwefelsäure, in ihrer Wirkungsweise und Zusammensetzung
so sehr von einander verschieden, wirken auf einerlei Weise
auf den Zucker in verdünntem Zustande anders, als wie in
concentrirtem, bei gelinder Wärme wieder anders, als beim
Sieden. Während die concentrirte Schwefelsäure bei mäßiger
Concentration den Zucker, unter Bildung von Ameisensäure
und Essigsäure, in eine schwarze kohlige Materie verwandelt,
zerlegt sie ihn, bei Gegenwart von mehr Wasser, in zwei braune
Substanzen, die beide Kohlenstoff und die Elemente des Wassers
enthalten. Durch die Einwirkung der Alkalien entstehen aus

222   Gährung und Fäulniß.

den Elementen des Zuckers eine Reihe von durchaus verschiedenen neuen Producten, und durch oxidirende Materien, durch
Salpetersäure z. B., entwickeln sich daraus Kohlensäure, Ameisensäure, Essigsäure, Zuckersäure und noch viele andere Producte, die nicht untersucht sind.

Wenn man sich nach diesen Erfahrungen eine Vorstellung
über die Kraft macht, mit welcher die Elemente des Zuckers
zusammenhängen, und die Größe dieser Anziehung nach dem
Widerstande beurtheilt, welchen sie einem darauf einwirkenden
Körper entgegensetzen, so scheint der Zuckeratom als solcher
nur durch die Trägheit seiner Elemente zu bestehen, durch das
Beharren an dem Orte und in dem Zustande also, in dem
sie sich befinden, denn ein Behaupten dieses Zustandes durch
ihre eigene Anziehung, wie bei dem schwefelsauren Kali, beobachten wir nicht.

Gerade diejenigen organischen Verbindungen nun, die sich
dem Zucker ähnlich verhalten, sehr zusammengesetzte organische
Atome also, sind allein fähig, die Zersetzungen zu erleiden,
welche wir Gährung und Fäulniß nennen.

· Wir haben gesehen, daß Metalle die Fähigkeit erhalten,
Wasser oder Salpetersäure zu zerlegen, eine Fähigkeit, die sie
für sich nicht besaßen, durch die bloße Berührung mit anderen,
die sich in dem Zustande der Verbindung befinden; wir sehen
bei dem Wasserstoffhyperoxid und Wasserstoffhypersulfid, daß in
dem Act ihrer Zersetzung Verbindungen ähnlicher Art, in denen
die Elemente bei weitem stärker gebunden sind, ohne daß eine
chemische Verwandtschaft hierbei mitwirkt, die nemliche Zerlegung erfahren, und man wird in den Materien, welche Gährung und Fäulniß bewirken, bei genauerer Beachtung die nemliche Ursache erkennen, welche die obigen Erscheinungen bedingt.

Es ist diese Ursache ein jeder Körper, der sich im Zustande

der Zersetzung befindet, sie ist eine Störung des statischen Mo=
ments der Anziehungen der Elemente, eines complexen organi=
schen Atoms, in deren Folge sich die Elemente nach ihren spe=
ciellen Anziehungen aufs Neue gruppiren.

Die Beweise für die Existenz dieser Ursache lassen sich leicht
entwickeln; sie gehen aus dem Verhalten der Körper hervor,
welche Gährung und Fäulniß bewirken; sie ergeben sich aus
der Regelmäßigkeit, man kann sagen, Gesetzmäßigkeit, in wel=
cher die Theilung der Elemente in den erfolgenden Metamor=
phosen vor sich geht, und diese Regelmäßigkeit ist ausschließ=
lich begründet in der ungleichen Verwandtschaft, die sie in iso=
lirtem Zustande zu einander besitzen. Aus dem Verhalten der
Holzkohle zum Wasser, aus dem der einfachsten Stickstoffver=
bindung, des Cyans, zu demselben Körper, lassen sich alle
Metamorphosen stickstofffreier und stickstoffhaltiger Körper ent=
wickeln.

224   Metamorphosen stickstofffreier Körper.

Metamorphosen stickstofffreier Körper.

Bringen wir Sauerstoff und Wasserstoff in der Form von Wasserdämpfen, demnach in gleichen Wirkungswerthen mit Kohle, in einer Temperatur zusammen, bei welcher sie die Fähigkeit besitzt, eine Verbindung mit einem dieser Elemente einzugehen, so sieht man, daß sich unter allen Umständen ein Oxid des Kohlenstoffs, Kohlenoxid oder Kohlensäure, bildet, während, je nach der Temperatur, Kohlenwasserstoff oder Wasserstoff in Freiheit gesetzt wird; es findet demnach eine Theilung des Kohlenstoffs in die Elemente des Wassers, in den Wasserstoff und Sauerstoff statt, und eine noch vollkommnere Theilung dieser Art beobachten wir bei allen Metamorphosen, durch welche Art von Ursachen sie auch bewirkt werden mögen.

Essigsäure und Meconsäure erleiden durch den Einfluß der Wärme eine wahre Metamorphose, d. h. eine Spaltung in neue Verbindungen ohne Ausscheidung eines ihrer Elemente. Aus der Essigsäure entsteht Kohlensäure und Aceton, aus der Meconsäure Kohlensäure und Komensäure, durch höhere Temperatur erleidet die letztere eine neue Metamorphose; sie zerlegt sich wieder in Kohlensäure und Pyromeconsäure.

Der Kohlenstoff dieser Materien theilt sich in den Sauerstoff und Wasserstoff; auf der einen Seite sehen wir Kohlensäure, auf der andern ein Oxid eines Kohlenwasserstoffs auftreten, in welchem aller Wasserstoff enthalten ist.

Bei der Metamorphose von Alkoholdämpfen in mäßiger Glühhitze theilt sich der Kohlenstoff auf ähnliche Weise und es entsteht ein Orid einer Kohlenwasserstoffverbindung, die allen Sauerstoff enthält, und gasförmige Kohlenwasserstoffverbindungen.

Bei diesen Metamorphosen durch Wärme sind, wie man sieht, keine fremden Verwandtschaften thätig; es sind die besonderen Anziehungen der Elemente allein im Spiel, die sich, je nach dem Grade ihrer Verwandtschaften, zu neuen Verbindungen ordnen, beständig und unveränderlich unter den Bedingungen, in welchen sie gebildet werden, sich auf's Neue umsetzend, wenn diese Bedingungen geändert werden. Vergleichen wir nun die Producte mit einander, zu denen zwei in ihrer Zusammensetzung ähnliche, aber in ihren Eigenschaften verschiedene Materien in zwei durch verschiedene Ursachen erfolgenden Metamorphosen Veranlassung geben, so finden wir, daß die Art der Umsetzung der Atome absolut die nemliche ist.

In den Metamorphosen des Holzes auf dem Boden von Sümpfen, die wir Fäulniß nennen, theilt sich sein Kohlenstoff in den Wasserstoff und Sauerstoff seiner eigenen Substanz und den des Wassers, neben reiner Kohlensäure entwickelt sich ein Kohlenwasserstoff, der eine der Kohlensäure ähnliche Zusammensetzung besitzt.

In der Metamorphose des Zuckers, die wir Gährung nennen, theilen sich seine Elemente in Kohlensäure, welche $^2/_3$ von dem Sauerstoff des Zuckers, und in Alkohol, der allen Wasserstoff enthält.

In der Metamorphose der Essigsäure durch Glühhitze entsteht Kohlensäure, welche $^2/_3$ von dem Sauerstoff der Essigsäure, und Aceton, welches allen Wasserstoff enthält.

Man sieht leicht, daß die Elemente einer compleren Verbindung ihren speciellen Anziehungen überlassen (und dieß geschieht bei jeder Störung in den Anziehungen der Elemente

15

226   Metamorphosen stickstoffhaltiger Körper.

einer Verbindung, durch welche Ursache sie auch erfolgen mag),
daß die Theilung dieser Elemente, ihre Umsetzung zu neuen
Verbindungen stets nach einer und derselben Weise vor sich
geht, mit dem einzigen Unterschiede jedoch, daß die Natur der
gebildeten Producte stets abhängig bleibt von der Anzahl der
Atome der Elemente, die in Action treten, daß also die Pro=
ducte je nach der Zusammensetzung der Substanz ins Unend=
liche wechseln.

Metamorphosen stickstoffhaltiger Körper.

Wenn wir die Materien in's Auge fassen, welche die Ei=
genschaft, Metamorphosen, Gährung und Fäulniß zu bewirken,
im vorzüglichsten Grade besitzen, so finden wir, daß es ohne
Ausnahme solche sind, in deren Zusammensetzung der Stickstoff
einen Bestandtheil ausmacht. Wir finden, daß in vielen der=
selben eine Umsetzung ihrer Elemente zu neuen Producten von
selbst erfolgt, von dem Augenblicke an, wo sie aufhören, dem
lebenden Organismus anzugehören, wo sie also aus der Sphäre
der Anziehung heraustreten, durch die allein sie zu bestehen
vermögen.

Wir kennen zwar stickstofffreie Körper, die ebenfalls nur in
Verbindung mit anderen einen gewissen Grad von Beständig=
keit besitzen, die im isolirten Zustande also unbekannt sind, eben
weil ihre Elemente, der Kraft entzogen, durch deren Wirkung
ihre Elemente zusammengehalten sind, sich nach ihren eigenen

Anziehungen ordnen; Uebermangansäure, Mangansäure, unter=
schweflige Säure sind schon als Verbindungen dieser Classe be=
zeichnet worden, allein, wie bemerkt, diese Eigenschaft kommt
nur wenigen stickstofffreien Verbindungen zu.

Ganz anders verhält es sich mit den stickstoffhaltigen Kör=
pern; man kann sagen, daß in der eigenthümlichen Natur des
Stickstoffs die Ursache der außerordentlichen Leichtigkeit gegeben
ist, welche ihre eigene Zerstörung herbeiführt. Als das indiffe=
renteste unter den bekannten Elementen zeigt er keine hervor=
stechende Anziehung zu irgend einem andern einfachen Körper,
und diesen Charakter trägt der Stickstoff in alle Verbindungen
über, die er einzugehen fähig ist, ein Charakter, der seine leichte
Trennung von den Materien, mit denen er verbunden ist, er=
klärlich macht.

Nur wenn seine Quantität im Verhältniß zu den Elemen=
ten, mit denen er verbunden ist, eine gewisse Grenze übersteigt,
wie bei Melamin, Ammelin rc., fangen die Stickstoffverbin=
dungen an, eine gewisse Beständigkeit zu erhalten; sie verlieren
ebenfalls bis zu einem gewissen Grade ihre Veränderlichkeit,
wenn seine Quantität zu der Masse der Elemente, mit denen
er verbunden ist, zu der Summe ihrer Anziehungen also, ein
Minimum beträgt, wie bei den organischen Basen.

Wir sehen in den beiden Knallsilbern, dem Knallquecksilber,
dem Jod= und Chlorstickstoff in den sogenannten fulminirenden
Verbindungen diesen Character der leichten Umsetzung am ent=
schiedensten hervortreten.

Alle anderen erhalten die nemliche Fähigkeit, sich zu zer=
legen, wenn ihnen die Elemente des Wassers dargeboten wer=
den, ja die meisten sind keiner Metamorphose fähig, wenn
diese Bedingung ihrer Umsetzung ausgeschlossen ist.

Die veränderlichsten stickstoffhaltigen Substanzen, Theile

15*

228   Metamorphosen stickstoffhaltiger Körper.

von Organismen, gehen in trocknem Zustande nicht in Fäul=
niß über.

Aus den Resultaten der bekannten Metamorphosen stickstoff=
haltiger Körper ergiebt sich nun, daß hierbei das Wasser nicht
bloß als Medium dient, welches den sich umsetzenden Elemen=
ten Bewegung gestattet; es stellt sich klar daraus hervor, daß
sie in Folge von chemischer Verwandtschaft vor sich gehen.

Fragen wir nun nach den Veränderungen, welche die stick=
stoffhaltigen Körper im Allgemeinen erleiden, wenn ihnen die
Bestandtheile des Wassers unter Umständen dargeboten werden,
wo ihre Zersetzung, gleichgültig durch welche Ursache, herbei=
geführt wird, so ergiebt sich als eine Regel, die keine Aus=
nahme kennt, daß unter diesen Bedingungen der Stickstoff die=
ser Substanzen stets bei vollendeter Zersetzung als Ammoniak
in Freiheit gesetzt wird. Alle stickstoffhaltigen organischen Ma=
terien entwickeln durch die Einwirkung von Alkalien allen Stick=
stoff in der Form von Ammoniak; Säuren und eine erhöhte
Temperatur wirken auf die nemliche Weise; nur beim Mangel
an Wasser oder seinen Elementen bilden sich Cyan und andere
Stickstoffverbindungen.

Man kann hieraus entnehmen, daß das Ammoniak die
stärkste Stickstoffverbindung ist, daß Wasserstoff und Stickstoff
zu einander einen Grad von Verwandtschaft besitzen, der die
Anziehung des Stickstoffs zu allen übrigen übertrifft.

Bei den stickstofffreien Materien haben wir in der ausge=
zeichneten Verwandtschaft, welche der Kohlenstoff zum Sauer=
stoff besitzt, eine Ursache kennen gelernt, welche die Spaltung
der Elemente eines complexen organischen Atoms nach einer
bestimmten Weise herbeiführt; in den stickstoffhaltigen macht
nur der Kohlenstoff einen nie fehlenden Bestandtheil aus, und
in diesen kommt in der hervorstechenden Verwandtschaft des

Stickstoffs zum Wasserstoff eine neue höchst kräftige Ursache einer leichteren Umsetzung der Bestandtheile hinzu.

Bei den stickstofffreien Körpern haben wir ein Element, bei den stickstoffhaltigen zwei Elemente, die sich in die Elemente des Wassers theilen, wir haben darinn zwei entgegengesetzte Verwandtschaften, die ihre Wirkung gegenseitig verstärken.

Wir wissen nun, daß wir im Stande sind, durch den Einfluß zweier Verwandtschaften die stärksten Anziehungen zu überwinden, wir bringen mit der größten Leichtigkeit eine Zersetzung der Thonerde hervor, wenn wir die Verwandtschaft der Kohle auf ihren Sauerstoff und die des Chlors auf das Aluminium in Thätigkeit setzen, eine Zersetzung, die mit jedem allein nicht bewirkt werden kann, und es ist mithin in der Natur und der Constitution der Stickstoffverbindungen selbst eine Art von Spannung der Bestandtheile, eine hervorstechende Neigung zu Metamorphosen gegeben, welche bei vielen eine von selbst erfolgende Umsetzung von dem Augenblick an bewirkt, wo sie mit Wasser oder mit den Elementen des Wassers in Berührung gebracht werden.

Das Verhalten der einfachsten aller Stickstoffverbindungen, des Cyansäurehydrats, ist vielleicht am besten im Stande, eine bestimmte Vorstellung über diese Theilungsweise zu geben.

Diese Säure enthält Kohlenstoff, Stickstoff und Sauerstoff genau in den Verhältnissen, daß mit dem Hinzutreten einer gewissen Menge Wasser die Elemente dieses Wassers gerade hinreichen, sein Sauerstoff einerseits, um mit ihrem Kohlenstoff und Sauerstoff Kohlensäure, und sein Wasserstoff andererseits, um mit ihrem Stickstoff Ammoniak zu bilden.

Bei diesen Körpern vereinigen sich also die günstigsten Bedingungen, um die vollkommenste Metamorphose zu erleiden, und es ist wohl bekannt, daß diese Spaltung augenblicklich

230   Metamorphofen ſtickſtoffhaltiger Körper.

erfolgt, ſobald die Cyanſäure mit Waſſer zuſammengebracht
wird; unter lebhaftem Aufbrauſen verwandelt ſie ſich in Koh=
lenſäure und Ammoniak.

Dieſe Zerſetzung läßt ſich als Typus aller Metamorphoſen
ſtickſtoffhaltiger Körper betrachten, es iſt die Fäulniß in ihrer
reinſten und vollendetſten Form, denn die neuen Producte,
Kohlenſäure und Ammoniak, ſind keiner weiteren Metamorphoſe
mehr fähig.

Eine ganz andere und weit verwickeltere Form nimmt aber
die Fäulniß an, wenn die erſten Producte, welche gebildet
werden, einer fortſchreitenden Veränderung unterliegen; ſie zer=
fällt in dieſen Fällen in mehrere Perioden, bei denen es un=
möglich iſt, die Grenze zu beſtimmen, wo die eine aufhört und
die andere anfängt.

Die Metamorphoſe einer aus Kohlenſtoff und Stickſtoff
beſtehenden Verbindung, des Cyans, des einfachſten unter allen
ſtickſtoffhaltigen Körpern, giebt eine klare Vorſtellung von der
Mannigfaltigkeit der Producte, die hierbei auftreten, es iſt die
einzige Fäulniß einer ſtickſtoffhaltigen Subſtanz, die einiger=
maßen unterſucht iſt.

Eine Auflöſung von Cyan im Waſſer trübt ſie nach kur=
zer Zeit und ſetzt eine ſchwarze oder braunſchwarze Ma=
terie ab, welche die Ammoniakverbindung eines Körpers iſt,
der durch eine einfache Vereinigung von Cyan mit Waſſer ent=
ſteht. Dieſe Subſtanz iſt unlöslich im Waſſer und entzieht ſich
durch ihren Zuſtand jeder weiteren Veränderung.

Eine zweite Metamorphoſe wird bedingt durch die Theilung
des Cyans in die Elemente des Waſſers; es entſteht Cyan=
ſäure, indem ſich eine gewiſſe Menge Cyan mit Sauerſtoff
verbindet, es bildet ſich Blauſäure, indem eine andere Por=
tion Cyan ſich mit dem freiwerdenden Waſſerſtoff vereinigt.

Eine dritte Metamorphose erfährt das Cyan, indem eine vollkommene Spaltung der Elemente des Cyans und eine Theilung dieser Elemente in die Bestandtheile des Wassers stattfindet. Oralsäure auf der einen Seite, Ammoniak auf der andern, sind die Producte dieser Spaltung.

Cyansäure, deren Bildung so eben erwähnt worden ist, kann in Berührung mit Wasser nicht bestehen; sie zersetzt sich im Moment ihrer Bildung, wie oben erwähnt, in Kohlensäure und Ammoniak, die sich neu bildende Cyansäure entgeht aber dieser Zersetzung; indem sie mit dem freigewordenen Ammoniak in Verbindung tritt, entsteht Harnstoff.

Die Blausäure zersetzt sich ebenfalls in eine braune Materie, welche Wasserstoff und Cyan, das letztere in einem größeren Verhältniß, als wie im gasförmigen, enthält; es wird bei ihrer Zersetzung ebenfalls Oralsäure, Harnstoff und Kohlensäure gebildet, und durch Spaltung ihres Radikals tritt Ameisensäure als neues Product auf.

Eine Substanz mithin, welche nur Kohlenstoff und Stickstoff enthält, liefert im Ganzen acht von einander durchaus verschiedene Producte.

Einige dieser Producte sind durch die Metamorphose des ursprünglichen Körpers, durch die Theilung seiner Elemente in die Bestandtheile des Wassers, andere in Folge einer weitern Spaltung der ersteren entstanden.

. Der Harnstoff, das kohlensaure Ammoniak sind durch die Verbindung von zwei der gebildeten Producte entstanden; an ihrer Bildung haben alle Elemente Antheil genommen.

Wie aus den eben angeführten Beispielen entnommen werden kann, umfassen die Zersetzungen durch Gährung oder Fäulniß in ihren Resultaten verschiedene Erscheinungen.

Es sind entweder Umsetzungen der Elemente einer com-

232   Metamorphosen stickstoffhaltiger Körper.

pleren Verbindung zu neuen Verbindungen, welche mit oder
ohne Hinzuziehung der Elemente des Wassers vor sich gehen.

In den neuen auf diese Weise gebildeten Producten findet
man entweder genau das Verhältniß der Bestandtheile wieder,
welche vor der Metamorphose in der Materie enthalten waren,
oder man findet darinn einen Ueberschuß, der in den Elemen=
ten des Wassers besteht, welche Antheil an der Theilung der
Elemente genommen haben.

Oder es sind Umsetzungen zweier und mehrerer complexer
Verbindungen, aus welchen die Elemente beider sich wechsels=
weise mit oder ohne Hinzutreten der Elemente des Wassers zu
neuen Producten ordnen. Bei dieser Art von Metamorphosen
enthalten also die neuen Producte die Summe der Bestand=
theile aller Verbindungen, welche an der Zersetzung Antheil
genommen haben.

Die erstere Zersetzungsweise charakterisirt die eigentliche
Gährung, die andere die sogenannte Fäulniß. Wir werden
in dem Folgenden diese Bezeichnungsweise stets nur für die
beiden in ihren Erfolgen sich wesentlich von einander unter=
scheidenden Metamorphosen beibehalten.

Gährung des Zuckers.

Die eigenthümliche Zersetzung, welche der Zucker erfährt, läßt sich als der Typus aller der Metamorphosen betrachten, welche mit Gährung bezeichnet werden.

Wenn in eine mit Quecksilber gefüllte graduirte Glocke 1 Cubiccentimeter mit Wasser zu einem dünnen Brei angerührte Bierhefe und 10 Gramme einer Rohzuckerlösung gebracht wird, die 1 Gramme reinen Zucker enthält, so findet man in der Glocke nach 24 Stunden, wenn das Ganze einer Temperatur von 20—25° ausgesetzt gewesen ist, ein Volumen Kohlensäure, welches bei 0° und 0,76 Meter B. 245 — 250 CC. entspricht. Rechnet man hierzu 11 CC. Kohlensäure, womit die 11 Grm. Flüssigkeit sich gesättigt finden, so hat man mithin im Ganzen 255—259 CC. Kohlensäure erhalten; dieses Volumen Kohlensäure entspricht aber 0,503 bis 0,5127 Grm. dem Gewichte nach. Thénard erhielt ferner von 100 Grm. Rohrzucker 0,5262 absoluten Alkohol. 100 Th. Rohrzucker liefern also im Ganzen 103,89 Th. an Kohlensäure und Alkohol zusammengenommen. In diesen beiden Producten sind aber 42 Theile Kohlenstoff enthalten, und dieß ist genau die Menge, welche ursprünglich in dem Zucker enthalten war.

Die Analyse des Rohrzuckers hat auf eine unzweifelhafte Weise ergeben, daß er die Elemente von Kohlensäure und Alkohol, minus 1 Atom Wasser, enthält.

Aus den Producten seiner Gährung ergiebt sich, daß der

234   Gährung des Zuckers.

Alkohol und die Kohlensäure zusammen 1 Atom Sauerstoff und
2 Atome Wasserstoff, die Elemente also von 1 Atom Wasser
mehr enthalten als der Zucker, und dieß erklärt auf die befrie=
digendste Weise, woher der Gewichtsüberschuß an den erhaltenen
Producten kommt, es haben die Elemente von 1 Atom Wasser
Antheil genommen an der Metamorphose des Zuckers.

Dem Verhältniß nach, in welchem sich der Rohrzucker mit
Aequivalenten von Basen verbindet, so wie aus der Zusam=
mensetzung seines Oxidationsproducts, der Zuckersäure, weiß
man, daß 1 Atom Zucker 12 Aequivalente oder Atome Kohlen=
stoff enthält.

Keins von diesen Kohlenstoffatomen ist darinn in der Form
von Kohlensäure enthalten, denn man erhält diese ganze Quan=
tität Kohlenstoff als Oxalsäure wieder, wenn man den Zucker
mit übermangansaurem Kali behandelt. Kleesäure wird aber
als eine niedere, die Kohlensäure als die höchste Oxidations=
stufe des Kohlenstoffs betrachtet, und es ist unmöglich, durch
einen der kräftigsten Oxidationsprocesse, wie durch Behandlung
mit übermangansaurem Kali, ein niederes Oxid aus einem hö=
heren entstehen zu machen.

Der Wasserstoff des Zuckers ist in diesem Körper nicht in
der Form von Alkohol vorhanden, denn durch Behandlung mit
Säuren, namentlich mit einer sauerstofffreien, der Salzsäure,
wird der Zucker in Wasser und eine moderartige Kohle zer=
setzt, und man weiß, daß keine Alkoholverbindung eine solche
Zersetzung erfährt.

Der Zucker enthält mithin weder fertig gebildete Kohlen=
säure noch Alkohol; diese Körper sind in Folge einer Spal=
tung seines eigenen Atoms, mit Zuziehung der Elemente des
Wassers gebildet worden.

Bei dieser Metamorphose des Zuckers findet man also in

den Producten keinen Bestandtheil der Substanz, durch deren
Berührung seine Zersetzung herbeigeführt wurde, die Elemente
der Bierhefe nehmen an der Umsetzung der Elemente des Zu=
ckers keinen nachweisbaren Antheil.

Nehmen wir jetzt nun einen Pflanzensaft, welcher reich ist
an Zucker, und der neben diesem Bestandtheil noch andere Ma=
terien, vegetabilisches Eiweiß, Kleber ꝛc. enthält, wie z. B. den
Saft von gelben Möhren, Runkelrüben, Zwiebeln ꝛc., über=
lassen wir ihn mit Bierhefe der gewöhnlichen Temperatur, so
geräth er in Gährung, wie das Zuckerwasser; es entweicht unter
Aufbrausen Kohlensäure, und in der rückständigen Flüssigkeit findet
man eine dem Zuckergehalt genau entsprechende Menge Alkohol;
überlassen wir ihn sich selbst bei einer Temperatur von 35 — 40°,
so geräth er ebenfalls in Gährung, es entwickeln sich Gase in
beträchtlicher Menge, welche von einem unangenehmen Geruch
begleitet sind, und wenn die Flüssigkeit nach vollendeter Zer=
setzung untersucht wird, so findet man darinn keinen Alkohol.
Der Zucker ist verschwunden und mit dem Zucker alle vorher
in dem Saft enthaltenen stickstoffhaltigen Körper. Beide ha=
ben sich gleichzeitig mit und neben einander zersetzt; der Stick=
stoff der stickstoffhaltigen Substanzen findet sich in der Flüssig=
keit als Ammoniak wieder und neben dem Ammoniak drei neue
Producte, welche aus den Bestandtheilen des Pflanzensaftes er=
zeugt worden sind. Die eine ist eine wenig flüchtige in dem
thierischen Organismus vorkommende Säure, die Milchsäure,
die andere ist der krystallinische Körper, der den Hauptbestand=
theil der Manna ausmacht, und die dritte ist eine feste dem
arabischen Gummi ähnliche Masse, welche mit Wasser einen
dicken zähen Schleim bildet. Die drei Producte zusammen
wiegen, ohne das Gewicht der gasförmigen Producte zu rech=
nen, mehr, als der im Saft enthaltene Zucker; sie sind also

236 Hefe, Ferment.

nicht aus den Elementen des Zuckers allein entstanden; keins
von den dreien war vor dieser Metamorphose in dem Safte
zu entdecken, sie sind also durch eine Umsetzung der Bestandtheile des Zuckers mit denen der fremden Substanzen gebildet
worden, und dieses Ineinandergreifen von zwei und mehreren
Metamorphosen ist es, was wir die eigentliche Fäulniß
nennen.

Hefe, Ferment.

Wendet man seine Aufmerksamkeit den Materien zu, durch
welche Gährung und Fäulniß in anderen Körpern erregt wird,
so findet man bei genauem Beachten ihres Verhaltens und
ihrer Verbindungsweise, daß sie ohne Ausnahmen Substanzen
sind, deren eigene Elemente sich im Zustand der Umsetzung befinden.

Betrachten wir zuvörderst die merkwürdige Materie, die
sich aus gährendem Bier, Wein und Pflanzensäften in unlöslichem Zustande absetzt, und die den Namen Ferment, Gäh-
rungsstoff von ihrem ausgezeichneten Vermögen erhalten
hat, Zucker und süße Pflanzensäfte in Gährung zu versetzen,
so beobachten wir, daß das Ferment sich in jeder Hinsicht
wie ein in Fäulniß und Verwesung begriffener
stickstoffhaltiger Körper verhält.

Das Ferment verwandelt den Sauerstoff der umgebenden
Luft in Kohlensäure und entwickelt noch Kohlensäure aus sei-

ner eigenen Maſſe (Colin), unter Waſſer fährt es fort, Koh=
lenſäure und übelriechende Gaſe zu entwickeln (Thénard),
und iſt zuletzt in eine dem alten Käſe ähnliche Maſſe verwan=
delt (Prouſt); ſeine Fähigkeit, Gährung zu erregen, iſt mit
Vollendung dieſer Fäulniß verſchwunden.

Zur Erhaltung der Eigenſchaften des Ferments iſt die Ge=
genwart von Waſſer eine Bedingung; ſchon durch bloßes Aus=
preſſen wird ſeine Fähigkeit, Gährung zu erregen, verringert,
durch Austrocknen wird ſie vernichtet; ſie wird gänzlich aufge=
hoben durch Siedhitze, Alkohol, Kochſalz, ein Ueber=
maaß von Zucker, Queckſilberoxid, Sublimat,
Holzeſſig, ſchweflige Säure, ſalpeterſaures Sil=
beroxid, ätheriſche Oele, durch lauter Subſtanzen alſo,
welche der Fäulniß entgegenwirken.

Der unlösliche Körper, den man Ferment nennt,
bewirkt die Gährung nicht. Wird die Bier= oder Wein=
hefe mit ausgekochtem kalten deſtillirten Waſſer ſorgfältig aus=
gewaſchen mit der Vorſicht, daß die Subſtanz ſtets mit Waſſer
bedeckt bleibt, ſo bringt der Rückſtand die Gährung in Zucker=
waſſer nicht mehr hervor.

Der lösliche Theil des Ferments bewirkt die
Gährung ebenfalls nicht. Ein in der Wärme bereiteter
klarer wäſſriger Aufguß von Ferment kann mit Zuckerwaſſer
in einem verſchloſſenen Gefäße zuſammengebracht werden, ohne
das mindeſte Zeichen von Zerſetzung hervorzubringen. Wo
iſt nun, kann man fragen, der Stoff oder die Materie, wo
iſt der Erreger der Gährung in dem Ferment, wenn die un=
löslichen und löslichen Beſtandtheile des Ferments dieſe Zer=
ſetzung nicht hervorzubringen vermögen? Dieß iſt von Colin
auf die entſchiedenſte Weiſe beantwortet worden; ſie wird
durch den aufgelös'ten Stoff bewirkt, wenn der

238   Hefe, Ferment.

wässrige Aufguß an der Luft erkaltet und eine Zeitlang mit
der Luft in Berührung gelassen war; in diesem Zustande mit
Zuckerwasser zusammengebracht, bringt er eine lebhafte Gährung hervor; ohne zuvor der Luft ausgesetzt gewesen zu sein,
tritt keine Gährung ein.

Bei dem Contact mit der Luft erfolgt aber eine Absorbtion
des Sauerstoffs, und man findet in dem Aufguß nach einiger
Zeit freie Kohlensäure.

Die Hefe bringt mithin Gährung hervor in Folge einer
fortschreitenden Zersetzung, die sie bei Gegenwart von Luft in
Berührung mit Wasser erleidet.

Untersuchen wir ferner, ob und welche Veränderung mit
der Hefe vor sich geht, wenn sie in Berührung war mit Zuckerwasser, in welchem die Metamorphose des Zuckers vollendet ist, so zeigt sich, daß mit der Verwandlung des Zuckers
in Kohlensäure und Alkohol ein Verschwinden des Ferments
verknüpft ist.

Von 20 Th. frischer Bierhefe und 100 Th. Zucker erhielt
Thénard nach vollendeter Gährung 13,7 unlöslichen Rückstand, der sich mit neuem Zuckerwasser, auf dieselbe Weise angewendet, auf 10 Theile verminderte; diese 10 Theile waren
weiß, besaßen die Eigenschaften der Holzfaser und verhielten
sich völlig wirkungslos gegen frisches Zuckerwasser.

Es ergiebt sich hieraus auf eine unzweifelhafte Weise, daß
bei der Gährung des reinen Zuckers mit Ferment beide nebeneinander eine Zersetzung erleiden, in deren Folge sie beide verschwinden. Wenn das Ferment nun ein Körper ist, der sich
im Zustande der Fäulniß befindet, und Gährung in Folge seiner eigenen Zersetzung erregt, so müssen alle Materien, die sich
in dem nemlichen Zustande befinden, auf den Zucker eine
gleiche Wirkung haben.

Dieß ist in der That der Fall. Faulendes Muskel=
fleisch, Urin, Hausenblase, Osmazom, Eiweiß,
Käse, Gliadin, Kleber, Legumin, Blut bringen, in
Zuckerwasser gebracht, die Fäulniß des Zuckers (Gährung)
hervor, ja das Ferment selbst, was durch anhaltendes Aus=
waschen seine Fähigkeit, Gährung zu erregen, gänzlich verloren
hat, erhält sie wieder, wenn es, an einem warmen Ort sich
selbst überlassen, in Fäulniß übergegangen ist.

Das Ferment, die faulenden thierischen und vegetabilischen
Materien, indem sie in anderen Körpern den Zustand der Zer=
setzung herbeiführen, den sie selbst erleiden, wirken mithin wie
das Wasserstoffhyperoxid auf Silberoxid; die Störung in der
Anziehung seiner Bestandtheile, welche seine eigne Zersetzung
herbeiführt, der Act seiner Zersetzung bewirkt eine Störung in
der Anziehung der Bestandtheile des Silberoxids, indem das
eine zersetzt wird, erfolgt eine ähnliche Zersetzung des andern
Körpers.

Beachten wir nun, um zu gewissen Anwendungen zu kom=
men, den Verlauf der Gährung des reinen Zuckers mit Fer=
ment, so beobachten wir zwei Fälle, die stets wiederkehren. Ist
die Menge des Ferments im Verhältniß zu dem vorhandenen
Zucker zu gering, so ist seine Fäulniß früher beendigt, als die
Metamorphose des Zuckers; es bleibt Zucker unzersetzt, insofern
die Ursache seiner Metamorphose, nemlich die Berührung mit
einem in Zersetzung begriffenen Körper, fehlt.

Ist die Menge des Ferments vorwaltend, so bleibt, indem
seine Unlöslichkeit im Wasser an und für sich eine langsamere
Zersetzung bedingt, eine gewisse Menge in Zersetzung begriffen
zurück. Diese in frisches Zuckerwasser gebracht, fährt fort,
wieder Gährung zu erregen, bis sie selbst alle Perioden ihrer
eigenen Metamorphose durchlaufen hat.

240   Hefe, Ferment.

Eine gewisse Menge Hefe ist also erforderlich, um eine be=
stimmte Portion Zucker zur Vollendung seiner Metamorphose
zu bringen, aber ihre Wirkung ist keine Massenwirkung, son=
dern ihr Einfluß beschränkt sich lediglich auf ihr Vorhandensein
bis zu dem Endpunkte hin, wo der letzte Atom Zucker sich
zersetzt hat.

Aus den dargelegten Thatsachen und Beobachtungen ergiebt
sich demnach für die Chemie die Existenz einer neuen Ursache,
welche Verbindungen und Zersetzungen bewirkt, und diese Ur=
sache ist die Thätigkeit, welche ein in Zersetzung oder Verbin=
dung begriffener Körper auf Materien ausübt, in denen die
Bestandtheile nur durch eine schwache Verwandtschaft zusam=
mengehalten sind; diese Thätigkeit wirkt ähnlich einer eigen=
thümlichen Kraft, deren Träger ein in Verbindung oder Zer=
setzung begriffener Körper ist, eine Kraft, die sich über die
Sphäre seiner Anziehungen hinaus erstreckt.

Ueber eine Menge bekannter Erscheinungen kann man sich
jetzt genügende Rechenschaft geben.

Aus frischem Pferdeharn erhält man beim Zusatz von Salz=
säure eine reichliche Menge Hippursäure; läßt man den Harn
in Fäulniß übergehen, so läßt sich keine Spur mehr davon
entdecken. Menschenharn enthält eine beträchtliche Quantität
Harnstoff; in gefaultem Harn ist aller Harnstoff verschwunden.
Harnstoff, den man einer gährenden Zuckerlösung zugesetzt hat,
zerlegt sich in Kohlensäure und Ammoniak; in einem gegoh=
renen Auszug von Spargeln, Althäwurzeln ist kein Asparagin
mehr vorhanden.

Es ist früher berührt worden, daß in der überwiegenden
Verwandtschaft des Stickstoffs zu dem Wasserstoff, so wie in
der ausgezeichneten Verwandtschaft des Kohlenstoffs zum Sauer=
stoff, in ihrem entgegengesetzten Streben also, sich der Elemente

des Wassers zu bemächtigen, in allen Stickstoffverbindungen
eine vorzugsweise leichte Spaltung ihrer Elemente gegeben ist,
und wenn wir finden, daß kein stickstofffreier Körper in reinem
Zustande die Eigenschaft besitzt, sich in Berührung mit Wasser
von selbst zu zerlegen, so liegt es in der Natur der Stickstoff=
verbindungen, und weil sie gewissermaßen höher organisirte
Atome darstellen, daß ihnen vor allen diese Fähigkeit zukommt.

Wir finden in der That, daß jeder stickstoffhaltige Bestand=
theil des thierischen oder vegetabilischen Organismus sich selbst
bei Gegenwart von Wasser und einer höhern Temperatur über=
lassen, in Fäulniß übergeht.

Die stickstoffhaltigen Materien sind demnach ausschließlich
die Erreger von Gährung und Fäulniß bei vegetabilischen
Substanzen.

Die Fäulniß gehört in ihren Erfolgen, als eine in einan=
der greifende Metamorphose verschiedener Substanzen, zu den
mächtigsten Desoxidationsprocessen, durch welche die stärksten
Verwandtschaften überwunden werden.

Eine Auflösung von Gyps in Wasser, die man mit einer
Abkochung von Sägespänen oder irgend einer Fäulniß fähigen
organischen Materie in einem verschlossenen Gefäße sich selbst
überläßt, enthält nach einiger Zeit keine Schwefelsäure mehr,
an ihrer Stelle findet man Kohlensäure und freie Schwefel=
wasserstofffäure, die sich in den vorhandenen Kalk theilen. In
stehenden Wassern, welche schwefelsaure Salze enthalten, beob=
achtet man an den verfaulenden Wurzelfasern die Bildung von
krystallisirtem Schwefelkies.

Man weiß nun, daß unter Wasser, also beim Abschluß der
Luft, faulendes Holz sich in der Weise zerlegt, daß sich ein
Theil seines Kohlenstoffs mit seinem eigenen und dem Sauer=
stoff des Wassers zu Kohlensäure verbindet, während sein Was=

242   Hefe, Ferment.

serstoff und der Wasserstoff des zersetzten Wassers als reines
Wasserstoffgas oder als Sumpfgas in Freiheit gesetzt werden
die Producte dieser Zersetzung sind mithin von derselben Art,
wie wenn Wasserdämpfe über glühende Kohlen geleitet werden.

Es ist nun klar, daß wenn das Wasser eine an Sauerstoff
reiche Materie enthält, wie Schwefelsäure z. B., so wird von
der faulenden Materie dieser Sauerstoff mit dem des Wassers
zur Bildung von Kohlensäure in Anspruch genommen werden,
und aus dem gleichzeitig frei gewordenen Schwefel und dem
Wasserstoffgas, die sich im Entstehungsmomente verbinden, ent=
steht Schwefelwasserstoffsäure, die sich mit den vorhandenen
Metalloxiden zu Schwefelmetallen umsetzt.

Die gefaulten Blätter der Waidpflanze, in Berührung mit
blauem Indigo und Alkali, bei Gegenwart von Wasser, gehen
in eine weitere Zersetzung über, deren Resultat, eine Desoxida=
tion des Indigo's, seine Auflösung ist.

Vergleicht man die Zusammensetzung des Mannits, welcher
durch Fäulniß von zuckerhaltigen Rüben= und anderen Pflan=
zensäften gebildet wird, mit der des Traubenzuckers, so findet man,
daß er die nemliche Anzahl von Atomen Kohlenstoff und Was=
serstoff, aber zwei Atome Sauerstoff weniger enthält, als der
Traubenzucker; es ist außerordentlich wahrscheinlich, daß seine
Entstehung auf eine ähnliche Weise aus dem Traubenzucker ge=
folgert werden muß, wie die Verwandlung des blauen Indigo
in desoxidirten weißen Indigo.

Bei der Fäulniß des Klebers entwickelt sich kohlensaures
Gas und reines Wasserstoffgas, es entsteht phosphorsaures
essigsaures, käsesaures, milchsaures Ammoniak in solcher Menge,
daß die weitere Zersetzung aufhört; wird das Wasser erneuert,
so geht die Zersetzung weiter, außer jenen Salzen entsteht koh=
lensaures Ammoniak, eine weiße glimmerähnliche krystallinische;

Materie (Käseoxid), Schwefelammonium und eine durch Chlor gerinnende schleimige Substanz. Als ein selten fehlendes Product der Fäulniß organischer Körper tritt im Besonderen die Milchsäure auf.

Wenn man, von diesen Erscheinungen ausgehend, die Gährung und Fäulniß mit der Zersetzung vergleicht, welche die organischen Verbindungen durch den Einfluß höherer Temperaturen erfahren, so erscheint die trockne Destillation als ein Verbrennungsproceß in dem Innern einer Materie von einem Theile ihres Kohlenstoffs, auf Kosten von allem oder einem Theile ihres eigenen Sauerstoffs, in deren Folge wasserstoffreiche andere Verbindungen gebildet werden. Die Gährung stellt sich dar als eine Verbrennung derselben Art, die bei einer die gewöhnliche, nur wenig überschreitenden, Temperatur im Innern einer Flüssigkeit zwischen den Elementen einer und derselben Materie vor sich geht, und die Fäulniß als Oxidationsproceß, an dem der Sauerstoff aller vorhandenen Materien Antheil nimmt.

244   Verwesung.

Verwesung.

In der organischen Natur begegnen wir neben den Zersetzungsprocessen, die mit Gährung und Fäulniß bezeichnet werden, einer nicht minder umfassenden Klasse von Veränderungen,
die sie durch den Einfluß der Luft erfahren; es ist dieß der
Act der allmäligen Verbindung ihrer verbrennlichen Elemente
mit dem Sauerstoff der Luft, eine langsame Verbrennung, die
den Namen Verwesung erhalten hat.

Zu dieser Klasse gehört die Verwandlung des Holzes in
Humus, die Essigsäurebildung aus Alkohol, die Salpeterbildung
und zahllose andere Vorgänge.

Pflanzensäfte irgend einer Art, mit Wasser durchdrungene
Theile thierischer und vegetabilischer Substanzen, feuchte Säge-
späne, Blut ꝛc. können mit der Luft nicht in Berührung gebracht werden, ohne von dem Augenblick an eine fortschreitende
Veränderung der Farbe und Eigenschaften zu erfahren, von
welcher stets eine Aufnahme des Sauerstoffs der Luft als die
erste Ursache sich zu erkennen giebt.

Diese Veränderung findet beim Abschluß alles Wassers und
bei seinem Gefrierpunkte nicht statt, und man beobachtet, daß
bei verschiedenen Körpern verschiedene Wärmegrade erforderlich
sind, um die Sauerstoffaufnahme und ihr zufolge Verwesung
zu bewirken.

In dem ausgezeichnetsten Grade gehört diese Fähigkeit den
stickstoffhaltigen Substanzen an.

Dampft man Pflanzensäfte beim Zutritt der Luft in gelin=
der Wärme ab, so schlägt sich als Product der Einwirkung
des Sauerstoffs eine braune oder braunschwarze Substanz nie=
der, die bei allen Pflanzensäften von ähnlicher Beschaffenheit
zu sein scheint; sie wird mit dem Namen Extractivstoff
bezeichnet, sie ist im Wasser schwer= oder unlöslich, und wird
von Alkalien leicht aufgenommen.

Durch die Einwirkung der Luft auf feste thierische oder
vegetabilische Gebilde entsteht eine ähnliche pulverige braun=
schwarze Substanz, die man Humus (Terreau) nennt.

Die Bedingungen zur Einleitung der Verwesung sind von
der mannigfaltigsten Art; viele und namentlich gemischte orga=
nische Materien oxidiren sich an der Luft beim bloßen Befeuch=
ten mit Wasser, andere beim Zusammenbringen von Alkalien,
und die meisten gehen in den Zustand der langsamen Verbren=
nung über, wenn sie mit anderen verwesenden Materien in
Berührung gebracht werden.

Die Verwesung einer organischen Materie kann durch alle
Substanzen aufgehoben oder gehindert werden, welche der Fäul=
niß oder Gährung entgegenwirken; Mineralsäuren, Queck=
silbersalze, aromatische Substanzen, brenzliche Oele,
Terpentinöl besitzen in dieser Beziehung einerlei Wirkung; die
letzteren verhalten sich gegen verwesende Körper wie gegen
Phosphorwasserstoffgas, dessen Selbstentzündlichkeit sie vernichten.

Viele Materien, welche für sich oder mit Wasser befeuchtet,
nicht in den Zustand der Verwesung übergehen, gehen bei
Berührung mit einem Alkali einer langsamen Verbrennung
entgegen.

Die Gallussäure, das Hämatin und viele andere Stoffe
lassen sich in ihrer wässerigen Lösung unverändert aufbewahren,
die kleinste Menge freies Alkali ertheilt aber diesen Materien

246   Verwesung.

die Fähigkeit, Sauerstoff anzuziehen, und sich, häufig unter Ent=
wickelung von Kohlensäure, in braune humusähnliche Substan=
zen zu verwandeln (Chevreul).

Die merkwürdigste Art der Verwesung stellt sich bei vielen
vegetabilischen Substanzen ein, wenn sie mit Ammoniak und
Wasser der Luft ausgesetzt werden; ohne Entwickelung von
Kohlensäure stellt sich eine rasche Sauerstoffaufnahme ein, es
entstehen, wie beim Orcin, Erythrin und anderen, prachtvoll
violett oder roth gefärbte Flüssigkeiten, welche jetzt eine stick=
stoffhaltige Substanz enthalten, in welcher der Stickstoff nicht
in der Form von Ammoniak enthalten ist.

Bei allen diesen Vorgängen hat sich herausgestellt, daß die
Einwirkung des Sauerstoffs sich nur selten auf den Kohlen=
stoff der Materien erstreckt, was der Verbrennung in höheren
Temperaturen vollkommen entspricht.

Man weiß z. B., daß, wenn zu einer verbrennenden Koh=
lenwasserstoff=Verbindung nicht mehr Sauerstoff zugelassen wird,
als gerade hinreicht, um den Wasserstoff zu oxidiren, daß in die=
sem Fall kein Kohlenstoff verbrennt, sondern als Kienruß ab=
geschieden wird; ist die hinzutretende Sauerstoffmenge noch ge=
ringer, so werden die wasserstoffreichen Kohlenwasserstoffver=
bindungen in wasserstoffarme, in Naphthalin und andere ähn=
liche zurückgeführt.

Wir haben kein Beispiel, daß sich Kohlenstoff direct bei
gewöhnlicher Temperatur mit Sauerstoff verbindet, aber zahl=
lose Erfahrungen, daß der Wasserstoff in gewissen Zuständen
der Verdichtung diese Eigenschaft besitzt. Geglühter Kienruß
bildet, im Sauerstoffgas aufbewahrt, keine Kohlensäure; mit
wasserstoffreichen Oelen getränkter Kienruß erwärmt sich in der
Luft und entzündet sich von selbst, und mit Recht hat man die
Selbstentzündlichkeit der zur Pulverfabrication dienenden wasser=

stoffreichen Kohle gerade diesem Wasserstoffgehalte zugeschrieben, denn während des Pulverisirens dieser Kohle findet man in der umgebenden Luft keine Spur Kohlensäure; sie tritt nicht eher auf, als bis die Temperatur der Masse die Glühhitze erreicht hat. Die Wärme selbst, welche die Entzündung bedingt, ist mithin nicht durch die Oxidation des Kohlenstoffs gebildet worden.

Man kann die verwesenden Materien in zwei Klassen trennen; in Substanzen, welche sich mit dem Sauerstoff der Luft verbinden, ohne Kohlensäure zu entwickeln, und in andere, bei denen die Absorbtion des Sauerstoffs begleitet ist von einer Abscheidung von Kohlensäure.

Bittermandelöl, der atmosphärischen Luft ausgesetzt, verwandelt sich in Benzoesäure durch Aufnahme von 2 At. Sauerstoff; man weiß, daß die Hälfte davon an den Wasserstoff des Oels tritt und damit Wasser bildet, was in Verbindung bleibt mit der entstandenen wasserfreien Benzoesäure.

Nach den Erfahrungen von Döbereiner absorbiren 100 Th. Pyrogallussäure bei Gegenwart von Ammoniak und Wasser 38,09 Th. Sauerstoff; sie wird in eine moderartige Substanz verwandelt, die weniger Sauerstoff wie vorher enthält. Es ist klar, daß das entstandene Product kein höheres Orid ist, und wenn man die Menge des aufgenommenen Sauerstoffs mit ihrem Wasserstoffgehalt vergleicht, so ergiebt sich, daß derselbe genau hinreicht, um mit diesem Wasserstoff Wasser zu bilden.

Bei der Bildung des bluthrothen Orceins aus farblosem Orcin, was man bei Gegenwart von Ammoniak in Berührung ließ mit Sauerstoff, geht durch die Aufnahme von Sauerstoff mit den Elementen beider Substanzen, dem Ammoniak und dem Orcin, keine andere Veränderung vor sich, als die Ab=

248   Verwesung.

scheidung von Wasser. 1 Aeq. Orcin C_{18} H_{24} O_8 und 1 Aeq.
Ammoniak nehmen 5 Aeq. Sauerstoff auf, und es trennen sich
5 Aeq. Wasser, indem Orcin C_{18} H_{20} O_8 N_2 gebildet wird
(Dumas). Hier ist also offenbar der aufgenommene Sauer=
stoff ausschließlich an den Wasserstoff getreten.

So wahrscheinlich es nun auch erscheint, daß bei der Ver=
wesung organischer Materien die Wirkung des Sauerstoffs sich
zuerst und vorzugsweise auf das verbrennlichste Element, den
Wasserstoff, erstreckt, so läßt sich daraus nicht schließen, daß
dem Kohlenstoff absolut die Fähigkeit mangele, sich mit Sauer=
stoff zu verbinden, wenn jedes Theilchen davon in Berührung
ist mit Wasserstoff, der sich leichter damit verbindet.

Wir wissen im Gegentheil, daß der Stickstoff, welcher
direct mit Sauerstoff nicht verbunden werden kann, sich zu
Salpetersäure oxidirt, wenn er mit einer großen Menge Wasser=
stoffgas gemengt, im Sauerstoffgas verbrannt wird. Hier wird
offenbar durch den verbrennenden Wasserstoff seine Verwandt=
schaft gesteigert, indem sich die Verbrennung des Wasserstoffs
auf den ihn berührenden Stickstoff überträgt. Auf eine ähn=
liche Weise ist es denkbar, daß in manchen Fällen sich Kohlen=
stoff direct mit Sauerstoff zu Kohlensäure oxidirt, indem er
durch den verwesenden Wasserstoff eine Fähigkeit erhält, die er
bei gewöhnlicher Temperatur für sich nicht besitzt; aber für die
meisten Fälle muß die Kohlensäurebildung bei der Verwesung
wasserstoffreicher Materien einer andern Ursache zugeschrieben
werden. Sie erscheint auf ähnliche Art gebildet zu werden wie
die Essigsäure bei der Verwesung des salicyligsauren Kali's.
Dieses Salz, der feuchten Luft ausgesetzt, absorbirt 3 Atome
Sauerstoff; es entsteht ein humusähnlicher Körper, die Me=
lansäure, in Folge deren Bildung sich die Elemente von
1 At. Essigsäure von denen der salicyligen Säure trennen.

Bei der Berührung einer alkalischen Lösung von Hämatin mit Sauerstoff absorbiren 0,2 Grm. in zwei Stunden 28,6 Cubiccentimeter Sauerstoffgas, wobei das Alkali einen Gehalt von 6 CC. Kohlensäure enthält (Chevreul); da diese 6 CC. Kohlensäure nur ein gleiches Volumen Sauerstoff enthalten, so geht aus dieser Erfahrung mit Gewißheit hervor, daß ¾ des aufgenommenen Sauerstoffs nicht an Kohlenstoff getreten sind. Es ist höchst wahrscheinlich, daß mit der Oxidation ihres Wasserstoffs ein Theil des Kohlenstoffs der Substanz sich mit ihrem eigenen Sauerstoff in der Form von Kohlensäure von den übrigen Elemente getrennt hat.

Die Versuche von Saussure über die Verwesung der Holzfaser lassen über eine solche Trennung kaum einen Zweifel zu. Feuchte Holzfaser entwickelt nemlich für jedes Volumen Sauerstoff, was davon aufgenommen wird, ein gleiches Volumen Kohlensäure, welche, wie man weiß, das nämliche Volumen Sauerstoff enthält. Da nun die Holzfaser Kohlenstoff und die Elemente des Wassers enthält, so ist der Erfolg der Einwirkung des Sauerstoffs gerade so, als wenn reine Kohle sich direct mit Sauerstoff verbunden hätte.

Das ganze Verhalten der Holzfaser zeigt aber, daß die Elemente des Wassers, welche Bestandtheile davon ausmachen, nicht in der Form von Wasser darinn wirklich enthalten sind; denn in diesem Falle müßte man Stärke, Zucker und Gummi ebenfalls als Hydrate der Kohle betrachten.

Wenn aber der Wasserstoff nicht in der Form von Wasser in der Holzfaser vorhanden ist, so kann man die directe Oxidation des Kohlenstoffs neben diesem Wasserstoff nicht annehmen, ohne in Widerspruch mit allen Erfahrungen zu gerathen, die man über Verbrennungsprocesse in niederer Temperatur gemacht hat.

250 Verwesung.

Betrachten wir den Erfolg der Einwirkung des Sauer=
stoffs auf eine wasserstoffreiche Materie, den Alkohol z. B.,
so ergiebt sich mit unzweifelhafter Gewißheit, daß die directe
Bildung der Kohlensäure stets das letzte Stadium ihrer Oxi=
dation ist, und daß bis zu ihrem Auftreten die Materie eine
gewisse Anzahl von Veränderungen durchlaufen hat, deren letzte
eine völlige Verbrennung ihres Wasserstoffs ist.

In dem Aldehyd, der Essigsäure, Ameisensäure, Oxalsäure
und Kohlensäure haben wir eine zusammenhängende Reihe von
Oxidationsproducten des Alkohols, in welcher man die Ver=
änderungen durch die Einwirkung des Sauerstoffs mit Leich=
tigkeit verfolgen kann. Der Aldehyd ist Alkohol, minus Was=
serstoff; die Essigsäure entsteht aus dem Aldehyd, indem sich
dieser direct mit Sauerstoff verbindet. Durch weiteres Hinzu=
treten von Sauerstoff entsteht aus der Essigsäure Ameisensäure
und Wasser; wird aller Wasserstoff in der Ameisensäure hin=
weggenommen, so hat man Oxalsäure, und tritt zu dieser eine
neue Quantität Sauerstoff hinzu, so verwandelt sie sich in
Kohlensäure.

Wenn nun auch bei der Einwirkung oxidirender Materien
auf Alkohol alle diese Producte gleichzeitig aufzutreten scheinen,
so bleibt doch kaum ein Zweifel, daß die Bildung des letzten
Products, der Kohlensäure, eine vorhergehende Hinwegnahme
alles Wasserstoffs voraussetzt.

In der Verwesung der trocknenden Oele ist die Absorbtion
des Sauerstoffs offenbar nicht bedingt durch die Oxidation
ihres Kohlenstoffs, denn bei dem rohen Nußöl z. B., welches
nicht frei war von Schleim und anderen Stoffen, bildete sich
für 146 Volumen absorbirten Sauerstoff nur 21 Volumen
kohlensaures Gas.

Man muß erwägen, daß eine Verbrennung in niederer Tem=

peratur in ihren Resultaten ganz ähnlich ist einer Verbrennung in höherer Temperatur bei beschränktem Sauerstoffzutritt. Das verbrennlichste Element einer Verbindung, die man der Einwirkung des Sauerstoffs aussetzt, wird sich zuerst und vorzugsweise mit Sauerstoff verbinden, und diese Verbrennlichkeit wird bedingt durch die Fähigkeit, bei einer Temperatur eine Verbindung mit dem Sauerstoff einzugehen, in welcher die anderen Elemente sich nicht damit verbinden. Diese Fähigkeit wirkt hier wie eine größere Verwandtschaft.

Die Verbrennlichkeit des Kaliums ist für uns kein Maßstab für seine Verwandtschaft zum Sauerstoff; wir haben Grund, zu glauben, daß Magnesium und Aluminium das Kalium in ihrer Anziehung zum Sauerstoff übertreffen; aber beide oxidiren sich nicht in der Luft und nicht im Wasser bei gewöhnlicher Temperatur, während Kalium das Wasser mit der größten Heftigkeit zersetzt und sich seines Sauerstoffs bemächtigt.

Phosphor und Wasserstoff verbinden sich bei gewöhnlicher Temperatur mit dem Sauerstoff, der erstere in feuchter Luft, der andere bei Berührung mit fein zertheiltem metallischem Platin; die Kohle bedarf der Glühhitze, um eine Verbindung mit dem Sauerstoff einzugehen.

Es ist evident, Phosphor und Wasserstoff sind verbrennlicher als Kohle, ihre Verwandtschaft zum Sauerstoff ist bei gewöhnlicher Temperatur größer, und dieser Schluß erleidet keine Aenderung durch die Erfahrung, daß die Kohle die Verwandtschaft beider zum Sauerstoff unter anderen Bedingungen bei weitem übertrifft.

Bei der Fäulniß sind die Bedingungen, in denen die größere Verwandtschaft des Kohlenstoffs zum Sauerstoff sich thätig zeigt, offenbar gegeben; Expansion, Gaszustand oder Cohäsion

252   Verwesung.

wirken ihrer Aeußerung nicht entgegen, in der Verwesung sind
alle diese Hindernisse zu überwinden.

Das Auftreten der Kohlensäure bei Verwesung vegetabilischer und thierischer Substanzen, welche reich sind an Wasserstoff, muß hiernach einer ähnlichen Umsetzung der Elemente
oder Störung ihrer Anziehungen zugeschrieben werden, als wie
die Bildung derselben bei der Gährung und Fäulniß. Indem
der Wasserstoff der Substanz durch Verwesung hinweggenommen und oxidirt wird, trennen sich von ihren übrigen Elementen Kohlenstoff und Sauerstoff in der Form von Kohlensäure.

Bei dieser Klasse von Materien ist demnach die Verwesung
eine Zersetzung, ähnlich der Fäulniß stickstoffhaltiger Materien.

Wir haben bei diesen zwei Verwandtschaften, die des Stickstoffs zum Wasserstoff und die des Kohlenstoffs zum Sauerstoff,
durch welche unter geeigneten Umständen eine leichtere S p a l -
t u n g der Elemente erfolgt; bei den Körpern, die unter Bildung von Kohlensäure verwesen, sind ebenfalls zwei Verwandtschaften thätig, die des Sauerstoffs der Luft zu dem Wasserstoff der Substanz, welche die Anziehung des Stickstoffs zu dem
nemlichen Elemente hier vertritt, und andrerseits die Verwandtschaft des Kohlenstoffs zu dem Sauerstoff der Substanz, die
unter allen Umständen unverändert bleibt.

Bei der Fäulniß des Holzes auf dem Boden von Sümpfen trennt sich von seinen Elementen Kohlenstoff und Sauerstoff in der Form von Kohlensäure, sein Wasserstoff in der
Form von Kohlenwasserstoff; in seiner Verwesung, in seiner
Fäulniß beim Zutritt der Luft verbindet sich sein Wasserstoff
nicht mit Kohlenstoff, sondern mit Sauerstoff, zu dem er bei
gewöhnlicher Temperatur eine weit größere Verwandtschaft
besitzt.

Von dieser vollkommen Gleichheit der Action rührt es un=
streitig her, daß verwesende und faulende Körper sich in ihrer
Wirkung auf einander gegenseitig erseßen können.

Alle faulende Körper gehen bei ungehindertem Zutritt der
Luft in Verwesung, alle verwesenden Materien in Fäulniß
über, sobald die Luft abgeschlossen wird.

Eben so sind alle verwesende Körper fähig, die Fäulniß
in anderen Körpern einzuleiten und zu erregen, auf dieselbe
Weise, wie dieß von anderen faulenden geschieht.

Verwesung stickstofffreier Körper.
Essigbildung.

Alle Materien, welche, wie man gewöhnlich annimmt, die
Fähigkeit besißen, von selbst in Gährung und Fäulniß überzu=
gehen, erleiden in der That bei näherer Betrachtung diese Zu=
stände der Zersetzung ohne eine vorangegangene Störung nicht.
Es tritt zuerst Verwesung ein, ehe sie in Fäulniß oder Gäh=
rung übergehen, und erst nach Absorbtion einer gewissen Menge
Sauerstoff beginnen die Zeichen einer im Innern der Materien
vorgehenden Metamorphose.

Es giebt kaum einen Irrthum, welcher mehr verbreitet ist,
als die Meinung, daß organische Substanzen sich selbst über=
lassen, ohne äußere Ursache, sich zu verändern vermögen.
Wenn sie nicht selbst schon im Zustande der Veränderung be=

254   ·   Verwesung stickstofffreier Körper. Essigbildung.

griffen sind, so bedarf es stets einer Störung in dem Zustande des Gleichgewichts, in dem sich ihre Elemente befinden, und die allgemeinste Veranlassung zu dergleichen Störungen, die verbreitetste Ursache ist unstreitig die Atmosphäre, welche alle Körper umgiebt.

Der am leichtesten veränderliche Pflanzensaft in der Frucht oder dem Pflanzentheil, vor der unmittelbaren Berührung mit dem Sauerstoff der Luft geschützt, behält so lange seine Eigenschaften unverändert bei, als die Materie der Zelle oder des Organs dieser Einwirkung widersteht; erst nach erfolgter Berührung mit der Luft, erst nach Absorbtion einer gewissen Menge Sauerstoff zerlegen sich die in der Flüssigkeit gelösten Materien.

Die schönen Versuche Gay Lussac's über die Gährung des Traubensaftes, sowie die überaus wichtigen Anwendungen, zu denen sie geführt haben, sind die besten Belege für den Antheil, den die Atmosphäre an den Veränderungen organischer Substanzen nimmt.

Der Saft von Weintrauben, welcher durch Auspressen unter einer mit Quecksilber gefüllten Glocke bei Abschluß aller Luft erhalten worden war, kam nicht in Gährung.

Die kleinste Menge hinzutretender Luft brachte, unter Absorbtion einer gewissen Menge Sauerstoffgas, augenblicklich die Gährung hervor.

Wurde der Traubensaft bei Zutritt der Luft ausgepreßt, durch die Berührung also mit Sauerstoff die Bedingung gegeben, in Gährung überzugehen, so trat dennoch keine Gährung ein, wenn der Saft in verschlossenen Gefäßen bis zum Siedepunkte des Wassers erhitzt worden war; er ließ sich in diesem Zustande vor der Luft geschützt Jahre lang aufbewahren, ohne seine Fähigkeit, in Gährung überzugehen, verloren zu haben.

Diese Fähigkeit erhielt er wieder bei erneuerter Berührung mit
der Luft.

Fleischspeisen jeder Art, die am leichtesten veränderlichen
Gemüse gerathen nicht in Fäulniß, wenn sie in luftdicht verschlossenen Gefäßen der Siedhitze des Wassers ausgesetzt werden; man hat Speisen dieser Art nach 15 Jahren in demselben Zustande der Frische und des Wohlgeschmacks bei dem Er-
öffnen wiedergefunden, den sie bei dem Einfüllen besaßen.

Man kann sich über die Wirkungsweise des Sauerstoffs in
diesen Zersetzungsprocessen nicht täuschen; sie beruht in der
Veränderung, welche in dem Traubensafte und den Pflanzensäften die aufgelösten stickstoffhaltigen Materien erfahren, in
dem Zustande der Entmischung, in welchen sie in Folge der
Berührung mit dem Sauerstoff übergehen.

Der Sauerstoff wirkt hierbei ähnlich, wie Reibung, Stoß,
oder Bewegung, welche gegenseitige Zersetzung zweier Salze,
welche das Krystallisiren einer gesättigten Salzauflösung, das
Explodiren von Knallsilber bewirken, er veranlaßt die Aufhebung des Zustandes der Ruhe und vermittelt den Uebergang
in den Zustand der Bewegung.

Ist dieser Zustand einmal eingetreten, so bedarf es seiner
Gegenwart nicht mehr. Das kleinste Theilchen des sich zer-
setzenden, des sich umsetzenden stickstoffhaltigen Körpers wirkt
an seiner Stelle, die Bewegung fortpflanzend, auf das neben
ihm liegende. Die Luft kann abgeschlossen werden, und die
Gährung oder Fäulniß geht ununterbrochen bis zu ihrer Vollendung fort. Bei manchen Früchten hat man bemerkt, daß es
nur des Contacts der Kohlensäure bedarf, um die Gährung
des Saftes hervorzubringen.

Unter den Bedingungen zur Einleitung der Verwesung
können als chemische die Berührung mit Ammoniak und mit

256   Verwesung stickstofffreier Körper.   Essigbildung.

Alkalien im Allgemeinen bezeichnet werden, da sie bei vielen
Materien eine Absorbtion des Sauerstoffs bewirken, wodurch
eine Zersetzung herbeigeführt wird, die sie für sich, in Berührung mit dem Alkali oder dem Sauerstoff allein, nicht erfahren.

So verbindet sich der Alkohol bei gewöhnlicher Temperatur
nicht mit dem Sauerstoff der Luft, eine Auflösung von Kalihydrat in Alkohol färbt sich hingegen unter rascher Sauerstoffaufnahme gelb und braun, man findet nach einiger Zeit Essigsäure, Ameisensäure und die Zersetzungsproducte des Aldehyds
durch Alkalien, zu denen der harzartige Körper gehört; welcher
die Flüssigkeit braun färbt.

Die allgemeinste Bedingung zur Einleitung der Verwesung
in organischen Stoffen ist Berührung mit einem in Verwesung
oder Fäulniß begriffenen Körper; der Ausdruck einer wahren
Ansteckung ist hier um so bezeichnender, da in der That eine
Uebertragung des Zustandes der Verbrennung das Resultat
der Berührung ist.

Es ist das verwesende Holz, was das frische in den nemlichen Zustand versetzt, es ist die höchst fein zertheilte verwesende
Holzfaser, welche in den befeuchteten Galläpfeln die darinn
enthaltene Gerbsäure so rasch in Gallussäure überführt.

Das merkwürdigste und entscheidendste Beispiel von der
Uebertragung des Zustandes der Verbrennung ist von Saussure beobachtet worden.   Es ist erwähnt worden, daß ange-
feuchtete, in Verwesung und Gährung übergegangene Holzfaser,
Baumwolle, Seide, Gartenerde das umgebende Sauerstoffgas
in kohlensaures Gas ohne Aenderung des Volumens verwandeln.
Saussure setzte dem Sauerstoffgas eine gewisse Menge Wasserstoffgas zu, und es zeigte sich von dem Augenblick an eine
Raumverminderung, von dem Wasserstoffgas war eine gewisse

Quantität verschwunden und mit diesem eine Portion Sauer=
stoffgas, und zwar ohne Bildung einer diesem Sauerstoffgas
entsprechenden Menge Kohlensäure. Wasserstoff und Sauerstoff
waren beide in dem Verhältniß verschwunden, in welchem sie
sich zu Wasser verbinden, es erfolgte also eine wahre Verbren=
nung des Wasserstoffs durch die bloße Berührung mit ver=
wesenden Materien. Ihre Wirkung war in ihrem Resultate
ganz ähnlich der des feinzertheilten Platins, aber die Verschie=
denheit in der Ursache, durch die sie bedingt wurde, zeigte sich
schon darinn, daß ein gewisses Volumen Kohlenoxid, welches
die Wirkung des Platins auf das Knallgas völlig vernichtet'
in keiner Beziehung die Verbrennung des Wasserstoffs in Be=
rührung mit den verwesenden Materien verhinderte.

Alle die Fäulniß aufhebenden Substanzen vernichteten in
Sauſſure's Versuchen die Eigenschaft der gährenden Materien.
Die nemlichen Substanzen besaßen sie für sich ebenfalls nicht,
bevor sie in Gährung oder Verwesung übergegangen waren.

Man denke sich an die Stelle des Wasserstoffgases in Sauſ=
ſure's Versuchen in Berührung mit den verwesenden organi=
schen Stoffen den Dampf einer wasserstoffreichen flüchtigen Sub=
stanz, so weiß man, daß der Wasserstoff derselben in dem Zu=
stande der Verdichtung, in welchem er in der Verbindung selbst
der Wirkung des Sauerstoffs sich darbietet, eine noch bei wei=
tem raschere Oxidation erfährt; dieser Wasserstoff wird eine
noch raschere Verbrennung erfahren. Wir finden in der That
in der Schnellessigfabrication alle Bedingungen zur Verwesung
des Alkohols und zu seiner Verwandlung in Essigsäure.

Der Alkohol wird der Einwirkung des Sauerstoffs bei einer
erhöhten Temperatur und einer außerordentlich vergrößerten
Oberfläche dargeboten, aber diese Bedingungen sind nicht hin=
reichend, um seine Oxidation zu bewirken. Der Alkohol muß

258   Verwesung stickstofffreier Körper.   Essigbildung.

eine durch den Sauerstoff der Luft leicht veränderliche Materie
enthalten, welche entweder durch den bloßen Contact mit dem
Sauerstoff in Verwesung übergeht, oder die durch ihre Fäul=
niß und Gährung Producte liefert, welche diese Eigenschaft
besitzen.

Eine kleine Quantität Bier, in Säurung begriffener Wein
ein Malzabsud, Honig, zahllose Materien dieser Art können sich
in ihrer Wirkung hier ersetzen.

Die Verschiedenheit der Substanzen bei derselben Wirkungs=
weise beweist hier, daß keine von ihnen einen Stoff enthalten
kann, welcher als Erreger der Verwesung wirkt, sie sind nur
Träger einer Thätigkeit, die sich über die Sphäre ihrer eig=
nen Anziehungen hinaus erstreckt, es ist der Zustand ihrer eige=
nen Zersetzung und Verwesung, welcher den gleichen Zustand,
die nemliche Thätigkeit den Atomen des Alkohols ertheilt, ge=
rade so, wie in einer Legirung von Platin mit Silber, das
erstere die Fähigkeit, sich mit Sauerstoff zu vereinigen, durch
das Silber erhält, und zwar durch den Act seiner eigenen
Oxidation; der Wasserstoff des Alkohols oxidirt sich unter be=
merkbarer Wärmeentwickelung auf Kosten des berührenden
Sauerstoffs, zu Wasser, es entsteht Aldehyd, welcher mit der=
selben Begierde, wie schweflige Säure, sich direct mit Sauer=
stoff zu Essigsäure verbindet.

Verwesung stickstoffhaltiger Materien.
Salpeterbildung.

Wenn man in Beziehung auf die Verwesung stickstoffhalti=
ger Materien die Erfahrungen mit zu Hülfe nimmt, welche man
bei Verbrennungen stickstoffhaltiger Materien gemacht hat, so
weiß man, daß in höheren Temperaturen der Stickstoff nie
direct eine Verbindung mit dem Sauerstoff eingeht. Die stick=
stoffhaltigen organischen Substanzen enthalten ohne Ausnahme
Kohlen= und Wasserstoff, die beide zum Sauerstoff eine über=
wiegende Anziehung haben.

Bei seiner schwachen Verwandtschaft zum Sauerstoff befin=
det sich der Stickstoff neben diesem in derselben Lage, wie ein
Uebermaß von Kohle bei Verbrennung sehr wasserstoffreicher
Substanzen, sowie bei diesen sich hierbei Kohlenstoff in Sub=
stanz ausscheidet, so ist die Verbrennung stickstoffhaltiger Ma=
terien stets von einer Abscheidung von reinem Stickstoff begleitet.

Ueberläßt man eine feuchte stickstoffhaltige thierische Materie
der Einwirkung der Luft, so bemerkt man unter allen Umstän=
den ein Freiwerden von Ammoniak, nie wird hierbei Salpeter=
säure gebildet.

Bei Gegenwart von Alkalien und alkalischen Basen geht
unter denselben Umständen eine Verbrennung des Stickstoffs
vor sich, unter anderen Oxidationsproducten bilden sich salpe=
tersaure Salze.

17*

260   Verwesung stickstoffhaltiger Materien. Salpeterbildung.

Obwohl wir in den großen Zersetzungsprocessen, welche in
der Natur vor sich gehen, stets die einfachsten Mittel und die
directesten Wege in Anwendung und Thätigkeit sehen, so finden
wir demungeachtet, daß das letzte Resultat stets an eine Auf=
einanderfolge von Actionen geknüpft ist, und daß diese Succes=
sion von Erscheinungen wesentlich von der chemischen Natur der
Körper abhängt.

Wenn wir beobachten, daß in einer Reihe von Erscheinun=
gen sich der Charakter einer Substanz stets gleich bleibt, so ha=
ben wir keinen Grund, einen neuen Charakter zu erfinden, um
eine einzelne Erscheinung zu erklären, deren Erklärung nach
den bekannten Erfahrungen keine Schwierigkeiten darbietet.

Die ausgezeichnetsten Naturforscher nehmen an, daß der
Stickstoff einer thierischen Materie, bei Gegenwart von Wasser,
einer alkalischen Base und hinreichendem Zutritt von Sauer=
stoff sich direct und unmittelbar mit dem Sauerstoff zu Sal=
petersäure zu verbinden vermag, allein, wie schon oben erwähnt,
wir haben keine einzige Erfahrung, wodurch sich diese Meinung
rechtfertigen ließe. Nur durch Vermittelung eines großen Ueber=
maßes von brennendem Wasserstoff geht das Stickgas in ein
Orid des Stickstoffs über.

Verbrennen wir eine Kohlenstickstoff=, eine Cyanverbindung
in reinem Sauerstoffgas, so oridirt sich der Kohlenstoff allein,
leiten wir Cyangas über glühende Metalloride, so wird nur
in seltenen Fällen ein Orid des Stickstoffs gebildet, und nie=
mals in dem Fall, wenn Kohlenstoff im Uebermaß zugegen
ist. Nur wenn es mit einem Ueberschuß von Sauerstoffgas
gemengt über glühenden Platinschwamm geleitet wird, erzeugte
sich in Kuhlmanns Versuchen Salpetersäure.

Die Fähigkeit, sich mit Sauerstoff direct zu verbinden, beob=
achten wir aber an dem reinen Stickgas nicht; selbst unter den

günstigsten Bedingungen bei Anwendung von Platinschwamm in graduell verschiedenen Temperaturen war Kuhlmann nicht im Stande, seine Oxidation zu bewerkstelligen.

Der Kohlenstoff in dem Cyangas war demnach der Vermittler der Verbrennung des Stickstoffs.

Wir beobachten auf der andern Seite, daß die Verbindung des Stickstoffs mit Wasserstoff, das Ammoniak, einer Einwirkung des Sauerstoffs nicht ausgesetzt werden kann, ohne ein Oxid des Stickstoffs und in Folge dessen Salpetersäure zu bilden.

Gerade die Leichtigkeit, mit welcher der Stickstoff in der Form von Ammoniak sich in Salpetersäure verwandelt, ist die Ursache von der einzigen und großen Schwierigkeit, der wir in der Analyse bei der Bestimmung des Stickstoffs in Stickstoffverbindungen begegnen, in denen dieser Körper entweder in der Form von Ammoniak zugegen ist, oder aus denen er sich bei Erhöhung der Temperatur als Ammoniak entwickelt. Wir bekommen ihn ganz oder zum Theil in der Form von Stickoxid wieder, wenn dieses Ammoniak von dem glühenden Kupferoxide verbrannt wird.

Leiten wir Ammoniakgas über glühendes Manganhyperoxid oder Eisenoxid, so erhalten wir bei Ueberschuß von Ammoniak eine reichliche Menge von salpetersaurem Ammoniak; dasselbe geschieht, wenn Ammoniak und Sauerstoffgas über glühenden Platinschwamm geleitet werden.

Nur in seltenen Fällen vereinigt sich also bei Verbrennungen der Stickstoff in Kohlenstickstoffverbindungen mit dem Sauerstoff; dieß geschieht in allen, wo Ammoniak verbrennt; stets wird hierbei Salpetersäure gebildet.

Die Ursache, warum der Stickstoff in der Form von Ammoniak eine so hervorstechende Neigung zeigt, in Salpetersäure

262 Verwesung stickstoffhaltiger Materien. Salpeterbildung.

überzugehen, liegt unstreitig darinn, daß in der Oxidation der Bestandtheile des Ammoniaks zwei Producte gebildet werden, die sich mit einander zu verbinden vermögen. Dieß ist nicht der Fall bei der Verbrennung von Kohlenstickstoffverbindungen; bei diesen wird Kohlensäure gebildet, und abgesehen von der größeren Verwandtschaft des Kohlenstoffs zum Sauerstoff, muß die Bildung der gasförmigen Kohlensäure der Oxidation des Stickstoffs schon dadurch entgegenwirken, daß sie seine Berührung mit dem Sauerstoff hindert.

Bei der Verbrennung von Ammoniak, bei hinreichendem Sauerstoffzutritt entsteht neben der Salpetersäure Wasser, mit dem sie sich verbindet; ein Körper, von dem man sagen kann, daß er die Salpetersäurebildung bedingt, insofern die Salpetersäure ohne Wasser nicht zu bestehen vermag.

Beachtet man nun, daß die Verwesung eine Fäulniß ist, nur insofern von der gewöhnlichen Fäulniß verschieden, als der Sauerstoff der Luft Antheil an den vorgehenden Metamorphosen nimmt; erwägt man, daß bei der Umsetzung der Elemente stickstoffhaltiger Körper der Stickstoff stets die Form von Ammoniak annimmt, daß unter allen Stickstoffverbindungen, die man kennt, das Ammoniak den Stickstoff in einer Form enthält, in welcher seiner Neigung, sich zu oxidiren, entschieden größer ist, als in allen anderen Stickstoffverbindungen, so läßt sich wohl schwerlich dem Schlusse etwas entgegensetzen, daß das Ammoniak die Quelle ist von der Salpetersäurebildung auf der Oberfläche der Erde.

Die stickstoffhaltigen thierischen Materien sind hiernach nicht die Bedinger, sondern nur die Vermittler der Salpetersäureerzeugung, sie wirken, indem sie langsam andauernde Quellen von Ammoniak darstellen.

Durch das in der Amotsphäre vorhandene Ammoniak können

sich salpetersaure Salze in Materien bilden, die keine stickstoff=
haltigen Substanzen enthalten; wir wissen, daß die meisten
porösen Substanzen die Fähigkeit haben, Ammoniak in Menge
zu verdichten, da es wenige Eisenerze giebt, die beim Glü=
hen nicht ammoniakalische Producte entwickeln, daß die Ursache
des Geruches, den man beim Anhauchen der thonigen Mine=
ralien bemerkt, in ihrem Ammoniakgehalt beruht; wir haben,
wie man sieht, in dem Ammoniak eine höchst verbreitete Ursache
der Salpeterbildung in der Atmosphäre, die überall sich thätig
zeigt, wo die Bedingungen zur Oxidation des Ammoniaks sich
vereinigen. Es ist wahrscheinlich, daß in Verwesung begriffene
andere organische Substanzen die Verbrennung des Ammoniaks
vermitteln, wenigstens sind die Fälle selten, wo sich Salpeter=
säure aus Ammoniak erzeugt unter Umständen, wo alle der
Verwesung fähigen Materien fehlen.

Aus den vorhergegangenen Betrachtungen über die Ursachen
der Gährung, Fäulniß und Verwesung ergeben sich einige An=
wendungen für die Berichtigung der gewöhnlichen Ansichten
über Wein= und Biergährung und über mehrere in der Natur
vorgehende umfassende Zersetzungsprocesse.

264   Wein = und Biergährung.

Wein = und Biergährung.

Es ist erwähnt worden, daß der Traubensaft beim Zutritt der Luft in Gährung geräth, und daß die Zersetzung des Zuckers in Alkohol und Kohlensäure bis zu seinem Verschwinden fort= schreitet, ohne daß die Luft weiteren Antheil an dieser Meta= morphose nimmt.

Neben dem Alkohol und der Kohlensäure beobachtet man als ein anderes Product der Gährung des Saftes eine gelb= liche oder graue unauflösliche Substanz, welche reich ist an Stickstoff; es ist dieß der Körper, welcher die Fähigkeit besitzt, in frischem Zuckerwasser wieder Gährung hervorzubringen, das sogenannte Ferment.

Wir wissen, daß der Alkohol und die Kohlensäure den Elementen des Zuckers und das Ferment den stickstoffhaltigen Bestandtheilen des Saftes seinen Ursprung verdankt. Diese stistoffhaltigen Bestandtheile haben den Namen Kleber oder ve= getabilisches Eiweiß erhalten.

Nach den Versuchen von S a u s s u r e entwickelt frischer un= reiner Kleber nach 5 Wochen sein 28faches Volumen Gas, wel= ches zu ³/₄ aus Kohlensäure und zu ¹⁄₄ aus reinem kohlenfreien Wasserstoffgase besteht; es bilden sich dabei Ammoniaksalze mehrerer organischer Säuren. Bei der Fäulniß des Klebers wird also Wasser zersetzt, dessen Sauerstoff in Verbindung tritt, während sein Wasserstoff in Freiheit gesetzt wird; das letztere geschieht nur in Zersetzungsprocessen der energischsten Art; Ferment oder eine ihm ähnliche Materie wird hierbei nicht

gebildet, eben so wenig beobachtet man bei der Gährung von
zuckerhaltigen Pflanzensäften ein Auftreten von Wasserstoffgas.

Man beobachtet leicht, daß die Veränderung des Klebers
für sich und seine Zersetzung in den Pflanzensäften, in welchen
er gelöst ist, zwei verschiedenen Metamorphosen angehört.
Man hat Gründe, zu glauben, daß sein Uebergang in den un=
löslichen Zustand von einer Sauerstoffaufnahme herrührt; denn
seine Abscheidung kann unter gewissen Bedingungen durch un=
gehinderten Luftzutritt ohne Gegenwart von gährendem Zucker
bewirkt werden, und man weiß, daß die Berührung des Trau=
ben= oder Pflanzensaftes mit der Luft, ehe die Gährung ein=
tritt, eine Trübung, eine Bildung nemlich eines unlöslichen
Niederschlags, von der Beschaffenheit des Ferments, zur
Folge hat.

Aus den Erscheinungen, die wir bei der Gährung der
Bierwürze beobachten, ergiebt sich mit zweifelloser Gewißheit,
daß das Ferment aus dem Kleber während und in der Me=
tamorphose des Zuckers gebildet wird; denn die Bierwürze
enthält den stickstoffhaltigen Körper des Getreides, den man
Kleber nennt, in dem nemlichen Zustande, wie er im Trauben=
saft vorhanden ist; durch zugesetztes Ferment wird die Bier=
würze in Gährung versetzt, allein nach vollendeter Zersetzung
hat sich seine Quantität um das Dreißigfache vermehrt.

Bier= und Weinhefe zeigen, mit geringen Verschiedenheiten
unter dem Mikroskope betrachtet, einerlei Form und Beschaf=
fenheit, sie zeigen einerlei Verhalten gegen Alkalien und Säu=
ren, sie besitzen einerlei Fähigkeit, Gährung in Zuckerwasser
aufs Neue einzuleiten, man muß sie als identisch betrachten.

Die Zersetzung des Wassers, bei der Fäulniß des Klebers,
ist eine völlig bewiesene Thatsache, und in welcher Form er
sich auch zersetzen mag, ob im gelösten oder ungelösten Zu=

266   Wein= und Biergährung.

ſtande, das Streben ſeiner kohlenſtoffhaltigen Beſtandtheile, ſich
des Sauerſtoffs des Waſſers zu bemächtigen, dieſes Streben
iſt ſtets vorhanden, und wenn, wie alle Erfahrungen zu be=
weiſen ſcheinen, ſein Uebergang in den unlöslichen Zuſtand in
Folge einer Oridation geſchieht, ſo muß der Sauerſtoff, der
hierzu verwendet wird, von den Elementen des Waſſers oder
von dem Zucker genommen werden, welcher Sauerſtoff und
Waſſerſtoff in dem nemlichen Verhältniß wie im Waſſer enthält.
Dieſer Sauerſtoff wird in der Wein= und Biergährung keines=
falls von der Atmoſphäre genommen.

Die Gährung des reinen Zuckers in Berührung mit Wein=
oder Bierhefe iſt, wie man ſieht, ſehr verſchieden von der
Gährung des Traubenſaftes oder der Bierwürze.

In der erſtern verſchwindet die Hefe mit der Zerſetzung
des Zuckers, in der andern geht neben der Metamorphoſe des
Zuckers eine Metamorphoſe des Klebers vor ſich, in Folge wel=
cher, als erſtes Product, Ferment erzeugt wird. In dem einen
Falle wird die Hefe alſo zerſtört, in dem andern wird ſie
gebildet.

Da nun unter den Producten der Bier= und Weingährung
freies Waſſerſtoffgas nicht nachweisbar iſt, ſo iſt klar, daß die
Oridation des Klebers, ſein Uebergang in Ferment, nur auf
Koſten des Sauerſtoffs des Waſſers, oder auf Koſten des
Sauerſtoffs des Zuckers geſchehen kann. Der freiwerdende
Waſſerſtoff des Waſſers muß neue Verbindungen eingegangen
ſein, oder durch Desoridation des Zuckers müſſen waſſerſtoff=
reiche oder ſauerſtoffarme Verbindungen entſtanden ſein, die
den Kohlenſtoff des Zuckers enthalten.

In der That iſt es eine wohlbekannte Erfahrung, daß der
Wein, daß gegohrene Flüſſigkeiten überhaupt neben dem Alko=
hol noch andere Producte enthalten, Materien, welche vor

der Gährung des Traubensaftes oder der zuckerhaltenden
Flüssigkeiten darinn nicht nachweisbar waren und sich auf eine
ähnliche Art, wie der Mannit, während der Gährung gebildet
haben müssen. Der Geruch, der Geschmack, welcher den Wein
von allen gegohrenen Flüssigkeiten unterscheidet, wir wissen,
daß er einem Aether einer flüchtigen, höchst brennbaren Säure
von ölartiger Beschaffenheit, dem Oenanthfäureäther an=
gehört, wir wissen, daß der Getreide= und Kartoffelbranntwein
ihren Geruch und Geschmack eigenthümlichen öligen Materien
verdanken, die unter dem Namen Fuselöle bekannt sind, ja
daß die letzteren dem Alkohol in ihren chemischen Eigenschaf=
ten näher stehen, als wie allen anderen organischen Sub=
stanzen.

Diese Körper sind Producte von Desoxidationsprocessen der
in den gährenden Flüssigkeiten gelösten Materien, sie enthalten
weniger Sauerstoff, als der Zucker oder Kleber, sie zeichnen
sich durch einen großen Gehalt an Wasserstoff aus.

In der Oenanthfäure haben wir, bei einer großen Diffe=
renz in dem Sauerstoffgehalte, Kohlenstoff und Wasserstoff in
dem Verhältniß von gleichen Aequivalenten, also genau wie
im Zucker; in dem Fuselöl der Kartoffeln finden wir viel mehr
Wasserstoff, als diesem Verhältniß entspricht.

So wenig man auch zweifeln kann, daß diese flüchtigen
Flüssigkeiten, in Folge eines gegenseitigen Aufeinanderwirkens
der Elemente des Zuckers und Klebers, in Folge also einer
wahren Fäulniß entstanden sind, so haben auf ihre Bildung
und Eigenthümlichkeit nichts desto weniger noch andere Ursachen
Einfluß gehabt.

Die riechenden und schmeckenden Bestandtheile des Weins
erzeugen sich in der Gährung solcher Traubensäfte, welche einen
gewissen Gehalt besitzen an Weinsäure; sie fehlen in allen Wei=

268   Wein= und Biergährung.

nen, welche frei ſind von Säuren, oder welche eine andere
organiſche Säure, z. B. Eſſigſäure, enthalten.

Die ſüdlichen Weine beſitzen keinen Weingeruch, in den
franzöſiſchen Weinen tritt er entſchieden hervor, in den Rhein=
weinen iſt er am ſtärkſten. Die Traubenſorten am Rhein,
welche am ſpäteſten und nur in ſeltenen Fällen vollkommen
reif werden, der Rießling und Orleans, beſitzen den ſtärkſten
Weingeruch, das hervorſtechendſte Bouquet, ſie ſind verhältniß=
mäßig reich an Weinſäure. Die früh reifenden Traubenſorten,
der Ruländer und andere, ſind reicher an Alkohol, in ihrem
Geſchmacke ähnlich den ſpaniſchen Weinen, allein ſie haben
kein Bouquet.

Die am Cap reifenden, von dem Rhein aus verpflanzten
Rießlinge geben einen vortrefflichen Wein, allein er beſitzt das
Aroma nicht, was den Rheinwein auszeichnet.

Man ſieht leicht, daß Säure und Weingeruch zu einander
in einer beſtimmten Beziehung ſtehen, beide ſind ſtets nebeneinander vorhanden, und es kann keinem Zweifel unterliegen,
daß die Gegenwart der erſteren von beſtimmtem Einfluß war
bei der Bildung des Bouquets.

Am deutlichſten zeigt ſich dieſer Einfluß bei der Gährung
von Flüſſigkeiten, in welchen alle Weinſäure fehlt, namentlich
in ſolchen, welche ſehr nahe neutral oder alkaliſch ſind, wie
namentlich bei der Gährung von Kartoffeln= oder Getreide=
meiſche.

Der Kartoffel= und Getreidebranntwein enthalten eine den
thieriſchen Oelen ähnliche Verbindung, die dieſen Flüſſigkeiten
ihren eigenthümlichen Geſchmack ertheilt. Dieſe Materie erzeugt
ſich in der Gährung der Meiſche, ſie iſt in der gegohrenen
Flüſſigkeit fertig gebildet vorhanden, denn durch die bloße Er=
höhung der Temperatur deſtillirt ſie mit den Alkoholdämpfen über.

Man hat die Beobachtung gemacht, daß mit der Neutralität
der Meische, bei Zusatz von Asche, kohlensaurem Kalk, die
Quantität des gebildeten Alkohols bis zu einem gewissen Grade
zunimmt, aber mit einer größeren Ausbeute an Branntwein
wächst sein Gehalt an Fuselöl.

Man weiß überdieß, daß der Branntwein aus Kartoffel=
stärke, nach vorangegangener Verwandlung in Zucker durch ver=
dünnte Schwefelsäure, völlig frei von Fuselöl ist, daß mithin
diese Substanz in Folge einer Veränderung erzeugt wird, welche
der Faserstoff der Kartoffeln während der Gährung erfährt.

Unleugbare Erfahrungen beweisen, daß die gleichzeitige
Fäulniß oder Gährung dieses Faserstoffs, in Folge welcher
Fuselöl erzeugt wird, bei dem Getreidebranntwein vermieden
werden kann *).

Das nemliche Malz, welches in der Branntweinbereitung
ein Fuselöl haltiges Destillat giebt, liefert in der Bierbereitung
eine spirituöse Flüssigkeit, welche keine Spur Fuselöl enthält,
der Hauptunterschied bei der Gährung beider liegt darin, daß
in der Gährung der Bierwürze eine aromatische Substanz zu=
gesetzt wird, der Hopfen, und es ist gewiß, daß sein Vorhan=
densein eine Aenderung in den vorhergehenden Metamorphosen
bedingt hat. Wir wissen, das das ätherische Oel des
Senfs, sowie brenzliche Oele, die Gährung des Zuckers, den
Einfluß der sich zerlegenden Hefe gänzlich zernichten. Das
ätherische Oel des Hopfens besitzt diese Eigenschaft nicht, aber
es vermindert in hohem Grade den Einfluß von sich zersetzen=
den stickstoffhaltigen Materien auf die Verwandlung des Wein=

---

*) In der Fabrik des Herrn Dubrunfant wurde unter gewissen Um=
ständen eine so beträchtliche Menge Fuselöl aus Kartoffelbranntwein
erhalten, daß es zum Beleuchten des ganzen Fabriklocals benutzt wer=
den konnte.

270   Wein= und Biergährung.

geistes in Essig, und man hat mithin Grund zu glauben, daß
es aromatische Substanzen giebt, durch deren Zusatz zu Gähr=
mischungen die mannigfaltigsten Aenderungen in der Natur der
sich erzeugenden Producte hervorgebracht werden können.

Welche Meinung man auch über die Entstehung der flüch=
tigen riechenden Materien in der Weingährung haben mag, so
viel ist gewiß, der Weingeruch rührt von dem Aether einer
organischen, den fetten Säuren ähnlichen, Säure her, die sich
während der Gährung bildet.

Nur in Flüssigkeiten, welche andere leicht lösliche Säuren
enthalten, sind die fetten Säuren, ist die Oenanthsäure fähig,
eine Verbindung mit dem Aether des Alkohols einzugehen, d. h.
Geruch zu erzeugen. Wir finden diesen Aether in allen Wei=
nen, welche freie Säure enthalten, er fehlt in den Weinen,
welche frei sind von Säuren; diese Säure war mithin den
Geruch vermittelnd, ohne ihr Vorhandensein würde sich kein
Oenanthäther gebildet haben.

Das Fuselöl des Getreidebranntweins besteht zum größten
Theil aus einer nicht ätherificirten fetten Säure; es löst Kupfer=
oxid, überhaupt Metalloxide auf und kann durch Alkalien ge=
bunden werden.

Der Hauptbestandtheil dieses Fuselöls ist eine der Oenanth=
säure in ihrer Zusammensetzung identische, in ihren Eigenschaf=
ten aber verschiedene Säure (Mulder). Es wird in gähren=
den Flüssigkeiten gebildet, welche, wenn sie sauer reagiren, nur
Essigsäure enthalten, eine Säure, welche auf die Aetherbildung
anderer Säuren ohne Einfluß ist.

Das Fuselöl des Kartoffelbranntweins ist das Hydrat
einer organischen Base, ähnlich dem Aether, fähig also mit
Säuren Verbindungen einzugehen; es wird in gährenden Flüs=
sigkeiten in vorzüglicher Menge gebildet, welche neutral oder

schwach alkalisch sind, unter Umständen also, wo es an und
für sich unfähig ist, eine Verbindung mit einer Säure einzu=
gehen.

Unter den Producten der Gährung und Fäulniß neutraler
Pflanzensäfte, Pflanzen= und Thierstoffe bemerkt man stets die
Gegenwart flüchtiger, meist übelriechender Materien, aber das
evidenteste und merkwürdigste Beispiel von der Erzeugung eines
wahren ätherischen Oels liefert die Gährung des vollkommen
geruchlosen Krautes von centaurium minus. Mit Wasser
einer etwas erhöhten Temperatur ausgesetzt, geht es in Gäh=
rung über, die sich durch einen durchdringenden angenehmen
Geruch zu erkennen giebt.

Durch Destillation erhält man aus dieser Flüssigkeit eine
ätherisch ölige Substanz von großer Flüchtigkeit, welche stechen=
den Reiz und Thränen der Augen hervorbringt (Büchner).

Die Blätter der Tabackspflanzen verhalten sich ganz auf
dieselbe Weise; das frische Kraut hat keinen oder einen sehr
wenig hervorstechenden Geruch; mit Wasser der Destillation
unterworfen, erhält man eine schwach ammoniakalische Flüssig=
keit, auf welcher eine weiße, fettartige, krystallisirbare, stickstoff=
freie, geruchlose Materie schwimmt. Das nemliche Kraut im
getrockneten Zustande mit Wasser befeuchtet und in kleinen Bün=
deln auf Haufen gesetzt, erleidet einen eigenthümlichen Zersetzungs=
proceß; es tritt eine Gährung unter Absorbtion von Sauer=
stoff ein, die Blätter erhitzen sich und verbreiten von jetzt an
den eigenthümlichen Geruch des Rauch= und Schnupftabacks;
er kann durch sorgfältige Leitung der Gährung, Vermeidung
zu starker Erhitzung verfeinert und erhöht werden, und nach
dieser Gährung findet sich in diesen Blättern eine ölartige
stickstoffreiche, flüchtige Materie, das Nicotin, von basischen
Eigenschaften, welche vorher nicht vorhanden war. Die ver=

272   Wein= und Biergährung.

ſchiedenen Tabacksſorten unterſcheiden ſich von einander, wie
die Weine, durch die abweichendſten Riechſtoffe, die neben die=
ſem Nicotin mit erzeugt werden.

Wir wiſſen, daß in den meiſten Blüthen und Pflanzen=
ſtoffen, wenn ſie riechen, dieſer Geruch einem darinn vorhan=
denen ätheriſchen Oel angehört, allein es iſt eine nicht minder
poſitive Erfahrung, daß andere nur inſofern riechen, als ſie
ſich verändern, oder als ſie ſich in Zerſetzung befinden.

Das Arſen, die arſenige Säure ſind beide geruchlos, nur in
dem Act ſeiner Oxidation verbreitet es den penetranteſten Knob=
lauchsgeruch; ſo riechen Hollunderbeerenöl, viele Terpentinöl=
ſorten, Citronenöl nur in dem Act ihrer Oxidation, ihrer Ver=
weſung; daſſelbe iſt der Fall bei vielen Blüthen, und beim
Moſchus hat Geiger bewieſen, daß er ſeinen Geruch einer
fortſchreitendenden Fäulniß und Verweſung verdankt.

Daher mag es denn auch kommen, daß in der Gährung
von zuckerhaltigen Pflanzenſäften das eigenthümliche Princip
vieler Pflanzenſtoffe, dem ihr Geruch angehört, erſt gebildet
und entwickelt wird, wenigſtens riechen kleine Quantitäten von
Veilchen=, Hollunder=, Linden= und Schlüſſelblumenblüthen, wenn
ſie während der Gährung zugeſetzt werden, hin, der gegohrenen
Flüſſigkeit den ſtärkſten Geruch und Geſchmack nach dieſen Ma=
terien mitzutheilen, ein Reſultat, was man durch Zuſatz eines
Deſtillats von hundertmal größeren Mengen nicht erzielt. In
Baiern ganz beſonders, wo der verſchiedene Geſchmack der Biere
ſie in zahlloſe Sorten trennt, läßt man bei manchen Bieren
geringe Mengen Kräuter und Blüthen verſchiedener Pflanzen
mit der Bierwürze gähren, und auch am Rhein wird betrüge=
riſcher Weiſe in vielen Weinen ein künſtliches Bouquet durch
Zuſatz von manchen Salbey= und Rautenarten erzeugt, inſo=
fern verſchieden von dem echten Aroma, als es bei weitem

Wein = und Biergährung.   273

veränderlicher ist, und sich nach und nach bei der Aufbewah=
rung des Weines wieder verliert.

Die Verschiedenheit der Traubensäfte in verschiedenen Kli=
maten beruht nun nicht allein auf dem Gehalt an freier Säure,
sondern in der ungleichen Menge von Zucker, den sie gelöst
enthalten; man kann annehmen, daß ihr Gehalt an stickstoff=
haltiger Materie überall gleich ist, man hat wenigstens im süd=
lichen Frankreich und am Rhein, in Beziehung auf die sich in
der Gährung abscheidende Hefe, keinen Unterschied beobachtet.

Die in heißen Ländern gereiften Trauben, sowie die ge=
kochten Traubensäfte sind verhältnißmäßig reich an Zucker; bei
der Gährung dieses Saftes ist die völlige Zersetzung der stick=
stoffhaltigen Bestandtheile, ihre völlige Abscheidung im unlös=
lichen Zustande früher beendigt, ehe aller Zucker seine eigene
Metamorphose in Alkohol und Kohlensäure erlitten hat; es
bleibt eine gewisse Menge Zucker dem Weine unzersetzt beige=
mischt, eben weil die Ursache einer weiteren Zersetzung fehlt.

In den Traubensäften der gemäßigten Zone ist mit der
Metamorphose des Zuckers die völlige Abscheidung der stick=
stoffhaltigen Materien im ungelösten Zustande nicht bewirkt
worden. Diese Weine enthalten keinen Zucker mehr, sie ent=
halten aber wechselnde Mengen von unzersetztem Kleber in
Auflösung.

Dieser Klebergehalt ertheilt diesen Weinen die Fähigkeit,
von selbst, bei ungehindertem Zutritt der Luft, in Essig über=
zugehen; indem er den Sauerstoff aufnimmt und unauflöslich
wird, überträgt sich diese Oxidation auf den Alkohol, er ver=
wandelt sich in Essig.

Durch das Lagern der Weine in Fässern, bei sehr gehin=
dertem Luftzutritt und möglichst niederer Temperatur, wird die
Oxidation dieser stickstoffhaltigen Materien bewirkt, ohne daß

18

274   Wein= und Biergährung.

der Alkohol, welcher dazu einer höheren Temperatur bedarf,
Antheil daran nimmt; so lange der Wein in den Lagerfässern
Unterhefe absetzt, kann er durch Zusatz von Zucker wieder in
Gährung versetzt werden, aber der alte wohl abgelagerte Wein
hat die Fähigkeit, durch Zuckerzusatz zu gähren und von selbst
in Essig überzugehen, verloren, eben weil in ihm die Bedin=
gung zur Gährung und Verwesung, nemlich eine in Zersetzug
oder Verwesung begriffene Materie, fehlt.

Bei dem Abfüllen der jungen Weine, welche noch reich an
Kleber sind, hindern wir ihren Uebergang in Essig, ihre Ver=
wesung durch Zusatz von schwefliger Säure, durch eine Sub=
stanz also, die den aufgenommenen Sauerstoff der Luft in dem
Faß und in dem Wein hindert, an die organische Materie zu
treten, insofern sie sich selbst damit verbindet.

Auf eine ähnliche Weise, wie in den Weinen, unterscheiden
sich die Biersorten von einander.

Die englischen, französischen und die meisten deutschen Biere
gehen beim Zutritt der Luft in Essig über; diese Eigenschaft
fehlt den baierschen Lagerbieren, sie lassen sich, ohne sauer zu
werden, in vollen und halbgefüllten Fässern ohne Veränderung
aufbewahren. Diese schätzbare Eigenschaft haben diese Biere
durch ein eigenthümliches Verfahren in der Gährung der Bier=
würze, durch die sogenannte Untergährung erhalten, und
eine vollendete Experimentirkunst hat damit eins der schönsten
Probleme der Theorie gelöst.

Die Bierwürze ist verhältnißmäßig reicher an aufgelöstem
Kleber als an Zucker, bei ihrer Gährung auf die gewöhnliche
Weise scheidet sich eine große Menge Hefe als dicker Schaum
ab, die sich entwickelnde Kohlensäure hängt sich in Bläschen
den Hefentheilchen an, macht sie specifisch leichter und hebt sie
auf die Oberfläche der Flüssigkeit empor.

Neben den sich zerlegenden Zuckertheilchen befinden sich
Theile des in Oxidation im Innern der Flüssigkeit begriffenen
Klebers. Kohlensäure von dem Zucker, unauflösliches Ferment
von dem Kleber scheiden sich gleichzeitig neben einander ab,
und der letzte Act von Verbindung zeigt sich in beiden durch
Adhäsion.

Nach der Vollendung der Metamorphose des Zuckers bleibt
noch eine große Menge Kleber in der gegohrenen Flüssigkeit in
Auflösung, und dieser Kleber, durch seine ausgezeichnete Nei=
gung, Sauerstoff anzuziehen und zu verwesen, veranlaßt den
Uebergang des Alkohols in Essig; mit seiner gänzlichen Ent=
fernung und mit der Entfernung aller oxidationsfähigen Ma=
terien würde das Bier seine Fähigkeit, sauer zu werden, ver=
loren haben. Diese Bedingungen werden nun vollkommen er=
füllt durch das baiersche Gährverfahren.

Die gehopfte Würze läßt man in sehr weiten offenen Ku=
fen in Gährung übergehen, in welchen die Flüssigkeit der Luft
eine große Oberfläche darbietet; man läßt sie an kühlen Orten
vor sich gehen, deren Temperatur 6 — 8° R. nicht übersteigt.
Die Gährung dauert 3 — 6 Wochen; die Kohlensäure ent=
wickelt sich nicht in großen voluminösen, auf der Oberfläche
zerplatzenden Blasen, sondern in feinen Bläschen wie aus ei=
nem Säuerling, wie aus einer Flüssigkeit, die damit in höhe=
rem Drucke übersättigt war. Die Oberfläche der Flüssigkeit
ist kaum mit Schaum bedeckt, und alle Hefe setzt sich auf den
Boden der Kufe in Gestalt eines feinen, zähen Schlammes als
sogenannte Unterhefe ab.

Um sich eine klare Vorstellung von der großen Verschieden=
heit der beiden Gährungsprocesse, der Ober= und Unter=
gährung, zu verschaffen, genügt es vielleicht, darauf zurück=
zuweisen, daß die Metamorphose des Klebers, oder der stick=

276   Wein= und Biergährung.

ſtoffhaltigen Beſtandtheile überhaupt, in mehrere Perioden zer=
fällt.

In der erſten Periode geht ſeine Verwandlung in unauf=
löſliches Ferment in dem Innern der Flüſſigkeit vor ſich, Koh=
lenſäure und Hefe ſcheiden ſich neben einander ab; wir wiſſen,
daß dieſe Abſcheidung mit einer Sauerſtoffaufnahme verknüpft
iſt, und ſind nur zweifelhaft darüber, ob dieſer Sauerſtoff von
den Elementen des Zuckers, des Waſſers oder von ſeiner eige=
nen Maſſe genommen wird, ob dieſer Sauerſtoff geradezu ſich
damit verbindet, oder ob er an den Waſſerſtoff des Klebers
tritt, damit Waſſer bildend. Bezeichnen wir, um einen Begriff
feſtzuhalten, dieſe erſtere Veränderung mit Oxidation, ſo ſind
alſo die Oxidation des Klebers und die Umſetzung der Atome
des Zuckers in Kohlenſäure und Alkohol die beiden Actionen,
die ſich gegenſeitig bedingen; ſchließen wir die eine aus, ſo
hört damit die andere auf.

Oberhefe, d. h. Hefe, die ſich auf die Oberfläche der
Flüſſigkeit begiebt, iſt aber nicht das Product einer vollendeten
Zerſetzung, ſondern es iſt oxidirter Kleber, welcher im feuch=
ten Zuſtande einer Umſetzung ſeiner Beſtandtheile, einer neuen
Metamorphoſe entgegen geht. Durch dieſen Zuſtand iſt er fä=
hig, in Zuckerwaſſer wieder Gährung zu erregen, und wenn
neben dieſem Zucker Kleber zugegen iſt, ſo veranlaßt der ſich
zerſetzende Zucker die Metamorphoſe des aufgelöſten Klebers
in Hefe; in einem gewiſſen Sinne ſcheint ſich alſo die Hefe
reproducirt zu haben.

Die Oberhefe iſt faulender oxidirter Kleber, deſſen Zu=
ſtand der Fäulniß in den Elementen des Zuckers eine ähnliche
Metamorphoſe hervorruft.

Die Unterhefe iſt Kleber im Zuſtande der Verweſung,
es iſt verweſender oxidirter Kleber. Der abweichende Zer=

setzungsproceß, in dem sich seine Elemente befinden, bringt in dem Zucker eine äußerst verlangsamte Fäulniß (Gährung) hervor. Die Intensität der Action ist in dem Grade gehemmt, daß kein Theilchen des aufgelösten Klebers Antheil daran nimmt. Aber der Contact des verwesenden Klebers (der Unterhefe) veranlaßt die Verwesung des in der Bierwürze gelösten Klebers, bei Zutritt der Luft wird Sauerstoffgas aufgenommen, aller gelöste Kleber scheidet sich als Unterhefe vollständig ab.

Man kann aus gährendem Bier den Absatz, die Oberhefe, durch Filtration entfernen, ohne die Gährung aufzuheben; allein die Unterhefe kann nicht von der Flüssigkeit getrennt werden, ohne alle Erscheinungen der Untergährung zu unterbrechen; sie hört auf oder geht bei höherer Temperatur in Obergährung über.

Die Unterhefe bringt keine Obergährung hervor, sie ist zum Stellen des Backwerks gänzlich untauglich, aber die Oberhefe kann die Untergährung bewirken.

Wenn man zur Würze bei einer Temperatur von 4—6° R. Oberhefe zusetzt, so erfolgt eine langsame nicht stürmische Gährung, welche, wenn man den Bodensatz benutzt, um neue Würze wieder unter denselben Umständen in Gährung zu bringen, nach mehrmaligem Wiederholen in wahre Untergährung übergeht; es wird zuletzt Unterhefe gebildet, die alle Eigenschaft verloren hat, Obergährung hervorzubringen und selbst bei 10° R. Untergährung bewirkt.

In einer Bierwürze, welche in einer niedrigen Temperatur mit Unterhefe der Gährung unterworfen wird, haben wir also die Bedingung zur Metamorphose des Zuckers in der Gegenwart der Unterhefe selbst, allein die Bedingung zur Verwandlung des Klebers in Ferment, in Folge einer im Innern der Flüssigkeit vorgehenden Oxidation des Klebers, ist nicht vorhanden.

278　　　　　　Wein = und Biergährung.

In seiner Fähigkeit und seinem Streben, Sauerstoff auf=
zunehmen durch den Contact mit Unterhefe, die sich im Zu=
stande der Verwesung befindet, erhöht, und in dem freien un=
gehinderten Zutritt der Luft haben wir aber alle Bedingungen
zu seiner eigenen Verwesung, zu seinem Uebergang in den oxi=
dirten Zustand. Gegenwart von freiem Sauerstoff und auf=
gelöstem Kleber haben wir als die Bedinger der Verwesung
des Alkohols zu seinem Uebergang in Essig kennen gelernt,
allein beide sind ohne Einfluß auf den Alkohol bei niederen
Temperaturen. Der Ausschluß der Wärme wirkt hemmend auf
die langsame Verbrennung des Alkohols; der Kleber verbindet
sich von selbst, wie die im Wasser gelöste schweflige Säure,
mit dem Sauerstoff der Luft; diese Eigenschaft geht dem Alkohol
ab, und während der Oxidation des Klebers in niedrigen Tem=
peraturen befindet sich der Alkohol neben ihm in derselben Lage,
wie bei dem Schwefeln des Weins der Kleber neben der schwef=
ligen Säure. Der Sauerstoff, der bei ungeschwefeltem Wein
sich mit dem Kleber und dem Alkohol verbunden haben würde,
tritt an keinen von beiden, er verbindet sich mit der schwefligen
Säure. So tritt denn in der Untergährung der Sauerstoff
der Luft nicht an Alkohol und Kleber zugleich, sondern an
letztern allein, in höheren Temperaturen würde er an beide
getreten sein, d. h. es würde sich Essig gebildet haben.

So ist denn dieser merkwürdige Prozeß der Untergährung
eine gleichzeitig vorgehende Fäulniß und Verwesung. Zucker
befindet sich in der Metamorphose der Fäulniß, der aufgelöste
Kleber im Zustande der Verwesung.

Die Appert'sche Aufbewahrungsmethode und die Unter=
gährung des Biers beruhen auf einerlei Princip.

In der Untergährung des Biers wird durch ungehinderten
Zutritt der Luft alle der Verwesung fähige Materie bei einer

niedrigen Temperatur abgeschieden, in welcher der Alkohol keinen Sauerstoff aufzunehmen fähig ist; mit ihrer Entfernung vermindert sich die Neigung des Biers, in Essig überzugehen, d. h. eine weitere Metamorphose zu erleiden.

In der Appert'schen Aufbewahrungsmethode von Speisen läßt man den Sauerstoff bei einer hohen Temperatur in Verbindung treten mit der Materie der Speisen, in einem Wärmegrade, in welchem wohl Verwesung, aber keine Fäulniß, keine Gährung stattfindet. Mit der Wegnahme des Sauerstoffs und der Vollendung der Verwesung ist jede Ursache zur weiteren Störung entfernt. In der Untergährung wird die der Verwesung fähige Substanz, in der Appert'schen Aufbewahrungsmethode der Verweser, der Sauerstoff, entfernt.

Es ist S. 270 berührt worden, daß es ungewiß ist, ob der Kleber, wenn er in Oberhefe übergeht, wenn er also aus gährenden Flüssigkeiten sich in unlöslichem Zustande ausscheidet, sich geradezu mit dem Sauerstoff verbindet, ob also das Ferment sich von dem Kleber lediglich durch einen größern Sauerstoffgehalt unterscheidet. Dieß ist in der That eine höchst schwierig zu entscheidende Frage, da sie selbst durch die Analyse möglicher Weise nicht lösbar ist. Beachten wir z. B. das Verhalten des Alloxans und Alloxantins, von Materien also, welche die nemlichen Elemente wie der Kleber, obwohl in ganz anderen Verhältnissen enthalten, so weiß man, daß das eine aus dem andern durch eine bloße Sauerstoffaufnahme entstehen oder rückwärts der eine in das andere durch Reductionsmittel verwandelt werden kann. Beide sind absolut aus denselben Elementen gebildet, bis auf 1 Aeq. Wasserstoff, was das Alloxantin mehr enthält.

Behandeln wir das Alloxantin mit Chlor und Salpeter=

280   Wein= und Biergährung.

säure, so wird es in Alloxan verwandelt, in einen Körper also, welcher Alloxantin ist, minus 1 Aeq. Wasserstoff.

Leiten wir durch eine Auflösung von Alloxan Schwefelwas= serstoff, so wird Schwefel abgeschieden und Alloxantin gebildet. In dem ersten Falle, kann man sagen, ist der Wasserstoff ganz einfach hinweggenommen worden, in dem andern ist er wieder hinzugetreten.

Aber die Erklärung nimmt eine nicht minder einfache Form an, wenn man beide als verschiedene Oxide eines und desselben Radikals betrachtet, das Alloxan als eine Verbindung von 2 Aeq. Wasser mit einem Körper $C_8 N_4 H_4 O_9$, das Alloxantin als eine Verbindung von 3 Atomen Wasser, mit einem Körper $C_8 N_4 H_4 O_7$. Die Verwandlung des Alloxans in Alloxantin würde hiernach erfolgen, indem die 8 At. Sauerstoff, die es enthält, auf 7 At. reducirt werden, und umgekehrt würde sich aus Alloxantin Alloxan bilden durch die Aufnahme von 1 At. Sauerstoff, den es der Salpetersäure entzieht.

Man kennt nun Oxide, die sich mit Wasser verbinden und sich ähnlich wie Alloxan und Alloxantin verhalten; man kennt aber keine Wasserstoffverbindung, welche Hydrate bildet, und die Gewohnheit, welche das Unähnliche bis zur Entscheidung der Eigenthümlichkeit zurückweist, läßt uns eine Meinung vor= ziehen, für die man, genau betrachtet, keine Gründe hat, als die Analogie. In den Isatis=, den Neriumarten, dem Waid, ist nun, wie man weiß, eine stickstoffhaltige Materie, ähnlich in mancher Beziehung dem Kleber, enthalten, eine Substanz, welcher sich als blauer Indigo abscheidet, wenn der wässerige Aufguß der getrockneten Blätter der Einwir= kung der Luft ausgesetzt wird. Man ist durchaus im Zweifel, ob der blaue unlösliche Indigo ein Oxid des farblosen lösli= chen, oder der letztere die Wasserstoffverbindung des blauen ist.

Dumas hat nemlich in beiden dieselben Elemente gefunden,
bis auf 1 Aeq. Wasserstoff, was der lösliche Indigo mehr
enthält, als der blaue.

Wie man leicht bemerkt, kann man den löslichen Kleber
als eine Wasserstoffverbindung betrachten, welche, der Luft un=
ter geeigneten Bedingungen ausgesetzt, durch die Einwirkung
des Sauerstoffs eine gewisse Quantität Wasserstoff verliert und
dadurch zu unlöslichem Ferment wird; jedenfalls geht aus der
Abscheidung der Hefe in der Conservation des Weins und der
Untergährung bei dem Bier, welche in beiden Fällen nur bei
Zutritt von Sauerstoff erfolgt, bis zur Evidenz hervor, daß
der Sauerstoff den unlöslichen Zustand bedingt.

In welcher Form nun auch der Sauerstoff hinzutreten mag,
gleichgültig, ob er sich direct mit dem Kleber verbindet, oder
ob er an eine Portion seines Wasserstoffs tritt und damit
Wasser bildet; die Producte, welche in Folge seiner Verwand=
lung in Ferment im Innern der gährenden Flüssigkeit gebildet
werden, diese Producte müssen einerlei Beschaffenheit besitzen.

Denken wir uns den Kleber als eine Wasserstoffverbindung,
so wird sein Wasserstoff in der Gährung des Traubensaftes
und der Bierwürze hinweggenommen werden, indem er sich
mit Sauerstoff verbindet, gerade so, wie bei der Verwesung des
Alkohols zu Aldehyd.

Die Atmosphäre ist abgeschlossen; dieser Sauerstoff wird
also nicht aus der Luft, er kann nicht von den Elementen des
Wassers genommen werden, weil es unmöglich ist, anzuneh=
men, daß sich der Sauerstoff von dem Wasserstoff des Wassers
trenne, um mit dem Wasserstoff des Klebers wieder Wasser
zu bilden. Die Elemente des Zuckers müssen demnach diesen
Sauerstoff liefern, d. h. es muß in Folge der Bildung des
Ferments eine Portion Zucker auf eine andere Weise zersetzt

232   Wein= und Biergährung.

werden, als dieß durch seine eigene Metamorphose geschieht; eine gewisse Portion Zucker wird keinen Alkohol und keine Kohlensäure liefern; es müssen sich aus seinen Elementen an= dere, an Sauerstoff ärmere, Producte bilden.

Es ist schon früher auf diese Producte hingewiesen wor= den, sie sind es, welche eine so große Verschiedenheit in den Qualitäten der gegohrenen Flüssigkeiten, und namentlich in ih= rem Alkoholgehalt, bedingen.

Der Traubensaft, die Bierwürze liefern also in der Ober= gährung keineswegs eine dem Zuckergehalt entsprechende Menge von Alkohol, eben weil eine Portion Zucker zur Verwandlung des Klebers in Ferment, in Hefe, und nicht zur Alkoholbil= dung verwendet wird. Dieß muß aber vollständig in der Un= tergährung, dieß muß aufs Vollständigste bei allen Gährun= gen stattfinden, wo die Metamorphose des Zuckers nicht beglei= tet ist von Hefenbildung.

Es ist eine entschiedene Thatsache, daß in der Branntwein= brennerei aus Kartoffeln, wobei sich keine oder nur eine dem Malzzusatz entsprechende Quantität Hefe bildet, daß bei der Gährung der Kartoffelmeische eine dem Kohlenstoffgehalt der Stärke genau entsprechende Menge von Alkohol und Kohlen= säure gewonnen werden kann, und daß das Volum der Koh= lensäure, die sich durch Gährung aus den Runkelrüben ent= wickelt, keine scharfe Bestimmung ihres Zuckergehaltes zuläßt, weil man weniger an Kohlensäure erhält, als dieser Zucker für sich in reinem Zustande liefern würde.

Bei gleichen Quantitäten Malz enthält das durch Unter= gährung erhaltene Bier mehr Alkohol und ist berauschender als das obergährige. Man schreibt gewöhnlich den kräftigen Geschmack des erstern einem größern Gehalt von Kohlensäure, einer festern Bindung derselben zu, allein mit Unrecht. Beide

Bierforten find nach Vollendung der Gährung des einen wie des andern absolut gleich mit Kohlensäure gesättigt; wie alle Flüssigkeiten, müssen beide in der Gährung von der aus ihrem Innern entweichenden Kohlensäure eine Quantität zurückbehalten, die genau ihrem Auflösungsvermögen, d. h. ihrem Volumen entspricht.

Die Temperatur, in welcher die Gährung vor sich geht, hat einen höchst wichtigen Einfluß auf die Quantität des erzeugten Alkohols; es ist erwähnt worden, daß Runkelrübensaft, den man bei 30° bis 35° in Gährung übergehen läßt, keinen Alkohol liefert, daß man an der Stelle des Zuckers eine der Gährung nicht fähige sauerstoffärmere Substanz, den Mannit, daß man Milchsäure und Schleim vorfindet. Mit der Abnahme der Temperatur vermindert sich die Bildung dieser Producte; allein es ist in stickstoffhaltigen Pflanzensäften natürlich unmöglich, die Grenze festzusetzen, wo die Metamorphose des Zuckers allein erfolgt, wo sie also unbegleitet ist von einer eingreifenden störenden Zersetzungsweise.

Aus der Untergährung des Biers weiß man, daß durch die Mitwirkung des Sauerstoffs der Luft, neben der niedrigen Temperatur, durch zwei Bedingungen also, die vollkommene Metamorphose des Zuckers erfolgt, weil die Ursache der Störung derselben, weil dem Streben des Klebers, sich in unlösliches Ferment zu verwandeln, durch Hinzuführung von Sauerstoff von außen her genügt wird.

Bei dem Beginn der Gährung des Traubensaftes und der Bierwürze ist die Menge der in Metamorphose begriffenen Materien natürlich am größten, alle Erscheinungen, welche sie begleiten, Gasentwickelung und Erhöhung der Temperatur, treten in dieser Periode am stärksten ein; mit der Zersetzung der größeren Menge Zucker und Kleber vermindern sich die Zei-

284   Wein = und Biergährung.

chen der im Innern vorgehenden Zersetzung, ohne daß sie aber
eher als vollendet angesehen werden kann, als bis sie völlig
verschwinden.

Die langsam fortdauernde Zersetzung nach der schnell ein=
tretenden stürmischen oder lebhaften Gasentwickelung nennt man
Nachgährung; bei dem Weine wie bei dem Biere dauert
sie bis zur völligen Verschwindung ihres Zuckergehaltes fort,
das specifische Gewicht der Flüssigkeit nimmt viele Monate
hindurch noch ab. Die Nachgährung ist in den meisten Fällen
eine wahre Untergährung, in welcher zum Theil die Meta=
morphose des noch aufgelösten Zuckers in Folge der fortschrei=
tenden Zersetzung der Unterhefe bewirkt wird, ohne daß übri=
gens damit bei Luftausschluß eine vollkommene Ausscheidung
der gelösten stickstoffhaltigen Materien bedingt wird.

In mehreren deutschen Staaten hat man den günstigen
Einfluß eines rationellen Gährungsverfahrens auf die Quali=
tät der Biere sehr wohl erkannt; man hat z. B. im Groß=
herzogthum Hessen beträchtliche Preise auf die Darstellung von
Bier nach dem baierschen Gährungsverfahren ausgesetzt, und
diese Preise werden Demjenigen zuerkannt, welcher nachweisen
kann, daß sein Fabricat sich 6 Monate lang in Lagerfässern
aufbewahren ließ, ohne sauer zu werden. Hundert von Fäs=
sern Bier sind an den meisten Orten im Anfange zu Essig ge=
worden, bis man zu einer empirischen Kenntniß der Bedingun=
gen gelangte, deren Einfluß durch die Theorie vorausgesetzt
und zum Bewußtsein gebracht wird.

Weder der Alkoholgehalt, noch der Hopfen allein, noch beide
zusammen schützen das Bier vor dem Sauerwerden; in Eng=
land gelingt es mit einem Verlust der Zinsen eines ungeheuern
Kapitals, die besseren Sorten Ale und Porter vor dem Ueber=
gange in Säure dadurch zu schützen, indem man sie in damit

angefüllten ungeheuern faßartigen verschlossenen Gefäßen, deren
Oberfläche mit Sand bedeckt ist, mehrere Jahre liegen läßt,
daß man sie also ähnlich behandelt, wie die Weine in dem
sogenannten Ablagern.

Durch die Poren des Holzes findet ein schwacher Luft=
wechsel statt; die Menge der stickstoffhaltigen Materie im Ver=
hältniß zu dem zutretenden Sauerstoff ist so groß, daß dieser
Sauerstoff dadurch gehindert wird, an den Alkohol zu treten;
aber auch das nach diesem Verfahren behandelte Bier hält
sich bei Luftzutritt in kleineren Gefäßen nicht über zwei Mo=
nate lang.

Die Verwesung der Holzfaser.

Die Verwandlung der Holzfaser in die Materien, welche
man Humus und Moder genannt hat, ist durch ihren Einfluß
auf die Vegetation einer der merkwürdigsten Zersetzungsprocesse,
welche in der Natur vor sich gehen.

Von einer andern Seite erscheint die Verwesung nicht min=
der wichtig, insofern sie der große Naturprozeß ist, in welchem
die Vegetabilien den Sauerstoff an die Atmosphäre wieder zu=
rückgeben, den sie im lebenden Zustande derselben entzogen
haben.

Wir haben bei der Holzfaser drei in ihren Resultaten ver=
schiedene Zersetzungsweisen in Betrachtung zu ziehen.

286   Verwesung der Holzfaser.

Die eine geht vor sich im befeuchteten Zustande, bei freiem
und ungehindertem Zutritt der Luft, die zweite bei Abschluß
der Luft, und die dritte, wenn die Holzfaser, mit Wasser be=
deckt, sich in Berührung befindet mit faulenden organischen
Stoffen.

In trockner Luft oder unter Wasser erhält sich die Holz=
faser, wie man weiß, Jahrtausende ohne bedeutende Verände=
rung, aber sie kann im befeuchteten Zustande mit der Atmosphäre
nicht in Berührung gebracht werden, ohne von dem Augenblick
an eine Veränderung zu erleiden, sie verwandelt ohne Aende=
rung des Volumens den umgebenden Sauerstoff, wie schon er=
wähnt, in Kohlensäure, und geht nach und nach in eine gelb=
braune, braune oder schwarze Materie von geringem Zusam=
menhang über.

In den Versuchen von de Saussure verwandelten 240
Th. trockne Eichenholzspäne 10 Cubiczoll Sauerstoff in eben so
viel kohlensaures Gas, welches 3 Gewichtstheile Kohlenstoff
enthält; das Gewicht der Späne fand sich aber um 15 Th.
vermindert. Es hatten sich demnach hierbei noch 12 Gewichts=
theile Wasser von den Elementen des Holzes getrennt.

Kohlensäure, Wasser und Moder oder Humus sind mithin
die Producte der Verwesung des Holzes.

Wir haben angenommen, daß das Wasser aus dem Was=
serstoff des Holzes entsteht, der sich mit dem Sauerstoff der
Atmosphäre verbindet, und daß in dem Acte dieser Oxidation
Kohlenstoff und Sauerstoff in der Form von Kohlensäure sich
von den Elementen des Holzes trennen.

Es ist schon früher erwähnt worden, daß die reine Holz=
faser Kohlenstoff und die Elemente des Wassers enthält. Der
Humus entsteht aber nicht durch Verwesung der Holzfaser allein,
sondern durch die Verwesung des Holzes, was außer der rei=

nen Holzfaser noch fremde, lösliche und unlösliche organische
Stoffe enthält.

Das relative Verhältniß der Elemente des Eichenholzes ist
deshalb ein anderes als beim Buchenholz, und beide sind wieder in ihrer Zusammensetzung verschieden von der reinen Holzfaser, die sich in allen Vegetabilien gleichbleibt. Die Unterschiede
sind nichts desto weniger so unbedeutend, daß sie in den Fragen, die wir einer Discussion unterwerfen, unbeachtet bleiben
können, um so mehr, da der Gehalt an diesen Materien je
nach der Jahreszahl wechselt.

Nach den mit Sorgfalt von Gay-Lussac und Thénard
ausgeführten Analysen des bei 100° getrockneten und mit Wasser
und Weingeist von allen darinn löslichen Theilen befreiten
Eichenholzes enthielt dasselbe 52,53 Kohlenstoff und 47,47
Wasserstoff und Sauerstoff in dem Verhältniß wie im Wasser.

Es ist nun früher erwähnt worden, daß sich das feuchte
Holz im Sauerstoffgas gerade so verhält, wie wenn sich sein
Kohlenstoff direct mit dem Sauerstoff verbunden hätte, es ent-
steht nemlich gasförmige Kohlensäure und Humus.

Wenn die Wirkung des Sauerstoffs sich ausschießlich auf
den Kohlenstoff des Holzes erstreckt haben würde, wäre weiter
nichts als Kohlenstoff von den Bestandtheilen des Holzes hinweggenommen worden, so müßte man die übrigen Elemente
unverändert, aber mit weniger Kohlenstoff verbunden, in dem
Humus wiederfinden. Das Endresultat dieser Einwirkung
würde demnach ein gänzliches Verschwinden des Kohlenstoffs
sein, es würden zuletzt nur die Elemente des Wassers übrig
bleiben.

Wenn wir aber das verwesende Holz in seinen verschiede-
denen Stadien seiner Verwesung einer Untersuchung unterwerfen, so gelangen wir zu dem merkwürdigen Resultat, daß der

288   Verwesung der Holzfaser.

Kohlenstoff des rückständigen festen Products beständig zunimmt,
daß also, abgesehen von der Kohlensäurebildung durch den Ein=
fluß der Luft, die Veränderung des Holzes in Humus als
eine Trennung der Bestandtheile des Wassers von dem Koh=
lenstoff sich darstellt.

Die Analyse lieferte nemlich von vermodertem Eichenholze,
was aus dem Innern eines hohlen Eichstammes genommen
worden war, eine chokolatnebraune Farbe besaß, und noch voll=
kommen die Structur des Holzes zeigte, in 100 Theilen 53,36
Kohlenstoff und 46,44 Wasserstoff und Sauerstoff, in dem Ver=
hältniß wie im Wasser. Eine andere Probe von einer andern
Eiche, von lichtbrauner Farbe, leicht zerreiblich zu feinem Pul=
ver, gab 56,212 Kohlenstoff und 43,789 Wasser.

Aus diesen unverwerflichen Thatsachen ergiebt sich bis zur
Evidenz die Gleichheit der Verwesung des Holzes mit allen
anderen langsamen Verbrennungen wasserstoffreicher Materien.
Wie sonderbar würde in der That diese Verbrennung sich dar=
stellen, wenn der Kohlenstoff des Holzes direct sich mit dem
Sauerstoff verbände, eine Verbrennung, wo der Kohlegehalt
des verbrennenden Körpers, anstatt abzunehmen, sich beständig
vergrößert. Es ist offenbar der Wasserstoff, der auf Kosten
des Sauerstoffs der Luft oxidirt wird, die Kohlensäure stammt
von den Elementen des Holzes; nie, unter keinerlei Bedingun=
gen, vereinigt sich bei gewöhnlicher Temperatur der Kohlenstoff
direct mit dem Sauerstoff zu Kohlensäure.

In welchem Stadium der Verwesung das Holz sich auch
befinden mag, stets müssen darinn die Elemente ausdrückbar sein
durch die Aequivalentenzahlen.

Die folgenden Formeln drücken diese Verhältnisse mit großer Schärfe aus:

$C_{36} H_{44} O_{22}$ Eichenholz, nach Gay-Lussac und Thénard[*]),

$C_{35} H_{40} O_{20}$ Humus von Eichenholz (Meyer[**]),

$C_{34} H_{35} O_{18}$ „   „   „   (Dr. Will[***]).

Man beobachtet leicht, daß für je 2 Aequivalente Wasserstoff, der sich oxidirt, 2 Atome Sauerstoff und 1 Aequivalent Kohlenstoff von den übrigen Elementen abgeschieden werden.

Unter den gewöhnlichen Bedingungen bedarf die Pflanzenfaser zu ihrer Verwesung einer sehr langen Zeit; sie wird, wie sich von selbst versteht, ausnehmend beschleunigt durch erhöhte Temperatur und ungehinderten, freien Zutritt der Luft, sie wird aufgehalten und verlangsamt durch Abwesenheit von Feuchtigkeit und durch Umgebung mit einer Atmosphäre von Kohlensäure, durch welche letztere der Zutritt des Sauerstoffs zu der verwesenden Materie abgeschlossen wird.

Schweflige Säure, alle antiseptischen Materien halten die Verwesung der Pflanzenfaser auf; man hat bekanntlich Quecksilbersublimat, welcher die Fähigkeit zu faulen, gähren und verwesen aller, auch der am leichtesten veränderlichen vegetabilischen und thierischen Stoffe gänzlich vernichtet, als das kräftigste Mittel in Anwendung gebracht, um das Holz, was zum Schiffbau dient und dem abwechselnden Zutritt von Feuchtigkeit und Luft ausgesetzt ist, vollkommen vor der Verwesung zu schützen.

Auf der andern Seite wird durch die Berührung mit Alkalien und alkalischen Erden, welche die Absorbtion des Sauer-

---

[*]) Die Rechnung giebt 52,5 Kohlenstoff und 47,5 Wasser.

[**]) Die Rechnung giebt 54 Kohlenstoff und 46 Wasser.

[***]) Die Rechnung giebt 56 Kohlenstoff und 44 Wasser.

290   Verwesung der Holzfaser.

stoffs selbst in denjenigen Substanzen zu erwirken vermögen, denen an und für sich diese Fähigkeit abgeht, wie beim Alkohol (S. 250), der Gallussäure, dem Gerbestoff, den vegetabilischen Farbestoffen (S. 239), die Verwesung der vegetabilischen Materien im Allgemeinen ausnehmend befördert. Durch die Gegenwart von Säuren wird sie im Gegentheil aufgehalten und verlangsamt.

In schwerem Lehmboden hält sich die eine Bedingung zur Verwesung der darinn enthaltenen vegetabilischen Stoffe, die Feuchtigkeit nemlich, am längsten, allein ein fester Zusammenhang hindert die häufige Berührung mit der Luft.

In feuchtem Sandboden, und namentlich in einem aus kohlensaurem Kalk und Sand gemengten Boden geht durch die Berührung mit dem schwach alkalischen Kalk die Verwesung am schnellsten von statten.

Betrachten wir nun die Verwesung der Holzfaser in einer unendlich langen Zeit, indem wir die Bedingung seiner Veränderung, nemlich die fortschreitende Hinwegnahme seines Wasserstoffs in der Form von Wasser, und die Trennung seines Sauerstoffs in der Form von Kohlensäure festhalten, so ist klar, daß, wenn wir von der Formel $C_{36}H_{44}O_{22}$ die 22 Aeq. Sauerstoff mit 11 Aeq. Kohlenstoff abziehen und die 22 Aeq. Wasserstoff ($H_2 = 1$ Aeq.) uns durch den Sauerstoff der Luft oxidirt und in der Form von Wasser abgeschieden denken, daß von 1 At. Eichenholz zuletzt 25 At. Kohlenstoff in reinem Zustande übrig bleiben werden, d. h. von 100 Th. Eichenholz, welche 52,5 Kohlenstoff enthalten, werden 37 Theile Kohle übrig bleiben, welche als reiner Kohlenstoff, dem die Fähigkeit, bei gewöhnlicher Temperatur sich zu oxidiren, gänzlich abgeht, sich unverändert erhalten werden.

Zu diesem Endresultat gelangen wir bei der Verwesung des

Holzes unter den gewöhnlichen Bedingungen nicht, und zwar deshalb nicht, weil mit der Zunahme des Kohlenstoffs in dem rückständigen Humus, mit seiner Masse also, wie bei allen Zersetzungen dieser Art, die Größe seiner Anziehung zu dem Wasserstoff, der noch in Verbindung bleibt, wächst, bis zuletzt die Verwandtschaft des Sauerstoffs zu diesem Wasserstoff und die des Kohlenstoffs zu demselben Körper sich gegenseitig im Gleichgewicht halten.

Wir finden aber in demselben Grade, als seine Verwesung vorgeschritten ist, eine Abnahme einer Fähigkeit, mit Flamme zu verbrennen, d. h. bei seinem Erhitzen gasförmige Kohlen= wasserstoffverbindungen zu bilden; das verfaulte Holz verbrennt beim Anzünden ohne Flamme, es verglimmt nur, und hieraus kann kein anderer Schluß gezogen werden, als der, daß der Wasserstoff, den die Analyse nachweist, nicht mehr in der Form darinn enthalten ist, wie im Holz.

In dem verfaulten Eichenholze finden wir mehr Kohlenstoff; wir finden ferner Wasserstoff und Sauerstoff in dem nemlichen Verhältniß wie im frischen Holz.

Der Natur der Sache nach sollte es mit der Zunahme an Kohlenstoff eine leuchtendere, kohlenreichere Flamme bilden, es verbrennt im Gegentheil, wie feinzertheilte Kohle, wie wenn kein Wasserstoff darinn vorhanden wäre. Im gewöhnlichen Leben, wo die Anwendung des Holzes als Brennmaterial auf seiner Fähigkeit beruht, mit Flamme zu brennen, hat deshalb das verfaulte oder kranke Holz einen weit geringern Handels= werth. Wir können uns diesen Wasserstoff in keiner andern Form, als in der des Wassers denken, weil sie allein genügende Rechenschaft über dieses Verhalten giebt.

Denken wir uns die Verwesung in einer Flüssigkeit vor sich gehen, welche reich ist an Kohlenstoff und Wasserstoff, so wird,

19 *

292   Verwesung der Holzfaser.

ähnlich wie bei der Erzeugung der kohlenreichsten, krystallischen Substanz, des farblosen Naphthalins aus gasförmigen
Kohlenwasserstoffverbindungen, eine an Kohlenstoff stets reichere
Verbindung gebildet werden, aus der sich zuletzt als Endresultat ihrer Verwesung Kohlenstoff in Substanz, und zwar krystallinisch abscheiden muß.

Die Wissenschaft bietet in allen Erfahrungen, die man kennt,
außer dem Processe der Verwesung, keine Analogieen für die
Bildung und Entstehung des Diamants dar. Man weiß gewiß, daß er seine Entstehung nicht dem Feuer verdankt, denn
hohe Temperatur und Gegenwart von Sauerstoff sind mit seiner Verbrennlichkeit nicht vereinbar; man hat im Gegentheil
überzeugende Gründe, daß er auf nassem Wege, daß er in
einer Flüssigkeit sich gebildet hat, und der Verwesungsproceß
allein giebt eine bis zu einem gewissen Grade befriedigende
Vorstellung über seine Entstehungsweise.

So sind der Bernstein, die fossilen Harze und die Säure
in dem Honigstein die Begleiter von Vegetabilien, welche den
Verwesungsproceß erlitten haben, sie finden sich in Braunkohlen, und sind offenbar durch einen ähnlichen Zersetzungsproceß
aus Substanzen entstanden, die in einer ganz andern Form in
den lebenden Pflanzen enthalten waren, sie zeichnen sich alle
durch einen verhältnißmäßig geringen Wasserstoffgehalt aus,
und von der Honigsäure weiß man, daß sie das nemliche Verhältniß im Kohlenstoff und Sauerstoffgehalt enthält, wie die
Bernsteinsäure, und daß die letztere sich nur durch ihren Wasserstoffgehalt davon unterscheidet.

Dammerde.

Unter Dammerde (terreau) versteht man ein Gemenge von verwitterten Mineralsubstanzen mit Ueberresten vegetabilischer und Thierstoffe; ihrer ganzen Beschaffenheit nach läßt sie sich als Erde betrachten, in welcher sich Humus im Zustande der Zersetzung befindet. Ihre Wirkungsweise auf die Luft ist durch die Versuche von Ingenhouß und de Saussure auf's Klarste ermittelt worden.

In einem mit Luft erfüllten Gefäße, in befeuchtetem Zustande entzieht sie derselben, mit noch größerer Schnelligkeit als das faule Holz, allen Sauerstoff und ersetzt ihn durch ein gleiches Volumen Kohlensäure. Wird die Kohlensäure hinweggenommen und die Luft erneuert, so wiederholt sich diese Umwandlung.

Kaltes Wasser löf't aus der Dammerde nahe $1/10000$ ihres Gewichts auf; diese Auflösung ist farblos und klar, und giebt abgedampft einen Rückstand, welcher Kochsalz, Spuren von schwefelsaurem Kalk und Kali enthält und sich beim Glühen vorübergehend schwärzt. Kochendes Wasser färbt sich mit Dammerde gelb oder gelbbraun; diese Auflösung entfärbt sich an der Luft unter Absorbtion von Sauerstoff, unter Bildung eines schwarzen leichten Bodensatzes; im gefärbten Zustande abgedampft giebt sie einen Rückstand, der sich beim Glühen schwärzt und eine Masse hinterläßt, aus der durch Wasser kohlensaures Kali ausgezogen wird.

294   Dammerde.

Behandelt man die Dammerde mit einer Auflösung von
Kali, so erhält man eine schwarzgefärbte Flüssigkeit, welche mit
Essigsäure ohne Trübung vermischt werden kann. Verdünnte
Schwefelsäure schlägt daraus leichte braunschwarze Flocken nie=
der, die sich durch Waschen mit Wasser nur schwierig von
aller freien Säure befreien lassen. Wenn man den gewasche=
nen Niederschlag feucht unter eine Glocke mit Sauerstoffgas
bringt, so wird dasselbe rasch eingesaugt; bei dem Trocknen an
der Luft bei gewöhnlicher Temperatur geschieht dieß ebenfalls;
mit der Entfernung aller Feuchtigkeit verliert sie die Fähigkeit,
sich im Wasser zu lösen auf's Vollständigste, selbst Alkalien
lösen daraus nur noch Spuren auf.

Es ist hiernach klar, daß das siedende Wasser aus der
Dammerde eine Materie auszieht, deren Löslichkeit durch die
Gegenwart der in den Pflanzenüberresten enthaltenen alkalischen
Salze vermittelt wurde. Diese Substanz ist ein Product der
unvollkommenen Verwesung der Holzfaser; es steht in seiner
Zusammensetzung zwischen der Holzfaser und dem eigentlichen
Humus, und verwandelt sich in den letztern durch Aussetzung
im feuchten Zustande an die Luft.

Vermoderung.
Papier, Braunkohle und Steinkohle.

Unter Vermoderung begreift man eine Zersetzung des Hol=
zes, der Holzfaser und aller vegetabilischen Körper bei Gegen=
wart von Wasser und gehindertem Zutritt der Luft.

Die Braunkohle und Steinkohle sind Ueberreste von Vege=
tabilien der Vorwelt; ihre Beschaffenheit zeigt, daß sie Pro=
ducte der Zersetzungsprocesse sind, die man mit Fäulniß und
Verwesung bezeichnet. Es ist leicht, durch die Analyse dersel=
ben die Art und Weise festzustellen, in welcher sich die Be=
standtheile geändert haben, in der Voraussetzung, daß ihre
Hauptmasse aus Holzfaser entstanden ist.

Um sich eine bestimmte Vorstellung über die Entstehung der
Braunkohle und Steinkohle zu verschaffen, ist es nöthig, eine
eigenthümliche Veränderung zu betrachten, welche die Holzfaser
bei Gegenwart von Feuchtigkeit und dem völligen Abschluß,
oder bei gehindertem Zutritt der Luft erfährt.

Es ist bekannt, daß reine Holzfaser, Leinwand z. B., mit
Wasser zusammengestellt, sich unter beträchtlicher Wärmeent=
wickelung zu einer weichen zerreiblichen Masse zersetzt, welche
ihren Zusammenhang zum größten Theil verloren hat; es ist
dieß die Substanz, woraus man, vor der Anwendung des
Chlors, Papier bereitete. Auf Haufen geschichtet bemerkt man
während der Erhitzung eine Gasentwickelung, und die Lumpen

296   Vermoderung. Papier, Braun= und Steinkohle.

erleiden hierbei einen Gewichtsverlust, welcher auf 18—25 p. c.
steigt.

Ueberläßt man befeuchtete Holzspäne sich selbst in einem
verschlossenen Gefäße, so entwickeln sie, wie bei Luftzutritt, koh=
lensaures Gas; es tritt eine wahre Fäulniß ein; das Holz
nimmt eine weiße Farbe an; es verliert seinen Zusammenhang
und wird zu einer morschen zerreiblichen Materie.

Das weiße faule Holz, was man in dem Innern von ab=
gestorbenen Holzstämmen findet, die mit Wasser in Berührung
waren, verdankt der nemlichen Zersetzung seine Entstehung.

Eine Probe eines weißen faulen Holzes aus dem Innern
eines Eichstammes gab durch die Analyse bei 100° getrocknet:

Kohlenstoff	47,11	48,14
Wasserstoff	6,31	6,06
Sauerstoff	45,31	44,43
Asche	1,27	1,37
	100,00	100,00

Wenn man diese Zahlen, in Proportionen ausgedrückt, mit
der Zusammensetzung des Eichenholzes nach der Analyse von
Gay=Lussac und Thénard vergleicht, so sieht man sogleich,
daß eine gewisse Quantität Kohlenstoff sich von den Bestand=
theilen des Holzes getrennt, während der Wasserstoffgehalt sich
vergrößert hat. Diese Zahlen entsprechen sehr nahe der For=
mel $C_{55}H_{52}O_{24}$. (Sie giebt 47,9 Kohlenstoff, 6,1 Wasserstoff
und 46 Sauerstoff).

Mit einer gewissen Quantität Sauerstoff aus der Luft sind
offenbar die Bestandtheile des Wassers in die Zusammensetzung
des Holzes aufgenommen worden, während sich davon die Ele=
mente der Kohlensäure getrennt haben.

Fügt man der Zusammensetzung der Holzfaser des Eichen=
holzes die Elemente zu von 5 At. Wasser und 2 At. Sauer=

stoff, und zieht davon 3 At. Kohlensäure ab, so hat man genau die Formel für das weiße vermoderte Holz.

$$\text{Holz} \quad \ldots \ldots \ldots \quad C_{36} H_{44} O_{22}$$
$$\text{Hierzu 5 At. Wasser} \quad \ldots \quad H_{10} O_5$$
$$\text{3 At. Sauerstoff} \ldots \ldots \quad O_3$$
$$\overline{ C_{36} H_{54} O_{30}}$$
$$\text{Hiervon ab 3 At. Kohlensäure} \quad C_3 \quad\quad O_6$$
$$\overline{\text{bleibt} \quad C_{33} H_{54} O_{24}}$$

Der Proceß der Vermoderung ist demnach eine gleichzeitig eintretende Fäulniß und Verwesung, in welcher der Sauerstoff der Luft und die Bestandtheile des Wassers Antheil nehmen. Je nachdem der Zutritt des Sauerstoffs mehr oder weniger gehindert wird, muß sich die Zusammensetzung des weißen Moders ändern. Weißes vermodertes Buchenholz gab in der Analyse 47,67 Kohlenstoff, 5,67 Wasserstoff und 46,68 Sauerstoff, entsprechend der Formel $C_{33} H_{50} O_{24}$.

Die Zersetzung des Holzes nimmt also zweierlei Formen an, je nachdem der Zutritt der Luft ungehindert oder gehemmt einwirkt, in beiden Fällen erzeugt sich Kohlensäure; in letzterem Falle tritt eine gewisse Menge Wasser in chemische Verbindung.

Es ist höchst wahrscheinlich, daß bei diesem Fäulnißproceß, wie bei allen anderen, der Sauerstoff des Wassers Antheil genommen hat an der Bildung der Kohlensäure.

Die Braunkohle muß auf ähnliche Weise durch einen der Vermoderung ähnlichen Zersetzungsproceß entstanden sein; es ist aber nicht leicht, eine Braunkohle zu finden, die sich zu einer Analyse eignet; sie sind meistens mit resinösen oder erdigen Materien durchdrungen, durch welche die Zusammensetzung der Theile, die von der Holzfaser stammen, wesentlich geändert wird. Unter allen Braunkohlenarten sind die, welche in der

298   Vermoderung. Papier, Braun= und Steinkohle.

Wetterau in zahlreich verbreiteten Lagern vorkommen, durch
unveränderte Holzstructur und durch Mangel an Bitumen aus=
gezeichnet; zu der folgenden Analyse wurde ein Stück gewählt,
in dem man die Jahrringe noch zählen konnte; sie wird in
der Nähe von Laubach gewonnen; von diesem Stück enthiel=
ten 100 Theile

$$\begin{array}{ll} \text{Kohlenstoff} & 57{,}28 \\ \text{Wasserstoff} & 6{,}03 \\ \text{Sauerstoff} & 36{,}10 \\ \text{Asche} & \underline{\quad 0{,}59} \\ & 100{,}00 \end{array}$$

Von vorn herein fällt bei dieser Braunkohle der größere
Gehalt von Kohlenstoff, bei dem bei weitem geringern an
Sauerstoff in die Augen; es ist klar, daß von dem Holz, aus
dem sie entstanden ist, eine gewisse Menge Sauerstoff sich ge=
trennt hat. In Verhältnißzahlen wird diese Analyse genau
durch die Formel $C_{55} H_{42} O_{16}$ ausgedrückt. (Sie giebt 57,5
Kohlenstoff und 5,98 Wasserstoff).

Verglichen mit der Analyse des Eichenholzes, ist die Braun=
kohle aus Holzfaser entstanden, von der sich 1 Aeq. Was=
serstoff und die Elemente von 3 Atomen Kohlensäure getrennt
haben.

$$\begin{array}{lll} \text{1 At. Holz} \quad \cdots & C_{56} H_{44} O_{22} \\ \text{minus 1 Aeq. Wasserstoff} \\ \text{und 3 At Kohlensäure} & C_5 H_2 O_6 \\ \hline \text{Braunkohle} \quad \cdots & C_{55} H_{42} O_{16} \end{array}$$

Alle Braunkohlen, von welcher Lagerstätte sie aufgenommen
werden mögen, enthalten mehr Wasserstoff als das Holz; sie
enthalten weniger Sauerstoff als nöthig ist, um mit diesem
Wasserstoff Wasser zu bilden; alle sind demnach durch einer=
lei Zersetzungsproceß entstanden. Der Wasserstoff des Holzes

blieb entweder unverändert in demselben oder es ist Wasserstoff von Außen hinzugetreten.

Die Analyse einer Braunkohle, welche in der Nähe von Cassel bei Ringkuhl vorkommt, und in der nur selten Stücke mit Holzstructur sich finden, gab bei 100° getrocknet:

Kohlenstoff	62,60	63,83
Wasserstoff	5,02	4,80
Sauerstoff	26,52	25,44
Asche	5,86	5,86
	100,00	100,00

Die obigen Verhältnisse an Kohlenstoff, Wasserstoff und Sauerstoff lassen sich sehr nahe durch die Formel $C_{32} H_{30} O_9$ ausdrücken, oder durch die Bestandtheile des Holzes, von dem sich die Elemente von Kohlensäure, Wasser und 2 Aeq. Wasserstoff getrennt haben.

$$C_{36} H_{44} O_{22} = \text{Holz.}$$

Hiervon ab $C_4 H_{14} O_{13} = 4$ At. Kohlensäure $+ 5$ At. Wasser $+ 4$ At. Wasserstoff.

$$C_{32} H_{30} O_9 = \text{Braunkohle von Ringkuhl.}$$

Die Bildung beider Braunkohlen ist, wie diese Formeln ergeben, unter Umständen vor sich gegangen, wo die Einwir= kung der Luft, durch welche eine gewisse Menge Wasserstoff oxidirt und hinweggenommen wurde, nicht ganz ausgeschlossen war; in der That findet sich die Laubacher Kohle durch ein Basaltlager, durch das sie bedeckt wird, von der Luft so gut wie abgeschlossen; die Kohle von Ringkuhl war von der un= tersten Schicht des Kohlenlagers genommen, welches eine Mäch= tigkeit von 90—120 Fuß besitzt.

Bei der Entstehung der Braunkohle haben sich demnach entweder die Elemente der Kohlensäure allein, oder gleichzeitig mit einer gewissen Menge Wasser von den Bestandtheilen des

300   Vermoderung. Papier, Braun= und Steinkohle.

Holzes getrennt; es ist möglich, daß die höhere Temperatur
und der Druck, unter welchen die Zersetzung vor sich ging, die
Verschiedenheit der Zersetzungsweise bedingten, wenigstens gab
ein Stück Holz, welches ganz die Beschaffenheit und das Aus=
sehen der Laubacher Braunkohle besaß, und in diesen Zustand
durch mehrwöchentliches Verweilen in dem Kessel einer Dampf=
maschine versetzt worden war (in der Maschinenfabrik des Herrn
Oberbergraths Henschel in Cassel) eine ganz ähnliche Zu=
sammensetzung.

Die Veränderung ging in Wasser vor sich, was eine Tem=
peratur von 150—160° besaß, und einem entsprechenden Druck
ausgesetzt war, und diesem Umstande ist unstreitig auch die
höchst geringe Menge Asche zuzuschreiben, die dieses Holz nach
dem Verbrennen hinterließ; sie betrug 0,51 p. c., also noch
etwas weniger als wie die der Laubacher Braunkohle. Die
von Berthier untersuchten Pflanzenaschen hinterlassen ohne
Ausnahme eine bei weitem größere Quantität.

Die eigenthümliche Zersetzungsweise der vorweltlichen Vege=
tabilien, d. h. eine fortschreitende Trennung von Kohlensäure,
scheint noch jetzt in großen Tiefen in allen Braunkohlenlagern
fortzudauern; es ist zum wenigsten höchst bemerkenswerth, daß
vom Meißner in Kurhessen an bis zur Eifel hin, wo diese
Lager sehr häufig sind, an eben so vielen Orten Säuerlinge
zu Tage kommen. Diese Mineralquellen bilden sich auf dem
Platze selbst, wo sie vorkommen, aus süßem Wasser, was aus
der Tiefe kommt, und aus Kohlensäuregas, was gewöhnlich
von der Seite zuströmt.

In der Nähe der Braunkohlenlager von Salzhausen be=
fand sich vor einigen Jahren ein vortrefflicher Säuerling, wel=
cher von der ganzen Umgegend in Gebrauch genommen war;
man beging den Fehler, diese Quelle in Sandstein zu fassen,

mit dem die Seitenöffnungen, aus welchen das Gas strömte, zugemauert wurden. Von diesem Augenblicke an hatte man süßes Quellwasser.

In einer geringen Entfernung von den Braunkohlenlagern von Dorheim entspringt die an Kohlensäure überaus reiche Schwalheimer Mineralquelle, bei welcher Herr Salinendirector Wilhelmi längst beim Ausräumen die Beobachtung gemacht hat, daß sie sich auf dem Platze selbst aus süßem Wasser, was von unten, und kohlensaurem Gas, was von der Seite kommt, bildet. Die nemliche Erfahrung wurde von Herrn Oberbergrath Schapper bei dem berühmten Fachinger Brun= nen gemacht.

Das kohlensaure Gas von den Kohlensäurequellen in der Eifel ist nach Bischof nur selten gemengt mit Stickgas und Sauerstoffgas; es ist höchst wahrscheinlich, daß es seinen Ur= sprung einer ähnlichen Ursache verdankt; die Luft scheint we= nigstens nicht den geringsten Antheil an der Bildung derselben in den eigentlichen Säuerungen zu nehmen; sie kann in der That weder durch eine Verbrennung in niederer, noch in hö= herer Temperatur gebildet worden sein; denn in diesem Fall würde das kohlensaure Gas auch bei der vollkommensten Ver= brennung mit ⅘ Stickgas gemengt sein, allein es enthält keine Spur Stickgas. Die Blasen, welche unabsorbirt durch das Wasser der Mineralquellen in die Höhe steigen, werden bis auf einen unmeßbaren Rückstand von Kalilauge aufgenommen.

Die Dornheimer und Salzhäuser Braunkohlen sind offenbar durch eine ähnliche Ursache entstanden, wie die Laubacher, die in der Nähe vorkommen, und da diese genau die Elemente der Holzfaser, minus einer gewissen Quantität Kohlensäure enthalten, so scheint sich aus dieser Zusammensetzung von selbst eine Erklärung zu ergeben.

302   Vermoderung. Papier, Braun- und Steinkohle.

Daß übrigens die Luft in den oberen Lagen der Braun-
kohlenschichten unaufhörlich eine fortschreitende Veränderung,
nemlich eine Verwesung bewirkt, durch welche ihr Wasserstoff
wie beim Holze hinweggenommen wird, giebt das Verhalten
derselben beim Verbrennen und die fortschreitende Bildung von
Kohlensäuren in den Gruben zu erkennen.

Die Gase, welche die Arbeit in Braunkohlenwerken gefähr-
lich machen, sind nicht wie in anderen Gruben entzündlich und
brennbar, sondern sie bestehen gewöhnlich aus kohlensaurem
Gas, was nur selten eine Beimischung von brennbarem Gas
enthält.

Die Braunkohlen aus der mittleren Schicht des Lagers bei
Ringkuhl geben in der Analyse 65,40—64,01 Kohlenstoff auf
4,75—4,76 *) Wasserstoff, also auf dasselbe Verhältniß von
Kohlenstoff bei weitem weniger Wasserstoff, als die aus größerer Tiefe genommenen.

Die Braunkohlen und Steinkohlen sind begleitet von Schwefelkies oder Schwefelzink, die sich aus schwefelsauren Salzen
bei Gegenwart von Eisen und Zink bei allen Fäulnißprocessen
vegetabilischer Stoffe noch heute bilden; es ist denkbar, daß
der Sauerstoff der schwefelsauren Salze in dem Innern der
Braunkohlenlager es ist, durch welchen die Hinwegnahme des
Wasserstoffs, den sie weniger als das Holz enthalten, bewirkt wird.

Nach den Analysen von Richardson und Regnault
wird die Zusammensetzung der brennbaren Materien der Splint-
kohle von Newcastle und der Cannelkohle von Lancashire durch

---

*) Die angeführten Analysen der Ringkuhler Braunkohle sind vom Herrn
Kühnert aus Cassel, sowie alle in diesem Werke überhaupt erwähnten in dem hiesigen Laboratorium ausgeführt werden.

die Formel $C_{24}H_{26}O$ ausgedrückt. Verglichen mit der Zusam=
mensetzung der Holzfaser ist sie daraus entstanden, indem sich
von ihren Elementen, in der Form von brennbaren Oelen,
Sumpfgas und kohlensaurem Gas, gewisse Quantitäten getrennt
haben; nehmen wir von der Zusammensetzung der Holzfaser
3 At. Sumpfgas, 3 At. Wasser und 9 At. Kohlensäure hin=
weg, so haben wir die Zusammensetzung der beiden Steinkoh=
lenarten

			$C_{36}H_{44}O_{22}$ Holz, hiervon abge= zogen,
3 At. Sumpfgas	C_3H_{12}		
3 At. Wasser	H_6O_3		
9 At. Kohlensäure	C_9	O_{18}	$C_{12}H_{18}O_{21}$
Steinkohle			$C_{24}H_{26}O$

Das Sumpfgas ist der gewöhnliche Begleiter aller Stein=
kohlen, andere enthalten durch Destillation mit Wasser abscheid=
bare flüchtige Oele (Reichenbach). Das Steinöl mag in
den meisten Fällen einem ähnlichen Zersetzungsprocesse seinen
Ursprung verdanken.

Die Backkohle von Caresfield bei Newcastle enthält die
Elemente der Cannelkohle, von denen sich die Bestandtheile des
ölbildenden Gases C_4H_8 getrennt haben.

Die brennbaren entzündlichen Gase, welche aus den Spal=
ten in Steinkohlenlagern oder den Gebirgsarten strömen, in
denen Steinkohlen sich vorfinden, enthalten nach einer zuver=
lässigen Untersuchung von Bischoff ohne Ausnahme kohlen=
saures Gas, ferner Sumpfgas, ölbildendes Gas, was vor
Bischoff nicht beobachtet worden ist, und Stickgas. Nach
der Absorbtion der Kohlensäure durch Kali gab das Gru=
bengas

304   Vermoderung. Papier, Braun- und Steinkohle.

	aus einem verlassenen Stollen bei Wallesweiler.	aus dem Gerhardsstollen bei Louisenthal.	aus einer Grube im Schaumburgischen bei Lickwege.
	Vol.	Vol.	Vol.
Leichtes Kohlenwasserstoffgas . . .	19,36	83,08	89,10
Oelbildendes Gas .	6,32	1,98	16,11
Stickgas	2,32	14,92	4,79
	100,00	100,00	100,00

Die Entwickelung dieser Gase beweist auf eine unzweideutige Weise, daß auch in den Steinkohlenlagern unaufhörlich fortschreitende Veränderungen vor sich gehen.

In den Braunkohlenlagern beobachten wir eine fortschreitende Trennung von Sauerstoff in der Form von Kohlensäure, in Folge welcher das Holz nach und nach der Zusammensetzung der Steinkohle sich nähern muß, in den Steinkohlenlagern trennt sich von den Bestandtheilen der Kohle Wasserstoff in der Form von Kohlenwasserstoffverbindungen; eine völlige Abscheidung von Wasserstoff würde die Kohle in Anthracit überführen.

Die Formel $C_{36} H_{44} O_{22}$, welche für das Holz angegeben ist, ist als der empirische Ausdruck der Analyse gewählt worden, um alle Metamorphosen, welcher die Holzfaser fähig ist, unter einem gemeinschaftlichen Gesichtspunkte betrachten zu können.

Wenn nun auch die Richtigkeit der Formel als theoretischer Ausdruck bis zu dem Zeitpunkte in Zweifel gestellt werden muß, wo wir die Constitution der Holzfaser mit Sicherheit kennen, so kann dieß nicht den geringsten Einfluß auf die Betrachtungen haben, zu denen wir in Beziehung auf die Veränderungen gelangt sind, welche die Holzfaser nothwendig

erlitten haben muß, um in Braun= oder Steinkohle überzuge=
hen. Der theoretische Ausdruck bezieht sich auf die Summe,
der empirische auf das relative Verhältniß allein, in wel=
chem die Elemente zu Holzfaser zusammengetreten sind. Welche
Form dem erstern auch gegeben werden mag, der empirische
Ausdruck bleibt damit ungeändert.

Gift, Contagien, Miasmen.

Eine große Anzahl chemischer Verbindungen, sowohl anor=
ganischer, als solcher, die in Thieren und Pflanzen gebildet wer=
den, bringen in dem lebenden thierischen Organismus eigen=
thümliche Veränderungen, Krankheitsprocesse hervor; die Le=
bensfunctionen einzelner Organe werden zerstört, und bei einer
gewissen Steigerung derselben erfolgt der Tod.

Die Wirkung anorganischer Verbindungen, von Säuren,
Alkalien, Metalloxiden und Salzen, ist in den meisten Fällen
leicht erklärbar, sie wirken entweder den Zusammenhang einzel=
ner Organe aufhebend, oder sie gehen Verbindungen damit ein.

Die Wirkung der Substanzen, welche den Organismus zer=
stören, von concentrirter Schwefelsäure, Salzsäure, Oxalsäure,
Kalihydrat ꝛc. läßt sich mit der eines Stückes Eisen vergleichen,
mit welchem, wenn es in den Zustand des Glühens oder in
den eines scharf geschliffenen Messers versetzt wird, durch Ver=

20

306   Gift, Contagien, Miasmen.

ſetzung gewiſſer Organe der Tod herbeigeführt werden kann;
ſie laſſen ſich im engern Sinne nicht als Gift betrachten, da
ihre giftige Wirkung von ihrem Zuſtande abhängig iſt.

Die Wirkung der eigentlichen anorganiſchen Gifte beruht
in den meiſten Fällen auf der Bildung einer chemiſchen Ver=
bindung des Giftes mit den Beſtandtheilen der Organe, ſie
beruht auf einer chemiſchen Verwandtſchaftsäußerung, welche
ſtärker iſt, wie die Lebensthätigkeit.

Betrachten wir, um zu einer klaren Anſchauung zu gelan=
gen, die Wirkung von anorganiſchen Subſtanzen überhaupt, ſo
finden wir, daß eine gewiſſe Klaſſe von löslichen Verbindun=
gen, verſchiedenen Theilen des Körpers dargeboten, in das Blut
aufgenommen werden, aus welchem ſie wieder durch die Se=
cretionsorgane verändert oder unverändert abgeſchieden werden.

Jodkalium, Schwefelcyankalium, Blutlaugenſalz,
Salpeter, chlorſaures Kali, kieſelſaures Kali und
im Allgemeinen Salze mit alkaliſcher Baſis, welche Menſchen
und Thieren in verdünnten Löſungen innerlich oder äußerlich
gegeben werden, laſſen ſich im Blute, Schweiße, im Chylus,
in der Galle, in den Milzvenen unverändert nachweiſen, ohne
Ausnahme werden ſie zuletzt durch die Harnwege aus dem ,
Körper wieder entfernt.

Dieſe Materien bringen, jedes für ſich, eine beſondere Art
von Störung in dem Organismus hervor, ſie üben eine me=
diciniſche Wirkung aus, allein ſie haben in ihrem Wege durch
den Organismus keine Zerſetzung erlitten, und wenn ſie die
Fähigkeit hatten, eine Verbindung in irgend einem Theile des
Körpers einzugehen, ſo war dieſe nicht feſter Art, denn ihr
Wiedererſcheinen in dem Harne ſetzt voraus, daß dieſe Ver=
bindung durch die Lebensthätigkeit wieder aufgehoben werden
konnte.

Neutrale citronensaure, weinsaure und essigsaure Alkalien werden bei ihrem Wege durch den Organismus verändert, ihre Basen lassen sich zwar in dem Harne nachweisen, allein die Säuren sind völlig verschwunden; an ihrer Stelle finden sich die Basen mit Kohlensäure vereinigt (Gilbert, Blane, Wöhler).

Die Verwandlung der genannten pflanzensauren Alkalien in kohlensaure Salze setzt voraus, daß zu ihren Elementen Sauerstoff in bedeutender Menge hinzugetreten ist, denn um z. B. 1 Aeq. essigsaures Kali in kohlensaures zu verwandeln, müssen 8 Aeq. Sauerstoff hinzugeführt werden, von denen 2 oder 4 Aeq. (je nachdem sich neutrales oder saures Salz gebildet hat) in der Verbindung mit dem Alkali bleiben, während die anderen 6 oder 4 Aequivalente als freie Kohlensäure austreten.

Wir bemerken nun in dem lebenden Körper, dem man Salze dieser Art mitgetheilt hat, kein Zeichen, daß einer seiner Bestandtheile eine so große Quantität Sauerstoff, als zu ihrer Umwandlung nöthig ist, abgegeben hat, und es bleibt nichts übrig, als diese Oxidation dem Sauerstoff der Luft zuzuschreiben.

Während ihres Weges durch die Lunge nehmen die Säuren dieser Salze Antheil an dem eigenthümlichen Verwesungsproceß, welcher in diesem Organe vor sich geht, eine gewisse Portion des aufgesaugten Sauerstoffgases tritt an ihre Bestandtheile und verwandelt den Wasserstoff in Wasser, den Kohlenstoff in Kohlensäure. Von der letztern bleibt eine gewisse Quantität (1 oder 2 Aeq.) vereinigt mit dem Kali zu einem Salze, welches durch Oxidationsprocesse keine weitere Veränderung mehr erfährt, es ist dieses Salz, was durch die Nieren oder die Leber wieder abgeschieden wird.

20*

308   Gift, Contagien, Miasmen.

Es ist evident, daß das Vorhandensein dieser pflanzensau=
ren Salze im Blute eine Aenderung in dem Respirationspro=
cesse herbeiführen mußte; wären sie nicht gegenwärtig gewesen,
so würde der eingeathmete Sauerstoff, wie gewöhnlich, an die
Bestandtheile des Blutes getreten sein, ein Theil davon hat
sich aber mit den Bestandtheilen des Salzes vereinigt und ist
nicht in's Blut übergegangen; die unmittelbare Folge davon
muß eine verminderte Erzeugung von arteriellem Blute sein,
oder was das nemliche ist, der Respirationsproceß ist verlang=
samt worden.

Neutrale citronensaure, weinsaure, essigsaure Alkalien ver=
halten sich in Berührung mit Luft und mit verwesenden thie=
rischen und vegetabilischen Körpern ganz auf die nemliche Weise
wie in der Lunge, sie nehmen Theil an der Verwesung und
gehen auf dieselbe Weise wie im lebenden Körper in kohlen=
saure Salze über; werden ihre wässerigen Lösungen im unrei=
nen Zustande sich selbst überlassen, so verschwinden nach und
nach ihre Säuren aufs Vollständigste.

Freie Mineral= oder nicht flüchtige Pflanzensäuren, sowie
Salze von Mineralsäuren mit alkalischen Basen heben in ge=
wissen Mengen alle Verwesungsprocesse auf, in kleineren Quan=
titäten wird durch sie der Verwesungsproceß verlangsamt und
gehemmt, sie bringen in dem lebenden Körper ähnliche Erschei=
nungen hervor, wie neutrale pflanzensaure Salze, allein ihre
Wirkung hängt von einer andern Ursache ab.

Einer Aufnahme großer Mengen von Mineralsalzen in das
Blut, wodurch dem Verwesungsprocesse in der Lunge eine Grenze
gesetzt werden könnte, widersetzt sich eine sehr merkwürdige Ei=
genschaft aller thierischen Membranen, Häute, Zellgewebe, Mus=
kelfaser 2c.

Diese Eigenschaft besteht darinn, daß sie unfähig sind, von

starken Salzauflösungen durchdrungen zu werden, nur bei einem gewissen Grade der Verbindung mit Wasser werden sie davon aufgenommen.

Eine trockne Base bleibt in gesättigten Lösungen von Koch=salz, Salpeter, Blutlaugensalz, Schwefelcyankalium, Bittersalz, Chlorkalium, Glaubersalz, mehr oder weniger trocken, diese Flüssigkeiten fließen davon ab, wie Wasser von einer mit Fett bestrichenen Glasplatte.

Bestreuen wir frisches Fleisch mit Kochsalz, so schwimmt nach 24 Stunden das Fleisch in einer Salzlake, obwohl kein Tropfen Wasser zugesetzt wurde.

Dieses Wasser stammt von der Muskelfaser, dem Zellge=webe her; mit Kochsalz zusammengebracht, bildet sich an den Berührungsflächen eine mehr oder weniger concentrirte Salz=auflösung, das Salz verbindet sich mit dem eingeschlossenen Wasser, und letzteres verliert hierdurch seine Fähigkeit, thierische Theile zu durchdringen, es trennt sich von dem Fleische; es bleibt in diesem nur Wasser von einem bestimmten, verhältniß=mäßig kleinen Salzgehalte zurück, in einem Grade der Ver=dünnung, in welchem es absorbirbar ist von thierischen Theilen.

Im gewöhnlichen Leben benutzt man diese Eigenschaft, um den Wassergehalt von Theilen von Thieren, ähnlich wie durch Austrocknen, auf eine Quantität zurückzuführen, wo er aufhört, eine Bedingung zur Fäulniß abzugeben. Nur bei einem gewissen Wassergehalte können sie in Fäulniß übergehen.

Der Alkohol verhält sich in dieser physikalischen Eigenschaft ganz ähnlich den Mineralsalzen, er ist unfähig, thierische Sub=stanzen zu befeuchten, d. h. zu durchdringen, und er entzieht deshalb den wasserhaltigen das Wasser, zu dem er Verwandt=schaft besitzt.

Bringen wir Salzlösungen in den Magen, so werden sie

310   Gift, Contagien, Miasmen.

bei einem gewissen Grade der Verdünnung absorbirt, im con=
centrirten Zustande wirken sie gerade umgekehrt, sie entziehen
dem Organe Wasser, es entsteht heftiger Durst, es entsteht in
dem Magen selbst ein Austausch von Wasser und Salz, der
Magen giebt Wasser ab, ein Theil der Salzlösung wird in
verdünntem Zustande von ihm aufgenommen, der größere Theil
der concentrirten Salzlösung bleibt unabsorbirt, sie wird nicht
durch die Harnwege entfernt, sondern sie gelangt in die Ein=
geweide und den Darmcanal, und verursachen dort eine Ver=
dünnung der abgelagerten festen Stoffe, sie purgiren.

Jedes von diesen Salzen besitzt neben der allgemeinen pur=
girenden Wirkung, welche abhängig ist von einer physikalischen
Eigenschaft, die sie gemein haben, noch besondere medicinische
Wirkungen, eben weil jeder Theil des Organismus, den sie
berühren, diejenige Quantität davon aufnimmt, die überhaupt
davon absorbirbar ist.

Mit der purgirenden Wirkung haben die Bestandtheile die=
ser Salze nicht das Geringste zu thun, denn es ist vollkommen
gleichgültig für die Wirkung (nicht für die Stärke derselben),
ob die Basis Kali oder Natron, in vielen Fällen Kali oder
Bittererde, und die Säure Phosphorsäure, Schwefelsäure, Sal=
petersäure, Chlorwasserstoffsäure ꝛc. ist.

Außer diesen Salzen, deren Wirkung auf den Organismus
nicht abhängig ist von ihrer Fähigkeit, Verbindungen einzugehen,
giebt es eine große Klasse von anderen, welche, in den leben=
den Körper gebracht, Aenderungen ganz anderer Art bewirken,
welche in mehr oder weniger großen Gaben Krankheiten oder
Tod zur Folge haben, ohne daß man eine eigentliche Zerstö=
rung von Organen wahrnimmt.

Es sind dieß die eigentlichen anorganischen Gifte, deren
Wirkung auf ihrer Fähigkeit beruht, feste Verbindungen mit

der Substanz der Membranen, Häute, Muskelfaser einzugehen.

Hierher gehören Eisenoxidsalze, Bleisalze, Wismuthsalze,
Kupfer — Quecksilbersalze c.

Bringen wir Auflösungen davon mit Eiweiß, mit Milch,
Muskelfaser, thierischen Membranen, in hinreichender Menge
zusammen, so gehen sie damit eine Verbindung ein und verlieren ihre Löslichkeit. Das Wasser, worinn sie gelöst sind, verliert seinen ganzen Gehalt an diesen Salzen.

Während die Salze mit alkalischer Basis thierischen Theilen das Wasser entziehen, verbinden sich gerade umgekehrt die
Salze der schweren Metalloxide mit den thierischen Stoffen;
die letzteren entziehen sie dem Wasser.

Wenn wir die genannten Substanzen einem Thiere im lebenden Zustande beibringen, so werden sie von den Häuten,
Membranen, dem Zellgewebe, der Muskelfaser aufgenommen,
sie verlieren ihre Löslichkeit, indem sie damit in Verbindung
treten; nur in seltenen Fällen können sie demnach ins Blut
gelangen. Nach allen damit angestellten Versuchen sind sie im
Harne nicht nachweisbar, eben weil sie bei ihrem Wege durch
den Organismus mit einer Menge von Stoffen in Berührung
kommen, die sie zurückhalten.

Durch das Hinzutreten dieser Körper zu gewissen Organen
oder Bestandtheilen von Organen müssen ihre Functionen eine
Störung erleiden; sie müssen eine anormale Richtung erhalten,
die sich in Krankheitserscheinungen zu erkennen giebt.

Die Wirkungsweise des Sublimats und der arsenigen
Säure sind in dieser Beziehung besonders merkwürdig. Man
weiß, daß beide im höchsten Grade die Fähigkeit haben, Verbindungen mit allen Theilen von thierischen und vegetabilischen
Körpern einzugehen, und daß diese dadurch den Charakter der

312   Gift, Contagien, Miasmen.

Unverwesbarkeit oder der Unfähigkeit zu faulen erhalten; selbst
Holz und Gehirnsubstanz, die sich bei Gegenwart von Waffer
und Luft so leicht und schnell verändern, lassen sich, wenn sie
eine Zeitlang mit arseniger Säure oder Sublimat in Berüh=
rung waren, ohne Farbe und Ansehen zu ändern, allen Ein=
flüssen der Atmosphäre preisgeben.

Man weiß ferner, daß bei Vergiftungen mit diesen Mate=
rien diejenigen Theile, die damit in Berührung kamen und
also eine Verbindung eingegangen waren, unverwesbar ̄und
der Fäulniß unfähig werden, und man kann hiernach über die
Ursache der Giftigkeit dieser Körper nicht im Zweifel sein.

Es ist klar, daß wenn arsenige Säure und Sublimat durch
die Lebensthätigkeit nicht gehindert werden, Verbindungen mit
den Bestandtheilen des Körpers einzugehen, wodurch sie den Cha=
rakter der Unverwesbarkeit und der Unfähigkeit zu faulen erhal=
ten; so will dieß nichts anders sagen, als daß die Organe ihren
Zustand des Lebens, die Haupteigenschaft verlieren, Metamorpho=
sen zu bewirken und Metamorphosen zu erleiden, d. h. das organi=
sche Leben wird vernichtet. Ist die Vergiftung nur oberflächlich,
ist die Quantität des Giftes so gering, daß nur einzelne Theile
des Körpers, welche fähig sind, reproducirt zu werden, eine
Verbindung dieser Art eingegangen sind, so entstehen Schorfe,
Erscheinungen secundärer Art; die Verbindung der gestorbenen
Theile wird von den gesunden Theilen abgestoßen. Man wird
leicht hieraus entnehmen können, daß alle inneren Zeichen von
Vergiftung schwankend und ungewiß werden, indem Fälle vor=
kommen können, wo kein sichtbares Merkmal von Veränderung
dem Auge des Beobachters sich darbietet, indem, wie bemerkt,
der Tod ohne Zerstörung von Organen erfolgen kann.

Wenn Arsen in Auflösung gegeben worden ist, so kann es
ins Blut, in die Leber ꝛc. gelangen; umgeben wir eine bloß=

gelegte Aber mit einer Auflösung davon, so wird zuletzt jedes Blutkügelchen in Verbindung treten, d. h. es wird vergiftet.

Arsenverbindungen, welche keine Verbindung mit Theilen von Organismen einzugehen vermögen, werden auch in großen Gaben ohne Einfluß auf das Leben sein; es ist bekannt, daß viele unlösliche basische Salze der arsenigen Säure nicht giftig sind, und eine der reichsten Arsenverbindungen, die in ihrer Zusammensetzung den organischen Verbindungen am nächsten steht, das von Bunsen entdeckte Alkargen, besitzt nicht die geringste nachtheilige Wirkung auf den Organismus.

Aus diesem Verhalten läßt sich mit einiger Sicherheit die Grenze firiren, in welcher diese Substanzen aufhören, als Gifte zu wirken; denn da die Verbindung nur nach chemischen Gesetzen vor sich gehen kann, so muß unausbleiblich der Tod erfolgen, wenn das mit dem Gifte in Berührung stehende Organ hinreichend davon vorfindet, um Atom für Atom eine Verbindung damit einzugehen; ist weniger davon vorhanden, so wird ein Theil davon seine Lebensfunctionen beibehalten.

Den Verhältnissen nach, in welchen sich der Faserstoff mit Salzsäure, Bleioxid und Kupferoxid verbindet, muß nach den Untersuchungen von Mulder sein Aequivalent durch die Zahl 6361 (Poggendorff's Annalen, Band 40, S. 259) ausgedrückt werden; annäherungsweise kann man annehmen, daß sich eine Quantität von 6361 Faserstoff verbindet mit 1 Aeq. arseniger Säure oder mit 1 Aeq. Sublimat.

Wenn wir 6361 Faserstoff im wasserfreien Zustande mit 30,000 Wasser verbinden, so haben wir ihn in dem Zustande wie er im menschlichen Körper, in der Muskelfaser oder im Blute enthalten ist. In diesem Zustande werden 100 Gran Faserstoff zu gleichen Atomgewichten eine gesättigte Verbindung eingehen mit $3\frac{4}{10}$ Gran arseniger Säure und 5 Gran Sublimat.

314   Gift, Contagien, Miasmen.

Das Atomgewicht des Eiweißstoffs im Ei und im Blut
ergiebt sich aus seinen Verbindungen mit Silberoxid zu 7447,
das der Leimsubstanz (thierischen Gallerte) wird durch die Zahl
5652 ausgedrückt.

Auf eine ähnliche Weise mit ihrem ganzen Wassergehalte,
den sie im lebenden Körper haben, berechnet, gehen 100 Gran
Eiweiß eine Verbindung ein mit 1¼ Gran arseniger Säure.

Diese Verhältnisse, die man als Maxima betrachten kann,
zeigen sich in den außerordentlich hohen Atomgewichten der organischen Substanzen von selbst, in welch kleinen Dosen Körper, wie Sublimat und arsenige Säure, tödtliche Wirkungen
haben können.

Alle Materien, welche als Gegenmittel in Vergiftungsfällen
gegeben werden, wirken ausschließlich nur dadurch, daß sie dem
Arsenik und Sublimat den ursprünglichen Charakter nehmen,
durch den sie als Gift wirken, die Fähigkeit also, sich mit thierischen Materien zu verbinden. Leider werden sie in dieser
Fähigkeit von keinem andern Körper übertroffen; die Verbindungen, die sie eingegangen haben, können nur durch gewalt-
same, auf den lebenden Körper nicht minder schädlich wirkende,
Verwandtschaften aufgehoben werden. Die Kunst des Arztes
muß sich deshalb begnügen, denjenigen Theil dieser Gifte, der
noch unverbunden und frei vorhanden ist, eine Verbindung
mit einem andern Körper eingehen zu machen, welche unver-
daubar, unzersetzbar ist unter gegebenen Bedingungen, und in
dieser Hinsicht ist das Eisenoxidhydrat von unschätzbarem Werthe.

Wenn sich die Wirkung des Sublimats und Arsens nur
auf die Oberfläche der Organe beschränkt, so stirbt nur derjenige Theil derselben ab, welcher eine Verbindung damit eingegangen ist; es entsteht ein Schorf, der nach und nach abgestoßen wird.

Sicher würden die löslichen Silbersalze nicht minder tödt=
lich wirken wie Sublimat, wenn im menschlichen Körper nicht
eine Ursache vorhanden wäre, welche bei nicht überwiegenden
Mengen ihre Wirkung aufhebt.

Die Ursache ist der in allen Flüssigkeiten vorwaltende Koch=
salzgehalt. Man weiß, daß salpetersaures Silberoxid sich wie
Sublimat mit thierischen Theilen verbindet, und daß diese Ver=
bindungen einen vollkommen gleichen Character haben: sie
werden unfähig, zu faulen und zu verwesen.

Salpetersaures Silberoxid, auf die Haut mit Muskelfaser ꝛc.
zusammengebracht, vereinigt sich im aufgelösten Zustande au=
genblicklich damit; thierische Materien in Flüssigkeiten bilden
damit unlösliche Verbindungen; sie werden, wie man sagt,
coagulirt.

Die entstandenen Verbindungen sind farblos, unzersetzbar
durch andere kräftige chemische Agentien; sie werden an dem
Lichte wie alle Silberverbindungen schwarz, indem durch den
Einfluß des Lichtes ein Theil des Silberoxids zu Metal redu=
cirt wird; die Materien im Körper, welche sich mit dem Sil=
bersalz vereinigt haben, gehören dem lebenden Körper nicht
mehr an, ihrer Lebensfunction ist durch ihre Verbindung mit
Silberoxid eine Grenze gesetzt; wenn sie reproducirbar sind, so
stößt sie der lebende Theil in der Form eines Schorfs ab.

Bringen wir salpetersaures Silberoxid in den Magen, so
wird es augenblicklich, wenn seine Menge nicht zu groß ist,
von dem Kochsalz oder der freien Salzsäure in Chlorsilber, in
eine Materie verwandelt, die in reinem Wasser absolut unlös=
lich ist.

In Kochsalzlösung oder Salzsäure löst sich das Chlorsil=
ber, wiewohl in außerordentlich geringer Menge, auf; es ist
dieser Theil, welcher die Wirkung ausübt; alles übrige Chlor=

316   Gift, Contagien, Miasmen.

silber geht durch die gewöhnlichen Wege wieder aus dem Körper. Die Löslichkeit, die Fähigkeit also, einer jeden Bewegung
zu folgen, ist dem menschlichen Körper eine Bedingung zu
jeder Wirksamkeit.

Von den löslichen Bleisalzen wissen wir, daß sie alle Eigenschaften der Silber- und Quecksilbersalze theilen; allein alle
Verbindungen des Bleioxids mit organischen Stoffen sind zer-
legbar durch verdünnte Schwefelsäure. Man weiß, daß die
Bleikolik in allen Bleiweißfabriken unbekannt ist, wo die Ar-
beiter gewöhnt sind, täglich als Präservativ und Gegenmittel
sogenannte Schwefelsäure-Limonade (Zuckerwasser mit Schwefelsäure angesäuert) zu sich zu nehmen.

Die organischen Materien, welche sich im lebenden Körper
mit Metalloxiden oder Metallsalzen verbunden haben, verlieren
ihre Fähigkeit, Wasser aufzusaugen und zurückzuhalten, ohne
damit die Eigenschaft einzubüßen, Flüssigkeiten durch ihre Poren
durchzulassen. Eine starke Zusammenziehung, Schwinden der
Oberflächen, ist die Folge der Berührung mit diesen Körpern.

Eine besondere Eigenschaft besitzt noch überdieß der Sublimat und manche Bleisalze indem sie bei vorherrschenden Mengen die zuerst gebildeten unlöslichen Verbindungen aufzulösen
vermögen, wodurch das Gegentheil von Contraction, nemlich
eine Verflüssigung des vergifteten Organs, herbeigeführt wird.

Kupferoxidsalze werden selbst in Verbindung mit den stärksten Säuren durch viele vegetabilische Substanzen, namentlich
durch Zucker und Honig, in Metall oder in Oxidul reducirt,
in Materien, denen die Fähigkeit abgeht, sich mit thierischen
Stoffen zu verbinden; sie sind als die zweckmäßigsten Gegenmittel seit Langem schon in Anwendung gekommen.

Was die giftigen Wirkungen der Blausäure, der organischen Basen, des Strychnins, Brucins ꝛc. betrifft, so

kennen wir keine Thatsachen, welche geeignet wären, zu einer bestimmten Ansicht zu führen; allein es läßt sich mit positiver Gewißheit voraussehen, daß Versuche über ihr chemisches Verhalten zu thierischen Substanzen sehr bald die genügendsten Aufschlüsse über die Ursache ihrer Wirksamkeit geben werden.

Eine ganz besondere Art von Stoffen, welche durch Zersetzungsprocesse eigenthümlicher Art erzeugbar sind, wirken auf den lebenden Organismus als tödtliche Gifte, nicht durch ihre Fähigkeit, eine Verbindung einzugehen, eben so wenig weil sie einen giftigen Stoff enthalten, sondern durch den Zustand, in dem sie sich befinden.

Um eine klare Vorstellung über die Wirkungsweise dieser Körper zu haben, ist es nöthig, sich an die Ursache zu erinnern, welche die Erscheinungen der Gährung, Fäulniß und Verwesung bedingt.

In der einfachsten Form läßt sich die Ursache durch folgenden Grundsatz ausdrücken, welcher von La Place und Berthollet seit Langem aufgestellt, für chemische Erscheinungen aber erst in der neuern Zeit bewiesen wurde. »»Ein durch irgend eine Kraft in Bewegung gesetztes Atom (Molécule) kann seine eigene Bewegung einem andern Atom mittheilen, welches sich in Berührung damit befindet.««

Es ist dieß ein Gesetz der Dynamik, beweisbar für alle Fälle, wo der Widerstand (die Kraft, Verwandtschaft, Cohäsion), der sich der Bewegung entgegensetzt, nicht hinreicht, um sie aufzuheben.

Wir wissen, daß das Ferment, die Hefe, ein Körper ist, der sich im Zustande der Zersetzung, dessen Atome sich im Zustande der Umsetzung, der Bewegung befinden; mit Zucker und Wasser in Berührung überträgt sich der Zustand, worinn sich die

318   Gift, Contagien, Miasmen.

Atome der Hefe befinden, den Elementen des Zuckers; die
letzteren ordnen sich zu zwei neuen einfacheren Verbindungen,
zu Kohlensäure und Alkohol. Es sind dieß Verbindungen, in
denen die Bestandtheile mit einer weit größern Kraft zusam=
mengehalten sind, wie im Zucker, mit einer Kraft, die sich einer
weitern Formänderung durch die nemliche Ursache entgegensetzt.

Wir wissen ferner, daß der nemliche Zucker durch andere
Materien, deren Zustand der Zersetzung ein anderer ist, wie
z. B. der, worinn sich die Theilchen der Hefe befinden, durch
Lab oder durch die faulenden Bestandtheile von Pflanzensäften,
durch Mittheilung also einer verschiedenen Bewegung, daß seine
Elemente sich alsdann zu anderen Producten umsetzen; wir er=
halten keinen Alkohol und keine Kohlensäure, sondern Milch=
säure, Mannit und Gummi.

Es ist ferner auseinandergesetzt worden, daß Hefe, zu reiner
Zuckerlösung gesetzt, nach und nach völlig verschwindet, daß
aber in einem Pflanzensaft, worinn sich Kleber befindet, der
Kleber zersetzt und in der Form von Hefe abgeschieden wird.

Die Hefe, womit man die Flüssigkeit in Gährung versetzte,
sie selbst ist ursprünglich Kleber gewesen.

Die Umwandlung des Klebers in Hefe war in diesem
Falle abhängig von dem in Zersetzung übergegangenen (gäh=
renden) Zucker; denn wenn derselbe vollständig verschwunden
ist, und es ist noch Kleber frei in der Flüssigkeit vorhanden,
so erleidet dieser in Berührung mit der abgeschiedenen Hefe
keine weitere Veränderung, er behält seinen Charakter als
Kleber.

Die Hefe ist ein Product der Zersetzung des Klebers, welche
bei Gegenwart von Wasser in jedem Zeitmomente einem zwei=
ten Stadium der Zersetzung entgegengeht.

Durch diesen letztern Zustand ist sie fähig, frisches Zucker=

waſſer wieder in Gährung zu bringen, und wenn das Zucker=
waſſer Kleber enthält (Bierwürze z. B. iſt), ſo erzeugt ſich in
Folge der Umſetzung der Elemente des Zuckers wieder Hefe.

Von einer Reproduction der Hefe, ähnlich wie Samen aus
Samen, kann nach dieſer Auseinanderſetzung keine Rede ſein.

Es geht aus dieſen Thatſachen hervor, daß ein in Zer=
ſetzung begriffener Körper, wir wollen ihn Erreger nennen,
in einer gemiſchten Flüſſigkeit, die ſeine Beſtandtheile enthält,
ſich auf eine ähnliche Weiſe wiedererzeugen kann, wie Ferment
in einem kleberartigen Pflanzenſafte. Dieß muß um ſo ſicherer
ſtattfinden, wenn unter den Beſtandtheilen der gemiſchten Flüſ=
ſigkeit ſich derjenige befindet, aus welchem der Erreger urſprüng=
lich entſtanden iſt.

Es iſt ferner klar, daß, wenn der Erreger nur einem ein=
zigen Beſtandtheil der gemiſchten Flüſſigkeit ſeinen eigenen Zu=
ſtand der Metamorphoſe zu übertragen vermag, ſo wird er in
Folge der vorgehenden Zerſetzung dieſes einen Körpers wieder
erzeugbar ſein.

Wenden wir dieſe Grundſätze auf organiſche Materie, auf
Theile von thieriſchen Organismen an, ſo wiſſen wir, daß alle
ihre Beſtandtheile aus dem Blute ſtammen; wir erkennen in
dem Blute ſeiner Beſchaffenheit und ſeinen Beſtandtheilen nach
die zuſammengeſetzteſte aller exiſtirenden Materien.

Die Natur hat das Blut zur Reproduction eines jeden
einzelnen Theiles des Organismus eingerichtet; ſein Hauptcha=
rakter iſt gerade der, daß ſich ſeine Beſtandtheile einer jeden
Anziehung unterordnen; ſie ſind in einem beſtändigen Zuſtande
des Stoffwechſels begriffen, von Metamorphoſen, die durch die
Einwirkung verſchiedener Organe auf die mannigfaltigſte Weiſe
bedingt werden.

Während durch die einzelnen Organe, durch die Thätigkeit

320   Gift, Contagien, Miasmen.

des Magens z. B., durch seine wunderbare Fähigkeit, alle einer
Metamorphose fähigen, organischen Stoffe bestimmt werden,
neue Formen anzunehmen, während er ihre Elemente zwingt,
zu einer und der nemlichen Substanz zusammenzutreten, welche
bestimmt ist zur Blutbildung, fehlt dem Blute alle Fähigkeit,
Metamorphosen zu bewirken; sein Hauptcharakter ist es gerade,
sich zu Metamorphosen zu eignen. Keine andere Materie kann
in dieser Beziehung mit dem Blute verglichen werden.

Wir wissen nun, daß in Fäulniß begriffenes Blut, Gehirn=
substanz, Galle, faulender Eiter ꝛc. auf frische Wunden gelegt,
Erbrechen, Mattigkeit und nach längerer oder kürzerer Zeit den
Tod bewirken.

Es ist eine nicht minder bekannte Erfahrung, daß Leichen
auf anatomischen Theatern häufig in einen Zustand der Zer=
setzung übergehen, der sich dem Blute im lebenden Körper mit=
theilt; die kleinste Verwundung mit Messern, die zur Section
gedient haben, bringt einen lebensgefährlichen Krankheitszustand
hervor.

Das Wurstgift, eines der furchtbarsten Gifte, gehört zur
Klasse dieser in Zersetzung begriffenen Körper.

Man kennt bis jetzt mehrere hundert Fälle, wo der Tod
durch den Genuß verdorbener Würste verursacht wurde.

Vergiftungsfälle dieser Art kommen namentlich in Würtem=
berg vor, wo man gewohnt ist, die Würste aus höchst verschie=
denartigen Materien zu bereiten.

Blut, Leber, Speck, Gehirn, Kuhmilch, Mehl und Brod
werden mit Salz und Gewürzen zusammengemengt, in Blasen
oder Gedärmen gefüllt, gekocht und geräuchert.

Bei guter Zubereitung halten sich diese Würste Monate
lang und geben ein gesundes, wohlschmeckendes Nahrungsmittel
ab, beim Mangel an Gewürzen und Salz, und namentlich bei

verspäteter und unvollkommener Räucherung gehen sie in eine
eigenthümliche Art von Fäulniß über, welche von dem Mittel=
punkte der Wurst ihren Anfang nimmt. Ohne bemerkbare
Gasentwickelung färben sie sich inwendig heller, die in Zer=
setzung übergegangenen Theile sind weicher und schwieriger, als
die gesunden, sie enthalten freie Milchsäure oder milchsaures
Ammoniak, die unter den Producten faulender thierischer und
vegetabilischer Materien niemals fehlen.

Man hat die Ursache der Giftigkeit dieser Würste der Blau=
säure, später der Fettsäure zugeschrieben, ohne nur entfernt
das Vorhandensein dieser Materien bewiesen zu haben; allein
die Fettsäure ist eben so wenig giftig, wie die Benzoesäure, mit
der sie viele Eigenschaften gemein hat, und die Vergiftungs=
symptome weisen die Meinung, daß das Gift in den Würsten
Blausäure sei, auf das Entschiedenste zurück.

Der menschliche Körper stirbt nemlich nach dem Genuß
dieser giftigen Würste an einer allmäligen Verschwindung der
Muskelfaser und aller ihr ähnlich zusammengesetzten Bestand=
theile des Körpers; der Kranke trocknet völlig zu einer Mumie
aus, die Leichen sind steif, wie gefroren, und gehen nicht in
Fäulniß über. Während der Krankheit ist der Speichel zähe
und stinkend.

Man hat vergeblich in diesen Würsten nach einem Stoffe
gesucht, dem man die giftige Wirkung zuschreiben könnte. Sie=
dendes Wasser und Behandlung mit Alkohol rauben denselben
völlig ihre Giftigkeit, ohne daß sie diese Flüssigkeiten erhalten.

Dieß ist nun gerade der ausschließliche Character aller
Materien, welche durch ihren Zustand eine Wirkung ausüben,
es ist dieß der Character derjenigen Substanzen, deren Theile
sich in einem Act der Zersetzung befinden, in einem Zustande
der Umsetzung, welcher durch Siedhitze und Alkohol aufgehoben

322   Gift, Contagien, Miasmen.

werden kann, ohne daß diese die Ursache der Wirkung aufneh=
men; denn eine Thätigkeit oder Kraft läßt sich in einer Flüſ=
ſigkeit nicht aufbewahren. ·

Sie üben eine Wirkung auf den Organismus aus, insofern
dem Magen, demjenigen Theile, der damit in Berührung kam,
die Fähigkeit abgeht, der Zerſetzung, in welcher ſich ihre Be=
ſtandtheile befinden, eine Grenze zu ſetzen; gelangen ſie in
irgend einer Weiſe mit ihrer ganzen Thätigkeit in das Blut,
ſo überträgt ſich ihre eigene Action auf die Beſtandtheile des
Blutes.

Das Wurſtgift wird durch den Magen, nicht wie das Blat=
terngift und andere, zerſtört; alles der Fäulniß Fähige im Kör=
per geht in der Krankheit nach und nach in Zerſetzung über,
und nach erfolgtem Tode bleibt nichts wie Fett, Sehnen und
Knochen, Subſtanzen, die unter gegebenen Bedingungen keiner
Fäulniß fähig ſind.

Es iſt unmöglich, ſich über die Wirkungsweiſe dieſer Kör=
per zu täuſchen, denn es iſt eine durch Colin völlig bewieſene
Thatſache, daß faulendes Muskelfleiſch, faulender
Urin, Käſe, Gehirnſubſtanz ꝛc., daß dieſe ihren Zuſtand
der Zerſetzung einer weit weniger leicht zerſetzbaren Materie,
als wie das Blut iſt, übertragen können, wir wiſſen, daß ſie,
mit Zuckerwaſſer in Berührung, die Fäulniß des Zuckers, die
Umſetzung ſeiner Beſtandtheile in Kohlenſäure und Alkohol zu
bewirken vermögen.

Wenn faulendes Muskelfleiſch, faulender Eiter ꝛc., auf friſche
Wunden gelegt, Krankheit und Tod bewirken, ſo überträgt ſich
offenbar der Zuſtand ihrer Fäulniß auf das geſunde Blut, aus
welchem ſie ſtammen, gerade ſo wie in Fäulniß oder Ver=
weſung begriffener Kleber durch ſeinen Zuſtand in Zuckerwaſ=
ſer eine ganz ähnliche Metamorphoſe hervorbringt.

Auch in lebenden Körpern werden in besonderen Krankheiten Gifte dieser Art erzeugt und gebildet. In der Blatternkrankheit, der Pest, der Syphilis ꝛc. entstehen aus den Bestandtheilen des Blutes Stoffe eigenthümlicher Art, welche, dem Blute eines gesunden Menschen mitgetheilt, eine ähnliche Zersetzungsweise desselben bedingen, wie die ist, in welcher sie sich selbst befinden, es entsteht und entwickelt sich in dem gesunden Menschen die nemliche Krankheit; wie Samen aus Samen scheint sich der Krankheitsstoff reproducirt zu haben.

Dieser eigenthümliche Proceß ist der Wirkung der Hefe auf zucker- und kleberhaltige Flüssigkeiten so außerordentlich ähnlich, daß man beide seit Langem schon, wenn auch nur bildweise, mit einander verglichen hat. Bei genauerer Betrachtung ergiebt sich aus allen Erscheinungen, daß ihre Wirkung in der That einerlei Ursache angehört.

In trockner Luft, bei Abwesenheit von Feuchtigkeit erhalten sich alle diese Gifte lange Zeit unverändert, in feuchtem Zustande, bei Berührung mit der Luft, verlieren sie sehr bald ihre ganze Wirksamkeit. In dem einen Fall sind die Bedingungen vereinigt, welche der Zersetzung, in der sie sich befinden, eine Grenze setzen, ohne sie zu vernichten, in dem andern sind die Bedingungen gegeben, unter denen sich ihre Zersetzung vollendet.

Siedhitze, Berührung mit Alkohol heben ihre Wirkung auf. Säuren, Quecksilbersalze, schweflige Säure, Chlor, Jod, Brom, gewürzhafte Stoffe, flüchtige Oele und namentlich brenzliche Oele, Rauch, ein Kaffeeabsud, alle diese Substanzen vernichten völlig die Fähigkeit dieser Stoffe, Ansteckung zu bewirken, theils indem sie sich damit verbinden, oder in anderer Weise zersetzen.

Die so eben genannten Materien sind aber ohne Ausnahme

21*

324   Gift, Contagien, Miasmen.

solche, welche der Gährung, Fäulniß und Verwesung überhaupt
entgegen wirken, welche diesen besonderen Zersetzungsweisen
überall eine Grenze setzen, wenn sie in hinreichender Menge
zugegen sind.

Eben so wenig als in den vergifteten Würsten ist man im
Stande gewesen, aus der Blatternmaterie, dem Pestgifte eine
eigenthümliche Materie zu isoliren, der man die Wirkung zu=
schreiben könnte; eben weil ihre Wirkung nur in einer eigen=
thümlichen Thätigkeit liegt, deren Existenz für unsere Sinne
nur durch Erscheinungen erkennbar ist.

Man hat zur Erklärung der Fähigkeit der Contagien, An=
steckung zu bewirken, diesen Stoffen ein eigenthümliches Leben
zugeschrieben, ähnlich wie der Keim eines Samens es besitzt;
eine Fähigkeit also, sich unter gewissen günstigen Bedingungen
zu entwickeln, fortzupflanzen und zu vervielfältigen. Es giebt
gewiß kein richtigeres Bild für diese Erscheinungen, eben so
anwendbar auf Contagien als wie auf Ferment, auf thierische
und vegetabilische Substanzen, die sich im Zustande der Fäul=
niß, Gährung und Verwesung befinden, auf ein Stück faules
Holz, was durch seine bloße Berührung frisches Holz nach und
nach gänzlich in Moder, faules Holz, verwandelt.

Wenn man mit Leben die Fähigkeit einer Materie
bezeichnet, in irgendeiner andern eine Veränderung
hervorzurufen, in Folge welcher die erstere mit al=
len ihren Eigenschaften wieder erzeugt wird, so ge=
hören allerdings alle diese Erscheinungen dem Leben an; aber
nicht bloß diese müssen wir alsdann lebendig nennen, sondern
dieser Ausdruck umfaßt in diesem Sinne den größten Theil
aller Erscheinungen der organischen Chemie; überall, wo che=
mische Kräfte walten, wird man Leben voraussetzen müssen.

Ich nehme einen Körper A, er sei Dramid (eine im

Wasser kaum lösliche, völlig geschmacklose Substanz), und
bringe damit die Materie B zusammen, welche sich wieder er=
zeugen soll, es sei aufgelös'te Oralsäure, so bemerken
wir Folgendes: Unter den geeigneten Bedingungen, in welchen
beide auf einander eine Wirkung äußern, wird das Oramid
durch die Kleesäure zersetzt; zu den Bestandtheilen des Oramids
treten die Bestandtheile des Wassers; es entsteht aus dem Ora=
mid auf der einen Seite Ammoniak, und auf der andern
wieder Oralsäure, beide genau in dem Verhältniß, in dem
sie sich zu neutralem Salze vereinigen.

Wir haben Oramid und Oralsäure zusammengebracht; in
Folge einer Metamorphose hat sich das Oramid in Oralsäure
und Ammoniak zersetzt; die ursprünglich zugesetzte Oralsäure,
sowie die neuerzeugte theilen sich in das Ammoniak, dieß will
mit anderen Worten sagen, es ist nach vorgegangener Zersetzung
genau so viel freie Kleesäure wie vorher, und mit ihrem gan=
zen Wirkungswerthe vorhanden. Gleichgültig, ob sie anfänglich
frei gebunden und die neu gebildete frei ist, oder umgekehrt,
so viel ist gewiß, durch die Zersetzung ist sie in gleicher Quan=
tität reproducirt worden.

Bringen wir nun nach der Zersetzung eine der ersten
gleiche Quantität Oramid zu der nemlichen Mischung, und
unterwerfen wir sie derselben Behandlung, so wiederholt sich
in ganz gleicher Weise die nemliche Zersetzung; die frei vor=
handene Kleesäure ist in Verbindung getreten, es ist eine ihr
gleiche Menge wieder frei geworden. Man kann auf diese
Weise mit einer außerordentlich kleinen Menge Oralsäure Hun=
derte von Pfunden Oramid zur Zersetzung bringen, man kann
durch einen einzigen Gran unbegrenzte Mengen von Kleesäure
entstehen machen.

Durch den Contact des Blatterngiftes mit Blut entsteht

326   Gift, Contagien, Miasmen.

eine Veränderung im Blute, in Folge welcher sich aus seinen
Bestandtheilen wieder Blatterngift erzeugt. Dieser Metamor=
phose wird erst durch die gänzliche Verwandlung aller der
Zersetzung fähigen Bluttheilchen eine Grenze gesetzt. Durch
den Contact der Oralsäure mit Oramid entsteht Oralsäure,
welche auf neues Oramid die nemliche Wirkung ausübt. Nur
die begrenzte Menge des Oramids setzt dieser Metamorphose
eine Grenze. Der Form nach gehören beide Metamorphosen
in einerlei Klasse; aber nur ein befangenes Auge wird diesem
Vorgang, obwohl er ein scharfer Ausdruck des gegebenen Be=
griffs vom Leben ist, eine lebendige Thätigkeit unterlegen; es
ist ein chemischer Proceß, abhängig von den gewöhnlichen
chemischen Kräften.

Der Begriff von Leben schließt neben Reproduction noch
einen andern ein, nemlich den Begriff von Thätigkeit durch
eine bestimmte Form, das Entstehen und Erzeugen in
einer bestimmten Form. Man wird im Stande sein, die
Bestandtheile der Muskelfaser, der Haut, der Haare ꝛc. durch
chemische Kräfte hervorzubringen; allein kein Haar, keine Mus=
kelfaser, keine Zelle kann durch sie gebildet werden. Die Her=
vorbringung von Organen, das Zusammenwirken eines Appa=
rates von Organen, ihre Fähigkeit, aus den dargebotenen Nah=
rungsstoffen nicht nur ihre eigenen Bestandtheile, sondern sich
selbst der Form, Beschaffenheit und mit allen ihren Eigen=
schaften wieder zu erzeugen, dieß ist der Character des orga=
nischen Lebens, diese Form der Reproduction ist unabhängig
von den chemischen Kräften.

Die chemischen Kräfte sind der unanschaubaren Ursache, durch
welche diese Form bedingt wird, unterthan; sie selbst, diese
Ursache, wir haben nur Kenntniß von ihrer Existenz durch
die eigenthümlichen Erscheinungen, die sie hervorbringt; wir

erforschen ihre Gesetze wie die der anderen Ursachen, welche
Bewegung und Veränderungen bewirken.

Die chemischen Kräfte sind die Diener dieser Ursache, sowie
sie Diener der Electricität, der Wärme, einer mechanischen Be=
wegung, des Stoßes, der Reibung sind; sie erleiden durch diese
letzteren eine Aenderung in der Richtung, eine Steigerung, eine
Verminderung in ihrer Intensität, eine völlige Aufhebung, eine
vollkommene Umkehrung in der Wirksamkeit.

Es ist dieser Einfluß und kein anderer, den die Lebenskraft
auf die chemischen Kräfte ausübt; aber überall, wo Verbindung
und Trennung vor sich geht, ist chemische Verwandtschaft und
Cohäsion in Thätigkeit.

Wir kennen die Lebenskraft nur durch die eigenthümliche
Form ihrer Werkzeuge, durch Organe, die ihre Träger sind;
welche Art von Thätigkeit eine Materie auch zeigen mag, wenn
sie formlos ist und wir keine Organe beobachten, von denen
der Impuls der Bewegung oder Aenderung ausgeht, so lebt
sie nicht; ihre Thätigkeit ist alsdann eine chemische Action,
an welcher Licht, Wärme, Electricität, oder was sonst darauf
Einfluß hat, Antheil nehmen, die sie steigern, vermindern
oder eine Grenze setzen, allein ohne die Bedinger der Action
zu sein.

In dieser Art und Weise beherrscht die Lebenskraft in dem
lebendigen Körper die chemischen Kräfte; Alles, was wir Nah=
rungsmittel nennen, alle Stoffe, die in dem Organismus dar=
aus gebildet werden, sind chemische Verbindungen, in denen also
von der Lebenskraft, um zu Bestandtheilen des Organismus
zu werden, kein anderer Widerstand als die chemischen Kräfte
zu überwinden sind, durch welche ihre Bestandtheile zusammen=
gehalten werden; besäßen sie, die Nahrungsmittel, ein eigen=
thümliches Leben, so würde dieses mit den chemischen Kräften

328   Gift, Contagien, Miasmen.

überwunden werden müssen, es würde ihren Widerstand ver=
stärken.

Alle Materien, die zur Assimilation dienen, sind höchst zu=
sammengesetzte Körper; es sind 'complexe Atome, welche keine
oder eine nur höchst schwache chemische Action ausüben.

Sie sind durch das Zusammentreten von zwei und mehre=
ren einfacheren Verbindungen entstanden und in dem nemlichen
Grade, als die Anzahl der Atome ihrer Bestandtheile sich ver=
größert (mit der höhern Ordnung), nimmt ihr Streben ab,
weitere Verbindungen einzugehen; dieß heißt, sie verlieren ihre
Fähigkeit, eine Wirkung auf andere auszuüben.

Mit ihrer Zusammengesetztheit nimmt aber ihr Vermögen
zu, durch den Einfluß äußerer Ursachen verändert zu
werden, eine Zersetzung zu erleiden. Jede einwirkende Kraft,
in manchen Fällen schon Stoß und mechanische Reibung, stört
das Gleichgewicht in der Anziehung ihrer Bestandtheile; sie
ordnen sich entweder zu neuen, einfacheren, zu festeren Verbin=
dungen, oder wenn eine fremde Anziehung auf sie einwirkt, so
ordnen sie sich dieser Anziehung unter.

Der besondere Character eines Nahrungsmittels, einer Sub=
stanz, die zur Assimilation dient, ist Mangel einer chemischen
Action (Zusammengesetztheit) und Fähigkeit, Metamorphosen zu
erleiden.

Durch die Lebenskraft wird das Gleichgewicht der chemi=
schen Anziehungen der Bestandtheile der Nahrungsmittel gestört,
wie es durch zahllose andere Ursachen gestört werden kann;
allein das Zusammentreten ihrer Elemente zu neuen Verbin=
dungen, zu neuen Formen, zeigt von einer eigentlichen Anzie=
hungsweise, es beweist die Existenz einer besonderen Kraft,
verschieden von allen anderen Naturkräften.

Alle Körper von einfacher Zusammensetzung besitzen ohne

Ausnahme ein unaufhörliches mehr oder weniger starkes Streben, Verbindungen einzugehen (die Oralsäure z. B. ist die einfachste, die Talgsäure eine der zusammengesetztesten organischen Säuren; die erste ist die stärkste, die andere eine der schwächsten in Beziehung auf chemischen Charakter); durch diese Thätigkeit üben sie überall, wo sich kein Widerstand entgegensetzt, eine Veränderung aus; sie gehen Verbindungen ein und veranlassen Zersetzung.

Es ist die Lebenskraft, welche der unaufhörlichen Einwirkung der Atmosphäre, der Feuchtigkeit, der Temperatur auf den Organismus einen, bis zu einem gewissen Grade, unüberwindlichen Widerstand entgegengesetzt; es ist die unaufhörliche Ausgleichung, es ist die stete Erneuerung dieser Thätigkeiten, welche Bewegung, welche Leben erhält.

Das größte Wunder im lebenden Organismus ist es gerade, daß eine unergründliche Weisheit in die Ursache einer unaufhörlichen Zerstörung, in die Unterhaltung des Respirationsprocesses, die Quelle der Erneuerung des Organismus, das Mittel gelegt hat, um allen übrigen atmosphärischen Einflüssen, dem Wechsel der Temperaturen, der Feuchtigkeit zu widerstehen.

Bringen wir in den Magen oder einen andern Theil des Organismus eine chemische Verbindung von einfacher Zusammensetzung, die also das Vermögen und Streben besitzt, neue Verbindungen einzugehen oder Veränderungen zu bewirken, so ist klar, daß sie auf alle Materien, die mit ihr in Berührung kommen, eine chemische Action ausüben muß; sie wird eine Verbindung einzugehen oder zu verändern streben.

Die chemische Action der Substanz hat, wie sich von selbst versteht, die Lebenskraft zu überwinden; die letztere setzt ihr einen Widerstand entgegen, es entsteht je nach der Stärke der

330   Gift, Contagien, Miasmen.

Einwirkung eine Ausgleichung zwischen beiden Kräften, eine
Veränderung ohne Vernichtung der Lebenskraft, eine arznei=
liche Wirkung, oder der einwirkende Körper unterliegt, er
wird verdaut, oder die chemische Action behält die Ober=
hand, er wirkt als Gift.

Alle Materien sind Nahrungsmittel, welche ihre Eigen=
thümlichkeit durch die Einwirkung der Lebenskraft verlieren,
ohne eine chemische Action auf das einwirkende Organ aus=
zuüben.

Eine andere Klasse ändert die Richtung, die Stärke, die
Intensität des Widerstandes (der Lebenskraft), in Folge welcher
ihre Träger, die Function ihrer Organe, verändert werden; sie
bringen eine Störung durch ihr Vorhandensein oder dadurch
hervor, daß sie selbst eine Veränderung erleiden, dieß sind
die Arzneimittel.

Eine dritte Klasse heißen Gifte, wenn sie sich mit den
Organen oder Bestandtheilen der Organe zu verbinden ver=
mögen, und wenn dieses Streben stärker ist als der Wider=
stand durch die Lebenskraft.

Masse und Zustand ändern, wie sich von selbst ergiebt,
gänzlich die Art der chemischen Einwirkung.

Ein Arzneimittel wird in größerer Masse, die überall ein
Aequivalent für größere Verwandtschaft ist, als Gift, ein
Gift in kleinen Gaben als Arzneimittel wirken können.

Ein Nahrungsmittel wird Krankheit bewirken, es wird Gift
werden, wenn es durch seine Masse eine chemische Action aus=
übt, oder wenn sein Zustand, seine Gegenwart die Bewegung
der Organe verlangsamt, hindert oder aufhebt.

Ein Körper wirkt als Gift, wenn alle Theile des Organs,
mit dem er in Berührung ist, zu einer chemischen Verbin=
dung mit ihm zusammengetreten sind; er kann als Arzneimit=

tel wirken, wenn er nur eine partielle Aenderung hervorge=
bracht hat.

Unter allen Bestandtheilen des lebenden Organismus giebt
es keinen, welcher in seiner Schwäche des Widerstandes gegen
äußere Thätigkeiten mit dem Blute verglichen werden kann;
denn es ist nicht ein entstandenes, sondern ein entstehendes Or=
gan, es ist die Summe der entstehenden Organe; die chemische
Kraft und Lebenskraft halten sich einander in so vollkomme=
nem Gleichgewichte, daß jede, auch die feinste Störung, durch
welche Ursache es auch sei, eine Veränderung im Blute be=
wirkt; es kann nicht von dem Körper getrennt werden, ohne
eine augenblicklich erfolgende Umwandlung zu erfahren, es
kann mit keinem Organ im Körper in Berührung treten, ohne
seiner Anziehung zu unterliegen.

Jede, auch die schwächste Einwirkung einer chemischen Thä=
tigkeit, sie übt, in das Blut gebracht, eine nachtheilige Verän=
derung aus, selbst der durch Zellen und Häute vermittelte mo=
mentane Contact mit der Luft in der Lunge ändert Farbe und
Beschaffenheit; eine jede chemische Action pflanzt sich im Blute
fort, der Zustand einer in Zersetzung, Fäulniß, Gährung und
Verwesung begriffenen Materie, die chemische Action, in wel=
cher die Bestandtheile eines in Zersetzung begriffenen Körpers
sich befinden, sie stören den Zustand des Gleichgewichts zwi=
schen der chemischen Kraft und der Lebenskraft im Blut. Die
erstere erhält das Uebergewicht; zahllose Modificationen in der
Zusammensetzung, dem Zustande, der aus den Elementen des
Blutes gebildeten Verbindungen, sie gehen aus dem Kampf
der Lebenskraft mit der chemischen Action, die sie unaufhörlich
zu überwältigen strebt, hervor.

Dem ganzen Verhalten aller Erscheinungen nach läßt sich
den Contagien kein eigenthümliches Leben zuschreiben; sie üben

332   Gift, Contagien, Miasmen.

eine gewisse Wirkung aus, welche eine große Aehnlichkeit mit
Vorgängen im lebenden Organismus hat; allein die Ursache
dieser Wirkung ist chemische Action, welche aufgehoben werden
kann durch andere chemische Actionen, durch entgegengesetzte
Thätigkeiten.

Von dem im lebendigen Körper durch Krankheitsprocesse
erzeugbaren Gifte verlieren einige im Magen ihre ganze Wirksamkeit, andere werden nicht zerstört.

Wie bedeutsam und entscheidend für ihre chemische Natur
und Wirkungsweise ist hier der Umstand, daß diejenigen von
ihnen, welche neutral sind oder eine alkalische Beschaffenheit
zeigen, wie das Milzbrandgift, das Blatterngift, daß diese
im Magen ihre Ansteckungsfähigkeit verlieren, während das
Wurstgift, welches sauer reagirt, seine ganze furchtbare Wirkung behält.

Es ist die im Magen stets vorhandene freie Säure, welche
die ihr entgegengesetzte chemische Thätigkeit in dem einen Falle
aufhebt, während sie in dem andern die Wirkung verstärkt,
oder jedenfalls kein Hinderniß entgegensetzt.

Man hat bei mikroskopischen Untersuchungen in bösartigem
faulenden Eiter, in Kuhpockenlymphe ꝛc. eigenthümliche, den
Blutkügelchen ähnliche Bildungen beobachtet; ihr Vorhandensein gab der Meinung Gewicht, daß die Ansteckung von der
Entwickelung eines krankhaften organischen Lebens ausgehe;
man hat in diesen Formen den lebendigen Samen der Krankheit gesehen.

Diese Ansicht ist keiner Discussion fähig; sie hat die Naturforscher, welche die Erklärungen von Erscheinungen in Formen zu suchen gewohnt sind, dahin geführt, die Hefe, die sich
in Biergährung bildet, ebenfalls als belebt zu betrachten,
für Pflanzen oder Thiere, die sich von dem Zucker nähren

und Alkohol und Kohlensäure als Excremente wieder von sich
geben.

Wunderbar und auffallend würde es vielleicht erscheinen,
wenn in den Zersetzungsprocessen der Fäulniß und Gährung
aus organischen Materien und Theilen von Organen sich Stoffe
bilden würden von krystallinischer Structur, Stoffe, die eine
geometrische Gestalt besitzen. Wir wissen im Gegentheil, daß
der völligen Auflösung in unorganische Verbindungen eine Reihe
von Metamorphosen vorhergeht, in welchen sie erst nach und
nach ihre Form aufgeben.

In Zersetzung begriffenes Blut kann dem Auge in unveränderter Form erscheinen, und wenn wir in einem flüssigen
Contagium die Blutkügelchen wieder erkennen, so kann dieß höchstens beweisen, daß sie keinen Antheil an dem Zersetzungsproceß
genommen haben. Wir können aus Knochen allen phosphorsauren Kalk entfernen, so daß sie durchsichtig und biegsam wie
Leder werden, ohne im Geringsten ihre Form zu verlieren.
Wir brennen die Knochen weiß zu einem Skelet von phosphorsaurem Kalk, was ganz die Form des Knochens behält.
So können in dem Blute Zersetzungsprocesse vor sich gehen,
die sich nur auf einzelne Bestandtheile erstrecken, auf Materien, welche zerstört werden und verschwinden, während durch
andere die ursprüngliche Form behauptet wird.

Unter den Contagien giebt es mehrere, die sich durch die
Luft fortpflanzen, wo man also gezwungen wäre, einem Gase,
einem luftförmigen Körper Leben zuzuschreiben.

Alles, was man als Beweise für ein organisches Leben in
den Contagien betrachtet, sind Vorstellungen und Bilder, welche
die Erscheinungen versinnlichen, ohne sie zu erklären. Diese
Bilder, mit denen man sich in allen Wissenschaften so gern
und leicht befriedigt, sie sind die Feinde aller Naturforschung,

334   Gift, Contagien, Miasmen.

sie sind der fata morgana ähnlich, die uns die täuschendste
Kunde von See'n, von fruchtbaren Gefilden und Früchten
giebt, aber uns verschmachten läßt, wenn wir wir sie am nö=
thigsten haben.

Es ist gewiß, daß die Wirkungsweise der Contagien auf
einer eigenthümlichen Thätigkeit beruht, abhängig von chemischen
Kräften, welche in keiner Beziehung steht zu der Lebenskraft,
eine Thätigkeit, welche aufgehoben wird durch chemische Actio=
nen, die sich überall äußert, wo sie keinen Widerstand zu über=
winden hat; sie giebt sich der Beobachtung durch eine zusam=
menhängende Reihe von Veränderungen, von Metamorphosen
zu erkennen, die sich auf alle Materien, welche fähig sind,
eine ähnliche Verwandlung zu erfahren, überträgt.

Eine im Zustande der Zersetzung begriffene thierische Sub=
stanz, oder in Folge eines Krankheitsprocesses im lebenden Kör=
per aus seinen Bestandtheilen erzeugte Materie überträgt ihren
Zustand allen Theilen eines lebenden Individuums, welche fä=
hig sind, eine ähnliche Metamorphose einzugehen, wenn sich
ihrer Action in diesen Theilen keine Ursache entgegensetzt, die
sie aufhebt und vernichtet.

Es entsteht Krankheit durch Ansteckung.

Die in der entstandenen Krankheit hervorgerufene Meta=
morphose nimmt eine Reihe von Formen an.

Betrachten wir, um zu einer klaren Anschauung zu ge=
langen, die Veränderungen, welche ein bei weitem einfacherer
Körper, der Zucker, durch die Einwirkung ähnlicher Ursachen
zu erleiden fähig ist, so wissen wir, daß faulendes Blut, in
Metamorphose begriffene Hefe eine Umsetzung der Elemente
des Zuckers in Alkohol und Kohlensäure bewirken.

Ein in Zersetzung begriffenes Stück Lab veranlaßt eine
andere Lagerung der Elemente des Zuckers; ohne daß ein

Element hinzutritt oder hinweggenommen wird, verwandelt er sich in Milchsäure. (1 Atom Trauben=Zucker $C_{12}H_{24}O_{12}$ giebt 2 At. Milchsäure $= 3\,C_6H_{12}O_6$).

Lassen wir ihn im Zwiebelsafte, Runkelrübensafte bei höhe=ren Temperaturen gähren, so erhält man daraus Milchsäure, Mannit und Gummi. Nach der verschiedenen Umsetzungsweise, in der sich die Elemente der Erreger befanden, haben sich also die Elemente des Zuckers in einer ebenso verschiedenen Form geordnet, es sind verschiedene Producte entstanden.

Es war der unmittelbare Contact der sich zerlegenden Sub=stanz, welche die Form und Beschaffenheitsänderung der Zu=ckertheilchen bedingte; entfernen wir sie, so hört damit die Zer=setzung des Zuckers auf; ist ihre Metamorphose vollendet und sind noch Zuckertheile übrig, so bleiben diese unzersetzt.

Bei keiner der erwähnten Zerlegungsweisen hat sich der Erreger reproducirt, es fehlten unter den Elementen des Zu=ckers die Bedingungen seiner Wiedererzeugung.

Aehnlich wie Hefe, faulendes Fleisch, in Zersetzung begrif=fener Kalbsmagen den Zucker in Zerlegung brachten, ohne sich selbst wiederzuerzeugen, bringen Miasmen und gewisse Anste=ckungsstoffe Krankheiten in dem menschlichen Organismus her=vor, in denen sich der Zustand der Zersetzung, in welchem sie sich befinden, auf gewisse Theile des Organismus überträgt, ohne daß sie in dem Acte der Zersetzung, in ihrer eigenthüm=lichen Form und Beschaffenheit wieder gebildet werden.

Die Krankheit selbst ist in diesem Falle nicht ansteckend.

Wenn wir aber Hefe nicht zu reinem Zuckerwasser, son=dern zu Bierwürze bringen, welche Zucker und Kleber enthält, so wissen wir, daß der Act der Zersetzung des Zuckers eine Form und Beschaffenheitsänderung des Klebers bedingt, der Kleber selbst geht einer ersten Metamorphose entgegen; so lange

336   Gift, Contagien, Miasmen.

noch gährender Zucker vorhanden ist, wird Kleber in verän=
dertem Zustande, er wird als Hefe abgeschieden, welche wieder
fähig ist, frisches Zuckerwasser oder Bierwürze in Gährung zu
versetzen. Ist der Zucker verschwunden und noch Kleber vor=
handen, so bleibt dieser Kleber, er geht nicht in Hefe über.
Die Reproduction des Erregers ist hier abhängig

1) von dem Vorhandensein derjenigen Materie, aus der er
   ursprünglich entstanden ist,

2) von der Gegenwart einer zweiten Materie, welche fähig
   ist, durch Berührung mit dem Erreger in Zersetzung
   übergeführt zu werden.

Wenn wir der Reproduction der Contagien in ansteckenden
Krankheiten den nemlichen Ausdruck unterlegen, so ist vollkom=
men gewiß, daß sie ohne Ausnahme aus dem Blute entsprin=
gen, daß also in dem Blute eines gesunden Menschen derjenige
Bestandtheil sich vorfindet, durch dessen Zersetzung der Erreger
gebildet werden kann.

Es muß ferner, wenn Ansteckung erfolgt, vorausgesetzt
werden, daß das Blut einen zweiten Bestandtheil enthält, wel=
cher fähig ist, durch den Erreger in Zersetzung übergeführt zu
werden.

Erst in Folge der Umwandlung dieses zweiten Körpers
kann der ursprüngliche Erreger wieder gebildet werden.

Empfänglichkeit für Ansteckung setzt mithin die Gegenwart
einer gewissen Quantität dieses zweiten Körpers im Blute ei=
nes gesunden Menschen voraus; mit seiner Masse steigt die
Empfänglichkeit, die Stärke der Krankheit, mit seiner Abnahme,
mit seinem Verschwinden ändert sich ihr Verlauf.

Bringen wir in das Blut eines gesunden Menschen, wel=
cher empfänglich ist für Ansteckung, eine wenn auch nur ver=
schwindend kleine Menge des Ansteckungsstoffs, des Erregers,

so wird er sich im Blute wiedererzeugen, ähnlich, wie sich
Hefe in Bierwürze reproducirt, sein Zustand der Metamorphose wird sich auf den einen Bestandtheil des Blutes übertragen, und in Folge der Metamorphose, die dieser erleidet,
wird aus einem andern Bestandtheile des Blutes ein dem
Erreger gleicher oder ähnlicher Körper gebildet werden können,
dessen Masse beständig zunehmen muß, wenn die weitere Metamorphose des neuerzeugten Erregers langsamer erfolgt, als
die Verbindung im Blute, die er zur Zersetzung bringt.

Ginge z. B. die Metamorphose der wiedererzeugten Hefe
in der Gährung der Bierwürze mit eben der Schnelligkeit vor
sich, wie die der Zuckertheilchen, so würden, nach Vollendung
aller Gährung, beide mit und neben einander verschwinden, die
der Hefe bedarf aber einer weit längern Zeit, es bleibt davon,
wenn aller Zucker verschwunden ist, eine weit größere Menge
wie zuvor in unaufhörlich weiter fortschreitender Metamorphose,
d. h. mit ihrer ganzen Wirkungsweise, zurück.

Die Zersetzung, in der sich ein Bluttheilchen befindet, theilt
sich einem zweiten und folgenden, zuletzt allen im ganzen Körper, sie theilt sich einem gesunden Bluttheilchen eines zweiten,
dritten Individuums 2c. mit, d. h. sie veranlaßt in diesen die
Entstehung derselben Krankheit.

Die Existenz von einer großen Anzahl besonderer Materien
in dem Blute verschiedener Menschen, in dem Blute eines einzelnen Menschen in den verschiedenen Perioden seiner Entwickelung, in den Thieren kann nicht geläugnet werden.

In dem Kindesalter, in der Jugend enthält das Blut eines und desselben Individuums wechselnde Mengen von Substanzen, die in einem andern Stadium fehlen, die Empfänglichkeit für Ansteckung durch eigenthümliche Erreger im Kindesalter
setzt nothwendig eine Fortpflanzung, eine Wiedererzeugung die-

338   Gift, Contagien, Miasmen.

ser Erreger in Folge der Metamorphose vorhandener Stoffe
voraus; wenn sie fehlen, kann keine Ansteckung erfolgen. Die
Krankheitsform heißt gutartig, wenn die Metamorphosen
zweier für das Leben unwesentlicher Bestandtheile des Körpers
sich neben einander vollenden, ohne daß andere an der Zersetzung Antheil nehmen; sie heißt bösartig, wenn sie sich
auf Organe fortpflanzt, wenn diese daran Antheil nehmen.

Ein Stoffwechsel im Blute, ein Uebergang seiner Bestandtheile zu Fett, Muskelfaser, Nerven-, Gehirnsubstanz, zu Knochen, Haaren ꝛc., eine Metamorphose von Nahrungsstoff in
Blut, ohne gleichzeitige Bildung von neuen Verbindungen,
welche durch die Organe der Secretion wieder aus dem Körper entfernt werden, ist nicht denkbar.

In einem erwachsenen Menschen sind diese Secretionen
von wenig wechselnder Beschaffenheit und Quantität; alle seine
Theile sind völlig ausgebildet, was er aufnimmt, dient nicht
zur Vermehrung seiner Masse, sondern lediglich nur zum Ersatz des verbrauchten Stoffs, denn jede Bewegung, jede Kraft-
äußerung, jede organische Thätigkeit wird bedingt durch Stoffwechsel, durch eine neue Form, welche seine Bestandtheile annehmen *).

In dem kindlichen Alter kommt zu dieser normalen Thätigkeit der Erhaltung eine abnorme Thätigkeit der Zunahme
und Vermehrung der Masse des Körpers, eines jeden einzelnen seiner Theile; es müssen in dem jugendlichen Körper eine

---

*) Die Versuche von Barruel über die außerordentliche Verschiedenheit
von Gerüchen, die sich aus Blut entwickeln, dem man etwas Schwefelsäure zugesetzt hat, beweisen jedenfalls die Existenz besonderer Materien in verschiedenen Individuen; das Blut eines blonden Menschen
giebt einen andern Geruch, als das eines braunen, das Blut verschiedener Thiere weicht in dieser Beziehung sehr bemerkbar von dem der
Menschen ab.

weit größere Menge von fremden, dem Organismus nicht an=
gehörigen Stoffen vorhanden sein, welche durch das Blut in
alle seine Theile verbreitet werden.

Bei normaler Thätigkeit der Secretionsorgane werden sie
aus dem Körper entfernt, durch jede Störung der Functionen
derselben müssen sie im Blute, oder in einzelnen Theilen des
Körpers sich anhäufen. Die Haut, die Lunge oder andere
Organe übernehmen die Function der kranken Secretionsappa=
rate, und sind die abgeschiedenen Stoffe in dem Zustande einer
fortschreitenden Metamorphose begriffen, so heißen sie ansteckend,
sie sind alsdann fähig, in einem andern gesunden Organis=
mus den nemlichen Krankheitszustand hervorzurufen; aber nur
dann, wenn dieser empfänglich dafür ist, d. h., wenn er eine
Materie enthält, welche den nemlichen Zersetzungsproceß erlei=
den kann.

Die Erzeugung von Materien dieser Art, welche den Kör=
per empfänglich für Ansteckung machen, können durch die Lebens=
weise, durch Nahrung bedingt werden, ein Uebermaß von kräf=
tigen und gesunden Speisen wird eben so gut sich dazu eignen,
wie Mangel, Schmutz, Unreinlichkeit und der Genuß von ver=
dorbenen Nahrungsmitteln.

Alle diese Bedingungen zur Ansteckung müssen als zufällig
angesehen werden, ihre Bildung, ihre Anhäufung im Körper
kann verhütet, sie können aus dem Körper entfernt werden,
ohne seine Hauptfunctionen, ohne die Gesundheit zu stören,
ihre Gegenwart ist nicht nöthig zum Leben.

Die Wirkung und Erzeugung von Contagien ist nach die=
ser Ansicht ein chemischer Proceß, welcher vor sich geht im
lebendigen Körper, an welchem alle Materien im Körper, alle
Bestandtheile derjenigen Organe Antheil nehmen, in denen die
Lebenskraft die einwirkende chemische Thätigkeit nicht über=

22*

340 Gift, Contagien, Miasmen.

wältigt, er verbreitet sich demnach entweder durch alle Theile
des Körpers, oder er beschränkt sich lediglich auf gewisse Or=
gane; die Krankheit ergreift, je nach der Schwäche oder der
Intensität des Widerstandes, alle Organe, oder nur einzelne
Organe.

In der abstract chemischen Bedeutung setzt die Wiedererzeu=
gung eines Contagiums eine Materie voraus, welche gänzlich
zersetzt wird, und eine zweite, welche durch den Act der Me=
tamorphose der ersten in Zersetzung übergeht. Diese, im Zu=
stande der Zersetzung begriffene zweite Materie ist das regene=
rirte Contagium.

Die zweite Materie ist unter allen Umständen ursprünglich
ein Bestandtheil des Blutes gewesen, die erste kann ein zufäl=
liger oder ein zum Leben ebenfalls nothwendiger sein.

Sind beide Bestandtheile zur Unterhaltung der Lebensfunc=
tionen gewisser Hauptorgane unentbehrlich, so endigt sich die
Metamorphose mit dem Tode.

Wird hingegen durch die Abwesenheit des zerstörten einen
Bestandtheiles des Blutes den Functionen der wichtigsten Or=
gane keine unmittelbare Grenze gesetzt, dauern sie fort, wenn
auch in anormalem Zustande, so erfolgt Reconvalescenz; die
noch vorhandenen Producte der Metamorphose des Blutes
werden in diesem Falle zur Assimilation selbst verwendet, es
entstehen in diesem Zeitpunkte Secretionen von besonderer Be=
schaffenheit.

Ist der zerstörte Bestandtheil des Blutes ein Product einer
anormalen Lebensweise, gehört seine Erzeugung nur einem ge=
wissen Alter an, so hört mit seinem Verschwinden die Em=
pfänglichkeit für Ansteckung auf.

Die Wirkungsweise der Kuhpocken=Materie beweist, daß
ein zufälliger Bestandtheil des Blutes in einem besondern Zer=

ſetzungsproceß zerſtört wird, ſie bewirkt, dem Blute eingeimpft,
eine Metamorphoſe deſſelben, an der die anderen Beſtandtheile
keinen Antheil nehmen.

Wenn man ſich an der Wirkungsweiſe der Unterhefe (ſ. S. 276)
erinnert, ſo kann man kaum über die der Kuhpockenlymphe
zweifelhaft ſein.

Die Unterhefe und Oberhefe ſtammen beide aus Kleber,
ähnlich wie die Kuhpocken=Materie und das Blatterngift beide
aus dem Blute entſpringen.

Die Oberhefe und das Blatterngift bewirken beide eine
ſtürmiſche tumultuariſche Metamorphoſe, die erſtere in Pflan=
zenſäften, das andere im Blute, die ihre Beſtandtheile enthal=
ten, ſie erzeugen ſich beide mit allen ihren Eigenſchaften. wieder.

Die Unterhefe wirkt lediglich nur auf den Zucker, ſie ver=
anlaßt eine ausnehmend verlangſamte Zerſetzung deſſelben, eine
Metamorphoſe, an welcher der Kleber keinen Antheil nimmt,
nur inſofern die Luft dabei einwirkt, erleidet dieſer eine neue
Form und Beſchaffenheitsänderung, in Folge welcher ſie eben=
falls wieder mit allen ihren Eigenſchaften gebildet wird.

Aehnlich wie die Wirkungsweiſe der Unterhefe muß die der
Kuhpocken=Materie ſein; ein Beſtandtheil des Blutes geht durch
ſie in Zerſetzung über, aus einem zweiten erzeugt ſie ſich wie=
der, aber in einer durchaus geänderten Zerſetzungsweiſe; das
Product beſitzt die milde Form, alle Eigenſchaften der Kuh=
pockenlymphe.

Die Empfänglichkeit für Anſteckung durch Blatterngift muß
nach der Einimpfung der Kuhpocken aufhören, eben weil durch
einen künſtlich erregten, beſondern Zerſetzungsproceß diejenige
Materie zerſtört und entfernt worden iſt, deren Vorhandenſein
die Empfänglichkeit bedingte. Sie kann ſich in dem nemlichen
Individuum wieder erzeugen, es kann wieder empfänglich für

Ansteckung werden, und eine zweite und dritte Impfung ver=
mag ihn wieder zu entfernen.

In keinem Organe pflanzen sich chemische Actionen leichter
und schneller fort, als in der Lunge, keine Art von Krankhei=
ten findet sich häufiger und ist gefährlicher, als die Lungen=
krankheiten.

Wenn man annimmt, daß im Blute die chemische Action
und die Lebenskraft sich gegenseitig im Gleichgewichte halten,
so ist es als gewiß zu betrachten, daß in der Lunge selbst, in
welcher Luft und Blut sich unmittelbar berühren, der chemische
Proceß bis zu einem gewissen Grade das Uebergewicht behaup=
tet, denn das Organ selbst ist von der Natur dazu eingerichtet,
um ihn zu begünstigen; es setzt der Veränderung, die das ve=
nöse Blut erleidet, keinen Widerstand entgegen.

Durch die Bewegung des Herzens wird der Contact der
Luft mit dem venösen Blut auf eine außerordentlich kurze Zeit
beschränkt, jeder fernern bis über einen bestimmten Punkt
hinaus sich erstreckenden Störung wird durch rasche Entfernung
des arteriellen Blutes vorgebeugt.

Eine jede Störung der Functionen des Herzens, eine jede,
wenn auch schwache chemische Action von Außen veranlaßt eine
Aenderung in dem Respirationsproceß, selbst feste Substanzen,
Staub von vegetabilischen (Mehl), thierischen (Wollenfasern)
und anorganischen Materien, sie wirken auf dieselbe Weise, wie
wenn sie in eine gesättigte, im Krystallisiren begriffene Flüssig=
keit gebracht werden, sie veranlassen eine Ablagerung von fe=
sten Stoffen aus dem Blute, durch welche die Einwirkung der
Luft gehindert wird.

Gelangen gasförmige, in Zersetzung begriffene Substanzen,
oder solche, welche eine chemische Action ausüben, wie Schwe=
felwasserstoffsäure, Kohlensäure rc. in die Lunge, so stellt sich

ihnen in diesem Organe weniger wie in irgend einem andern,
ein Widerstand entgegen. Der chemische Proceß der Verwesung,
welcher in der Lunge vor sich geht, wird gesteigert durch alle
in Fäulniß und Verwesung begriffene Materien, durch Ammo=
niak und Alkalien; er wird vermindert durch empyrheumatische
flüchtige Substanzen, ätherische Oele, durch Säuren. Schwe=
felwasserstoffsäure zerlegt das Blut augenblicklich, schweflige
Säure verbindet sich mit der Substanz der Häute, Zellen und
Membranen.

Nimmt durch den Contact mit einer in Zersetzung begrif=
fenen Materie der Respirationsproceß eine andere Richtung
an, überträgt sich die Zersetzung, die sie erleidet, der Blutmasse
selbst, so erfolgt Krankheit.

Ist die in Zersetzung begriffene Materie Product einer
Krankheit, so heißt sie ebenfalls Contagium, ist sie das Pro=
duct von Fäulniß und Verwesung thierischer und vegetabilischer
Substanzen, wirkt sie durch ihren chemischen Character (also
nicht durch ihren Zustand), indem sie eine Verbindung eingeht
oder eine Zersetzung veranlaßt, so heißt sie Miasma.

Ein gasförmiges Contagium ist ein Miasma, was aus
dem lebenden Blute stammt, und fähig ist, im lebenden Blut
sich wieder zu erzeugen.

Eine Miasma bewirkt Krankheit, ohne sich zu reproduciren.

Alle Beobachtungen, die man über gasförmige Contagien
gemacht hat, beweisen, daß sie ebenfalls Materien sind, die sich
in einem Zustande der Zersetzung befinden. Auf Gefäße, die
mit Eis angefüllt sind, schlägt sich an der Außenseite aus der
Luft, welche gasförmige Contagien enthält, Wasser nieder, wel=
ches gewisse Mengen darinn gelöst enthält. Dieses Wasser
ändert seinen Zustand in jedem Zeitmomente, er trübt sich und
geht, wie man gewöhnlich sagt, in Fäulniß über, oder was

344   Gift, Contagien, Miasmen.

ohne Zweifel richtiger ist, der Zustand der Zersetzung, in dem
sich der gelöste Ansteckungsstoff befindet, vollendet sich in dem
Wasser.

Alle Gase, die sich aus faulenden thierischen und vegetabi=
lischen Materien, die sich in Krankheitsprocessen entwickeln, be=
sitzen gewöhnlich einen eigenthümlich widrigen, unangenehmen
oder stinkenden Geruch, der in den meisten Fällen das Vor=
handensein einer Materie beweist, die sich im Zustande der
Zersetzung, d. h. einer chemischen Action, befindet. Das Riechen
selbst kann in vielen Fällen als die Reaction der Geruchs=
nerven betrachtet werden, als der Widerstand, den die Lebens=
thätigkeit der chemischen Action entgegensetzt.

Eine Menge von Metallen geben beim Reiben Geruch,
aber keins von denen, die wir edle nennen, d. h. welche in
Luft bei Gegenwart von Feuchtigkeit keine Veränderung erlei=
den; Arsenik, Phosphor, Leinöl, Citronöl, Terpentinöl, Rau=
tenöl, Pfeffermünzöl, Moschus ꝛc. riechen nur im Acte ihrer
Verwesung. (Oxidation bei gewöhnlicher Temperatur.)

So verhält es sich denn mit allen gasförmigen Contagien;
sie sind mehrentheils begleitet von Ammoniak, was man in
vielen Fällen als den Vermittler der Gasform des Contagiums
betrachten kann, so wie es der Vermittler ist des Geruches
von zahlosen Substanzen, die an und für sich nur wenig flüch=
tig, von vielen, die geruchlos sind. (Robiquet in den Ann.
de chim. et de phys. XV. 27).

Das Ammoniak ist der Begleiter der meisten Krankheits=
zustände; es fehlt nie bei denen, in welchen sich Contagien er=
zeugen; es ist ein nie fehlendes Product aller im Zustande der
Zersetzung sich befindenden thierischen Stoffe. In allen Kran=
kenzimmern, vorzüglich bei ansteckenden Krankheiten, läßt sich
die Gegenwart des Ammoniaks nachweisen; die durch Eis

verdichtete Feuchtigkeit der Luft, welche das flüchtige Contagium enthält, bringt in Sublimatlösung einen weißen Niederschlag hervor, gerade wie dieß durch Ammoniakauflösung geschieht. Das Ammoniaksalz, was man aus dem Regenwasser nach Zusatz von Säuren und Verdampfen erhält, entwickelt, wenn man durch Kalk das gebundene Ammoniak wieder austreibt, den unverkennbarsten Leichengeruch oder den Geruch, der den Miststätten eigenthümlich ist.

Durch Verdampfen von Säuren in einer Luft, welche gasförmige Contagien enthält, neutralisiren wir das Ammoniak; wir hindern die weitere Zersetzung und heben die Wirkung des Contagiums, seinen Zustand der Zersetzung, gänzlich auf. Salzsäure und Essigsäure, in manchen Fällen Salpetersäure, sind allen anderen vorzuziehen.

Chlor, was das Ammoniak und organische Materien so leicht zerstört, hat auf die Lunge einen so nachtheiligen und schädlichen Einfluß, daß man es zu den giftigsten Stoffen zu rechnen hat, welches nie an Orten, wo Menschen athmen, in Anwendung kommen darf.

Kohlensäure und Schwefelwasserstoff, die sich häufig aus der Erde, in Kloaken entwickeln, gehören zu den schädlichsten Miasmen. Die erstere kann durch Alkalien, der Schwefelwasserstoff durch Verbrennen von Schwefel (schweflige Säure) oder durch Verdampfen von Salpetersäure aufs Vollständigste aus der Luft entfernt werden.

Für die Physiologie und Pathologie, namentlich in Beziehung auf die Wirkungsweise von Arzneimitteln und Giften, ist das Verhalten mancher organischer Verbindungen beachtenswerth und bedeutungsvoll.

Man kennt mehrere, dem Anscheine nach ganz indifferente Materien, die bei Gegenwart von Wasser nicht mit einander

346   Gift, Contagien, Miasmen.

zufammengebracht werden können, ohne eine vollftändige Me=
tamorphofe zu erfahren; alle Subftanzen, die eine folche gegen=
feitige Zerfetzung auf einander ausüben, gehören zu den zufam=
mengefetzteften Atomen.

Amygdalin z. B. ift eine völlig neutrale, fchwach bittere,
im Waffer fehr leichtlösliche Subftanz; es ift ein Beftandtheil
der bitteren Mandeln; wenn es mit einem in Waffer gelöften
Beftandtheil der füßen Mandeln, dem Synaptas, bei Gegen=
wart von Waffer zufammengebracht wird, fo verfchwindet es
völlig ohne Gasentwickelung; in dem Waffer findet fich jetzt
freie Blaufäure, Benzoylwafferftoff (ftickftofffreies Bittermandel=
öl), eine befondere Säure und Zucker, lauter Subftanzen, die
nur ihren Beftandtheilen nach im Amygdalin vorhanden wa=
ren; daffelbe gefchieht, wenn die bitteren Mandeln, welche den
nemlichen weißen Stoff wie die füßen enthalten, zerrieben und
mit Waffer befeuchtet werden. Daher kommt es denn, daß die
Kleie von bitteren Mandeln, nach vorangegangener Behandlung
mit Weingeift, bei der Deftillation mit Waffer kein blaufäure=
haltiges Bittermandelöl mehr giebt; denn derjenige Körper, der
zur Entftehung diefer flüchtigen Materien Veranlaffung giebt,
löft fich ohne Veränderung in Weingeift auf, er ift aus der
Kleie hinweggenommen worden. Die zerriebenen bitteren Man=
deln, einmal mit Waffer befeuchtet, liefern kein Amygdalin
mehr; es ift gänzlich zerfetzt worden.

In dem Samen von Sinapis alba und nigra giebt der
Geruch keine flüchtigen Materien zu erkennen. Beim Auspreffen
erhält man daraus ein fettes Oel von mildem Gefchmack, in
dem man keine Spur einer fcharfen oder flüchtigen Subftanz
nachweifen kann; wird der Samen zerrieben und mit Waffer
deftillirt, fo geht mit den Wafferdämpfen ein flüchtiges Oel
von großer Schärfe über; wenn er aber, vor der Berührung

mit Wasser, mit Alkohol behandelt wird, so erhält man aus
dem Rückstande kein flüchtiges Oel mehr; in dem Alkohol fin=
det sich eine krystallinische Materie, das Sinapin, und mehrere
andere nicht scharfe Körper, durch deren Contact mit Wasser
und dem eiweißartigen Bestandtheil des Samens das flüch=
tige Oel gebildet wurde.

Körper, welche die anorganische Chemie absolut indifferent
nennt, indem sie keinen hervorstechenden chemischen Character
besitzen, bringen, wie diese Beispiele ergeben, bei ihrem Con=
tact mit einander eine gegenseitige Zersetzung hervor; ihre Be=
standtheile ordnen sich auf eine eigenthümliche Weise zu neuen
Verbindungen; ein complexes Atom zerfällt in zwei oder meh=
rere minder complexe durch eine bloße Störung in der An=
ziehung seiner Elemente.

Ein gewisser Zustand in der Beschaffenheit der weißen,
dem geronnenen Eiweiß ähnlichen Bestandtheile der Mandeln
und des Senfs ist eine Bedingung ihrer Wirksamkeit auf
Amygdalin und auf die Bestandtheile des Senfs, woraus sich
das flüchtige scharfe Oel bildet.

Werfen wir zerriebene und geschälte süße Mandeln in
siedendes Wasser, behandeln wir sie mit kochendem Weingeist
oder mit Mineralsäuren, bringen wir sie mit Quecksilbersalzen
in Berührung, so wird ihr Vermögen, in dem Amygdalin eine
Zersetzung zu bewirken, völlig vernichtet. Das Synaptas ist
ein stickstoffreicher Körper, welcher sich, im Wasser gelöst, nicht
aufbewahren läßt; sehr rasch trübt sich die Auflösung, setzt
einen weißen Niederschlag ab und nimmt einen Fäulnißge=
ruch an.

Es ist ausnehmend wahrscheinlich, daß der eigenthümliche
Zustand der Umsetzung der Bestandtheile des im Wasser ge=
lösten Synaptas die Ursache der Zersetzung des Amygdalins,

348   Gift, Contagien, Miasmen.

der Bildung von neuen Producten ist; seine Wirkung ist der des Labs auf Zucker in dieser Beziehung außerordentlich ähnlich.

Das Gerstenmalz, gekeimte Samen von Getreidearten überhaupt enthalten eine während des Keimungsprocesses aus dem Kleber gebildete Substanz, die Diastase, welche mit Amylon und Wasser bei einer gewissen Temperatur, ohne eine Aenderung in dem Amylon zu bewirken, nicht zusammengebracht werden kann.

Streuet man gemahlenes Gerstenmalz auf warmen Stärke= kleister, so wird er nach einigen Minuten flüssig wie Wasser; die Flüssigkeit enthält jetzt eine dem Gummi in vielen Eigen= schaften ähnliche Substanz; bei etwas mehr Malz und länger dauernder Erhitzung nimmt die Flüssigkeit einen süßen Ge= schmack an, alle Stärke findet sich in Traubenzucker verwandelt.

Mit der Metamorphose der Stärke haben sich aber die Bestandtheile der Diastase ebenfalls zu neuen Verbindungen umgesetzt.

Die Verwandlung aller stärkemehlhaltigen Nahrungsmittel in Traubenzucker, welche in der zuckerigen Harnruhr (Diabetes mellitus) vor sich geht, setzt das Vorhandensein einer Materie, eines Bestandtheils oder der Bestandtheile eines Organs vor= aus, die sich im Zustande einer chemischen Action befinden, im Zustande einer Thätigkeit, der die Lebenskraft im kranken Organ keinen Widerstand entgegensetzt. Die Bestandtheile des Organs müssen gleichzeitig mit dem Stärkemehl eine fortdauernde Aenderung erleiden, je mehr wir von dem letztern zuführen, desto stärker und intensiver wird die Krankheit; füh= ren wir ausschließlich nur solche Nahrungsstoffe zu, welche durch die nemliche Ursache keine Metamorphose erleiden, stei= gern wir durch Reizmittel und kräftige Speisen die Lebens=

thätigkeit, so gelingt es zuletzt, die freie chemische Action zu überwältigen, d. h. die Krankheit zu heben.

Die Verwandlung der Stärke in Zucker kann ebenfalls durch reinen Kleber, sie kann bewirkt werden durch verdünnte Mineralsäuren.

Ueberall sieht man, daß in complexen organischen Atomen die mannigfaltigsten Umsetzungen, Zusammensetzungs= und Eigenschafts=Aenderungen durch alle Ursachen, welche eine Störung in der Anziehung ihrer Elemente veranlassen, bewirkt werden können.

Bringen wir feuchtes Kupfer in Luft, welche Kohlensäure enthält, so wird durch den Contact mit dieser Säure die Verwandtschaft des Metalls zu dem Sauerstoff der Luft in dem Grade gesteigert, daß sich beide mit einander verbinden, seine Oberfläche bedeckt sich mit grünem kohlensauren Kupferoxid. Zwei Körper, welche die Fähigkeit haben, sich zu verbinden, nehmen aber entgegengesetzte Electricitäts=Zustände an, in dem Moment, wo sie sich berühren.

Berühren wir das Kupfer mit Eisen, so wird durch Erregung eines besondern Electricitäts=Zustandes die Fähigkeit des Kupfers vernichtet, eine Verbindung mit dem Sauerstoff einzugehen; es bleibt unter gleichen Bedingungen blank.

Setzen wir ameisensaures Ammoniak einer Temperatur von 180° aus, so wird die Stärke und Richtung der chemischen Anziehungen der Bestandtheile dieser Verbindung geändert, es werden die Bedingungen geändert, unter welchen Ameisensäure und Ammoniak die Fähigkeit erhielten, zu einem Körper mit den besonderen Eigenschaften zusammen zu treten, welche das ameisensaure Ammoniak charakterisiren; seine Elemente ordnen sich bei 180° in Folge der Störung durch die Wärme auf eine neue Weise, es entsteht Wasser mit Blausäure.

350   Gift, Contagien, Miasmen.

Eine bloße mechanische Bewegung, Reibung und Stoß
reichen hin, um die Bestandtheile der fulminirenden Silber=
und Quecksilber=Verbindungen zu einer Umsetzung, zu einer
neuen Ordnung zu bringen, um in einer Flüssigkeit die Bil=
dung von neuen Verbindungen zu veranlassen.

Aehnlich wie die Electricität und Wärme auf die Aeuße=
rung der chemischen Verwandtschaft einen bestimmbaren Einfluß
äußern, ähnlich wie sich die Anziehungen, welche Materien zu
einander haben, zahllosen Ursachen unterordnen, die den Zu=
stand dieser Materien, die die Richtung ihrer Anziehungen än=
dern, auf eine ähnliche Weise ist die Aeußerung der chemischen
Thätigkeiten in dem lebenden Organismus abhängig von der
Lebenskraft.

Die Fähigkeit der Elemente, zu den eigenthümlichen Ver=
bindungen zusammenzutreten, welche in Pflanzen und Thieren
erzeugt werden, diese Fähigkeit war chemische Verwandtschaft,
aber die Ursache, welche sie hinderte, sich nach dem Grade der
Anziehung, die sie unter anderen Bedingungen zu einander ha=
ben, mit einander sich zu vereinigen; die Ursache also, die
ihre eigenthümliche Ordnung und Form in dem Körper be=
bingte, dieß war die Lebenskraft.

Nach der Hinwegnahme, mit dem Aufhören der Bedingung
ihrer Entstehung, der Ursache, die ihr Zusammentreten beherrschte,
mit dem Verlöschen der Lebensthätigkeit behaupten die meisten
organischen Atome ihren Zustand, ihre Form und Beschaffen=
heit nur in Folge des Beharrungsvermögens; ein großes um=
fassendes Naturgesetz beweist, daß die Materie in sich selbst
keine Selbstthätigkeit besitzt; ein in Bewegung gesetzter Körper
verliert seine Bewegung nur durch einen Widerstand; es muß
auf jeden ruhenden Körper eine äußere Ursache einwirken, wenn
er sich bewegen, wenn er irgend eine Thätigkeit darbieten soll.

Gift, Contagien, Miasmen.   351

In den complexen organischen Atomen, in Verbindungen so zusammengesetzter Art, deren Bildung auf gewöhnliche Weise sich zahllose Ursachen entgegensetzen, bei diesen veranlassen gerade diese zahllosen Ursachen eine Veränderung und Zersetzung, wenn sich ihrer Wirkungsweise die Lebenskraft nicht mehr entgegensetzt. Berührung mit der Luft, die schwächste chemische Action bewirken eine Veränderung; ein jeder Körper, dessen Theile sich im Zustande der Bewegung, der Umsetzung befinden, die Berührung damit reicht in vielen Fällen schon hin, um den Zustand der Ruhe, das statische Moment der Anziehung ihrer Bestandtheile aufzuheben. Ein unmittelbare Folge davon ist, daß sie sich nach dem verschiedenen Grade ihrer Anziehung ordnen, d. h. es entstehen neue Verbindungen, in welchen die chemische Kraft vorherrscht, in welcher sie sich jeder weitern Störung durch die nemliche Ursache entgegensetzt, neue Producte, in welchen die Bestandtheile, in einer andern Ordnung vereinigt, der einwirkenden Thätigkeit eine Grenze, oder, unter gegebenen Bedingungen, einen unüberwindlichen Widerstand entgegensetzen.

———